JN191684

INTELLIGENCE IN WAR

Knowledge of the Enemy from Napoleon to Al-Qaeda

情報と戦争

古代からナポレオン戦争、南北戦争、二度の世界大戦、現代まで

ジョン・キーガン　並木 均［訳］

中央公論新社

はじめに

本書は単純な疑問に答えようとするものである。その疑問とはつまり、インテリジェンスは戦争でどれだけ役立つのかということだ。この問い掛けが非常に重要であることは、関連文献の量が物語っている。ドイツのエニグマ暗号機、エニグマ暗号を解読したブレッチリー・パークの英政府暗号学校、アメリカによる日本の暗号解読、敵を欺こうとしたさまざまな欺瞞（ぎまん）作戦、欺瞞を成功させるべく、あるいは敵の内部から機密を暴こうと生命を賭したエージェント。本棚はそれらに関する本の重みできしんでいる。関連の小説はこれらノンフィクション書籍よりも数が多い。スパイの物語は二〇世紀における最も人気のある文学形態の一つであり、ジョン・バカンからジョン・ル・カレに至る巨匠たちは、そうした著作によって財を成し、有名になったのである。

スパイ小説の巨匠によって作り出された環境は、情報活動に対する大衆の態度にも深い影響を及ぼした。暗号文書の使用や秘密の投函箱（デッドレターボックス）、エージェントの運営、「二重（ダブル）スパイ」になるエージェントの「変節」、監視、傍受その他、秘密の世界の慣行で公になった技術は純粋に魅力あるものであり、技術の描写それ自体を目的とする効果があった。「スパイ」はヒーロー、あるいは時にアンチヒーローの地位を獲得した。それはミステリアスで魅惑的な人物だが、何をしたかよりも、何者であるかによって大した人物に思われるようになったのである。

注目すべきは、最も名高いスパイの物語ですら、そのスパイが生命を懸けたとされる目的と活動との関連性を真に証明しているものはほとんどないという点である。例えば、ジョン・バカン著『緑のマント』

は第一次世界大戦中のトルコにおける情報活動を見事に描いた冒険小説だが、緑のマントことサンディが何をしたのか、読者には正確なところが結局は分からずじまいである。サンディはイギリスとその同盟国に対するイスラム教徒の聖戦(ジハード)を挫(くじ)いたのか、あるいは彼自身がイスラムの預言者になったのか。アースキン・チルダーズは初の本格的スパイ小説にして今も最高峰の一つとされる『砂洲(さす)の謎』の中で、ドイツがフリジア諸島周辺の秘密の水路を通じ、いかにしてイギリス東岸への侵攻を始めるかをそれとなく巧みに語ってみせるが、実際に海軍本部に適切な予防策を取らせるのは二人の愛国的ヨットマンだとは、物語の大詰めにおいても明示されていない。ラドヤード・キプリングの傑作『少年キム』は、表面上はインドでの放浪生活の忘れがたい光景を描いたものだが、実質的にはスパイ小説である。その中で主人公は、はからずも土侯国家の中の暴動を阻む手助けをするが、クライマックスはヒマラヤ国境で何人かのロシア人スパイを笑いものにするだけで終わってしまう。ジョン・ル・カレの作品では、スパイとカウンタースパイの人生が素晴らしく説得力のある構成でまとめられているものの、主人公たちが行ったことに対してどんな結果が出たのかを具体的に示しているものは、ほとんど何一つとしてない。彼らは冷戦と戦っているが、複雑なあらゆる騙(だま)し合いの果てにも冷戦は続く。

現実を描いたのだと著者が言うのももっともかもしれない。幸いなことに、冷戦が軍事的に何の結果も出さなかったのは確かだし、結果を出さないようにすることこそが両陣営の情報機関の役割だった。彼らは一つの試合を戦っていたのであり、その目的は試合を続けることであって、勝つことではなかったのである。これに異を唱える者などいなかろうし、目に見える結果が出なかったことをもって、インテリジェンスは空虚な活動だと嘆く者もいないはずだ。

とはいえ、あらゆる国の情報機関は敵が軍事的優越を達成することを防ぎ、翻(ひるがえ)って軍事的優越を達成しようとすることに存在の端を発している。平時においては、情報機関は最低限の活動をするだけのものなのかもしれない。戦時においては勝利をもたらすものと見なされる。では、情報機関はどれほど有能なのだろうか。情報機関はいかに勝利をもたらし、いかに勝利をもたらすことに失敗するのだろうか。

スパイ小説家は、インテリジェンス技術に関する途方もない量の知識を世間に広めてきた。その中には正確なものもあれば、誤解を生むものもある。しかし、ジョン・ル・カレのようにインテリジェンス業務をじかに体験した作家たちですら、効果的な情報活動の本質的構成要素と一連の流れについて余すところなく詳説してきた者はほとんどいない。これは無理からぬことだ。インテリジェンス実務の多くは面白みのない、お役所的なものであり、読みやすい形に修正して取り扱うことはできない。だが、退屈極まるものですら、インテリジェンスを有用ならしめるには不可欠なものである。それには五つの基本段階がある。

一　**獲得**。情報は見つけなければならないものである。公表された形であっさり入手できる場合もあるが、見逃しがちな形態の場合もある。元ＣＩＡ長官の一人は、『ブリタニカ百科事典』要素と名づけたものに対し、部下の分析官にこう戒めた。「新聞や学術誌、学術論文の中にいくらでも見つかる類いの生情報（インフォメーション）を探し求めるような無駄な努力はするな」と。スターリン下のロシアは、電話帳や市街地図といった日用印刷物の配布を規制することによって、生情報の獲得がなるべく困難になるようにした。一般原則として、敵にとって有益な生情報は「機密」と呼ばれうるし、秘密の手段によって収集しなければならないものであるといえるだろう。一番ありきたりの手段はあらゆる形態のスパイ行為であり、今では専門的に「ヒューマン・インテリジェンス（人的情報収集）」あるいは「ヒューミント」として知られる。暗号解読をたいてい要する通信傍受によるものは、「信号（シグナル）インテリジェンス」あるいは「シギント」と呼ばれる。航空機や衛星による画像偵察や知覚偵察を通じた視覚監視や撮像による手段もある。

二　**送付**。収集された情報は潜在利用者に送る必要がある。送付は最も困難な段階である場合が多々あり、人的情報の伝達については特にそうである。人的情報源は監視されている場合もあるし、当然のことながら漏話や傍受を恐れていることもある。あるいは会合場所で逮捕されやすくもある。さらに、送り手は常に切迫したプレッシャー下にある。情報は古くなり、さまざまな出来事に先を越されるからだ。情報は迅速に、可能なら「リアルタイム」に送られてこそ行動基盤になりうるのであり、そうでなければ価値を失ってしまうのである。

三　**受理**。情報は信じてもらう必要がある。情報機関に志願するエージェントは自らの信頼性を確立しなければならない。彼らは囮（おとり）である可能性もある。配下の諜報員が転向していたり、敵の防諜機関の管理下にあったりする場合もある。正直に提供したものが間違っていたり、半分しか真実が含まれていなかったりすることすらある。傍受した通信はもっと信頼できそうに思えるが、偽の内容かもしれない。そうでないとしても、ほんの一部の真実しか語りえない。人の手紙を読むことと人の心を読むことは別物だと、ヘンリー・スティムソン米国務長官が戒めたのももっともである。

四　**解釈**。ほとんどの情報は断片の形でやって来る。一枚の完全なカンヴァスにするには、断片をつなぎ合わせて完全無欠な布にしなければならない。これには多くの専門家の取組みが必要になるが、彼らは個々の手がかりによって理解したことをお互いに説明する際に困難にぶつかるであろうし、それら手がかりの相対的重要性をめぐっても意見が割れるだろう。一つの完全な画を描き上げるには、どれが正しくてどれが正しくないかを直感的に推測できる優れた人材が究極的には必要なのかもしれない。

五　**履行**。インテリジェンス・オフィサーは従属的な地位で働いている。彼らは生情報の信憑性を確信しなければならないが、それと同じように、彼らが作った提出物の信憑性を意思決定者や政策責任者、指揮官に納得させる必要がある。全ての疑念を解消し、将軍や提督が抱える作戦上の問題を間違いなく解決するような最高に価値ある秘密、つまり「純然たる情報」といったものは存在しない。正確無比の情報などないし、情報の価値は事態の展開によっても変わる。一九世紀の対墺仏戦で輝かしい勝利をもたらした、おそらく史上最高のインテリ軍人である大モルトケは、印象深い言葉でこう述べている。「敵と遭遇して五分と凌げる計画など皆無だ」。これは、情報評価というものはどれだけ土台がしっかりしていても実戦の試練を完全には凌げない、ということをありのまま語ったものであろう。

本書は事例研究集である。それは航海時代に始まり、現代に終わる。航海時代におけるインテリジェンス上の最大の難問は、どの時点においても価値のある有用な生情報を得ることだった。現代においては、あらゆる種類の情報があふれている一方、情報の価値を評価する人間の思考力がその量に圧倒されるおそれがある。本書のテーマは、情報というものはいかに良質であっても、戦争においては勝利への道筋を正確に指し示すものではないということである。勝利は得がたい戦利品であり、頭脳よりも血をもって得られるものである。インテリジェンスは戦士の家臣であって、その君主ではないのだ。

目次

情報と戦争

古代の戦争からナポレオン戦争、南北戦争、二度の世界大戦、現代まで

原注〔　〕
訳注（　）

第一章　敵に関する知識

戦略インテリジェンス

「いかなる戦争も、迅速かつ良質な情報がなければ首尾よくなしえない」とは、偉大なマールバラ公が書き残した言葉である。ジョージ・ワシントンも同じ見方をしている。「良質な情報を獲得する必要性は明らかであり、これ以上論ずるまでもない」。陸海空軍を問わず、賢い軍人でこれに異を唱える者など皆無である。古代から軍指導者は、敵とその戦力、弱点、意図、配置に関する生情報を常に求めてきた。アレクサンドロス大王は青年の頃、父親のヒリッポスが遠征で不在の際にマケドニアの御前会議で議長を務めたことがあったが、後に征服することになる土地の訪問者に粘り強く質問することで彼らの記憶に留められたという。その質問は、その土地の人口規模、土壌の生産性、横断する道と川の伸び方、街と港と防衛拠点の位置、重要人物の身元にまで及んだ。若きアレクサンドロスは、今なら経済・地域・戦略情報とも呼べるものを収集していたのであり、広大で多様性に富むペルシャ帝国への侵略を始めた際にはその知識が非常に役立った。彼が勝ったのは、マケドニア王国に献身的な部族戦士からなる獰猛（どうもう）な戦力を戦場に送り込んだからだが、それのみならず、ペルシャ帝国を分断し、その弱点を攻め、内部分裂をも利用したためでもあった。

分割統治戦略はたいてい地域インテリジェンスに基づいており、版図拡大の大功績の背景にはこの戦略がある場合が多い。とはいえ、あらゆる場合にそれが当てはまるわけではない。モンゴル人は恐怖心を利用することを好んだ。彼らは抵抗を挫くために、自分たちが迫っていることを知らせた。嘘であろうとなかろうと、恐ろしい評判が高まればなおさら良かったのである。砂漠の中から現れたフラグ〔イル・ハン国の祖〕は一二五八年、イスラムの精神的指導者にしてイスラム帝国の統治者でもあったカリフに対し、バグダードを開城すれば命は助けると約束した。降伏するやカリフは絞殺され〔軍馬に踏まれて殺害されたとの説もある〕、軍勢はさらに移動を続けた。だが、広域を移動する遊牧民族であるモンゴル人は事情通であり、あらゆる遊牧民と同様に、戦のないときには商売をする準備を常に整えていた。市場は、物品はもちろんのこと生情報を交換するための中心的な場でもあり、定住地の境界線に市場を設けることを認めるよう略奪民族――ローマ人にとってのフン族や、たいていはヴァイキング――が要求することも多かった。交易は略奪の前触れであるのが普通だった。ヴィクトリア王朝人が気楽に主張したように、商売が国旗に続くことはあるかもしれないが、その逆であることも時としてあったのである。

　隆盛を極めた帝国にとって、遊牧民は脅威というよりも苛立たしい存在だった。そこで彼らは別の態度をとった。地方統制の周到な手段として、境界線上での商いと市場開設の許可を付与・留保したのである。[1] さらには、積極的な「前進」政策も実施した。第一二王朝のファラオは、定住地エジプトとヌビアの境に奥深い要塞地帯を建設した上、国境部隊を創設して服務規程を発布した。その任務はナイル川流域へのヌビア人の侵入を防ぐことだけでなく、砂漠地帯に入って偵察し、報告することでもあった。テーベで発見されたパピルスに残された一報告にはこう書かれている。「三二人とロバ三頭が通った跡を発見した」。これは四〇〇〇年近く前のものだが、あたかも昨日書かれたかのようでもある。

　古代エジプトの国境問題は極めて御しやすいものだった。ナイル流域の狭さ、周囲を砂漠に囲まれた環境によって、防御策が最小になったのである。これに比べてローマ帝国は四方を敵に囲まれており、陸と同様に海からも攻め込まれるおそれがあったため、機動性のある軍隊はもちろん、手の込んだ固定防御施設によっても守る必要があった。ローマの最盛期には消極的防御よりも積極的防御が好まれ、総じて境界線上よりもその背後の戦略要衝に強力な打撃戦力が維持された。国境防御が厚くなったのは、ローマ帝国の勢いが衰え、外部勢力の勢いが増してからである。

しかし、ローマは盛衰とは無関係に情報収集に大きな注意を払った。カエサルによるガリア征服は、ローマ軍団の優勢な戦闘力によるものだけでなく、カエサルが情報を巧みに利用した結果でもあった。彼はアレクサンドロスが行ったのとまったく同じように、経済・地域情報を収集することに大いに尽力した。さらに、ガリア人の民族的欠点、つまり高慢、激高しやすさ、頼りなさ、回復力の欠如を冷静かつ冷笑的に評価していた。また、彼らの欠点に関して得られた知識を有効活用することにかけても、同じように冷徹だった。部族の性格と分裂に関する詳細な民俗学的知識を蓄積し、それら部族を打ち負かすためにその知識を容赦なく使ったのである。しかし、カエサルはこうした戦略情報以外に戦術情報に関する高度システムも保有していた。その手段が短・中距離偵察部隊である。これは本隊から上限三〇キロメートル前に位置し、敵情と敵の配置を見極めることを目的としていた。これら部隊の指揮官はカエサルに直々に面会することができ、それが重要な基本方針になっていた。

ローマのこうしたインテリジェンス・システムを考案したのはカエサルではない。それは数百年にわたる軍事的知見の産物なのである。ガリア戦時（紀元前一世紀）に、偵察部隊の各種カテゴリーに対する既成語が存在していたことがその証拠だ。軍勢の直前を近接偵察するプロクルサトル、それより遠くを偵察するエクスプロラトル、さらに敵の領地内奥で偵察を行うスペクラトルといった具合である。ローマ軍は地元の密告者や捕虜、脱走兵、拉致（らち）した市民も利用した。[*2] カエサルはこうしたシステムの考案者ではないにせよ、それを専門化し、さらには斥候（せっこう）が指揮官に直々に面会する権利といった重要な特徴のいくつかを制度化した点において評価されてもよかろう。彼はまた、必要とあらば自ら視察にも赴いた。これは危険ながらも時に不可欠な介入だった。結局、四世紀にローマ帝国が危機に見舞われたことにより、皇帝（末期には二人、時には三人以上いた）の一人はほとんど常に軍と行動をともにせざるをえなくなった。偶然にもこれが原因となり、皇帝ウァレンスが三七八年にハドリアノポリスで戦死し、事態がさらに悪化、帝国の崩壊へと至ったのである。ウァレンスは命取りとなった当日の朝、エクスプロラトルと緊密に連絡を取っており、敵の戦力と配置についても彼らから正確な報告を受けていた。その後に起きたことは次のような奥深い不朽の真理を実証するものである。すなわち、「戦争と政争に生き残るには、良質な情報に頼ってさえいればよいというものではない」のだ。[*3]

しかし、システムというものは環境が変わらない限りさほど変わるものではないし、ローマ帝国最盛期の五世紀間（紀元前一世紀から四世紀）を通じ、環境の変化はほとんどなかった。その間、偵察は聴覚と視覚によってなされており、コミュニケーションは口頭による言葉か手書きの至急報によって行われた。伝達スピードはせいぜい駿馬（しゅんめ）のそれと変わらなかった。ローマに当てはまったことは、その後の一五〇〇年間の世界にも依然として当てはまったのである。

五世紀に西ローマ帝国が崩壊したことで、情報組織やその付随組織である便覧・地図出版機関も崩壊した（古代ローマの地図はわれわれには見慣れぬものである。なぜなら、それらは領土の特徴を二次元的に表すのではなく、経路図の形をとっているものが普通だからである。それらが消え去ったことは陣中にある指揮官にとっては大きな損失だった）。それよりさらに由々しかったのは、道路網が徐々に廃れ、やがて完全に衰退したことだった。ローマの道路は基本的にあらゆる天候のもとで軍が迅速に移動できることを目的として建設されたものであり、その保守はローマ軍団によってなされていた。彼らは戦闘部隊であっただけでなく、工兵部隊でもあった。ローマ軍が解体したことにより、橋や渡り場といったローマの輸送網の重要要素に対する土木作業が急に止まってしまったのである。もちろん、こうした道路網はローマの征服期中には存在していなかった。カエサルは商人と地元民を尋問し、道案内を徴用しながらガリアを進んだのだった。だが、ローマ帝国を五世紀にわたって守ったものこそが道路であったし、その頑丈な表面が割れたことによって、長距離の迅速な軍事行動が不可能になってしまったのである。

ローマ人を継いだ蛮族の支配者にとって、それは重要なことではなかった。なぜなら、彼らは局地的な影響力を求めたにすぎないからである。しかし、八、九世紀にカロリング朝のもとで帝国の広大な領域を回復しようという試みが再び始まったとき、道路がないことが再征服にとって深刻な障害となった。古代ローマの境界線の向こうにあったゲルマン地域に入り込もうとした際には、事態は悪化すらした。こうした荒野には道路もなければ簡単に得られる情報もなかった。

中世の兵士が直面した困難については、一四世紀にバルト海沿岸を征服・キリスト教化しようとしたチュートン騎士団の経験を見るといくらか伝わってくる。彼らはプロイセン人とリトアニア人の改宗に貢献した聖戦騎士修道士であり、裕福で、高度に組織化されていた。また、バルト海沿岸に建てられた一連の金城を拠点として活動していた。そこなら攻撃から身を守れ、奥地への聖戦遠征も可能だった。彼らが主として行動したのは、東プロイセンとリトアニア本土との間の一〇〇マイル〔約一六〇キロメートル〕にわたる未定住地だった。そこは湿地や湖、小川、やぶ、森が入り組んだ迷宮地帯であり、道を見つけることなど無理も同然の土地だった。騎士は地元民を偵察員として徴用し、道を切り開かせ、報告させた。彼らの情報は一三八四年から一四〇二年にかけ、軍事便覧『リトアニアの道路事情』(*Die Lithauischen Wegeberichte*)にまとめられた。例えば、リトアニアの現カウナス近郊のサモギティアからヴァンドツィオガラまでの距離は現在の道路を使えば三五マイル〔約五五キロメートル〕ほどであるが、この便覧が説明するところによれば、そこへ行きたい騎士はまず小道を使ってやぶの一画を通り抜けねばならず、それから大きめの林に出るため道を切り開きながらその中を進む必要があり、その後はヒースの荒れ地と別のヒースが現れ、次の二つ目の林は「石弓の一投ほどの距離があって、ここも道を切り開いて中を進まねばならず」、その後に三つ目のヒースと三つ目の林を通り抜けねばならなかった。その向こうにあるのが本当の荒野（Wiltnisse）だった。それについて描写しているプロイセン人斥候の手紙が、『道路事情』の中にそっくりそのまま掲載されている。「神の恩寵（おんちょう）によってゲドゥッテ一行が無事に戻り、貴殿がわれらに実施を求めた全てを完遂したことにご留意のこと。一行はネマン川のこちら側四・五マイル〔約七キロメートル〕と同じ道のりを踏破、その道はネマン川を横断してかの地へとまっすぐ伸びている」。この報告の語調は、これより三〇〇〇年前にヌビアから発せられたエジプト辺境偵察隊のそれを彷彿（ほうふつ）とさせるし、ここに記された土地こそが、一九四一年にドイツの北方軍集団がレニングラードを目指して通過した場所なのである。その際に遭遇した障害は、チュートン騎士にとっては馴染み深いものに思えたことだろう。*4

　不思議なことに、聖地奪還に参加した十字軍は、一一世紀にイェルサレムに到達する際にはさほどの困難に直面しなかった。これより前の一三九四年、チュートン騎士団総長はブルゴーニュ公フィリップから、来年もバルト十字軍があるか否か問われ、こう返答した。「未来の不確実な出来事を予見することはできません。危なげな手段を使って大きな川や果てしない僻地を横切りながら遠征に行かざるをえないのですから、なおさらです。（中略）そのために、われわれの遠征は神の思し召しと天候にも左右されることしきりなのです」。言葉は違えども、現代のインテリジェンス・オフィサーもほぼ同様に答えることだろう。聖地を目指した十字軍戦士はこれとは対照的に、もっと簡単な方法を見つけた。海路を使うか、あるいはイタリアか南欧の東ローマ（ビザンティン）皇帝の領地内に残されたローマ時代の道を使うか、いずれかの方法で移動できたからである。南欧では東ローマ帝国が交通路を整え、必需品を備えつけていた。コンスタンティノープルに着くや、彼らには道案内と護衛が付けられ、トロス山脈に伸びるローマの長大な軍用路上を移動することができた。しかし、今日のトルコ東部に当たる地域はすでにセルジュークトルコの移民に侵略されており、そこの道路は荒れ果てていた上、移動に役立つほかの施設も同様だった——貯水池は破壊され、井戸は干上がり、橋は落ち、村々は放置されていた。遊牧騎馬民族がいかに略奪と無関心によって一地方文明を没落せしめるか、これはその予兆となったのだった。イェルサレムへの最終行程は、ヨーロッパからの旅立ちよりもはるかに厳しかったのである。[*5]

西欧自体の内部で軍事行動を取っていた中世の軍指導者は、効果的な作戦遂行に常に有害な条件があることを見抜いていた。主な問題は、実質的に現金を必要としない社会における慢性的な通貨不足であり、それによって軍の兵員徴募が難しくなった上に、食糧と必要品の供給がほとんど不可能になることが多々あったことである。移動は骨が折れた。全天候型の道路網がなかったことがその理由だが、情報不足も統治者の努力に水を差した。必要とする場所に部隊を集めることができなかったのである。この問題は、九世紀のヴァイキング侵略による危機の最中にとりわけ深刻になった。ヴァイキングは耐航性のある素晴らしく高速の細長いガレー船（ロングシップ）を開発して機動革命を成し遂げており、不意に現れては残忍な襲撃を行うことで現地の防御を圧倒した。彼らはキリスト教世界を脅（おびや）かした第二段階において、下船した地点で多くの馬を捕獲することを学び、それによって内陸の奥地まで暴行と略奪を広めた。ヴァイキングの襲撃に対抗するには海軍を創設すべきだったのであろうが、中世の王の力量ではそこまで及ばなかった。もう一つの頼みの綱は、早期警戒情報をもたらすための情報網をスカンディナヴィア内に整備することだった。だが、そのような洗練された手段は九世紀の王国の能力をなおさら超えていた。しかも、ヴァイキングの世界は詮索好きなよそ者にとっては好ましい場所ではなく、金銭をもってしても口を軽くさせることはできなかった。生情報を売って得られるカネよりも、略奪によって得られるカネの方が多かったし、そもそもヴァイキングは、喉（のど）をかき切ることに喜びを感じるような種族だったからである。[*6]

一四世紀になると、ローマ帝国後の戦争事情は地方統治者にとって有利な方向へと大きく変わっていた。

遊動的な略奪民族――西のヴァイキング、南のサラセン人、東の騎馬民族――の攻撃を鎮圧するという最優先事項のために、すでに固定防御施設の建設が勢いづいていた。この中には一連の障害物や連鎖状の城郭が含まれるが、これによって国境が強化され、辺境地帯が安定し、さらに交易の機会が回復したのであり、これらが相まって全体の繁栄に好影響を与えたのである。王は兵隊に支払うカネを持っていたし、情報を買うカネとエージェントに支払うカネも作り出した。エージェントは旅する商人に交じってかなり容易に移動できたし、国際的な宗教集団に紛れて移動すれば王国政府に疑われることが一番少なかった。戦場における妥当性を公平に裁定する紋章官が、自らの中立性の評判を守るためなら何でもしたことは、英仏間の百年戦争の間にスパイ行為がいかにありきたりになっていたかを示すものである。特使も同じようにふるまったが、紋章官ほどには信用されないことが往々にしてあった。

一四世紀半ばには、フランス北部とオランダにイギリスの広域エージェント網が存在し、イギリスにはフランスのそれがあった。彼らはたいていカネで働く外国人であり、王国政府からは国外在住の修道士あるいは托鉢修道士として認定されていたが、どれだけそれが正確に行われていたかは今となっては証明が困難である。彼らの生情報にどんな価値があったのかについても、同様に謎だ。メッセージを素早く送り届けることは伝達手段が向上した後の時代になっても難しかったが、中世においてはそれ以上に難しかった。道路事情は悪く、馬の借入れも当てにならず、特にフランスからイギリスにメッセージを伝達する際には海が行く手を阻んだ。英国王はそれを改善しようとした。北フランスのヴィッサン港はドーヴァーに最寄りのため、たいてい出発点となったが、そこでは横断料金が法律によって定められた。ドーヴァー海峡のイギリス側では、公用メッセージ用に早馬が国費で備えられた。その費用が有益に使われたことを示す形跡が一つある。一三六〇年三月一五日の日曜日、レディングで開催されていた王室顧問会議に、五〇マイル〔約八〇キロメートル〕離れたウィンチェスターがフランスに攻撃されたとの報がまさにその当日もたらされたのである。ただし、事前警報があったことを示唆するものは何もない。[*7]

極短距離の場合を除き、リアルタイム情報は中世世界においては獲得が本質的に困難だった。敵部隊の移動に先駆けて迅速に情報を送り届けることがどうしてもできなかったからである。こうした状態はその後も数世紀にわたって続くことになる。限られた空間内においてすら、重要な生情報が伝わらないことがままあった。その一例が、三十年戦争の最重要会戦の一つであるリュッツェンの戦い（一六三二年一一月一六日）である。この日の遅く、皇帝（オーストリア）軍とスウェーデン軍はともに戦術的撤退を行った。スウェーデン王グスタフ・アドルフはすでに戦死しており、もし皇帝軍の司令官ヴァレンシュタインが攻撃を再開していれば、スウェーデン側はおそらく負けたであろう。しかし、両軍ともに相手側の移動に気づいていなかった。翌日に戻ったスウェーデン軍は、牽引する馬が不足していたために放棄されていた皇帝軍の大砲を鹵獲した。それにより、皇帝軍の勝利になっていたはずの戦いが敗北に終わってしまったのである。[*8]

一八世紀の欧州軍は、三十年戦争時のそれよりもはるかに専門化されていた。それでも、リアルタイム情報を獲得することは難しいと考えられた。例外的だったのが、フリードリヒ大王による一七四五年のホーエンフリードベルクの戦いである。戦いに先立ち、皇帝（オーストリア）軍がフリードリヒ大王に対抗すべく集結しつつあった。その目的は、一七四〇年にプロイセン王が不法に占領したシュレージエン地方を奪還することだった。フリードリヒ大王はその動きについて大まかな知らせを得ていたが、周囲の丘陵地域から敵をシュレージエンの平地へと誘き出し、敵の攻撃を阻止するのに好ましい位置を占める必要があった。大王が最初に行ったのは、手持ちの二重スパイである皇帝軍司令部付のイタリア人聖職者を使って、プロイセン軍が退却しつつあるという噂を広めることだった。次に、起伏のある土地に自軍を隠し、オーストリア軍が現れるのを待った。敵は自らの動きをまったく隠そうとしなかったため、大王は「観測の原理」（指標）を利用することができた（敵が視界に入れば大まかなリアルタイム情報がもたらされることは分かっていた）。土埃も重要な指標だった。「土煙はたいてい敵の襲撃が近いことを示していた。同じような埃でも襲撃隊の姿が見えない場合は、軍商人と行李が後方に送られているということと、敵が移動中であることを暗に教えてくれた。向こうが見通せないほどの濃い土埃がぽつぽつと塔のように立っている場合は、縦隊がすでに進軍中であることが分かった」。兆候となるものはほかにもあった。うららかな日に剣や銃剣に反射した太陽の光は、一マイル〔約一・六キロメートル〕離れていてもさまざまに解釈できた。フリードリヒ大王と同世代のフランス人であるド・サクス元帥はこう記している。「光線が垂直になっていれば、敵がこちらに向かってきているということを意味する。光線が途切れてまばらであれば、敵が退いているということだ」[*9]

六月三日、フリードリヒはホーエンフリードベルク正面の平地を見下せる監視所にいた。午後四時になろうとする頃に土煙が見え、その向こうにオーストリア軍の巨大な縦隊八列が明るい陽光に照らされながら、プロイセン軍の陣地に向かっているのが徐々に見えてきた。夜の帳が降りると、フリードリヒは夜間行軍を命じた。翌朝、ホーエンフリードベルクの戦いが始まった。

有利な情報に恵まれながらも、フリードリヒは容易に勝利できなかった。軍は数的劣勢にあり、夜間にオーストリア軍とその連合軍に側面に回り込まれていた。戦争でよくあるように、物を言ったのは優勢な戦力だった。フリードリヒの事前のインテリジェンス上の成功は、すぐに価値が消滅してしまったのである。戦いの流れを変えたのは、激戦の最中の大王自身の機転と将兵の猛反撃だった。[*10]

同様なことは、その後の戦争においても幾度となく証明されることになる。欧州外での戦争、特に北米の森林地帯での戦いでは、先住民の協力者が土地に明るく、しかも偵察と奇襲の達人であったこともあり、欧州軍は森の奥地で大敗を喫したのだった。現代のピッツバーグ近郊のモノンガヘラでは、一七五五年にイギリス軍の大軍が数時間のうちに掃討されたが、その際のブラドック将軍の敗北は、アメリカ先住民の協力者に率いられたフランス軍による待伏せに盲目的に入り込んでしまった結果だった。そこは、地図に載ってもいなければ偵察したこともない森林地帯だったのである。両軍で「アメリカの戦争」と呼ばれることになる戦いにおいて、インテリジェンスは重宝され続け、ほとんど常に勝敗の基盤を提供した。欧州の見慣れた作戦行動地においては、フランス革命とナポレオン帝国の大戦争中（一七九二年から一八一五年）、インテリジェンスのみによって勝利がもたらされることはほとんどなかった。このことは、スペインとポルトガルで一八〇八年から一四年まで行われたイギリスの対仏〔イベリア〕半島戦争の期間においてすら当てはまった。情報がどれだけ良質でも、リアルタイムの優位をもたらすには伝達スピードが遅すぎたのである。実際に、ウェリントンが拠ったインテリジェンス手段は、紀元前三世紀にスキピオがスペインの新カルタゴに対する戦役で依拠した手段とまったく同じだった。ウェリントンもカエサルもスキピオも、まったく同じ方法で情報を収集して行動していたわけである。彼らの第一の関心は、地勢（ウェリントンは地図と暦書を膨大に取集していた）と敵の特徴だった。戦術情報――誰がいつどこで何を意図し、どんな能力があるか――の収集はその月、その週、その日に委ねられた。[*11]

ウェリントンはポルトガルとスペイン両国で民衆を味方に付けていた。侵略者のフランス軍は恨まれており、一八〇八年に横暴を働いてからは嫌われていた。ウェリントンには情報を求める必要がなかった。ベルトコンベア式にもたらされたからである。難しかったのは玉石をえり分けることだった。未電化時代の情報収集の例としてこれよりはるかに参考になるのが、未征服地のインドでウェリントンが戦っていた頃の情報組織である。ウェリントン（アーサー・ウェルズリー）は、一七九九年から一八〇四年までインドで軍を率いていた。イギリスは東インド会社を通じてベンガル、ボンベイ〔現ムンバイ〕、マドラス〔現チェンナイ〕の広大な根拠地を管理していたが、インド亜大陸の大半は地方の軍閥あるいは盗賊団の支配下にあった。フランスは外交や賄賂、直接的介入によって対英勢力の多数を味方に付けようとした。一方、英印混成部隊からなる小規模な軍とともに行動していたウェリントンの主な関心事は、力の衰えたムガル皇帝に隷属するティプー・スルタンやハイダル・アリーといった、実質的に自らの軍と国を運営していた独立心旺盛な太守を抑えることだった。

勝つためにウェリントンが必要としたのは、最新の生情報が遠近から途切れなく流入するようにすることだった。そうすることによって敵の動きに先手が打てるし、同盟関係の変化、必需品の集積や徴兵その他、攻勢準備の兆候をあらかじめ警戒できるからである。従来、そうした情報供給を確保するための手段として偵察隊が編成されたが、それはすでに指揮下にある部隊または民衆から徴募した部隊からなるものだった。だが、インドのイギリス軍は別の手段に頼った。既存のインテリジェンス・システムを踏襲し、それをわがものにしたのである。

飛脚「ハーカラ」制度はインドに特有なものだったようだ。インド亜大陸の広大さ、手ごわい地勢、そしてイギリスのインド統治によって鉄道と幹線道路が敷設されるまで長距離道路が欠如していたため、権力の及ぶ範囲は局地に限定されがちだった。一六世紀にムガルの征服者のもとで中央集権化されたときですら、支配権は分散したままだった。デリーのムガル朝は特にインド西部と南部において、有力な地方官吏に権限を移譲するか、土侯と和するかして治政を行った。この制度は、下級王侯会議の結果内容が御前会議に定期的に報告される場合にのみ機能しえた。そこで二つのグループの配信者が調達されることになった。一つは書記のグループであり、これはインドのカースト制度において高位の学者である場合が多かった。もう一つが、口頭や手書きのメッセージあるいは報告書を携えて長距離を高速で移動する「ハーカラ」だった。

時を経るにしたがい、この制度はインド独自の産物である回報を生んだ。これはムガルの御前会議の公用語となっていたペルシャ語で記されていることが多く、高度に定型化された様式で書かれ、たいてい週一回を基本として定期的に発行された。回報は公用書類として始まったが、書記ばかりかハーカラまでもが主体性を得ていたため、親展の新聞のようなものになった。ただし、最終的にはさほど特定個人宛てのものにはならなかった。誰にその回報を配布するかはハーカラの判断するところになったからである。ハーカラ自身は、一面では情報収集員、一面では配達員というあやふやな身分を得た。給料を得る権利はもちろんのこと、御前会議に派遣された一種の地方通信員として認められる権利も得て、遠く離れた中央でほかの権力者のために働いていることが周知された。

ハーカラが生き残ったのは、この制度の両端にいる者にとって彼らが不可欠であり、独立した地位を確立できたからである。だが、それは不安定なものだった。怪しげな知らせや紛らわしい知らせを持っていくと、ムチ打ちにされたり処刑されたりするおそれもあった。ただし、処罰は個人に対するものであり、この制度自体を傷つけることを意図したものではなかった。この制度は一八世紀末にイギリスが徐々にムガル帝国に取って代わろうとする頃には、インドの政治・軍事活動の過程の中にしっかりと根づいていた。インドの行政はそれなしには機能しえなかった。イギリスはムガルの統治力を効率面で再建することに専心しており、ムガルに名ばかりの国家運営を任せる一方、自ら統治してその制度を引き継いだ。彼らは、「教養あるバラモンの文章力と知識を下層部族民の強靭な肉体と走力に結び付けるインテリジェンス・システムを、自らの管理のもとに再編したのである」[*12]

ウェリントンも、ハーカラがいなければセポイ〔インド兵〕を指導する一流の将軍にはなりえなかったであろう。彼はセポイを育成し、虐げもした。後継者も同じことをした。ハーカラ制度が衰退したのは、一九世紀半ばにようやく電信時代が到来し、活字新聞が確立されてからである。それでも、メッセージを携えて長距離を走破する訓練は一九二〇年代に至るまで存続した。それは、官の干渉によっても抑えきれない、新たな知らせに対するインド人の欲求に支えられたためである。これこそ、亜大陸の暮らしに際立った特徴なのだ。なぜインドが第三世界で最大かつ唯一の真の民主国になり、今もそうあり続けるのか。それは、生の情報を求める市民の飽くなき渇望のためなのである。

リアルタイム・インテリジェンス：いつ、どこで、何を、どのように

新たな知らせを適時に有効活用すること――これは、現代のインテリジェンス実務の黄金律である「リアルタイム」インテリジェンスを可能な限り正確に定義したもの――が軍事的に考慮されることは、古代ギリシャ・ローマ世界においてのみならず、ウェリントンの時代においてすらめったになかった。そうしたことを知っている者はどれだけいるだろうか。アレクサンドロス、カエサル、ウェリントンは皆、現代の考え方からすれば特殊な制約の中で行動していた。その制約とは、人や馬が走っても行けないような距離では、通信速度が極めて遅かったということである。最優秀のハーカラには、二四時間で一〇〇マイル〔約一六〇キロメートル〕移動できる走力があるとされたが、懐疑者はその半分がより現実的と考えた。それよりも、走者が三時間ほどで二六マイル〔約四二キロメートル〕を完走する現代マラソンの方が、電化時代が到来する前のリアルタイム・インテリジェンスがどのようなものであったかをよく示してくれるだろう。未電化時代の陸軍や海軍は、一〇〇マイルに満たない「情報の水平線」内で活動していた。昔の指揮官たちが戦略情報に非常な重きを置いた所以（ゆえん）である。戦略情報とは、敵の特質、その規模と能力、配置、作戦地の地勢、もっと一般的には、敵の軍事組織が拠って立つ人的・天然資源のことである。そのような要素に基づく推測から、前近代的世界の将軍たちは計画を立てたのだった。「リアルタイム」情報――敵は昨日どこにいたか、その縦隊はどちらの方向に向かっていたか、今日はどこにいると見るのが現実的か――とは、得体の知れない生情報だったのであり、実戦場において得られることはめったになかった。一九一四年という最近にな

ってすら、二週間近くにわたって独仏ベルギー国境を突き進んでいたフランス軍騎兵一〇個師団が、数百万のドイツ軍部隊の前進を完全に見逃しているのである。フランス軍偵察部隊は一九四〇年に同じ場所でまたも探知に失敗した。戦略情報は有益なものである。しかし、それが実時間と実空間に優位をもたらすことはまずない。だからこそ、ほかの何かが必要なのである。それはいったい何なのだろうか。いつ、どこで、何を、どのように、という重要な問いに答えることでこちらが有利になり、敵には不利になると、どうして断言できるのか。それが本書のテーマである。

リアルタイム情報を獲得するには、まずもって陸上あるいは水上での敵の移動速度をかなり凌駕する通信手段を指揮官が利用できなければならない。一九世紀までは、時間的に優位に立てたとしても、その差益は非常に小さかった。軍の進撃速度を時速三マイル〔約五キロメートル〕として計算すると、斥候の馬の速度はそれの約六倍である。しかし、斥候は往復しなければならないから、時間的な差益は半分になってしまう。しかも、斥候が接敵して帰ってくる間にも敵は前進するだろうから、差益はさらに小さくなる。古代の戦争においては、奇襲を成し遂げることが途方もなく困難であったことは驚くに当たらない。セルジュークトルコが一〇七一年にマンツィケルトで華々しく見せつけたように、奇襲が難しいのは往々にして裏切りがあったからか、偵察に完全に失敗したからか、あるいはその両方があったからでもある。マンツィケルトでは、ビザンティン軍の騎馬隊が遁走したことによって、指揮官が盲目状態になってしまったのだった。

マンツィケルトは「遭遇」戦であり、両軍が同時に前進中に起きたものだった。より典型的なのは、前進中の軍が防御態勢にある軍の前哨隊に偶然出会うといった状態である。前哨隊は即座に警報を発し、遭遇戦におけるように出たり戻ったりする必要がなく、後退するのみでよく、早期に警報を発することができた。例えばウェリントンはワーテルローの戦いで奇襲を受けたが、それは戦略的なものであって戦術的なものではなかった。フランス軍がイギリスの前哨隊に遭遇したことによって、ウェリントンは〔一八一五年〕

六月一六日にカトル・ブラで遅滞戦を戦うことができたのであり、前もって偵察したワーテルローの主陣地まで、その二日後に後退することができたのだった。

最近まで、海上で奇襲を完遂することは地上でそれを行うのと同様に困難だった。事実、海戦における旧来の問題は、敵対する艦隊が互いを見つけることに尽きた。海戦が狭い海域、つまり「航路」で起きる傾向があったのはこのためであり、そこは以前に戦いが起きた場所であることが少なからずあった。一九世紀初めに旗信号が発明されたことにより、複数の船を相互に視認できる最大距離――一二海里〔一海里は一八五二メートル〕間隔――に配置し、船の連なりを十分に長くすれば、理論上は数百海里の海域に及ぶ早期警戒網を形成することができた。実際には、提督たちには船が十分にあったためしがなかった。いずれにせよ、彼らは手持ちの船を集中化することを好んだ。散開したまま戦闘に持ち込まれる危険性が、奇襲される危険性を上回ったからである。奇襲を受けても、再集合信号が届く範囲内に自分の船があれば戦列を組めた。船を散開させ、再集合信号の到達範囲外で索敵を行っている場合は、そのような望みは皆無だった。遠洋を真に支配できるようになったのは、ようやく二〇世紀劈頭に無線電信が発明され、艦隊に採用されてからだった。しかし、そのときになっても古い習慣はなかなか廃れなかった。船乗りは自分の目で見ることを好むからだ。

当然のことながら、目視はリアルタイム・インテリジェンスの基本的かつ最も直接的な手段である。電信時代が到来する前がそうだったし、電子表示画面の時代において再びそうなっている。その中間期の一九世紀中期に電気電信が発明され、二〇世紀初頭には無電がこれに取って代わり、耳聴が優位に立った。今ではほぼ同格である。あらゆる形態の無電は軍事通信の中核的手段である。戦略的にはファクスやEメールによって電子的に送信される文書メッセージに比べて重要度が下がっているものの、戦術的には即時性と緊急性のために優位を占めている。激戦の最中に前線と指揮官の間でやり取りされる音声連絡によってこそ戦闘は成り立つのであり、この事実はカエサルが紀元前五七年にサンブル川でネルヴィ族と戦った際に、第Xローマ軍団の前線指揮を自分で執ったときから変化していない。「百人隊長を名前で呼びながら兵の士気を大声で鼓舞した」カエサルは、戦いの勢いを変え、心理的優位をローマ側にもたらし、そしてガリアの敗北を決したのである。

聴覚通信――トン・ツー音を使うモールス通信、人間の音声を使う無電送信――の黄金期は比較的短かった。その期間は、軍事の舞台では一八五〇年頃から二〇世紀の終わりまで続いたが、深刻かつ苦い空白期間によってしばしば中断された。特に第一次世界大戦がそうである。この戦争においては、膠着した東西の戦線に対して行われた集中爆撃によって機動戦が始まるや否や有線通信が破壊されたのであり、通信部隊は扱いにくい電力供給源に依存しない小型無線機をまだ入手できていなかった。リアルタイムにおけるインテリジェンスが不可能になってしまったのである。指揮官には近傍以外の前線部隊の声が聞こえなくなったばかりか、ほかの連絡手段も全て失われた。これによって戦闘の方向性が失われ、大混乱に陥ったのだった。

海では違った。タービン推力の軍艦においては強力な電流がいつでも使えたため、艦隊内と構成部隊間の無電通信は一九一四年には標準的なものになっていた。ただし難点もあった。この時代の送信機には指向性がなく、混線が生じた。その深刻さは、小艦隊を統率するのに提督が引き続き信号旗に頼ったほどである。とはいえ、海軍の意思伝達手段の将来が無電にあることは、一九一八年には明確になっていた。

だが、通話式の無線電話（radio telegraphy=R/T）に未来はなかった。これはモールス信号における無線電信（wireless telegraphy=W/T）と区別される。R／Tは安全性が低い。それを傍受した敵は本来の受信者と同じだけの情報を得ることになる。しかし、保護することは可能だ。大西洋の戦いで対潜護衛艦に使われ、絶大な効果をもたらした艦船間通話（ＴＢＳ）システムのように、超短波（ＶＨＳ）指向性送信にすればよいのである。しかし、これは安全な通話手段としては本来的に短距離のものである。電波でメッセージを長距離に送信する安全かつ唯一の手段は、暗号化することだ。これは実質的にW／Tへの回帰だった。逆説的だが、通話の柔軟性と即時性が戦略的にも戦術的にも（限定的な状況を除いて）否定されたのは、通話という手段の安全性が低いからだった。二〇世紀が終わりに近づくにつれ、海戦はますます電子化された。無電から派生した各種装置、すなわちレーダー、ソナー、短波方向探知機（HF／DF）が登場したからである。その一方で、高レベルの長距離通信は無線電信の水準に留まった。暗号化あるいは符号（コード）化の必要があり、できあがったメッセージはモールスで送られたからである。

　しかし、それでは送受信に時間がかかってしまう。これこそ、陸空軍兵士が音声通信を自由に行った理由なのだ。両軍の通信にも暗号化、コード化という同じ義務が課されてよいはずなのにそうならなかったのは、流動的な近接戦闘に夢中になっている両軍兵士には、そんなことをしている時間的余裕がまったくなかったからである。戦術コード――例えばイギリス陸軍のスライデックス――も開発されたが、それでも時間がかかった。単座戦闘機のコックピット内で暗号化するなど、どんな形態であれ無理だった。だからこそ、あらゆる国の陸空軍は戦術的な傍受機関を設置しているのである。イギリス軍の「Y」は、音声による敵の戦術無電通信を傍受していた。[*13] Yが非常に価値ある戦闘情報をもたらしたことも多々あった。例えば、英本土航空決戦（バトル・オブ・ブリテン）の最中、イギリス軍の傍受局は、本土レーダー連鎖網によってもたらされる空襲警報の先手を打つことができた。フランスの飛行場を飛び立つ前に整列しているドイツ空軍兵の会話を傍受することができたからである。

　にもかかわらず、Yの軍事的価値は限定的かつ局地的なものだった。第一次世界大戦以降、重要な無電通信は常に暗号化あるいはコード化され、暗号文を平文（ひらぶん）にできる戦闘部隊のみが敵と互角に戦うことを望みえたのである。大国の能力は国ごと、時代ごとに変化した。例えば、二〇世紀の四五年にわたる独英間の軍事闘争において、ドイツは第一次世界大戦の初期に海軍コードの安全性が失われたことに気づかず、それを回復することはなかった。イギリスは、捕獲と知的努力によって一九一四年には敵のブックコードを再現することができ、これ以降、ドイツの高レベル通信を意のままに読むことができた。戦後は自信過剰——秘密通信に繰り返し影響を及ぼしているもの——のために、イギリスは自らのブックコードが破られることはないと信じていた一方、ドイツは一九三〇年代にイギリスのブックコードを解読した。ブックコードは内在的に秘密文書の安全性が確保されていない手段である。ドイツは同時に、機械式サイファーシステムであるエニグマを採用した。これは第二次世界大戦に至る直前まで、敵——ポーランド、フランス、イギリス——の暗号分析官の攻撃に耐えることになる。ポーランドは一九三九年以前にエニグマ解読に成功したが、ドイツが大戦勃発前に機械暗号化を多様化したため、努力が無に帰してしまった。

リアルタイムに情報を得る手段は目視と耳聴以外にもある。特に、写真情報と今日の衛星監視による間接的目視がそれである。ヒューマン・インテリジェンス——ヒューミント、すなわちスパイ行為——も、一定の状況においては喫緊の生情報をもたらしうる。しかし、これら二者は遅れる傾向にあるし、寝返る傾向もある。撮像は、いかに得られようとも分析を要する。不明瞭であることが往々にしてあるし、専門家の意見が割れることもある。例えば、一九四三年にペーネミュンデにあるドイツの無人飛行兵器の開発現場からイギリスに持ち帰られた証拠写真には、V2号ロケットとV1号飛行爆弾の双方が写っていた。だが、これらの兵器はしばらく認識されずにいた。前者のケースでは、発射位置にある直立したロケットを分析官が識別できなかったためであり、後者の場合は、V1号の像があまりに小さかった——縦横二ミリメートル未満——ため、見逃されてしまったのである。しかし、無人飛行兵器の証拠写真はかなり鮮明だったし、別の情報によっても裏づけられていた。それらは、識別しようとしているはずのものが何であるかを画像分析官に示すものだった。彼らには、自分たちが「ロケット」と小型航空機を探し求めているということが分かっていた。それにもかかわらず、目の前の証拠を識別することができなかったのである。

証拠を見ても、それがどのように見えるかを分析官が事前に正確に分かっていない場合、画像分析はどれほど困難になろうか。アルカイダ・テロリストの潜伏場所、イラクの違法な兵器開発センターの掩蔽壕などがそれである。画像インテリジェンスは挫折を招く障害に富んでいる――針は何本もあるものの、それが隠れている乾草が膨大にあるのだ。

ヒューマン・インテリジェンスは別の制約に悩まされることがある。第一に、効果的な速度で本拠と連絡することが難しい。第二に、送った生情報の重要性を本拠に納得させることができない。ヒューマン・インテリジェンスの世界はあまりに作り話に覆われているので、その有効性を明確に証明することは困難である。とはいえ、例えばイスラエル対外情報機関は、一九七三年に同国がエジプトに攻撃される前にエジプト内に高位の「浸透工作員」を運営していたようではある。エジプト政府は攻撃の決定に躊躇していたので、そのエージェントは矛盾する報告を次々と送ったが、ともかくもその結果、攻撃されたときにはイスラエル軍はすでに厳重警戒警報を発していた。真偽はともかく、この物語にはどうにも疑問が残る。それは、このエージェントはどうやってリアルタイムに連絡できたのかということだ。リヒァルト・ゾルゲの場合はまったく別である。彼は高い地位にいた上、連絡用の装備にも恵まれていた。秘密の無線機があったからである。彼にとっての問題――それについては自分でも気づいていなかった――は、自分の発信に確実に耳を傾けてもらうことだった。ゾルゲは筋金入りの共産主義者であり、コミンテルンの長期エージェントでもあったが、第二次世界大戦より前にドイツの新聞記者として東京で高い評価を得ていた。生まれも国籍もドイツであり、愛国者とすっかり思われていたゾルゲは、ドイツ大使館員と懇意になり、外交官にとって有益と思われる日本事情に関する生情報を伝えてやったことで、ついにはベルリンに送る報告書の下書きをする大使の手伝いを始めるまでになったのである。その結果、シベリアからソ連を攻撃して同盟国ドイツを支援する意図が日本にはないという言質を、一九四一年のおぞましい夏の間にモスクワに知らせることができたのだった。また、これ以前にはドイツの侵略意図について説得力ある警報も発しており、六月二二日という日付すら正確に特定していたのである。スターリンはチャーチルなどからも別の警報を受けていたが、それらを無視することにし、ゾルゲのそれも無視したのだった。戦争のことを考えるのはあまりに不愉快だったので、石油などの戦略物資を配送してやればドイツを買収できると信じたがったのである。日本がシベリアに侵攻することはないという言質についていえば、スターリンは六月二二日の攻撃以前にすでにソ連駐屯軍の大部分をシベリアから引き揚げており、ゾルゲの警告は、たとえ留意されたにせよ、思われているほど重要な戦略情報ではなかったというのが実情である。[*14]

第二次世界大戦におけるほかの有名なヒューミント組織としては、ドイツの「赤いオーケストラ」とスイスの「ルーシー・スパイ網」が挙げられる。これらもリアルタイム情報の伝達媒体としては信憑性に欠けるが、その理由はゾルゲの場合とは違っていた。ヒューミントの世界で身元が特定された工作員の中で、ゾルゲは無類と呼んでもよい。質の高い情報を確実に入手でき、それを素早く本拠に送ることができたからである。赤いオーケストラは左翼がかったドイツの上流階級の組織で、好事家の集団だった。リーダーは二重姓のドイツ空軍将校であり、不正を働く刺激に夢中になっていたように思える。彼らは取るに足りない情報をモスクワに送り、基本的な安全策を欠いていたために馬脚を現し、すぐにゲシュタポに追い詰められた。戦時中、ルーシー・スパイ網——実際はルドルフ・レスラーという個人——によってスイスからモスクワにもたらされた生情報の多くは、レスラーが熟読していたドイツの新聞が出所となっていた。それ以外は、ドイツ防諜部アプヴェアとの接触を維持していたスイス人からもたらされたものだった。そのスイス人は、ドイツが戦争に勝てば自国が合併されるのではないかと恐れていた。アプヴェアは、難解であるにせよ表裏両様の計に長けていたわけである。レスラーは派手な夢想家集団に属していたのかもしれない。その集団は第二次世界大戦の初めから終わりまで、多くの国の情報機関の予算で私腹を肥やしたのだった。[*15] いずれにせよ、彼にはモスクワに連絡するための送信機がなかったのである。

迅速かつ安全に連絡する能力は、リアルタイム・インテリジェンスを実践するための核心である。スパイ小説の中では、中心人物であるミステリアスなエージェントが嬉々としてそれを使うことはめったにない。実際のエージェントはスパイ運営担当官に――秘密の投函箱や何気ない通信文の中に仕組まれたマイクロドット、クーリエとの会合、何より無線で――連絡しようとするときに最も無防備となる。スパイの伝記はつまるところ、ほとんど常に通信の不具合による暴露の物語なのである。第二次世界大戦中にフランスで活動した特殊作戦執行部（ＳＯＥ）のエージェントの大部分は、ドイツの無線カウンター・インテリジェンスによって発見された。ベルギーで活動したエージェントも同様であり、今ではよく知られているように、あるときなどはオランダに送り込まれたエージェントが、ＳＯＥの送信網を操ったアプヴェアに現場で一網打尽にされたのだった。カウンター・インテリジェンスが嘆かわしいほど緩い場合ですら、有罪が確定したケースもある。悪名高い「失踪した外交官」事件のドナルド・マクリーンがそれだ。マクリーンには、ソ連の運営担当官と週二回ニューヨークで会うためにワシントンを離れるという習慣があり、それによって、遡及的にせよ、最終的に有罪が確定したのだった。[*16]

そもそも、「アクセス」を有するエージェントにとってすら、通信には内在的な困難が伴うのであり、これこそが彼――場合によっては彼女――のリアルタイムにおける有用性を制限してしまうのである。対照的に、敵の暗号通信を素早く解読できれば、その性質からして、質の高い情報がリアルタイムでもたらされよう。

したがって、軍事インテリジェンスにおける「いつ、どこで、何を、どのように」の歴史は、大部分が信号インテリジェンスの歴史なのである。とはいえ、全てがそうではない。ヒューミントもその一部を演じてきたし、最近では画像インテリジェンスや監視インテリジェンスもそうである。しかし、原則として、敵に気づかれずに行う通信傍受は敵の意図と能力を暴いてくれるし、それによって適時に対抗策を講じることができるようになるのである。

こうした見方は、これから見ていく事例研究によって立証されよう。ただし、一つ例外がある。それは一九四一年五月にドイツ空挺部隊によって行われたクレタ急襲の事例研究である。これは、最上のインテリジェンスですら、それから益を得られないほど防御が弱すぎれば役には立たないということを論証するために意図して選んだものである。その他の研究――特に大西洋の戦いとV兵器に関するもの――については、脅威を打破する要素の重要性を強調するためのものである。それはつまり、最初のケースにおいてはインテリジェンス以外の要素の重要性であり、第二のケースにおいては画像インテリジェンスとヒューミントの重要性である。本書は、信号インテリジェンスが出現していなかった時代の情報戦に関する研究から始まる。ネルソンによる一七九八年の地中海戦役と、ストーンウォール・ジャクソンによる一八六二年のシェナンドア渓谷における戦役についての事例は、現代の情報収集者とその利用者に過大な期待をする――あるいは過小な期待しかしない――向きに再考を迫るものとなろう。

軍事作戦で成功するにはインテリジェンスが必要不可欠であることは社会的通念の一つになってきている。賢者ならこう言うだろうか。インテリジェンスは一般的には必要であるものの、勝利への手段としては十分ではない、と。戦争の勝敗は常に戦闘の結果であり、戦闘で物を言うのは常に先見よりも精神力である。異を唱える向きにはそれを覆す例を示したい。

第二章　ナポレオン追跡戦

正確な情報は、帆船時代には希少で価値あるものだった。正確な情報はいつの時代でも当然のことながら希少なものだが、レーダーも無線も、ましてや衛星監視もない時代において、海は未知の領域だった。水平線は越えがたい障害であり、艦長の視界を広げる手段は、六ノット〔一ノットは時速一八五二メートル〕そこそこで波を冒しながら進む鈍重な軍艦だった。艦隊司令官は麾下（きか）の艦と帯同フリゲートを一二海里ほどの間隔に配列することによって、指揮範囲を拡大することができた。一二海里は、マストの先端と先端を使って相互に視認と連絡が行える最大距離である。それでも、発見の報を伝えることは偶然のなせる業だった。ハウ卿提督は、付近にいることが分かっていた一三九隻のフランス護送船団の所在を確証するために八日にわたって海上を捜索しなければならず、その後ようやくフランスの護衛艦を一七九四年の「栄光の六月一日」海戦へと導くことができたのである。この迎撃が特筆すべきものとして見なされたのは当然だった。この際の戦闘は、当時のほとんどの海戦——それ以前は全ての海戦——が海岸から五〇海里以内で戦われていた時代に、陸地から四〇〇海里離れた場所で行われたためである。

さらに、提督たちは主力艦を偵察目的で散開させておくことを好まなかった。敵に不意を突かれないよう集中運用する必要があったからである。生情報を収集する必要性は、火力を指揮官の手元に集中しておく必要性と常にバランスを取らなければならなかった。艦隊の戦力は個々の構成単位にあるのではなく、艦首と艦尾を数百フィート間隔の隊形にした戦列にこそあった。孤立した艦は数的優位にある敵に「各個撃破」つまり一隻ごとに撃沈された。したがって、主力艦の索敵（さくてき）艦であるフリゲートが重要だったのである。これは主力艦よりも小型で敏捷であり、水平線とその向こうへと索敵に向かわせることができた。

フリゲートを十分に保有した提督は一人もいなかった。それを求める声は多岐にわたり、通報艦として、通商破壊艦として、あるいはまた船団護衛艦として軍務に求められた。そうした任務によって、索敵艦や「中継艦（リピーターシップ）」として利用できるフリゲートの数は絶えず減少した。「中継艦」とは、戦列付近にいて旗艦の信号をなぞる船のことである。旗艦の姿は付近の艦に隠れてしまうことが多々あったため、中継艦によって前衛から後衛まで信号が見えるようにしたわけである。フリゲート不足は尋常ではなかった。この艦は戦列艦よりもはるかに小ぶりで、排水量は戦列艦の三分の一か四分の一であり、人員は戦列艦の八〇〇人に対してわずか一五〇人ほどとずっと少なく、建造費もわずか五分の一だった。こうしたから、戦列艦よりも多く作られてもよいはずだが、実際はそうではなかった。フランス革命戦争当初の一七九三年、イギリス海軍は一四一隻の一等、二等、三等艦を保有しており、これらは一〇〇門から七四門の砲を備えていた。四四門から二〇門を備えた五等、六等艦のフリゲートは一四五隻が存在したのみであり、[*1]一七九八年になっても依然として二〇〇隻しかなかった。地中海艦隊司令官だったネルソン提督が、もし自分が死ぬようなことがあれば「わが心臓にフリゲート不足と刻印されているのが分かろう」と警告したのも驚くに当たらない。

フリゲートは索敵艦として不可欠だったが、その価値は当時使われていた信号システムの限界によって限定的なものとなった。それは単に、旗――当時は旗が通信の基本的手段――を遠距離で見分けるのが望遠鏡を使っても難しいということだけではなかった。旗を配列して生情報を伝達する網羅的システムが未だ発明されていなかったためである。一七世紀以降、例えば赤色旗をミズンマスト〔メインマストの直後にあるマスト〕の頂きに掲げると特定の作戦行動を命じるといった具合に、さまざまな慣行があった。一八世紀末までに大半の工夫が出そろい、一七八二年には海峡艦隊司令官の職にあったハウ提督がコードブックを発行した。これはほかの多くの方法に取って代わるものであり、三つの旗で九九九の事柄を、四つでは九九九九の事柄を表すことができた。ただし、ハウの信号帳は複式ではなかった。受け手は旗が何を意味するのか、ページに載った絵を一つひとつ調べながら解くことができたが、送り手はメッセージを組み立てる前にどの旗を揚げる必要があるのかを知っておかなければならなかった。ホーム・ポパムが『遠隔信号ないし海事語彙（ごい）』を発刊した一八〇一年になって、ようやく送り手と受け手が同じ土俵に立てたのである。ポパムは頭脳明晰な船乗りであり、それまでの何千という海軍士官たちが見逃してきた自明なことをまさに一瞬にして見抜いたのだった。彼の業績は、ほぼ同時代人で初の分類語彙辞典（シソーラス）を編纂したロジェの業績に匹敵する。ポパムは言語がどのように使われているかを分析し、単語に数値を与えて数字を表す旗をそろえれば、信号を送ることができると考えた。例えば、212が「錨索」を意味するのなら、数字旗の2、1、2を使う。3を意味する数字旗を四番目に加えれば、「錨索を一本分けてもらえないか」と読める信号ができる。最初の信号を作るには、送り手はまず複式本の中で「錨索」を調べ、次にそれにふさわしい旗、つまり「信号旗」の組み合わせを選ぶ。それを読むには、受け手は2123を調べ、メッセージの意味を得る。[*2] 特殊な標識を使うと、旗は数値ではなくアルファベットを意味するものと示すことができ、単に文字として読むよう指示することができた。語彙にない非慣用語は、そうやって一文字一文字つづるわけである。ポパムの最終版の信号書では、二四の旗（そのうちの一〇旗は数として二役を演じた）と、一一の特殊な標識を用いて二六万七七二〇とおりの信号を作ることができた。

彼のシステムは今日に至るも使われている。だが、一七九八年にはまだ使われておらず、イギリス海軍はハウ提督の単式信号書という媒体を通じ、艦同士の通信をよどみなく行おうとしていた。したがって、生情報を明瞭に伝達したり、質問や命令を明確に受信するために、フリゲート同士を密着させたり、あるいは本隊に近づけたりすることに多大な時間が費やされたわけである。晴天のある日の地中海で、信号士官が望遠鏡をパチンとたたみ、視程のぎりぎりにちらりと見えた色とりどりの旗の意味を自信満々に上官に説明できるような日々は、まだかなり先のことだったのである。

　信号の送受信は誤りやすいが、一八世紀最後の一〇年間において、それは海洋作戦を実施する上で決定的な要素ではなかった。それよりもフリゲート不足の方がはるかに重大だった。しかし、とりわけホレーショ・ネルソンのような提督にとって、信号は重要な要素だった。ネルソンの頭脳は休むことを知らず、チェス名人が巧みに駒を動かすがごとく船と海岸線との相対位置を計算し、麻薬常用者が衝動強迫に駆られるがごとくあらゆる生情報を使い尽くし、大資本家が商売敵を排除しようとするがごとく戦闘においては容赦ない決断をした。ホーム・ポパムの信号システムがあれば、索敵の際に必ずやネルソンの役に立ったことだろう。このわずか数年後にポパムのシステムが使えるようになったとき、ネルソンはそれを熱狂的に取り入れた。事実、一八〇五年一〇月二一日にトラファルガー海戦の戦端が開かれた際に送られた最も有名な旗信号「英国は期待す」〔全文は「英国は各員己（おの）が義務を果たさんことを期待す」England expects that every man will do his duty.〕では、ポパムの旗が八組使われ、「義務」（duty）だけはアルファベットで一字一字つづられたのである。

　トラファルガー海戦の日、ネルソンはフランス・スペイン連合艦隊を視界の中にはっきりと捉（とら）え、五月に始まった長い追跡の末に交戦となった。それまでネルソンは、六月に大西洋を横断して西インド諸島に達し、八月にイギリス海峡の入口に再び戻り、九月にはついにジブラルタル海峡の南にたどり着き、敵が一〇月に出帆するまでカディスを封鎖していたのだった。ネルソンは出だしからいくつもの過ちを犯し、見当違いの追跡を何度も行ったが、いったんヴィルヌーヴ提督が地中海からジブラルタル海峡を抜けて遠く大西洋へと出ると、かなりの確信を持って敵は西インド諸島に向かっているはずだと推測することができた。トラファルガー戦役はやがて戦略的軍事行動の勝利を実証することになった。ただし、情報活動としては、少なくとも終盤では複雑なものではなかった。

それとは極めて対照的なのが、ネルソンがそれ以前に行ったフランス艦隊の追跡、発見、撃滅である。一七九八年、独立司令官に昇進したばかりのネルソンは、一七九六年末から地中海を不在にしていた戦隊を率いてそこに戻る任務を授かった。フランス南部にある敵の主要海軍基地トゥーロンを外部から監視するためである。ナポレオン・ボナパルト将軍がそこに集結した軍を指揮していることや、フランス艦隊の保護のもとに輸送船も集まっているということ、さらには、イギリスの権益に対する上陸作戦を目的とする遠征が計画されているということは判明していた。問題は、それが向かう先はどこかということだった。大ブリテン島自体なのかアイルランドなのか。南イタリアなのかマルタなのか。はたまたトルコなのかエジプトなのか。これらは全てナポレオンの到達圏内にあり、特にマルタはほかの地への足がかりとなった。エジプトのかなたにはインドがあった。イギリスは、一七八三年に北アメリカで失った帝国の海外領土の代用地をインドで再建中だった。もしナポレオンが探知されずに海に出ることができれば、地中海がその足跡を覆い隠してしまうだろうし、ネルソンがナポレオンの行き先を突き止めることができるのは、ナポレオンが大失態を演じたときのみだった。見張りが昼夜を問わずその脅威に怯えるのは間違いなかった。ネルソンは動揺した。彼はフランス軍が出港する前、「敵はシチリアとサルディニアに向かい、ナポリ王国を一撃で破る」か、あるいは「マラガに向かい、スペインを横断して」イギリスの旧来の同盟国ポルトガルを侵略することもあろうと予想していた。敵が出港した五月末以降は追跡に懸命になった。あるときは正しい方向に、あるときは間違った方向に、またあるときは後方で、あるときは前方で、あるときは見当違いの大陸で。そしてついに獲物を見つけ出した。それまで獲物の臭いが鼻先で消えてしまったことも何度かあったし、誤算によって道に迷ったこともあった。しかし、ＨＭＳ〔英海軍艦艇の接頭辞 His／Her Majesty's Ship の略〕『ゼラス』の見張りがナイルデルタの東に位置するアブキール湾内にマストを発見した八月一日午後一時、ネルソンは七三日前に始まった追跡劇が今ようやく終わったと安堵したのだった。そこに至るまでの経緯こそ、作戦インテリジェンスに関する史上もっとも注目すべき出来事の一つとなっているのである。

一七九八年の戦略情勢

ナポレオンは依然としてヨーロッパ世界を統治していなかった。彼がフランス皇帝として治世を行うのは一八〇四年五月以降のことである。彼はまだ第一統領にすらなっていなかった。その地位に就任したのは一七九九年一二月のことだった。しかし、すでにフランス共和国の有力政治家になる見込みがあったし、フランス軍がヨーロッパを支配した際の傑出した将軍であることも疑いなかった。オーストリアとプロイセンによって一七九二年に結成された第一次対仏同盟は、その後イタリアのサルディニア王国を加え、フランスがスペイン、オランダ、イギリスに宣戦布告したことによってさらに拡大したが、一七九〇年代に徐々に分断されていった。オランダは一七九五年初頭に占領され、フランスの支配のもとでバタヴィア共和国として再編されていた。プロイセンとスペインは同年末に和睦し、一七九六年八月にはフランスの圧力のもとでスペインがイギリスに宣戦布告した。これによって大西洋と地中海の港が英海軍に閉ざされることになり、しかもスペイン大艦隊の戦力がフランス艦隊に加わったのだった。

一七九六年、若き将軍ナポレオンは北イタリアで華々しく連戦連勝し、高まる名声を確たるものにした。同年五月、ロディの戦いで敗れたサルディニア王は和睦し、ニース港とサヴォイ地方をフランスに割譲した。同年後半にかけ、ナポレオンはオーストリア帝国の北イタリア支配地から同国軍を追い出すべく攻撃を繰り返し、カスティリオーネとアルコレでこれを破った。マントヴァ要塞の周辺で数週にわたって行われた軍事作戦の後、ナポレオンはついに一七九七年一月一四日、リヴォリで圧倒的勝利を収め、オーストリア軍はオーストリア南部へと敗走した。オーストリア皇帝は和平を求め、一〇月にカンポ・フォルミオで講和条約が締結された。この合意には、イタリア北部にフランスの傀儡(かいらい)チザルピーナ共和国を建国することと、オーストリア領オランダ（ベルギー）をフランスに割譲することが含まれていた。一七九八年二月、フランス軍はローマを占領し、教皇を虜囚(りょしゅう)とした。また、四月にはスイスを占領した。

こうした一連の征服の結果、和平を拒否していたイギリスには小国ポルトガル以外に同盟国が一国もなくなり、大西洋に面したポルトガルの港以外、ヨーロッパ大陸には一つの基地もなくなってしまった。ロシアはフランスの影響力に依然として抵抗していた唯一の強大な大陸国家だったが、本心は隠したままだった。バルカンとギリシャ、ギリシャ諸島、シリアの覇者であるトルコ、有名無実の大君主エジプト、そしてチュニスとアルジェの海賊公国はフランスの同盟国に留まっていた。旧来からの海洋国ヴェネツィア共和国はカンポ・フォルミオ条約によってオーストリアに割譲されたが、まもなくフランスに譲渡されることになる。デンマークとスウェーデンといったスカンディナヴィア王国の対外政策は、フランスのそれに盲従するものだった。その結果、北欧の海岸線や地中海南部の海岸線——弱小国のナポリ王国、ポルトガル、マルタ諸島以外——でフランスの管理下にない部分は一マイルたりともなくなってしまった。バルト海はイギリスにとって事実上、閉鎖された。イギリス海峡も、大西洋や地中海諸港も同様だった。イギリスの昔ながらの海外拠点はジブラルタルを除いて全て失われた。イギリス政府は一七九六年一〇月、一七世紀中期からほぼ一貫してプレゼンスを維持してきた地中海から艦隊を引き上げざるをえないと考え、本国水域に海軍を集中する必要に迫られていると判断した。イギリスは実際に侵攻の脅威に曝(さら)されていた。もしジャーヴィス提督が一七九七年二月にサン・ヴィセンテ岬沖の大西洋でスペイン艦隊を破らなかったら、あるいはもしダンカン提督が一〇月にキャンパーダウンの戦いでオランダ艦隊を破らなかったら、イギリスの敵はイギリス海峡を渡る必要条件を満たすに足る合同戦力を獲得していたかもしれない。

これら二つの勝利によって敵の海軍戦力が減少したにもかかわらず、英海軍は脅威を封じる自身の能力に自信を持てなかった。一七九七年一〇月、圧力を維持するために編成された「英国派遣軍」司令官にナポレオンが任命されたからである。さらに、イギリスは攻撃的戦略を的確に実施しようとしていた。これは、フランスの攻撃を待って受動的に反応するのではなく、フランスの目を自国の権益保護に向けさせることによって侵攻を阻止することを目指したものである。そのためには戦力をいくつか別個に集中し、それを維持する必要があった。すなわち、海峡艦隊にはドーヴァー―カレー間を防衛させ、大西洋艦隊にはフランスの主要港ブレストとロッシェフォールの封鎖およびカディスにいるスペイン海軍の残存部隊の監視を担わせ、分遣艦隊には西インド諸島、喜望峰、インドにおけるイギリス領土を守らせ、さらには、多数の小型戦列艦とフリゲートには、対仏戦の手段たる貿易が拠って立つ商船とインド貿易船の船団を護衛させるといった具合である。

イギリスは優位にあった。一七九七年には戦列艦を一六一隻、四等艦およびフリゲートを二〇九隻保有していた。対してフランスは戦列艦を三〇隻、スペインは五〇隻を有するのみだった。[*3] しかし、フランスとスペインは制海権を保持する必要がなく、防備が手薄になった瞬間に出撃する好機を待ちながら港に気楽に留まっているだけでよかった。一方、イギリスの船は絶えず封鎖に従事しており、自然の猛威との戦いの中でマストと肋材(ろくざい)を酷使するか、ドックヤードで損傷を修理するかのいずれかだった。常時配置に就いているのは英海軍の三分の一にすぎず、封鎖と船団護衛の必要性のため、特定任務用の戦闘艦隊の編成に利用できる艦の数はさらに減った。キャンパーダウンの戦いでダンカンが保有していたのはオランダの一五隻に対して一六隻のみであり、サン・ヴィセンテ岬の戦いでは、ジャーヴィスは数の上で劣勢を極め、二七隻に対して一五隻だった。しかも、フランスもスペインも驚くべき速さで新たな船を建造し、イギリスに比べて配員も難なくできた。イギリスよりも人的資源に恵まれた両国は徴兵によって海軍の下士官兵を満たし、新兵の中には徴発されたイギリス人よりも経験に劣る者が含まれていたものの、必ずしも士気が劣るわけではなかった。英海軍内では徴発の不公平、海軍の薄給、艦上生活の過酷さによって一七九七年春に大規模ストライキ——スピットヘッドとノアの「反乱」——が発生し、このときばかりは提督たちも驚き、無秩序を徹底的に矯正してやろうなどとは考えなかった。彼らは信頼できない水兵とともに対仏戦に加わることを考え、一般水兵の処遇を即座に改善したのである。

危ういところだった。一七九八年春には海軍関連の新たな脅威が生じていた。イギリス政府には知る由もなかったが、フランス指導部——総裁政府——は対英侵攻計画をしばらく断念しており、その代わりイギリスの戦略的権益を脅かす決定を行っていたのである。この新規構想はナポレオン将軍の発案によるものだった。彼は二月二三日にこう記している。「海を制することなくイギリスを急襲することははなはだ大胆な作戦であり、実施は極めて困難である。（中略）そのような作戦には冬の長夜が必要とされようし、四月以降はいよいよ不可能となろう」[*4]。彼はその代わりとして、英国王ジョージ三世の個人領土であるハノーファー選帝侯領への攻撃を提案した。だが、そこを占領したところでイギリスの通商力に打撃を与えることにはならない。そこで別の可能性を考えた。「インド諸国の通商を脅かすことになるレヴァント地方への遠征を行うこともできよう」。旭日を意味するレヴァント地方は地中海東部の沿岸諸国、つまりトルコ南部とシリア、エジプトに位置していた。エジプトは伝説的な国であっただけでなく、地中海から紅海へと続く最短距離の地点にあり、ヨーロッパからインド洋とインド・ムガル領に赴く際の手段でもあった。フランスは、イギリスに代わってムガルの諸問題に外部から圧倒的な影響力を及ぼそうという野望を依然として捨てていなかったが、過去三〇年間にイギリスがインド亜大陸で勝利したことによってそれが妨げられていた。アメリカの植民地を失って以来、イギリスにとって海外資源の主要供給源になっていたインドをフランスが急襲すれば、その主敵たるイギリスにとっては致命的な打撃になるおそれがあった。

さらに、ナポレオンはその時期を選ぶのにも抜け目がなかった。地中海は一時的にフランスの池も同然になっていた。同国の海軍力は減少したとはいえ、フランス南部諸港からナイルまで兵員輸送船団を護衛する軍艦は十分あったし、スペインと北イタリアの商船隊を加えれば輸送手段も豊富にあった。そのために必要な軍勢を引き抜いたとしても、敗戦国オーストリアに対する優位を維持したり、あるいは西欧に対するロシアの干渉を抑えたりするための戦力が激減することはなかった。しかも、遠征が妨害されることは実質的に予想されなかった。エジプトは法的には大部分がオスマン帝国の一部であり、トルコ人総督のもとにあったが、実質的な駐屯軍は皆無だった。戦力の拠り所は、一三世紀以来そうだったように、マムルークだった。彼らは中央アジア国境で買われた奴隷の組織だったが、奴隷というのは有名無実で、騎兵として訓練されており、権力を強奪し、特権を維持するためにそれを利用していた。マムルークは恐ろしく勇敢だったが、一万人を数えるにすぎず、儀式化した馬術は硝煙匂う戦場では戦術的に異質だった。また、彼らが率いた現地歩兵は士気が低かった。

したがって、ナポレオンにとって、次に取るべき軍事的な一歩はエジプト遠征だとシャルル・ド・タレーラン外相を説得することはさほど難しいことではなかった。タレーランはその利点を数え上げた。長年にわたるフランスとトルコの親善関係からすれば驚くべきことに、それにはスルタン政府から「受けた仕打ちに対する報復」や、もっと現実的には「遠征が容易」という点、安上がりという点、さらには、「数えきれないほどの利点をもたらしてくれる」という点が含まれた。[*5] 五人の総裁は、程度の差こそあれ激しく反論したものの、一人ひとり論破されていった。一七九八年三月五日、彼らはこの作戦に正式に同意した。

それからというもの、準備はたちまちに進んだ。トゥーロンが集結地として指定された。そこは一三隻の軍艦――七四門艦が九隻、八〇門艦が三隻、一二〇門艦が一隻（『ロリアン』）――の拠点であり、これらが護衛艦隊と戦闘艦隊を編成することになった。トゥーロンと近隣港からの商船の移動を停止する命令が発せられたことにより、兵員を乗せるための十分な輸送船がすぐに徴発できた。それらは半分がフランス船で、残りがスペインとイタリアの船だった。多数だと目立ってしまうので少数の方が好ましかったであろうが、この当時の地中海船は一隻に二〇〇人以上を乗せるには小さすぎた。馬や砲、必需品を運ぶ船も必要とされた。一つの船団が錨索一本の長さ（二〇〇ヤード〔約一八〇メートル〕）に離れた位置を正確に維持すると、輸送船全体で一海里四方を占めることになった。実際問題として、船の質も船長の操船技能も多種多様だったため、船団がもっと広範囲に散らばるのは確実だった。

東方遠征軍は最終的に三万一〇〇〇人を数えるに至った。歩兵二万五〇〇〇人、砲兵と工兵三二〇〇人、騎兵二八〇〇人である。積み込まれた馬は一二三〇頭にすぎなかったが、ナポレオンはエジプトで追加分の乗用馬と牽引馬を十分徴発できると考えていた。これは賢明な判断だった。馬は船に載せるのが難しく、馬屋に入れておくのも難しい。そのくせ世話が焼け、海上でいとも簡単に死んでしまう。飼葉（かいば）も貨物倉の空間を余計に占めてしまうし、そもそも船倉には部隊の糧食二カ月分の空間を確保しておかなければならない。正確に言えば、ナポレオンあるいはすでにその腹心の参謀総長になっていた将来の元帥ベルティエは、エジプトですぐに飼料が入手できるとは考えていなかったのである。遠征軍は五個師団からなり、将校の中には未来のもう一人の元帥ランヌ将軍もいた。バラゲイ・ディリエ将軍率いる艦隊の将校には、トラファルガー海戦前の数カ月にわたってネルソンを手こずらせたガントーム提督や、同海戦でネルソンの悲劇の敵手となったヴィルヌーヴ提督も含まれた。旗艦『ロリアン』はカサビアンカ艦長に率いられていた。来たるべきナイル海戦で、燃え盛る『ロリアン』の甲板上にいた少年の父親である。

ネルソン、フランス艦隊を見失う

フランス艦隊ブリュイ司令官は、五月一九日にトゥーロンから出帆した。麾下の軍艦二二隻は、兵士、馬、砲、必需品、重装備を満載した一三〇隻の商船からなる船団を護衛していた。彼らは一日に三七海里という速度で東に進み、最初はコルシカ島の北端を目指し、ジェノヴァから出港した別の船団七二隻と五月二一日に合流した。五月二八日にはアジャクシオからの商船二二隻の船団と合流、さらに五月三〇日にはイタリア本土のチヴィタヴェッキアを二六日に立った五六隻と最後の合流を行った。護衛艦を除いて今や輸送船二八〇隻を数えるに至った連合艦隊は、サルディニア島の東側を南下し、シチリア島に向かった。六月五日にはサルディニアの南端を通過した。

ネルソンはそれと難なく並ぶはずだったが、実際はそうはならなかった。海に意表を突かれたからである。旗艦はマストが折れ、偵察用フリゲートは四散し、自身と乗組員は辛くも難を逃れていた。迎撃の目論見は潰え、作戦海域の制海権を回復することは望みえなかった。そのためには必要な修理作業を終え、僚艦を見つけなければならなかった。

ネルソンはエドワード・ベリー艦長率いる旗艦の七四門艦『ヴァンガード』とともに、五月八日にジブラルタルを出港していた。これに随伴したのは七四門艦『オライオン』（ジェームズ・ソーマレズ艦長）と七四門艦『アレクサンダー』（アレクサンダー・ボール艦長）である。スペイン沖海戦時の艦隊司令官にしてネルソンの上官であるセント・ヴィンセント卿は、ネルソンに三隻のフリゲートをあてがった。三六門艦の『エメラルド』、三二門艦の『テルプシコレー』、フリゲートというよりもスループの二〇門艦『ボニー・シトワイヤン』である。ほかにも七四門艦一〇隻、五〇門艦『リアンダー』、そしてブリッグ『ミューティン』がネルソンに与えられており、これらは後に合流することになっていた。

ネルソンは敵に気づかれずに出撃したわけではなく、実際に『アレクサンダー』にはスペイン沿岸砲の一弾が命中している。それにもかかわらず、ネルソンはおそらく察知されることなく五月二〇日にトゥーロンの南方七〇海里に到着した。ベリー艦長が父親に宛てた手紙にはこう記されている。「敵の港に近いのに発見されませんでした。（中略）敵船を迎え討つのにどんぴしゃりの位置にいたわけです」[*6]。さらに、

『テルプシコレー』が敵船一隻を拿捕し、それによってナポレオンがすでにトゥーロンに到着していることと、軍艦一五隻が出撃態勢にあることが分かった。それら軍艦がいつ、どこへ向かうのかは依然として分からなかったものの、この情報によってネルソンと艦長たちは、自分たちが予定よりも早く然るべき位置に就けたと確信できたのだった。

それからすぐに風が強くなり始めた。『ヴァンガード』はトゲルンマスト〔上檣〕に帆を上げていたが、これは普通、荒天が迫っているときには下げるものである。五月二一日早朝、依然としてトゲルンマストの帆を上げていた『ヴァンガード』はメイントップマストと二人の船員を失った。一人は舷外に流され、一人は甲板に落ちたのである。日が明ける頃にはミズントップマストとフォアマストもなくなっており、バウスプリット〔第一斜檣〕は三カ所が割れていた。艦はほとんど手の施しようがなく、ブロードリーチ――風に対して直角に帆走すること――でしか航走できなくなり、風はビューフォート階級で風力一二〔秒速約三三メートル〕に達しつつあった。何か手を打たなければコルシカ島西岸の岩壁に衝突し、あっという間に粉々になってしまう。

こんな状況では、いかに見込みがなくとも何らかの改善策を試みなければならない。きしむバウスプリットの下にスプリットセイルを装着するという、海軍では何十年も使われてこなかった古風な方法が奏功し、艦首が上を向いた。風でいたる所がガタつく中、じわりじわりと、ついにコルシカの方角から針路がそれた。『ヴァンガード』は、くたびれた円材と備えつけの索具を海中に突っ込んだまま、その日の午前中には風下の岸から離れて風上へと進んだ。五月二二日にハリケーンが治まると、引綱を渡すことができるようになり、『アレクサンダー』が南方のサルディニア島西海岸へと『ヴァンガード』を曳航し始めた。午後遅く、風も穏やかになる中、サルディニア島とサンピエトロ島の間に安全な避難所が見えた。とはいえ、まだ座礁するおそれがあった。ネルソンは引綱を解くよう『アレクサンダー』に信号で命じた。だが拒否された。五月二三日午前、『ヴァンガード』は非常にゆっくりと投錨位置に泊められた。『アレクサンダー』のアレクサンダー・ボール艦長はそれまでネルソンから非常に警戒されていたが、これ以降は最高の助言者の一人となったのだった。

『ヴァンガード』は直ちに修理を受け、スペアの円材と『アレクサンダー』、『オライオン』から分けてもらったその他の部材を使って、失われたローワーマスト、トップマスト、トゲルンマストをそれぞれ交換した。四日後には帆走準備が整った。翌日の五月二四日、マルセイユの船と出会った。それによると、ナポレオンの艦隊——嵐の通り道の外側にいた——は五月一九日にトゥーロンを立ったらしいが、行き先については何も分からなかった。

そこでネルソンは、もっと広い地中海に出て迷うよりも、これまでのコースを引き返す方がましだと判断した。大嵐の際に三隻の帯同フリゲートとはぐれてしまっていたし、セント・ヴィンセントから割り当てられた小艦隊ともまだ連絡が取れていなかった。戦力を集中し、フリゲートを寄せ集め、敵情に関する新たな情報を得るには起点に戻るしかないと、ネルソンは抜け目なく判断したのである。六月三日にはトゥーロン沖に戻った。五日にブリッグ『ミューティン』がそこに現れ、軍艦一〇隻からなるトラウブリッジの艦隊がまもなく合流するという知らせをもたらした。『ミューティン』は、トラファルガー海戦時に「頬にキスしてくれ、ハーディ」とネルソンに言わしめたトーマス・ハーディに率いられていた。ハーディはこの時すでにネルソンお気に入りの一人になっていたのだった。彼の生情報は安心をもたらした。六月七日、トラウブリッジが現れた。ネルソン麾下の艦は今や七四門艦一三、五〇門艦一を数えた。フランス艦隊が発見できれば、それを撃破するにはこれで十分である。だが、フランス艦隊を発見するにはフリゲートが必要だ。フリゲートはどこに行ってしまったのか。

『テルプシコレー』、『エメラルド』、そして『ボニー・シトワイヤン』は、『ヴァンガード』のマストを折った嵐によって散り散りになっていた。『ボニー・シトワイヤン』はトゲルンマストの帆を下ろしており、嵐を乗り切っていた。同艦は風上に向かって航走できる小型艦であり、帆走特性が絶賛されていた。『テルプシコレー』もトゲルンマストを下ろし、その後にトップマストを下ろしたが、その前にはフォアマストのシュラウド〔横静索〕三本が切れていた。同艦は嵐の真っただ中の五月二〇日から二一日までの二日にわたって独航していたが、二二日午後に『ボニー・シトワイヤン』を再発見した。そのとき両艦はトゥーロンのかなり南にいた。『エメラルド』はそれよりもっと南に追いやられていたが、東寄りでもあり、二隻の姉妹フリゲートからはるか遠くにいたため、五月二一日早朝、マストが折れた状態の『ヴァンガード』をコルシカ島沖に垣間見ることができた。『エメラルド』は救助できる状況になく、やがて二隻は混乱の中で互いを見失った。

『エメラルド』のトーマス・ウォーラー艦長は、天候が静まったこともあり、船を拿捕しようとスペイン沿岸に向かうことにした。それ自体は妥当なことだが、この行動は拿捕船から情報を集めるためでもあった。だが、うまくいかなかった。二隻の商船を止めたものの、ネルソンの居場所もナポレオンの居場所も、何の知らせも得られなかった。しかし、五月三一日、ジョージ・ホープ艦長に率いられたもう一隻の英フリゲート『アルクミーニ』と遭遇した。これは、セント・ヴィンセントが五月一二日にネルソンに派遣した艦だった。同艦は『テルプシコレー』と『ボニー・シトワイヤン』を帯同していた。『アルクミーニ』はこの二日前に両艦に遭遇していたのだった。彼らはホープ艦長に大嵐のことは話したものの、当然のことながらネルソンについては何も知らせることがなかった。『アルクミーニ』に移乗したウォーラー艦長は、マストの折れた『ヴァンガード』を見たとホープに伝えた。かくして、これから二カ月半にわたってネルソンから配下の索敵部隊を奪うことになる一連の出来事が始まったのだった。

ネルソンは、旗艦とはぐれた際に従うべき指示を麾下のフリゲートに残していた。これは、音声あるい

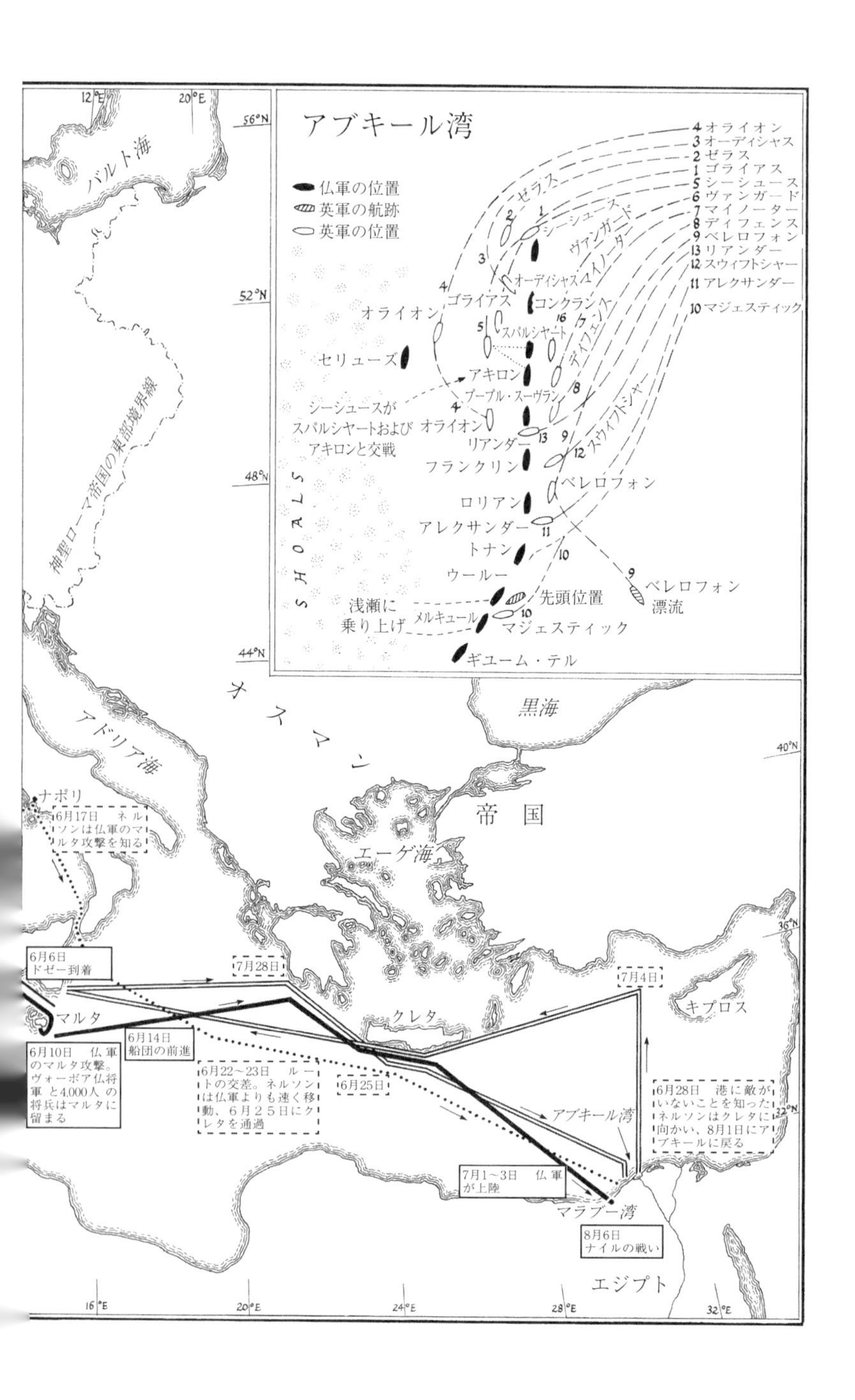

アブキール湾
仏軍の位置
英軍の航跡
英軍の位置
4 オライオン
3 オーディシャス
2 ゼラス
1 ゴライアス
5 シーシュース
6 ヴァンガード
7 マイノーター
8 ディフェンス
9 ベレロフォン
13 リアンダー
12 スウィフトシャー
11 アレクサンダー
10 マジェスティック
ゼラス
シーシュース
ヴァンガード
マイノーター
オーディシャス
ゴライアス
コンクラン
オライオン
スパルシャート
ディフェンス
セリューズ
アキロン
プープル・スーヴラン
シーシュースがスパルシャートおよびアキロンと交戦
オライオン
リアンダー
スウィフトシャー
フランクリン
ベレロフォン
ロリアン
アレクサンダー
トナン
ウールー
ベレロフォン漂流
浅瀬に乗り上げ
先頭位置
メルキュール
マジェスティック
ギユーム・テル
SHOALS
バルト海
神聖ローマ帝国の東部境界線
オスマン帝国
黒海
アドリア海
エーゲ海
ナポリ
6月17日　ネルソンは仏軍のマルタ攻撃を知る
6月6日 ドゼー到着
7月28日
7月4日
マルタ
クレタ
キプロス
6月14日 船団の前進
6月10日　仏軍のマルタ攻撃。ヴォーボア仏将軍と4,000人の将兵はマルタに留まる
6月22～23日　ルートの交差。ネルソンは仏軍よりも速く移動、６月２５日にクレタを通過
6月25日
アブキール湾
6月28日　港に敵がいないことを知ったネルソンはクレタに向かい、8月1日にアブキールに戻る
7月1～3日　仏軍が上陸
マラブー湾
8月6日 ナイルの戦い
エジプト

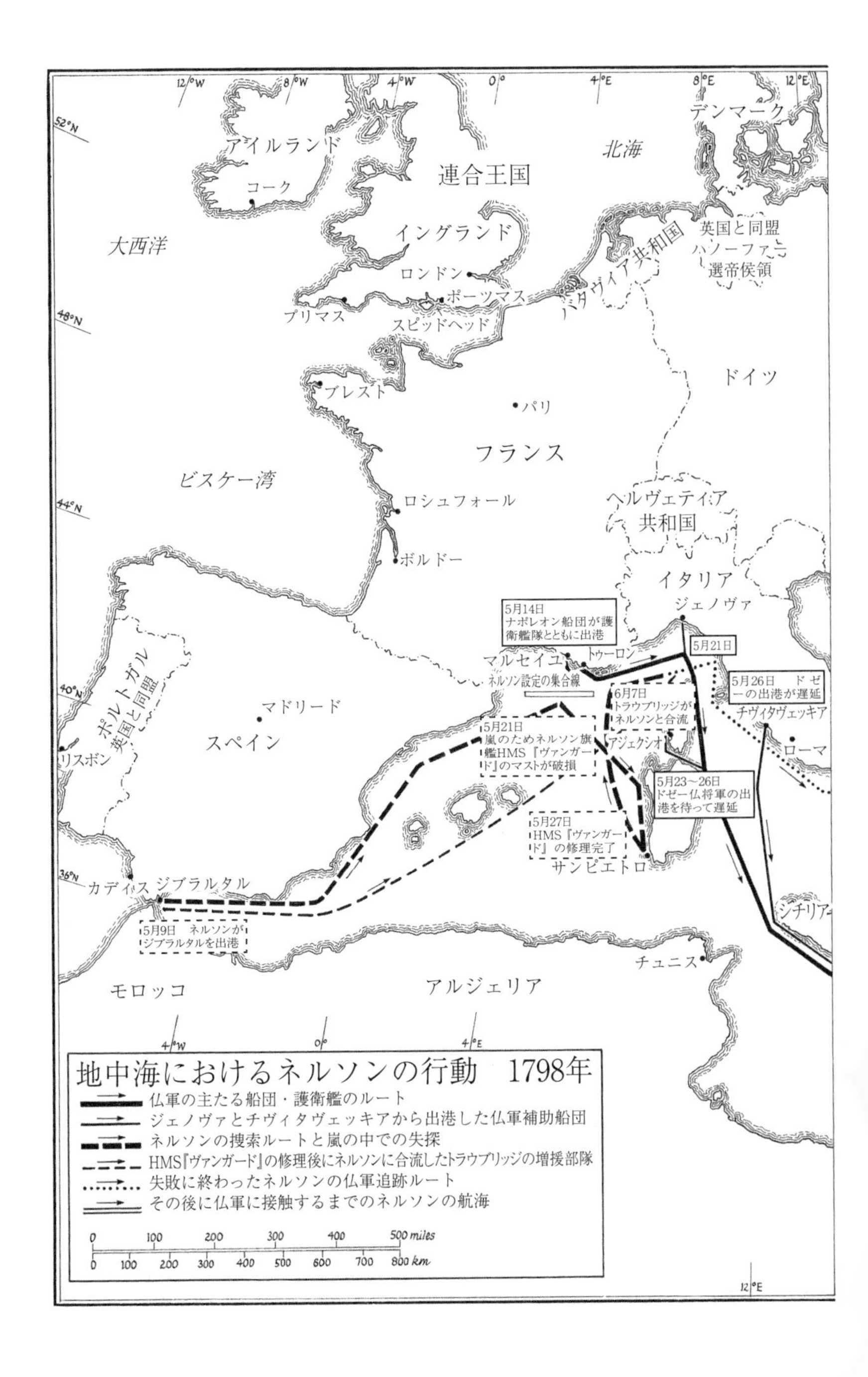

アイルランド
コーク
連合王国
北海
デンマーク
イングランド
ロンドン
ポーツマス
プリマス
スピッドヘッド
大西洋
バタヴィア共和国
英国と同盟
ハノーファー
選帝侯領
ブレスト
パリ
ドイツ
フランス
ビスケー湾
ロシュフォール
ボルドー
ヘルヴェティア
共和国
イタリア
ジェノヴァ
5月14日
ナポレオン船団が護衛艦隊とともに出港
マルセイユ
トゥーロン
5月21日
ネルソン設定の集合線
5月26日　ドゼーの出港が遅延
チヴィタヴェッキア
6月7日
トラウブリッジがネルソンと合流
ポルトガル
英国と同盟
マドリード
スペイン
5月21日
嵐のためネルソン旗艦HMS『ヴァンガード』のマストが破損
アジェクシオ
ローマ
リスボン
5月23〜26日
ドゼー仏将軍の出港を待って遅延
5月27日
HMS『ヴァンガード』の修理完了
サンピエトロ
カディス
ジブラルタル
シチリア
5月9日　ネルソンがジブラルタルを出港
チュニス
モロッコ
アルジェリア
地中海におけるネルソンの行動　1798年
仏軍の主たる船団・護衛艦のルート
ジェノヴァとチヴィタヴェッキアから出港した仏軍補助船団
ネルソンの捜索ルートと嵐の中での失探
HMS『ヴァンガード』の修理後にネルソンに合流したトラウブリッジの増援部隊
失敗に終わったネルソンの仏軍追跡ルート
その後に仏軍に接触するまでのネルソンの航海
0 100 200 300 400 500 miles
0 100 200 300 400 500 600 700 800 km

は視覚による意思疎通以外に何もなかった一八世紀の一般的かつ実際的な予防措置であり、集合場所を指定しておくことで、連絡を回復しようとするものだった。ネルソンの指示によれば、はぐれた場合はトゥーロンの真南からバルセロナ近郊のサンセバスチャン岬の六〇海里から九〇海里以内までを一列になって西から東へ往復することになっていた。もし「小官からの返事が一〇日間ない場合はジブラルタルに戻れ」。この計画はうまくいくはずだった。『アルクミーニ』のホープ艦長は五月二三日に哨戒線に就き、指示されたとおり北緯四二度二〇分を行きつ戻りつした。彼は『テルプシコア』と『ボニー・シトワイヤン』と合流した後もこれを続行した。もし彼がこれを六月三日まで続けていたなら、つまり、指定期間よりもう一日だけ長く続けていたら、ネルソンに見つけてもらえたことだろう。ネルソンはまさにその日にそこに到着したからである。

しかし、五月三一日、ホープはネルソンを探すべく『テルプシコア』と『ボニー・シトワイヤン』をサルディニアと北アフリカの間に派遣していた。六月二日には『ミューティン』と遭遇し、ハーディから聞かされたところによると、軍艦一〇隻を引き連れたトラウブリッジがすぐ後ろにいた。今や地中海西部には四つのイギリス部隊が散らばっており、全隊がナポレオンを探すと同時に互いを探してもいた。すなわち、ネルソンは自分が指定した哨戒線に近づきつつあり、『アルクミーニ』と『ミューティン』はその線上にいた。また、『テルプシコア』と『ボニー・シトワイヤン』はサルディニアを目指しており、トラウブリッジはこれら全てよりも南にいたものの、接触を願いながら北を目指していた。もしホープが『アルクミーニ』と『ボニー・シトワイヤン』を帯同したまま『ミューティン』とともに定位置に留まっていたら、必然的にネルソン、後にはトラウブリッジと出会っていたことであろうし、重装艦と索敵艦が合流することで、ほんのわずかの運さえあれば、低速航行するフランス艦隊を最長でもその月のうちに地中海中央で迎え撃つことができたであろう。その後は、フランス艦隊とフランス陸軍精鋭の大部分が撃滅され、ナポレオンは敗軍の将となり、マレンゴ、アウステルリッツといった有名極まる戦いで勝利が得られることもなかったであろう。そうなっていれば、第一次対仏同盟が復活し、革命は封じ込められ、フランス帝国は築かれず、ヨーロッパの未来もすっかり変わっていたかもしれない。

実際には、ホープは別のコースをたどることにしたのだった。彼を決心させたのは、『ヴァンガード』が受けた損傷の程度に関する『エメラルド』の報告だった。大破ともなれば修理のためにドックヤードに入らなければならないだろうと結論づけたのである。それに使える場所はナポリとジブラルタルしかない。ジブラルタルでネルソンを探すには戻らなければならないし、順調に船出したナポレオンに時間的にも空間的にもさらなる余裕をくれてやることになる。いずれにせよ、ネルソンはジブラルタルには戻っていないとハーディから聞かされていたのだった。彼はまた、トラウブリッジを探すことには反対だった。これは手痛い間違いだった。なぜなら、トラウブリッジはまもなくネルソンを発見したからであり、もし彼がホープのフリゲートを帯同できていれば、艦隊の偵察力が激増したであろう。ホープはそうせず、不幸なことにフランス艦隊を捜索するという決定を下したのだった。すでに『ボニー・シトワイヤン』と『エメラルド』をサルディニアへ派遣していた彼は、北イタリアの港を捜索すべく『テルプシコア』を送る一方、『アルクミーナ』をマジョルカとミノルカ周辺、次にサルディニア、最終的にはナポリへと向かわせた。同艦はその途中、派遣した僚艦を集めた。この捜索パターンは、ネルソンとフランス艦隊のいずれかが静止していれば筋が通っていただろう。しかし、ネルソンは哨戒線上を航行していたし、片やフランス軍は着実に東と南に向かっており、その移動空間は日を追うごとに取り戻せなくなるのだった。もしネルソンがホープの動きと命令を知っていたなら、「フリゲート不足」という彼の苦悶は実際よりもさらに深くなったことだろう。

トゥーロン沖の集合線上に戻ったネルソンにとって、四散していた艦を拾い集めたことは今や慰めにはなった。最初は『ミューティン』、それから六月七日にはトラウブリッジの七四門艦一〇隻が加わった。これらが戦闘部隊を構成することになった。その後、またも天候に邪魔された。それが収まった六月一〇日、『オライオン』と『アレクサンダー』がようやく再合流し、艦隊は完全な編制となった。両艦はもともとネルソンの本隊にいた三隻のうちの二隻だが、情報収集のために商船追跡に派遣されていたものである。七四門艦一三隻、五〇門艦『リアンダー』、そして快速艦『ミューティン』を従えるネルソンは、今や敵の追跡に戻ることができた。だが、どこへ向かうべきなのか。

トラウブリッジはセント・ヴィンセントからの命令書を携えていた。それは戦略情勢を要約したものだった。それによると、ネルソンは「トゥーロンおよびジェノヴァにおける敵の戦争準備の探索」を開始すべしと要請、命令されていた。命令書はさらにこう続く。「敵の目的は、ナポリおよびシチリアを攻撃し、ポルトガルへと進軍するためにスペイン沿岸のいずこかに軍を運搬することか、あるいは、アイルランドに赴く目的で〔ジブラルタル〕海峡を通過することのいずれかのようである」。ただし追加指示の中で、「敵の目的地が地中海、アドリア海、モレア〔ギリシャ南部〕、半島〔ギリシャ諸島〕あるいは黒海のいずれかの場合、そこまで」フランス艦隊を追跡する権限もネルソンに与えられた。また、「トスカーナ大公、両シチリア王国〔ナポリ王国〕、オスマン領地、マルタおよびドイツ〔オーストリア〕皇帝に属する〔旧〕ヴェネツィア領地」の諸港から補給を受けられることにもなっていた。さらに、チュニス湾、トリポリ（現リビア）のパシャ、アルジェリア太守からの支援も期待できた。これらは有名無実といえどもオスマン帝国の事実上の独立領地だった。[*7]

ポルトガルか、アイルランドか、ナポリか、はたまたシチリアか。エジプトについては言及なし。ネルソンが推測できたのはただ一つ、自分が艦隊を集めたようにナポレオンも同様にする必要があるということであり、これはつまりトゥーロンとジェノヴァの部隊が一つにまとまるということだった。彼は、トゥーロン部隊がジェノヴァに向かい、その逆はないだろうと結論づけ、イタリア北部海岸を捜索することにした。これが暗に示すのは、ネルソンはポルトガルとアイルランドが目的地であるという考えを放棄し、ナポリとシチリアをより重視したということである。コルシカ北端をすでに通過していた彼は、手始めにエルバ南部のテラモン湾（ゴルフォ・ディ・タラモーネ）に立ち寄った。見たところ、ここはトゥーロン部隊とジェノヴァ部隊の集合地に適しているようだった。『ミューティン』はこの湾を探索し、モンテクリスト島とジリオ島の沖合を航走した結果、敵影なしと報告した。この段階では、ネルソンは依然として「フランス部隊の全てが六日にジェノヴァを立ったわけではない」と思い込んでいた。[*8] 翌六月一三日、ネルソンは全艦隊をエルバ島、ピアノザ島およびモンテクリスト島間を走らせ、自分の目で見て回った。この回り道は骨が折れた。もしフリゲートがいれば、そのうちの一隻をこの任務に送り出せたであろうし、その間、自分自身は前進することができたであろう。『ミューティン』の速度では派遣任務をこなすのに十分でないし、艦隊についていくこともできない。索敵用として七四門艦を使うこともできたであろうが、それでは戦力を減じてしまう。彼はジブラルタルを立つ前にセント・ヴィンセントに対し、「戦うには大きな艦、なるべく大きなやつを揃えて」おくつもりだと述べていた。

六月一四日、雲がいくぶん晴れた。ネルソンはチヴィタヴェッキアの近くでチュニジア軍艦の乗組員と言葉を交わした。すると、この軍艦が六月一〇日にギリシャ船に声を掛けたところ、その船は「四日に、二〇〇隻はあろうかという東進するフランス艦隊の間をシチリアの北西端沖ですり抜けた」とのことだった。[*9] これでは、敵はシチリアの北部海岸に沿って移動しているのか、あるいはトラーパニをすでに航過して南岸沖にいるのか分からない。もし前者であれば、敵はナポリに向かっているかもしれないし、後者であれば別の目的があることになる。しかし、いずれにせよ、シチリアに部隊を揚陸する可能性があるということであり、占領自体に大変な価値があった。しかも、ナポレオン軍はネルソンよりも一〇日前に三〇〇海里近く前を進んでいたのであり、前進速度が遅いことを考慮に入れたとしても、それからさらに三〇〇

○海里を進んでいることになる。不知の雲はわずかに晴れたものの、未来の大部分は依然として見通せないままだった。

こうした状況の中で、ネルソンはナポリに向かうことにした。それにはもっともな理由があった。三四年の長きにわたってイギリス大使を務めていたサー・ウィリアム・ハミルトンは、重要な情報源を持っていた。それらは、地中海中部全域の外交、政治、通商上の接点から得られたものだった。両シチリア王国と呼ばれたナポリ王国はイギリスに友好的であり、フランスを恐れて教皇領に軍を越境駐屯させていた。もしかしたらネルソンの艦隊に補給と援助をしてくれるかもしれない。その宰相にして国際人でもあるサー・ジョン・アクトン提督は、イギリスの準男爵の称号を持ち、先祖の国に対してそれなりの忠誠心も抱いていた。ネルソンは情報と物的支援の両方を期待したのだった。

六月一五日にナポリ沖のポンツァ諸島に到着したネルソンは、トラウブリッジを『ミューティン』に乗せて上陸させた。一七日午前のことである。トーマス・トラウブリッジは信頼できる部下にして二五年来の同僚であり、強引な戦闘艦艦長だった。セント・ヴィンセントは彼のことを「英海軍が輩出した最高の軍人」と考えていた。トラウブリッジは栄光の六月一日海戦とサン・ヴィセンテ沖海戦を経験した歴戦の勇士であり、その指揮振りは単純明快だった。彼は一七九七年に海軍内に広がった暴動の後、「物思いに耽(ふけ)っているように見えるヤツを見つけたらすぐに、お前がやっていることは抗命だと言ってやる」との見解を示した。ハミルトンとアクトンとの面会に連れて行かれたトラウブリッジは、単刀直入に切り出した。ハミルトンはこう記している。「ここでの正式なやり方なら一週間かかったはずの仕事よりも多くの仕事を、われわれは半時間でやってのけた。（中略）今や敵の位置と戦力を知らされ」、ナポリの全ての港の防衛司令官に「あらゆる類いの食料品を英国王の船に」供給する権限を与えた命令書をアクトンから取りつけたトラウブリッジは、「はつらつとしており、大満足といったところ」だった。彼はアクトンの命令書をポケットにしまうと、沖合にいる艦隊に向けて立ち、六月一八日にそこに到着した。

　戦闘とインテリジェンスは別物である。それぞれに別の資質が求められ、その資質が一人の人間中に見出されることはめったにない。英海軍はこのことを一九一六年五月三一日の類似の状況において再発見することになる。ユトランド海戦のこの日の朝、兵科士官が情報幕僚に見当違いの質問をしたのである。このときの過ちは傲慢さだった。彼は、暗号解読官たちに自分を信用してもらおうともせずに、なぜ質問するのかを説明するのは沽券に関わると思ったのだった〔本件については一八八頁を参照のこと〕。トラウブリッジは傲慢ではなかった。彼とハミルトン、アクトンはすぐに意気投合したようだ。トラウブリッジの欠点は無愛想なところだった。彼は艦への補給物資を欲しがった。これは海軍士官ならほぼ最初に考えることだ。敵の最新の消息も欲しがった。補給物資についてはアクトンの命令書が保証してくれた。敵の消息についてはハミルトンの確かな生情報――フランス軍はマルタに向かいつつあるというもの――が満たしてくれた。トラウブリッジがほくそ笑みながら去って行ったのも不思議ではない。

　彼がハミルトンから聞き出すべきことは、もっと不確かな知らせだった。自分で重要だと思ったことにさほど直接的に拘らなければ、それは得られたかもしれない。鎌を掛けるような会話、あるいはありきたりの会話からも、それは出てきたかもしれない。そうした会話をすることがトラウブリッジの得意とするところではなかったことは明らかだ。得るべき知らせとは、フランス軍が向かおうとしているのはシチリアやマルタよりもっと遠くであるということを示すものである。アクトン（フランス・ブザンソン生まれで母語はフランス語）は、駐ナポリ仏大使から「トゥーロン発の大遠征の目的地は（中略）実はエジプトだ」と聞いたと、すでに五月二八日にハミルトンに語っていたのだった。ハミルトンは偽情報を扱っているのではないかと思ったようである。その結果、彼はアクトンの報告を本国の外務省には送ったものの、その内容をトラウブリッジに伝えることも、書面でネルソンに知らせることもなかったのだった。[*10]

英政府が知っていたこと

ロンドンは実際にはネルソンよりも事情に通じていたかもしれない。外務省、海軍本部、陸軍省はともに、プロのエージェント、領事館員、好意的ないし多弁な旅行者、海外紙その他の情報源から情報を収集していた。四月二四日には、早くも外相のスペンサー卿が「トゥーロン船団」の目的地は「ポルトガル―ナポリ―エジプト」だと述べていた。その二日後、「61・78・71」（エージェントの識別番号）は、「信じられないことに目的地はエジプト」と「思われる」と書いてきた。ちょうどその頃、陸相兼東インド会社取締役のヘンリー・ダンダスは、少し前にフランスでアメリカ人から渡された知らせを海軍本部に伝えていた。それによれば、フランスの計画はチャンネル諸島を侵攻すること、アイルランドに遠征軍を送ること（八月に実施）、ナポリとポーランドで革命を起こすこと（どちらもオーストリアにとって打撃）だった。ダンダスはさらに、「エジプトに関する奇妙な計略」についても伝えた。それによると、在印イギリス軍に抵抗しているティプー・スルタンを支援するため、フランス士官四〇〇名をエジプトから陸路で派遣することになっているという。

海軍本部は、一七九六年に地中海から撤収して以来ジェノヴァで孤立状態にあった海軍委員会の輸送船三隻を売却すべく、トゥーロンのフランス軍の作戦域内にいた独自の要員ウィリアム・デイ海尉をジェノヴァに派遣させていた。彼の報告書は、ドイツを通る通常のルートでハンブルクまで陸路で送られ、そこから海路ロンドンにもたらされた。伝達に要した時間は三週間から五週間ほどであるが、その報告書は当初、敵の目的地はスペインである旨を示唆していた。だが、五月一日にデイ本人がロンドンにやって来て、地中海東部が可能性の一つとしてあるという知らせをもたらした。それによると、トゥーロンのフランス軍は四〇〇〇本の樽(たる)を積み込んでいた。樽には一〇本のタガが巻き付けられており、口栓がなかった。その目的は浅瀬で軍艦を浮かせるためのものと推測された。海軍卿は、それらはダーダネルス海峡から黒海に抜けるために必要だと推論した。近代のコンテナ船が航行可能な水路が、わずかの吃水しかない軍艦には通れないと彼らが考えたことは、当時の海軍本部の生情報がいかに不完全なものであったかを示すものである。

とはいえ、ロンドンが入手していたほかの生情報はこれよりましだった。発行から一週間かそれ以内に入手されることが多かったフランス紙は、不用心も甚だしかった。『レコー』、『ル・スルヴェイヨン』、『ル・モニトゥール』の三紙は三月末から五月初旬にかけ、フランス政府がトゥーロンでフランス軍の戦力編制や食糧調達を行っている状況を紙面で詳説していた。その中には目的地まで言及しているものもあった。政府の管理下にある『ル・モニトゥール』紙は、誤報を周到に記事にし、混乱させようとした。だが、大艦隊が長距離作戦に備えているという大勢は読み誤りようがなかった。雑談も全体像を正確に見る上で役立った。遠征に同行することになっている学者の中には、天狗になり始める者もいた。凡人を導く賢者の名うての欠点である。鉱物学者のデドレミューは、ゲッティンゲン大学のデリュユーク博物学教授宛てに便りを送った。そこに書かれていたのは、エジプトやペルシャ、インド、黒海、カスピ海に関する文献が船積みされており、目的地はエジプトで、噂ではインドとイギリスの通商を遮断することがその目的である、ということだった。フランスにとって不幸なことに、デリュークはジョージ三世の妻シャルロッテ王妃の一族であり、しかも英外務省のエージェントでもあった。彼はこの知らせを五月七日に伝えたのだった。[*11]

だが、ロンドンが受け取った最高の情報は公式ルートを通じてもたらされた。それは、典型的スパイ小説の手口になってもおかしくない方法で集められたものだった。北イタリアのレグホーン（リヴォルノ）に駐在するウドネイ領事は、事情に通じた現地のイギリス人商人ジョーンズと接点を持っており、ジョーンズは地中海全域の商社と通信文のやり取りをしていた。彼は、情報源のせいでトゥーロン部隊の規模をやや過大評価したものの、その出発日についてはほぼ正確な日付を得ており、目的地と目的についてはは異様なほど正確だった。それによると、中継地はまもなく降伏することになるマルタ島とされ、その後アレクサンドリアに向かう（代替として黒海もあるやもしれない）。その目的は、上陸部隊を陸路でペルシャ湾まで進軍させるか紅海を下らせ、イギリスがインドに有する東インド会社の領有地を攻撃することである。四月一六日付のウドネイのこの報告書は、五月二四日に外務省から海軍本部に手渡された。

しばらくの間、イギリス政府はこの生情報を話半分として扱うことにした。迫るフランスの大規模上陸遠征が、より本国に近い場所で行われるという別の危険性があった。スペインと協同して行われるポルトガルへの上陸、おそらくアイルランド経由をして行われるイギリス本土への攻撃である。そのアイルランドでは五月に暴動が起きていた。フランスが仕組んだ巧妙な偽情報と思われるものによれば、エジプトに関する噂は作り話であり、その目的はトゥーロン部隊の真の戦略目標を隠すことだという。六月一日、外相はインド総督モーニングトン卿宛てに書簡を書いた。「ナポレオンがアイルランドを攻撃すべく、ついにトゥーロンを立った。（中略）彼は邪魔なポルトガルを討つか、あるいは討たざるか」

新たな生情報によってこれらの誤解がすぐに解けた。それらの中にはフランスの刊行物からもたらされたものもあったが、それ以上に説得力のある情報の多くはゴシップ好きな学界からもたらされた。占領されたドイツ領内のフランクフルトからの報によると、フランス人学者フォジャ・ド・サン・フォンは、フランス軍はエジプトに向けて航行していると断言したという。もしナポレオンがこれら一連の漏洩について知っていたなら、話し好きな専門家がこれほど多くいたために遠征が妨げられてしまったことをきっと悔やんだに違いない。サン・フォンがうっかり漏らした内容は、六月一三日にはロンドンに届いた。一一日には、これ以上に信頼できる報告が駐フィレンツェ外交使節団からの速達便によってもたらされていた。

遠征に同行することになっているフランス軍のカルヴォーニ将軍が、遠征軍はエジプトとインドに向かうと明かしたというのである。その二日後、外相は弟宛ての信書にこう書いた。「やはりナポレオンは本当にエジプトに行こうとしているかのように見える。ダンダス［陸相］は、そこからインドを攻撃する計画はさほど非現実的ではないと考えている模様だ。インド攻撃については依然として信じられないが、エジプト遠征だとしても気が気でない。しかし、ナポレオンは一三日にはトゥーロン沖にまだいたわけだし［これは誤り］、セント・ヴィンセント卿は遅くとも二一日には［トラウブリッジの艦を］派遣したはずなので、良からぬ展望をネルソンが全て砕いてくれると望む根拠は現実にあるわけだ」[*12]

ネルソン、獲物の臭跡を再発見

イギリス政府がそう望んでいたことは確かだが、その望みは著しく制限されていた。政府がしてほしいこと、あるいは知っていることのいずれをも、地中海中央部に伝える手段に事欠いていたからである。六月一三日、スペンサー卿が情報要約を弟に記していた日、ネルソンは依然としてティレニア海にいた。ここはコルシカ島とサルディニア島、シチリア島に囲まれた海である。スエズに艦隊を向かわせるべく、数々の命令がロンドンからインドに至るまでと、その中間点に発せられた。特に、インドへの途上にあった五〇門艦『レパード』に座乗するジョン・ブランシェット司令官宛ての命令は、紅海で小艦隊を編成するよう命ずるものだった。それがいつ同司令官に届くかは誰にも予測できなかった。同様に、新規の命令あるいは追加の生情報のいずれかがネルソンにいつ届くかを推測することも困難だった。カディス沖にいたセント・ヴィンセントは、そこに留まるよう命令を受けており、それにはもっともな理由があった。スペインを封鎖し、ジブラルタル海峡を守るためである。彼はすでに手持ちの高速艦を全てネルソンに派遣してしまっており、余裕はなかった。中立船を使ってメッセージを転送することもできたが、中立船はほとんどおらず、彼自身もロンドンとの後方連絡手段がほとんどなく、連絡に手間取った。彼は数週にわたってネルソンがどこにいるのか知らず、六月半ばにネルソンがブリッグ『トランスファー』を派遣艦とともにナポリから送り返して以降も、まったく知らなかったのだった。

これとは対照的に、ネルソンは駐レグホーンのウドネイからの情報については何かを知っていた可能性がある。というのも、マストを失ってからトゥーロンの集合線に戻った際に受け取ったと見られるウドネイの書簡一通が、ネルソンの書類に含まれているからだ。しかし、それに書かれているのはトゥーロン部隊の戦力のみで、目的地ではない。だが、六月一八日にナポリを立ってすぐ、ネルソンは敵がマルタに向かっているとの確たる報を受けた。イタリア半島のつま先とシチリアの間のメッシナ海峡にいた六月二〇日には、乗艦してきた駐メッシナ英領事から、「マルタはとうに降伏したと言われた」。しかし、彼はその前にマルタ騎士団総長宛てに、急いで助けに行くから島に防御態勢を敷くよう書簡を書き送っていた。

ネルソンのメッセージは発せられるのが遅すぎた。ウドネイ領事が四月二六日〔ママ。一六日のことを指していると思われる〕に警告したように、マルタはすでに降伏していたのである。騎士は抵抗を止めていた。これは驚くことではなかったはずである。かつての聖ヨハネ病院独立騎士修道会はもう存在しなかった。この団体は聖地に向かうキリスト教巡礼者の病人を世話するために創設されたものだったが、十字軍遠征の期間中に修道騎士の団体となり、あらゆる十字軍国家の地に城を建設し、これを守ったのだった。イスラム教徒の圧力を受けて徐々にイェルサレム、アクレ、ロードス島から追いやられた騎士団は最終的にマルタ島に落ち着き、そこに新たな活路を見出した。一五六五年にはド・ラ・ヴァレット騎士団総長の指導のもと、トルコがマルタ島を占拠して西部地中海に押し入ろうとするのを挫いた。その後の二〇〇年にわたり、彼ら騎士団はオスマン艦隊に繰り返し攻撃を加え、ガレー船の奴隷となっていたキリスト教徒を解放し、捕えたトルコ人を自らの奴隷とした。キリスト教が教える「汝の敵を愛せよ」の騎士団版には、浮ついたところがまったくなかった。ヴァレッタの本部教会にある騎士団総長の棺台は、ターバンを巻いたトルコ人像の青銅の肩の上に支えられており、そのトルコ人は鎖でつながれ、重荷の下で頭を垂れている。

ホムペッシュ騎士団総長にはヴァレットのような覚悟が欠けていた。六月九日にナポレオン艦隊が現れると、彼はすぐに折り合いをつけた――自分自身への納入金、残りの騎士への再定住を保証させたのである。前述したような抵抗は一般のマルタ人由来のものであったが、マルタ人は衰退した騎士団にはほとんど愛着がなかった。ナポレオンはフランス行政府と守備隊を置き、行政と教会組織の改革を宣言しつつも、教会の財産を根こそぎ略奪し、六月一八日までに島を後にした。この侵略はいかにもナポレオンらしく、カトリック教徒が人口のほとんどを占める欧州民族の一つであるマルタ人を離反させたところなど、特にそうだった。騎士たちがもっと気骨を示してさえいたなら、そして抵抗を引き延ばすよう島民を鼓舞していたなら、結果はまったく違ったであろう。ネルソンはわずか一〇〇海里しか遅れておらず、先を急いでいた。しかも、フランス軍の司令官と上陸部隊は陸に上がってしまっており、軍艦は島の周囲に散開していたため、ネルソンはトゥーロン部隊を決定的に不利な状態で捕捉していたことだろう。フランス軍の壊滅は避けられなかったはずだ。

だが、ネルソンは兆候を読み誤った。彼は、メッシナ沖からホムペッシュ総長宛ての書簡をすでに書き送っていた六月二〇日水曜日には、二二日にマルタに到着する見込みがあった。実際に、その近場にいたのである。しかし、ネルソンは依然としてフランスの目的はシチリアであり、マルタはそれを奪うための足場として利用されるにすぎないと思いこんでいた。こうした考えが結果的に彼を誤らせたのである。彼はまもなく事実に基づく誤報にも惑わされることになる。

六月二二日早朝、マルタにこの日に到着する見込みだったネルソンは、実際にはパッセロ岬のちょうど南にいた。ここはシチリアの東南端で、マルタに最も近い場所である。彼はフランス軍に関する最新の知らせを二つの情報筋から立て続けに得た。一つはハーディからだった。彼は午前六時二五分に『ミューティン』から『ヴァンガード』に移乗し、ラグーザ（アドリア海に面する現ドゥブロブニク）から来たブリッグ船を止めたところ、マルタは陥落したと言われたと報告した。二つ目は『リアンダー』からのものであり、東南東に向かう四隻の見慣れない船を視認したという報告だった。

　ネルソンは柄にもなく、何をすべきか部下の艦長たちと今や協議することにした。彼がトラファルガー海戦前に開催した会議は「バンド・オブ・ブラザース」の伝説を世に知らしめたが、その際は自分の意図を表明しただけであり、問答は無用とした。しかし、ネルソンはすでに一七九八年には決断力のある男との評判を得ていた。その彼が、この瞬間に精神的な支えが必要だと思ったことは奇妙である。とはいえ、事態は非常に込み入っていた。前述したラグーザのブリッグ船長が語ったところによれば、マルタは先の金曜日に陥落し、フランス艦隊はその翌日に出航していた。それぞれ六月一五日と一六日のことである。今は二二日だ。ネルソンはこう計算したに違いない。もしフランス軍がシチリアに向かったのなら、もう着いている頃だろうし、その知らせがこの六日間に届かないことはありえない。そのような知らせがない以上、彼らは別の場所に行ったのだろう。現在の西風から判断するに、フランス遠征軍は東進している可能性が一番高く、これが意味するのはダーダネルス海峡と黒海に向かっているということかもしれないが、エジプトの方向であることはほぼ確実だ。これは説得力のある結論だったが、ネルソンには安心をもたらすものが必要だった。

　彼が呼んだ四人の艦長は古参で信頼できた――『オライオン』のソーマレズ艦長、『カローデン』のトラウブリッジ艦長、『ベレロフォン』のダービー艦長、そして『アレクサンダー』のボール艦長である。『ヴァンガード』の士官室でネルソンは彼らに次のような所見を求めた。「この生情報（『見慣れない船』に関するものとラグーザのブリッグによるもの）について諸君はどう思うかね。［ナポレオンの］目的地は、われわれが知るあらゆる状況においてもシチリア島だと思うか。マルタ島へ行くべきか、それともシチリア島に向かった方が良いか。もし敵が〔エジプトの〕アレクサンドリアに向かい、そこに無事に着けたなら、インドにあるわれわれの領地はおそらく失われるだろう。エジプト目指して突き進む方が良いと思うかね」

　返ってきた答えはさまざまだった。『ヴァンガード』のベリー艦長はアレクサンドリアに行くことに賛成だった。ボールはフランス軍がアレクサンドリアに向かっている点に同意した。ダービーもそうだろうと思っていた。ソーマレズとトラウブリッジは、アレクサンドリアを守ることは重要だと力説しながらも、敵の目的地については言及しなかった。とはいえ、彼ら全員の意見でネルソンの決心がついた。ただし、結果は散々だった。

　今や白波蹴立てて全速力でエジプトに向かう決心のついたネルソンは、「見慣れぬ船」についての複数の視認報告に敢然と取り組んだ。それに続いて彼自身が視認報告を行ったことで、信号は絶えることがなくなった。午前五時三〇分には『カローデン』から、それらが風を背にして走っていると報告があった。午前六時四六分には『リアンダー』が、「見慣れぬ船はフリゲートだ」と信号を送ってきた。『オライオン』はこの報告を念のため旗艦にもう一度送った。フリゲート四隻とはかなりの戦力であり、より大きな艦隊の一部であることもありえた。この四隻がフランス遠征軍に属しているかもしれないとの推測は、不合理ではなかった。しかし、午前七時を回ってすぐ、ネルソンは「敵艦を追躡（ついじょう）せよ」との指示を撤回する旨発令した。彼が『ヴァンガード』の士官室で五人の艦長に説明した考えによれば、彼の決定方針には二つの余地しかなかった。シチリアに戻るかマルタに向かうか、あるいはその代わり、有利な風が吹いていればエジプトに急行するか、である。「見慣れぬ四隻」がほかの艦に随伴しているかどうかを確かめるために、艦隊を索敵隊形にし、四隻がたどったコースを突き止めるという選択肢は提起されることがなかったのであり、彼自身もそれに気づかなかった。この四隻が敵の位置を知らせてくれるのは明白であるにもかかわらず、それを追跡しようとしない上官のことを『リアンダー』のトーマス艦長が理解できず、我慢ならなかったのは明らかである。午前八時二九分、彼は再び「四隻はフリゲートの模様」と送信した。だが、ネルソンが決心を変えることはなかった。『リアンダー』、『オライオン』、『カローデン』は艦隊に合流することを余儀なくされ、アレクサンドリアへと急いだ。

このエピソードで思い出されるのが、一九四二年六月四日のミッドウェー海戦の早朝に交わされた南雲提督と巡洋艦『利根』の偵察機搭乗員との交信である――ただし、この際、発見した敵艦の種類を切に知りたがったのは提督の方であり、反応が鈍かったのはそれを発見した搭乗員の方だった。搭乗員の第一報は敵を発見したというものであり、第二報は、敵艦は巡洋艦と駆逐艦であるというものだった。それなら南雲にとっては何ら脅威ではなかった。だが、第一報から一時間近く経って第三報がようやく送られてきた。それにはこうあった。「敵はその後方に空母らしきもの一隻を伴う」。これは大変な脅威だった（第六章参照）。こうした違いがあるにせよ、両件には次の点において類似性がある。すなわち、いずれの場合も、もし司令官と偵察部隊の息が合っていれば、敵は壊滅させられていたであろうということである。

それでも、もしネルソンが重要な生情報を一つ有していたなら、彼は索敵艦の忠告に留意していたかもしれない。それはつまり、ナポレオンがマルタを立った実際の日付である。「ラグーザのブリッグ」が語ったところによれば、それは六月一六日の土曜日だった。ナポレオンが実際に出発したのはようやく一九日の火曜日になってからであり、「見慣れぬ船」が見えた二二日には、船出してからまだ三日しか経っていなかった。ネルソンは自分が推測したよりもナポレオンのすぐ後ろにいたのであり、実際にはそのわずか約三〇海里後方にいた可能性がある。霧の立ちこめるその夜、フランス軍は鐘の鳴る音と信号砲の発射音を聞いた。これはネルソン艦隊のものであったに違いない。だがこの日、それより前にフリゲートを見かけて警戒していたフランス軍は、相互防御のため密集しながらひっそりと航行していた。日が明ける頃にはネルソンはその前方に行ってしまっており、水平線の向こう側にいた。決戦の機会は失われてしまっていたのである。

行きつ戻りつ

ラグーザのブリッグ船長は誤解していたのかもしれない。誤解された可能性もある。彼が何語を話したのかは分からない。イタリア語かもしれないし、セルビア゠クロアチア語かも、あるいはほかの地中海言語かもしれない。アルフレッド・セイヤー・マハンが『ネルソン伝』の中で示唆しているように、もしネルソンが自分で審問を行っていれば、鋭い質問をする彼のことからして、もっと多くを探り出せたかもしれない。彼の知性は、目の前の複雑な問題要素への拘りや懸念によって研ぎすまされたのである。しかし、ハーディが『ヴァンガード』に移乗してきた時点では、ハーディがラグーザの船を止めてから二時間が経過しており、その船は到達圏外にいた。いずれにせよ、ネルソンは前に進むことに夢中になっていた。風は有利に吹いていたし、その後の六日間でさらに前進し、二四時間で一五〇海里を走破したこともあった。六月二八日にはアレクサンドリアを視界に収め、その夜は沖合で測深を行った。英海軍は地中海東部の海図をほとんど持っていなかったからである。それにしても、フランス軍がいる気配がまったくないのは気がかりだった。翌朝、陸に向かったハーディが帰ってくると、恐れていたことが裏づけられた。ハーディは、ネルソンが書簡を宛てた英領事を見つけることができなかった。領事は休暇で不在だったため、見つけられるはずもなかった。しかし、偶然そこにオスマン帝国の要塞司令官が現れ、フランス軍はここには到着しておらず、トルコはフランスとは戦争をしていないのでイギリス人には出ていってもらうと述べた。ただし、慣例に従って水と必需品は船に補給してやれるという。ネルソンは長居せず、六月三〇日の土曜日の朝に出帆した。彼は自分が間違っていたと判断し、遠征軍はどこか別の所、おそらくトルコ本国に行ってしまったのだろうと推測した。右舷にキプロスを見ながら航過したネルソンは、その四日後にはアンタルヤ湾にいた。

逸る心をネルソンがもう少し抑えていれば、フランス軍は彼の手中に落ちたことだろう。彼がアレクサンドリアを立って二五時間後、遠征軍は同地の東に投錨し、軍勢を上陸させ始めたのである。これはネルソンの二度目、もしや三度目、あるいは四度目のニアミスですらあったかもしれない。もし嵐がなければ、彼はトゥーロンから出てくるナポレオンを捉えていたかもしれない。ナポリを守る心配をしなければ、マルタで遠征軍に大打撃を与えられたかもしれない。「見慣れぬ船」を追跡することを拒まなければ、六月二二日には海上で遠征軍を殲滅（せんめつ）していたかもしれない。アレクサンドリアで一日待ってさえいれば、敵をナイルの三角州で壊滅あるいは降伏させていたはずである。だが実際は、今や彼は獲物から急速に遠ざかっており、片やナポレオンと未来の勝者となる元帥たち――ベルティエ、ランヌ、ミュラ、ダヴー、マルモン――は、エジプトの領地を奪取すべくボートで陸に運ばれつつあるところだった。程度の差こそあれ、ゆっくりと。

これとは対照的に、ネルソンは躍起になっていた。「彼の心配性で活発な精神は」とボール艦長は書いている。「同じ場所で一瞬たりとも休むことを許さないだろう」。では、どこに向かうべきか。彼はまず、サー・ウィリアム・ハミルトン宛てに書いたように、「カラマニア（トルコ南部）の海岸まで足を伸ばす」ことにした。彼はこれより一〇日前に、フランス軍は東に向かっていると判断したが、これによって次のように確信したようである。すなわち、敵がエジプトにいないのなら、トルコのスルタン統治領のどこかにいるはずだ、と。彼はアレクサンドリアの軍司令官がしていた準備に気づいていた――後にセント・ヴィンセントとサー・ウィリアム・ハミルトン宛てにそれぞれ書いたように、「砲を陸揚げしている。（中略）戦列艦」、「抗戦準備をしているトルコ人」――しかし、フランス軍がいなかったため、これらの兆候をオスマン帝国の一般的な警戒態勢の一部と見なしたに違いない。そう見なしてしまったこと、あるいは出発の判断を早まってしまったことは、精神が混乱し、貧弱な分析しかできず、総じて落ち着かないといった、ネルソンらしからぬ時点があったことを示している。これらは普段の彼が見せるようなものではなかった。

ネルソンは七月四日にアンタルヤ湾に到着したが、何も発見できなかったため再び西に転じ、依然としてエジプト途上にあるかもしれない遠征軍の進路を横断し、次にクレタ南部に転舵してから一時的にギリシャ本島に向かい、最終的に再び一路シチリア島に向かった。そこに着いたのは二〇日のことだった。ネルソンはシラクーザ沖で水の補給と備品の船積みを提案し、七月二〇日に三通の書簡を書き送った。妻宛て、サー・ウィリアム・ハミルトン宛て、そしてセント・ヴィンセント宛てである。夫人宛てのそっけない言葉からは彼の深い憂慮が伝わってくる。「わたしはフランス艦隊を見つけることができずにいる。（中略）とはいえ、怠けているせいだとは誰も言わないだろう」。ハミルトンに対しては再度「フリゲート不足」を訴え、「小官の不運は全てそこから生じています」としながら、自分の書簡が外務省とセント・ヴィンセントに転送されるよう手配した。二人は当然のことながらネルソンがどこにいるのかまったく知らなかったし、それはフランス軍がどこにいるのかをネルソンが知らないのと同じだった。セント・ヴィンセント宛ての書簡には、『ヴァンガード』のマストが折れてから彷徨（さまよ）った状況の要約とその弁明を付記し（これは六月二九日に書かれたものだが、ボール艦長はそれを送らないようネルソンに迫った）、フリゲート不足の問題を再び取り上げ、「敵の動向が分からないのはそのせいであるに違いありません」と記し、自分の次なる策の要点をこう述べた。「［エーゲ］諸島の出入口に入り込めば、敵がコンスタンティノープルに行ったのかどうか、じかに耳に入るでしょう。もしそこで生情報が得られなければ、キプロスに向かいます。もし敵がシリアかエジプトにいるのなら、キプロスに行った時点で彼らの消息が聞けるに違いありません」

しかし、ネルソンは一報告を部分引用してこう締めくくっている。「七月一日にフランス軍がカンディア［クレタ］沖で目撃されたという報告ですが、その島のどの部分に近い所なのか小官には知りえません」。七月二四日にシラクーザを去る際に彼がハミルトンに宛てた最後の言葉は、「フリゲート不足！――これこそがフランス艦隊を発見できずにいる理由であり、再度その理由になるかもしれないのです」だった。フリゲートがあろうがなかろうが、ネルソンの運は変わりつつあった。七月二八日、ギリシャ本島の南にいたネルソンは、コロン湾（ペロポネソス半島西側の大きな入江。現在名はメシニア湾）に『カローデン』を送り込んだところ、同艦から「四週間ほど前に敵艦隊がカンディアから南東に向かっているのが目撃された」との報がもたらされた。その出所はトルコの総督であり、この総督がコンスタンティノープルから聞いたところでは、フランス軍はエジプトにいるとのことだった。『カローデン』はフランスのブリッグも連行してきた。この船はキプロスのリマソルから出航したもので、トルコ総督の報告内容を裏づけた。『アレクサンダー』に停船させられた商船の船長によっても再確認された。ネルソンの艦隊は右往左往している間にこれまで四一隻の商船を止めており、フランス軍提督が遠征軍の進路中に見つけた放浪船を全て捕獲していなかったら、さらに多くを停船させていたことだろう。フランス軍の対策がカウンター・インテリジェンスとして実りがあったことは疑いない。

コロン湾を訪れたことによって情報不足が実質的に終わった。ネルソンは今や次のように確信するのにもっともな理由があった。ナポレオンは、ギリシャに向かった場合の目的地として一番ありうべきコルフにいるのではなく、コンスタンティノープルに向かっているのでも、トルコ南岸にいるのでも、キプロスにいるのでもない。遠征軍はおそらくシリア（現在のイスラエルとレバノン）に上陸したのだ。だが、仮にそうだとしても、彼らはアレクサンドリアに難なく帆走できる距離内にいることになるし、そこでなら彼らの消息が聞けるはずだ。結果的にネルソンは七月二九日にアレクサンドリアに向けて出帆し、その後の数日間に非常な高速航行を遂げた。艦隊は七月三一日の二四時間中に平均八ノット近くの速度で一六一海里を走破したが、これは戦列艦にしては極めて速い航走速度である。

八月一日に陸地を視認すると、六月三〇日の落胆が一瞬よみがえった。港は空（から）だったのである。海岸沿いに急いで東に視線を向けると懸念が和らいだ。午後二時三〇分、『ゴリアテ』のマスト頂にいた信号士官候補生がアブキール湾にマストの群れを発見した。彼は発見の一番手になりたくて甲板に滑り降りて艦長に報告するも、『ヴァンガード』に向けて信号旗を揚げる際にレイヤードを壊してしまった。その結果、ネルソンに最初の信号を送ったのは『ゼラス』になった。「東微南方向に、停泊中の戦列艦一六隻」

この報告はあまり正確ではなかった。ブリュイ提督が率いていたのは戦列艦一三隻、フリゲート四隻、ブリッグ二隻、臼砲（きゅうほう）艦二隻と種々の小型砲艦だった。問題となるのは一三隻の重装艦、つまり巨大な一二〇門艦『ロリアン』と八〇門艦三隻、七四門艦九隻である。これらの武装はさまざまで、ある艦は三二ポンド砲の代わりに一八ポンド砲を装備していた。また、艦齢五〇年のものもあったし、イギリス艦よりも造りが華奢（きゃしゃ）なものもあった。とはいえ、トラファルガー海戦時にネルソンの旗艦となる『ヴィクトリー』は、その時点で艦齢が四〇年だった。決定的要素の中で真に重要なのは、艦齢でも、金属の重量でもない。重要なのは操艦術であり、運用法であり、冷酷な精神なのだ。イギリス人は船に熟達していた。比較的経験に劣るフランス人は、将兵ともにその域に達していなかった。革命公正法によって多くの優秀な海軍士官が奪われ、人員の多くが陸軍に徴用されてしまっていたのである。特に、地上戦で連戦連勝していることがフランス海軍の士気を蝕（むしば）んでいた。海上での勝利はフランスにとって不可欠ではなかった。一方、一民族としてのイギリス人と、一軍種としての英海軍にとって、海上での勝利は極めて重要だったのである。

サー・アーサー・ブライアントは、イギリスがフランス革命および同帝国による戦争で果たした役割について記した大変人気のある歴史家だが、彼が後に述べたように、ナポレオンは「戦闘におけるイギリス戦列艦の圧倒的破壊力」をまるで理解しておらず、したがってそれを想像することができなかった。英海軍は一七世紀以来、戦争の残忍な道具と化しており、アメリカ独立戦争に負けたことで無慈悲な闘争本能に火が付いた。一七八〇年から八一年には、自らの生得権と見なした制海権がフランスとスペインに奪取されたことに憤激し、一七九三年にまたも戦争が勃発してからは、敵を下す決意が衰えることはなかった。エジプト遠征の立案者であるナポレオンは今や艦隊から遠く離れる一方、弱体な敵に対してエジプト国内で新たな勝利を収めていた。* 仮に彼がもっと近くにいれば、艦隊を危険から遠ざけるためにコルフあたりにこれを待避させたであろう。そこからなら危急の際はすぐに呼び戻すことができたであろうし、そこにいればネルソンの連絡線に脅威となったことだろう。だが、何もせずに影響力を行使する「現存艦隊」という概念は、ナポレオンの活発かつ攻撃的な精神とは相容れなかったのかもしれない。だからこそ、彼はブリュイに対してエジプト水域に留まるよう命じたのである。ただし、艦隊をアレクサンドリアの沿岸砲のもとに置くようにも命じた。艦隊はその後、上陸が行われたマラブー湾に投錨した。ここが錨地向きではないのは明らかだった。とはいえ、アレクサンドリアは浅く、封鎖されやすい難のある港だった。したがって、最終的にそこから九マイル〔約一四キロメートル〕東に位置するアブキール湾に艦隊を移すことにしたのである。

*ナポレオン軍は七月二日にアレクサンドリアを強襲し、これを奪取した。その後、ナイルからカイロに進出し、七月二一日にはカイロ郊外のピラミッドの戦いにおいて六万人のマムルークとその従者と戦った。圧勝したナポレオンはカイロ攻略の後、シリアを占領すべく再び北に転じたが、ネルソンがフランス艦隊

を撃破したことによってインド侵攻の計画が全て頓挫した。イギリス軍に支援されたトルコ遠征軍はシリア沿岸とその港を防衛した。アクレの防衛は英海軍のサー・シドニー・スミス艦長に率いられた。ナポレオンは、包囲軍の中で疫病が発生するとカイロに後退したが、英海軍の護衛艦が別のトルコ遠征軍をアブキールに護送するとシリア沿岸に戻った。七月二五日にそれを破ったナポレオンはエジプトにおけるフランスの支配を確たるものとしたが、本国での自身の地位を懸念して八月二三日にフランスに向けて出帆し、本国での権力を確保したのだった。エジプトのフランス軍はその後、英トルコ連合軍に破れ、協定に従って一八〇一年に本国に送還された。

イギリス軍の攻撃を予期していたブリュイは、それを不能にできると思った場所に艦を停泊させていた。艦隊は細い三日月形に並んでおり、艦首はアブキール城塞に向き、右舷はアブキール（ブキエール）島に、左舷は陸地に向いていた。また、城塞と島の間は浅瀬になっていた。この艦隊に接近するには二つの方向しかない。一つはアブキール島の南側からだが、北風が吹いているため、イギリス軍がこのコースをとることはできない。もう一つは島と城塞の間隙を通るコースである。ブリュイはこのコースは実際的ではないと判断した。彼が考えるに、仮にイギリス軍がその間隙を切り抜けたとしても、それから先の水深が浅すぎ、自軍の艦列とアブキール島の間、あるいは自軍の艦列と陸側の浅瀬の間のどちらも通過することは不可能だった。彼は防御を固めるためにほとんどの艦の間にケーブルを走らせており、その間隔を約一七五ヤード〔約一六〇メートル〕とし、錨索に係留索（スプリング）を付けるよう命じていた。係留索とはキャプスタンに結び付けるロープのことだが、艦首あるいは艦尾に結び付け、投錨していても船の向きを自在に変えることができる。だが、戦闘が始まるまでにフランス軍の全ての艦長が係留索を取り付けていたわけではなかった。

それでも、フランス軍の配置は慎重な敵には手強いものだった。だが、イギリス軍は大胆にして細心だった。『ゴライアス』のフォーレイ艦長は、この海岸に関して艦隊が保有する二つしかない海図の一つを手にしており、しかもそれは有用なものだった。それには海岸線までの水深が示されていたのである。[*13] それ以上に重要だったのは、フランス軍の停泊法についてフォーレイが瞬時に判断したことだった。ネルソン自身もまもなく同じ結論に達し、旗艦『ヴァンガード』のベリー艦長にこう言った。「敵艦が回頭できる余裕があるのなら、こちらの艦一隻が投錨できる余地があるはずだ」[*14] フォーレイは城塞と浅瀬の間隙を通過した際にそのことを即座に見抜き、『ゴライアス』を陸側に向け、ブリュイの艦列の先頭にいる『ゲリエ』を回って航過し、停泊している敵の内側を下っていった。

フォーレイ艦長は、『ゲリエ』の舳先(へさき)を回り込みながら砲弾を撃ち込み、その横に投錨するつもりだった。だが、彼の部下は索を繰り出しすぎた。『ゴライアス』はフランス軍の艦列をさらに下り、『コンケラン』と『スパルシヤート』の向かい側に来てしまった。このミスはイギリス艦隊にとってさほどの問題とはならず、高速艦の『ゼラス』、『オーディシャス』、『オライオン』、そして『シーシュース』が次に続いた。これらも『ゲリエ』に対する連続砲撃に合流し——『ゲリエ』はこれらが側面を通過する際に集中砲火を浴び、すぐにマストを失った——その一方、『シーシュース』は『スパルシヤート』と『アキロン』に対する射点に占位した。『テーシアス』のミラー艦長はニューヨーク出身であり、ネルソンの配下に二人いたイギリス擁護派の北米人艦長の一人だった。

フランス軍の艦列の先端は今や投錨した敵に手いっぱいだった。『シーシュース』に続いた『ヴァンガード』は別のコースをたどり、フランス艦隊の陸側ではなく海側を航過、『スパルシヤート』の向かい側に投錨した。かくして『スパルシヤート』は二手の砲火に挟まれた。『アキロン』と交戦していた『マイノーター』も挟撃される一方、『ディフェンス』は向かい側の『プープル・スーヴラン』を止め、反対側にいた『オライオン』がこれに砲撃した。

フランス軍の艦列の中央部にいたのは次に挙げる最重装艦である。すなわち、八〇門艦『フランクリン』、一二〇門艦『ロリアン』、八〇門艦『トナン』であり、もう一隻の八〇門艦『ギヨーム・テル』は若干離れた所に位置し、殿（しんがり）から三番目にいた。夜の帳が降りると、イギリス艦が中央部に現れ始めた。最初に現れたのは『マジェスティック』だったが、操艦ミスでさらに下方に向かい、もう一隻の七四門艦の向かい側に来た。それから『ベレロフォン』、『アレクサンダー』、『スウィフトシャー』が続いた。このうち最後の二隻は『フランクリン』と『ロリアン』の艦尾の隙間にそれぞれ巧みに占位し、大した損害を被ることなく敵に大損害を与えることができた。『ロリアン』の側面にやって来た『ベレロフォン』は、目前のこの最重装艦と交戦して大破した。一時間に及ぶ戦闘の末、『ベレロフォン』はメインマストとミズンマストを失い、フォアマストも損傷した。同艦の試練は一〇時には収まり始めた。『スウィフトシャー』と『アレクサンダー』がフランス旗艦の艦首から艦尾へと掃射したからである。両艦は殺戮（さつりく）の限りを尽くした。重傷を負ったブリュイ提督は艦に残ると主張したが、ついに命中弾を浴びて戦死した。甲板の下の空間は負傷者であふれており、その中にはカサビアンカ艦長の若い息子もいた。そこは可燃物でごった返しており、『ゼラス』のウェルビー海尉は『ロリアン』が炎上するところを目撃した。『スウィフトシャー』の艦長は、敵乗組員の消火活動を阻止すべく炎の中心めがけて発砲した。『ロリアン』の弾薬庫が爆発するであろうことはもはや明らかであり、付近の英仏艦は錨索を切って安全と思われる距離まで待避した。『アレクサンダー』と『トナン』は沖に漂い、『ウールー』と『メルキュール』は再び投錨するか、あるいは浅瀬で座礁するかのいずれかだった。『ロリアン』の艦首に近い所にいた『スウィフトシャー』の艦長は、その場にいる方が安全だと判断した。次の爆発は自艦を飛び越していくだろうと判断したのである。

　そのとおりになった。すさまじい爆発により、折れた木材やマストの残骸、索類、遺体が数百フィートの宙に舞い上がり、湾の一マイル〔約一・六キロメートル〕四方に降り注いだ。この音は九マイル離れたアレクサンドリアでも聞こえ、その間は一時的に戦闘が止んだ。一五分後に戦闘が再開すると、様相は一変していた。『ロリアン』が消滅し、マストを失って後方に漂流していた『トナン』が移動したことによって、フランス艦隊の列中央部に大きな隙間が生じており、『ウールー』と『メルキュール』が脱落したことで、さらにそれが大きくなった。これら二隻は索を切断して座礁したが、乗組員は依然として砲を操作していた。フランス軍は完全に混乱状態にあった。ブリュイ提督は戦死し、旗艦は破壊され、生き残った艦は二つの集団に分断されていた。前方の集団にいた『ゲリエ』の乗組員は勇敢に戦い、艦長は降伏を二〇回拒んだが、三時間後、マストを失って大破したところでついに屈した。『コンケラン』も果敢に抵抗した末にようやく屈服した。艦列三番目にいた『スパルシヤート』は二時間後に降伏した。これは最初に降伏したフランス艦だったが、死傷者二〇〇人を出しながらも、生存者は艦を浮かせるべく水を汲み上げていた。『アキロン』はそのすぐ後に降伏したが、戦死者八七人、負傷者一一三人を出していた。艦列五番目の『プープル・スーヴラン』は列の外に漂流した。おそらく索が砲撃によって傷ついたためであろう。依然として艦列に留まっていた『フランクリン』は、四回出火した後に戦闘を止めた。最後の出火は、爆発した『ロリアン』から飛散した燃える瓦礫（がれき）によるものだった。かくして八月二日早朝までにフランス艦隊の前衛は完膚なきまでに叩きのめされ、中央には間隙が生じ、後衛は混乱に陥っていた。『ロリアン』の本来の位置の前方に投錨していた『フランクリン』は、大爆発の後に砲撃を再開したが、すぐに降伏に追い込まれた。間隙の後方では抵抗を数時間続けたフランス艦もおり、索を切った後に座礁した『ウールー』と『メルキュール』は陸側から砲撃した。しかし、『ギヨーム・テル』に座乗するヴィルヌーヴ提督は、ここから脱出することが自分の務めだと最終的に判断し、索を切断、湾の外へと出た。これに『ジェネルー』とフリゲートの『ジュスティス』、『ディアーヌ』が続いた。マストを失った『トナン』と『ティモレオン』はその場に残され、勇敢ながらも無意味な砲撃を八月二日午後まで頑強に続けた。『トナン』はついに軍艦旗を下ろしたが、『ティモレオン』の乗組員はそれを揚げたまま艦に火を付け、ボートを陸まで漕いで虜囚となるのを逃れたのだった。

ネルソンは圧勝した。その完璧さにおいて、帆船時代の戦闘でこれを凌駕するものはなく、海戦史においてこれに匹敵するのは日本海軍がロシア艦隊を殲滅した一九〇五年の日本海海戦のみである。フランス軍の戦列艦一三隻のうち、二隻が逃走、二隻が爆沈し、それ以外の九隻は戦闘中に鹵獲されるか座礁した。ネルソンは九隻を失った。接敵中に座礁して血気盛んなトラウブリッジを激怒させた『カローデン』は救出され、最多の敵弾を浴びた『ベレロフォン』と『マジェスティック』はこの戦いを乗り切った。ネルソンの損失――彼自身、早い段階で頭皮に重傷を負っていた――は戦死者二〇八人、負傷者六七七人だった。これに対してフランス側の負傷者は一〇〇〇人以上、戦死者は数千人に達し、『ロリアン』だけで一〇〇〇人に上った。[*15]

この戦闘の性質を決したのはひとえに殺戮の規模である。艦は舷と舷を並べて投錨し、至近距離で撃ち合い、それによって乗組員のすさまじい死体の山が生じた。外洋での交戦では、艦が自由に行動できれば人的被害ははるかに少なかった。しかし、ネルソンがほぼ同じ環境で戦った一八〇一年のコペンハーゲンの戦いにおいては、デンマーク側の戦死者はわずか四七六人、負傷者は五五九人だった。アブキール湾の戦いで作用したのは闘争本能だった。イギリス側には決意がみなぎっており、フランス側にはそれが欠けていたのである。

フランス軍を駆り立てたものは何であったのかを推定することは、それだけに難しい。革命の情熱であることは疑いないし、ナポレオン支持者のインスピレーションであることも確かであろう。フランス海軍はアメリカ独立戦争で復活したが、それ以前は劣等感が蔓延している状態が続いており、そうした状態には戻らないという決意でもあったかもしれない。イギリス軍の心的状態についての分析はもっと簡単である。勝利はネルソンの水兵にとっては日常の一部だった。彼らは、他国民は全て自分たちよりも劣ると信じており、それを打ち負かすつもりでいたし、そのことを実証すべくあくまで戦うつもりでいた。さらに、ネルソンの艦隊はブリュイによって三カ月近く翻弄されていた。フランス艦隊がついに追い詰められたとき、ブリュイとその水兵たちは、敵の積もり積もった欲求不満のはけ口となったのである。

ネルソン艦隊の中で、ネルソン本人以上に欲求不満に陥っている者はいなかった。彼は睡眠障害と食欲不振にさいなまれ、まとわりつく不運を書簡の中でぶちまけた。フリゲート不足、自分に支援すべきはずの人々からの支援不足、それらが彼にとっての絶えざる課題だった。彼はやがて、運命は自分に味方せず、常に正しい選択を行ってきたにもかかわらず、悪意ある亡霊のようなものが自分の誠意を挫くために干渉していると思い込むようにもなった。ナイル戦役のどん底でセント・ヴィンセント宛てに書いた書簡――送らないようにボール艦長がネルソンに迫った書簡――の中で、彼は成功の阻害要因について事細かく記している。それは、港に敵がいないことを知った第一次アレクサンドリア寄港時に同所沖で書かれたものである。

「敵の目的地に関する確たる生情報もないのに、そんな長い航海に出るべきではなかった」という異議を申し立てられるやもしれません。それへの答えは準備できております――では、誰からそれを得られたでしょうか。ナポリ政府とシチリア政府は何も知らなかったか、あるいは何も教えてくれなかったかのいずれかでした。確かな報告を聞くまで辛抱強く待つべきだったのでしょうか。もしエジプトが敵の目標であったのなら、敵は小官が敵の消息を耳にできるより前にインドに到達していたことでしょう。何もしないことは小官には恥ずべきことのように思えました。だからこそ小官は自分の判断力を駆使したのでありますし、それに全てを賭けねばならないのです。小官のことは閣下のご裁断にお任せしますし（本件においては国の裁判所かと思いますが）、仮に、あらゆる状況下においても小官が間違っていると判断されるのなら、わが国のためにも小官を更迭すべきであります。なぜなら、フランス軍がアレクサンドリアにいないことが分かった現段階においても、小官の見解はパッセロ岬沖（六月二一日から二二日に通過したシチリアの南端）にいたときと同じ――すなわち、あらゆる状況下においてもアレクサンドリアを目指した小官の判断は正しかったという見解であり、それに全てを賭けざるをえないのでありますから。*16

自分の判断と行動についてのネルソンの分析に異を唱えることはほとんど不可能である。彼は七三日間に及んだ追跡――五月一八日の大嵐から、ブリュイを八月一日の戦いに至らしめるまで――の間に誤りを犯した。注目すべきは次のようなものである。すなわち、六月二二日にシチリア島沖で視認したフランス軍フリゲートを追跡しない判断をしたこと、そして、トルコ人が問題の発生を予期しているような気配があった二九日にアレクサンドリア沖で待機しなかったことである。逸る心を二四時間抑えることができていれば、ネルソンは海戦史上における天下分け目の決戦に勝っていたことであろう。その一方、現場指揮官による純粋なインテリジェンス・オペレーションの一つの試みとして見た場合、ネルソンのナイル戦役を批判することは難しい。ネルソンに課された制約は、次のように列挙することで明瞭になる。すなわち、索敵力が欠如していたこと（「フリゲート不足」）、生情報を自ら獲得する以外に陸上の情報源との連絡手段がなかったこと、収集されたそのような生情報は、味方の情報源からのものであっても信頼性についての裏づけがなかったこと（ハミルトンとアクトンが真実を出し惜しんだことを想起すべき）、本国の中央情報源にアクセスできなかったこと（地中海からロンドンまでの連絡に三週間から五週間かかり、往復ではこの倍かかった）、情報を送っても本国に一定のインテリジェンス機能がなかったこと――である。これ以外の制約としては、敵の積極的な偽情報活動（公的刊行物の改ざん）と現地情報源の活用阻止（ブリュイがアレクサンドリアまでの航海中、遭遇した商船を全て徴用したこと）が挙げられる。

したがって、ネルソンは現地情報の獲得を最適化して活動する必要があったが（特にアレクサンドリアに最初に寄った後に、ペロポネソス半島でトルコ人司令官を、クレタ沖で商船長を審問したこと）、これらは誤報（フランス軍がマルタを実際よりも三日前に立ったという報告）と自らの「解釈」によって相殺されてしまったのである。

ネルソンは、ナポレオンが五月一八日の大嵐の後にトゥーロンを立ったことを知るや、頭の中で戦略情勢の全体像を組み立てたはずだ。われわれにはそれが再現できるだろうか。彼は早い段階で、ナポレオンがポルトガルを攻撃すべくスペインに向かっている、あるいはアイルランド侵略のために地中海を出るという見方を的確にも放棄していた（いずれにせよ、セント・ヴィンセント艦隊がジブラルタルにいたことでその脅威は無力化されていたが）。したがって、ナポレオンが東進していることを確信した時点でネルソンが描かなければならなかったのは、ナポレオンがどこに軍を揚陸させるかということだった。実のところ、向かう先は三とおりしかなかった。地中海は一つの海ではなく、シチリアとチュニジアの間の海峡によって二つに分断されている。その幅は二〇〇海里しかない。一七九八年の政治情勢において、海峡の西側でフランスにとって価値ある目標はシチリアそれ自体と、そこのナポリ王国しかなかった。マルタの占領は代替的な目標であり、シチリア・ナポリ王国への攻撃に先立つものでしかなかった。海峡の東側では目標の範囲が広がったが、狭められないわけでもなかった。アドリア海の奥まった場所は除外しえた。この海域はすでにフランス、オーストリアあるいはトルコの支配下にあったし、フランスはオーストリアとは戦争していなかった上、トルコは敵ではなかった。

地中海東部の残りの地域もトルコ領であるが、ネルソンが判断するに、オスマン皇帝との歴史的な同盟関係にもかかわらず、フランス共和国がその領地を侵略する決断を行った可能性があった。その目的はオスマン皇帝の統治を転覆することではなく、その地を通過してイギリスのさらに東の権益を叩くことだ。そのためのルートの一つは、もしフランスがダーダネルス海峡を通って首都コンスタンティノープルを目指すとすれば、アナトリアを横断してペルシャ湾に抜けるというものである。もう一つは、アレクサンドリアを経由して紅海に向かい、別の方向からインド洋まで進出するルートである。いずれの場合においても、インド亜大陸のイギリスの肥沃な領地が目標だった。

シチリア・ナポリ（マルタとともに副次的目標）、コンスタンティノープル、そしてエジプトが、頭の中でネルソンが巧みにさばくべき三つの目的地だった。彼は、フランス軍がマルタを奪取してさらに先に進んだことを知った六月二二日には、ナポレオンの揚陸地点はエジプトに違いないとすでに確信していた。シチリア・ナポリに赴くには逆行しなければならないし、風向きと手持ちの情報からしてそれはなかった。コンスタンティノープルを通るルートはインド亜大陸に行くには遠回りすぎる。だが、アレクサンドリアからは道がまっすぐ前に伸びていた。ネルソンは、六月二二日に『ヴァンガード』艦上で艦長と協議して以降、敵はエジプトで発見できようし、自分は間違っていないと確信していた。しかし、度重なる不測の事態と二回の誤断によって、自ら行った情報評価のせっかくの成果も無に帰してしまったのである。

ネルソンのナイル追跡戦は、この一一六年後に地中海水域で起きた別の追跡戦と比較されよう。それは、地中海の英仏艦隊がドイツ巡洋戦艦『ゲーベン』と護衛の巡洋艦『ブレスラウ』を戦闘に引き込もうとしながらも、両艦がコンスタンティノープルのトルコ人のもとに逃れるのを許してしまった事例である。技術革新により、一世紀の間に追跡の条件は追う側に極めて有利となっていた。情報はほとんど瞬時に伝達できるようになり、正確性が常に推定されるようになった（一九一四年においては、正確さは一七九八年時と大差ないと判明したが）。しかも、海軍提督らの無益な横やりも考慮に入れなくてよくなった。追跡のスピードも非常に増大し、八ノットから二四ノットと、三倍になった。その一方、数日間隔で補給の必要が生じることも多く、港に留まったり給炭艦と会合したりする必要があったため、行動の自由が制約された。風から移動手段を得ていたネルソンなら、さぞ不満に感じたことだろう。風は弱まったり向きが悪かったりする傾向にあるが、それを考慮に入れても、帆船艦隊は自立的な作戦遂行能力を有していたのである。それは、原子力機関が開発されて海軍が自動推進化された末にようやく得られたものだった。

一九一二年から地中海で『ゲーベン』と『ブレスラウ』を指揮していたズーション提督は、オーストリア支配下のアドリア海諸港を味方の基地として利用するか、さもなければイタリアあるいはスペインの港で補給を行っていた。一九一四年八月四日早朝、ズーションはフランス領北アフリカのフィリップヴィル港とボーヌ港を砲撃したが、ほとんど被害を与えられなかった。だが、これによってフランス地中海司令官ラペイレーヌは、ズーションにはアルジェリアからフランスに向かう第XIX軍団の輸送を妨害する能力があることを思い出した。ズーションはそのときメッシナ海峡（ネルソンが一七九八年六月にブリュイ艦隊を逃した場所）に逃亡し、石炭を補給しようとした。その途中、英地中海艦隊の本隊と遭遇した。それは巡洋戦艦『インディファティガブル』と『インドミタブル』だった。この二隻は、敵艦に対してジブラルタル海峡を封鎖せよとの命を受けていた。アイルランドがトゥーロン遠征軍の侵攻脅威下にあった一七九八年と同様、一九一四年のイギリス政府にとっても敵艦のジブラルタル通過は差し迫った懸念だった。

巡洋戦艦艦隊司令のケネディ大佐はただちに変針したが、イギリスはまだドイツとは戦火を交えていなかったため（両国が戦争当事国になるのはこの日の深夜零時以降）、距離を保っていた。ズーションは全速航行してケネディを振り切った。これらのイギリス艦は公式試運転で二八ノットを出しており、一方の『ゲーベン』は蒸気缶の欠点で速度が二四ノットあるいは二二ノットしか出せなかったことからすれば、この結果は褒（ほ）められたものではなかった。

それ以上に不名誉だったのは、メッシナで慣例的に与えられた二四時間猶予（ネルソンが一七九八年六月の第一次アレクサンドリア寄港時に得たもの）の期間中に給炭したズーションに対し、英地中海艦隊司令長官サー・バークレイ・ミルンが逃げ道を与えるような戦力配置をしてしまったことである。彼はイタリアの中立に然るべく配慮したが、度が過ぎたため、艦隊をメッシナ海峡から離しておいたのだった。そして、フランスの兵員輸送船団への妨害再開に備え、艦隊をシチリアの西に配置した。彼は、ズーションはアドリア海のオーストリア艦隊に合流すべく逆方向に転進するかもしれないと認識していたが、ギリシャ西海岸沖にいるアーネスト・トラウブリッジ提督の装甲巡洋艦四隻からなる補助艦隊がその方向への移動を遮断してくれることを当てにした。遺憾ながら、彼はトラウブリッジ（ネルソンの部下だったトラウブリッジの子孫）に、「優勢な敵」には攻撃するべからずという海軍本部の通達を伝えてしまったのだった。

海軍本部とはこの場合、政治部長であるウィンストン・チャーチルと同義語であるが、チャーチルが言わんとしたのは、ミルンの艦隊はオーストリアあるいはイタリアの弩級（どきゅう）戦艦とは交戦してはならないということだった。イタリアは独墺伊三国同盟の調印国でもあった（それにまだ拘束されていた）。ミルンとトラウブリッジは不幸なことに、海軍本部からの信号を、単艦でも非常に強力な『ゲーベン』を敬遠すべしと理解してしまった。その結果、トラウブリッジは『ゲーベン』追跡の任を軽巡洋艦『グロスター』に委ねたのだった。武装が絶望的に劣っていた同艦は果敢に攻撃したが、次に同じ任務を与えられた別の軽巡洋艦『ダブリン』は、ドイツ艦隊を発見できなかった。トラウブリッジはズーションの選択肢の全体像を明確に描いていた。彼はズーションがギリシャとエーゲ海に向かっていることを『グロスター』から聞いて承知しており、敵はそのままの針路を維持するか、あるいはアドリア海に戻ってオーストリア軍と合流するかのいずれかだろうと的確に推測した。トラウブリッジは、麾下の旧式艦が『ゲーベン』と遭遇しても火力で圧倒されてしまうだろうと懸念して追跡をやめ、針路をそらしたのだった。

　これは致命的な誤断であり、海軍本部からのさらなる紛らわしい信号とミルンのさらなる判断ミスによって、結果が際立ってしまった。ミルンは八月六日夜、フランス軍が今や兵員輸送船団に対するズーションの攻撃を防ぐべく態勢を整えていることを知り、敵の追跡に全速で当たることができるようになったものの、『インドミタブル』にマルタで石炭を補給させることにした。マルタ滞在中の八月八日には、ギリシャ駐在の英海軍武官から、ズーションはすでにエーゲ海（ズーションもここで石炭補給を行っていた）にいる旨聞かされた。これは遅れを取り戻すチャンスだった。しかし、ほぼ同時に、オーストリアがイギリスに宣戦布告したとの電信が海軍本部から届いた。これは誤りだった。オーストリアが宣戦布告するのは一二日のことである。ミルンはこの結果、オーストリアの弩級戦艦が地中海に入る際に通るアドリア海の出口を守ることが最優先だと判断し、引き返したのだった。海軍本部からはさらなる命令、それを取り消す命令、誤報が舞い込んだ。「マタパン岬［ギリシャ南端］を七日に航過して北東進中の『ゲーベン』を追躡せよ」との明確な指示をミルンが受け取ったのは、ようやく八月九日になってからだった。

　これは、ナポレオンがマルタを立った日付が三日間誤ってネルソンに知らされた一七九八年六月二二日の事例を彷彿（ほうふつ）とさせる。その際のネルソンは、それでも全速で前進した。ミルンは、ズーションが急遽引き返した可能性をいろいろ思案して増速しなかった。敵はフランス支配下の北アフリカ諸港への攻撃を再開するため、あるいはアドリア海に入るため、あるいはジブラルタルに向かうため、さらにはアレクサンドリアとスエズ運河を急襲するために引き返したかもしれない、と。結果として、ズーションはエーゲ海で敵に邪魔されることのない六〇時間を享受したのであり、ついには八月一〇日にダーダネルス海峡の出入口に投錨したのだった。ダーダネルス海峡は機雷封鎖されているものと思い込んでいたミルンは、『ゲーベン』と『ブレスラウ』がトルコ人に導かれてコンスタンティノープルに着いたと知って愕然とした。

両艦は外交手段によってそこでトルコ海軍の部隊となり、オスマン帝国をドイツとオーストリア側の戦争に引きずり込む媒介となったのだった。[*17]

厳密に比較すれば、ナイル追跡の方がズーション追跡よりも情報活用という行為が長期的かつ断続的になったことを勘案しても、前者の方が手際の良さにおいて勝っている。海軍本部の干渉がなかったことも有利に働いた。一九一四年においては二度にわたって現場指揮官がそれにひどく惑わされたのだった。ネルソンはロンドンや中間機関に悩まされることがなかったし、自らミスを犯しはしたものの、他人の誤断には惑わされずにすんだ。一九一四年当時の海軍本部は、一八世紀の諸政府には望み得ない多くの正確な情報を入手できたし、隷下部隊ともほとんど瞬時に連絡できる手段を有していた。急使によるか通報艦を帆走させて数週間の遅れを取る代わりに、無線を使えばよかったのである。その海軍本部がミルンにまず曖昧な命令を送り――つまり、優勢な部隊との接触を避けよというものであり、これによってミルンは『ゲーベン』と交戦しえたときにそれを避けてしまった――次に、オーストリアが参戦したという誤報を知らせ（同国が参戦するのはその五日後）、そのためにミルンはエーゲ海に全速で向かうべきときにアドリア海に引き返してしまったのである。

ミルンは、問題の核心に執着するというネルソンのような決然とした能力に欠けていたようにも思える。ネルソンは、ナポレオンがマルタを占領し、別の場所に向けてそこを立ったことを一七九八年六月二二日には知っており、それまで悩まされてきた別の考え――敵の目標はスペインか、ポルトガルか、アイルランドか――を全て無視し、敵はアレクサンドリアに向かっていると正しく結論づけたのである。彼は、エジプトとその向こうにあるインドこそが敵にとって戦略上もっとも価値ある目標であり、トゥーロン遠征軍が地中海中央に向けて航海する理由はただ一つ、エジプトに部隊を揚陸するためだと推測した。ミルンはそれとは対照的に、『ゲーベン』を見失った後、敵の目標となる可能性があるのはアドリア海か、フランス軍兵員輸送船団か、あるいはエジプトか、はたまたエーゲ海かと思いめぐらせ、考えがまとまらなかったのだった。彼は狼狽していた。六月二二日以降のネルソンは決して狼狽しなかった。ネルソンはエジプトで最初にナポレオンを見失ったときに大きな不安に襲われたが、自分の推測に疑問を抱くことはなかった。対して、ミルンには考え抜いたような形跡がまったく見受けられない。

ネルソンにはほかにも多くの資質があった。人を鼓舞する指導力、電光石火の戦術的才能、戦闘時の非情な決断力、戦略情勢の鋭敏な把握力、斬新な作戦を実施する画期的能力などである。ナイル戦役が例証するのは、第一級の情報分析官の能力に加えられるべきはこれら全ての能力と、いかなる状況においても己の身体的安全を完全に度外視する覚悟であるということだ。ネルソンが史上もっとも偉大な提督であることに異を唱える者はほとんどいない。その能力の幅と深みからすれば、ネルソンならいかなる時代においても優位に立ったであろうことがうかがえる。

第三章　局地情報：シェナンドア渓谷の「石壁」ジャクソン

一七九八年の地中海において、ネルソンは大いに惑わされ、何度か判断を誤り、決定的に不利となったことが少なくとも二度あった。彼は戦力的に優位にあり、自分が置かれた戦域の地理を深く理解し、行動の選択肢が極めて限られた敵を追跡していたにもかかわらず、である。最終的には全てがうまくいったものの、ネルソンがいくつかの場面でまったく別の決断を行っていたら、その勝利はさらに完璧なものとなっていたことだろう。地中海は閉じた海であり、周囲が閉鎖された戦略空間だった。最高の条件に恵まれた艦隊司令官なら、完全制覇を達成できたかもしれない。

一八六二年にはネルソンの地中海戦役と瓜二つの戦いが、海ならぬ陸において行われた。トーマス「ストーンウォール〔石壁〕」ジャクソンもまた、閉じた戦略空間、つまりヴァージニアのシェナンドア渓谷の中で行動したのだった。彼は、自らを追う北軍に兵力で常に劣っていようとも、行動の余地が地理的に極めて制限されていようとも、絶えず敵を惑わし、欺いた——その決まり文句は「常に惑わし、欺け」だった。一七九八年のネルソンは、追跡の最終段階に至るまで情報を十分に有していたわけでは決してなかった。一八六二年のジャクソンは情報を十分に享受し、それを駆使して連勝を達成したのである。彼の弱点を客観的に見れば、連勝はありえなかったはずだ。敵より優れた生情報、鋭い予想、賢い判断が相まって、ジャクソンの渓谷戦役は積極インテリジェンスによる勝利の模範となっているのである。

南北戦争勃発時の南部連合の立場は、本来的に脆弱だった。あらゆる資源尺度——極めて重要な指標をいくつか挙げれば、人口、工業力、線路の敷設距離——を比べても、戦争に勝つための南部の能力は、北部のそれに圧倒されてしまっていた。合衆国の人口三一〇〇万人のうち、分離した一一州に居住しているのは五〇〇万人にすぎず（さらに黒人四〇〇万人がいたが、南部連合は彼ら奴隷に武器を持たせるつもりはなかった）、国土の鉄道総延長三万マイル〔約四万八三〇〇キロメートル〕のうち、二万二〇〇〇マイル〔約三万五四〇〇キロメートル〕は北部を走っていた。また、北部は国土の生産物の九四パーセントと、鉄、鋼鉄、石炭といった原料の大部分を生産していた。とはいえ南部地帯は肥沃であり、綿花、タバコ、コメ、砂糖といった収穫物に恵まれ、農園主はそれによる海外販売と輸出で収入を得ていた。北部はこれらを阻止することができたし、南部一一州が連邦離脱を宣言するや、南部連合の海岸を封鎖して実際に阻止したのである。[*1]

もし、この戦争が経済システムだけの競争であったなら——北軍ウィンフィールド・スコット総司令官がその維持を望んだように——南部はたちまち崩壊していたことだろう。[*2] しかし、南部の民衆は「州の権利」を断固として守ろうとしていた。南部はこの法的問題をめぐって離脱を宣言したのであり、経済的孤立による窮乏に屈しない決意もじきに見せつけた。彼らは、忍耐と質素が田舎暮らしの日常ではあるが、屈するようなことになるのであれば、戦って困窮を克服せざるをえないだろうという立場をいち早く表明した。エイブラハム・リンカーン大統領は、ウィンフィールド・スコットよりも早くこの点を把握した。問題はどこで戦うかだった。南部は物的には弱いかもしれないが、戦略的・地理的には非常に強い。二方が海に守られ、西には無人の半砂漠地帯が、南には山地があり、それによって合衆国の他州から隔絶されていた。内部の連絡手段がなく、北部のそれともほとんど接続されていないことは戦略的な強みだった。しかも、ミシシッピ大流域の中に位置することで一種の二次内水域によっても守られ、北軍が中心部に容易に向かうことを許さなかった。何より南部の広大な面積——一一州はロシアより西のヨーロッパと同じ面積——は、それ自体が一つの強みだった。北軍が外周部を突破することができたとしても、侵入地点と価値ある目標との間を延々と移動しなければならないという困難が南部内には依然としてあった。

深南部（ディープサウス）においては、一つの場所から別の場所に行くことは平時でも問題だった――鉄道線はほとんどなく、道路はないか、あっても驚くような悪路であり、内陸の河川は短すぎ、たいていはあらぬ方向に走っていた。戦時において、この問題は天才的な将軍の奮闘に抗うために作られたものであるかのように思われた。

その一方、南部は攻撃に際してはそのような問題に直面することがなかった。南部のヴァージニア辺境部から北部連邦同盟の首都ワシントンまでは四〇マイル〔約六五キロメートル〕しかなく、大都市ボルティモアまでの距離もさほど変わらない。しかも、そばには小規模ながらも魅力的な都市目標と、肥沃な農地帯メリーランドとペンシルヴェニアがあった。北部への侵攻に成功すれば、工業地帯であるニュージャージーや、おそらくニューヨークまでも脅かしたであろう。南部の強みは、人口集中部と生産拠点が広範囲に分散していることだった。北部の弱みは、同様な目標が中部大西洋沿岸の回廊地帯に集中しており、南部連合の攻撃に脆弱なことだった。

極めて重要なのは、南部にはシェナンドア渓谷という入口があったことである。アメリカ大西洋岸の最大の地理的特徴は、アパラチア山脈が海岸線との距離を徐々に縮めながらもほぼ平行してアラバマからメインまで走っていることである。アパラチア山脈は数百マイルにわたって広大な内陸部と海岸部とを分断しており、ルイジアナと呼ばれた地域とカナダをフランスが支配していた時代には、同国によって利用されていた。その目的は、ヴァージニアや南北カロライナ、ジョージアのイギリス人入植者をオハイオ領土とミシシッピ流域に近づけないようにすることだった。

フランスが一七六三年に敗れると、トランスアパラチアの荒野がイギリス人に開かれるところとなり、これが一八六一年の分離へと至る一連の事件の契機になったのだった。ヴァージニア、カロライナ、ジョージアの住民は、西部に移動する過程でミシシッピとテネシーに奴隷制を持ち込んでいた。ニューヨーク、ペンシルヴェニア、ニューイングランドの住民は、中西部を非奴隷制域としていた。西方辺境地の州をめぐる論争によって憲法紛争が生じ、それが分離の危機に帰着した。奴隷か自由か。これが、旧フランス領域「ルイジアナ」の新たな入植用地をめぐる問題だった。議論による決着がつけられなくなったとき、南部は分離を選んだのだった。

もし、北部がウィンフィールド・スコットの受動的なアナコンダ計画を採用することを選択し、南部が未開墾の荒れた辺境部に留まることを選択していたら、どうなっていたことだろうか。それを推測することは容易なことではない。南北戦争などなかったかもしれないし、不測の事態も起きなかったであろう。ジェームズ・マクファーソンが説得力をもって主張するように、南部は戦いを待ち焦がれていたのだった。[*3]北部は南部が憲法に挑み、奴隷制という罪を正当化しようと挑戦的になったことに憤慨し、断固として攻撃を主張した。南部連合の首都であるヴァージニア州の「リッチモンドを目指せ」のスローガンに奮起した北部は軍事作戦を発動して交戦したが、一八六一年七月に第一次ブル・ラン（マナッサス）の戦いで敗北した。

その後、北部の指導部はより良い方法を熟考した。アパラチアを越えた西部では、地元の将軍たちがミシシッピ河口に新たな戦線を開こうとしていた。海岸沿いでは、北軍の提督たちが外界に通じる南部同盟の出口を封鎖し始めていた。しかしワシントンでは、リンカーンとその政府が南部の敵軍をもっと直接的に叩く手段を模索していた。彼らの認識では、道は幾重もの河川障害物に遮（さえぎ）られていた。つまり、アパラチア山脈から流れる短い川が山間部と大西洋沿岸部の間を走り、南部にとって絶好の戦略的要害の一つとなっていた。ラッパハノック川やマタポナイ川、ヨーク川、ジェームズ川の流れ方は、反乱者の中枢に迫る北軍を阻止するために奴隷制支持者が仕組んだかのようだ。北軍と敵の首都の間に二〇マイル（約三〇キロメートル）かそれ以下の間隔で次から次へと位置する川は、敵にとってはそれぞれが守りやすかった。

こうした腹立たしい戦略的困難に対する一つの解決策が一八六二年春に提案された。それを提案したのは、エイブラハム・リンカーンお気に入りの将軍になったばかりのジョージ・マクレランである。彼は、陸路で「リッチモンドを目指す」ことを繰り返しても、いずれかの河川障害物でまた立ち往生してしまうだろうと確信しており、北軍の主力たるポトマック軍を兵員輸送船に乗せてワシントンからチェサピーク湾を下らせ、ヴァージニア半島のヨーク川とジェームズ川の間で上陸させるようリンカーンを説得した。そこでなら、強固な拠点であるモンロー要塞の防護力を利用できるだろう。これはサードシステムと呼ばれる沿岸防衛計画用の石造りの大要塞の一つであり、依然として北部の手中にあった。そこから進軍することは容易であり、リッチモンドまで七〇マイル〔約一一〇キロメートル〕しか離れていない。マクレランは上陸作戦の成功に自信があった。彼は将来を嘱望された下級士官として一八五五年に英仏遠征の観戦武官としてクリミアに派遣されたことがあり、上陸作戦が成功するのを自分の目で見てきた上、新発明の電信の軍事利用も目撃していた。[*4] 一八五六年に除隊して鉄道会社重役となり、統制手段としての電信と長距離の大量補給についてさらに学んだ。電信統制と効果的兵站（へいたん）は半島方面作戦を実施する上で要になるはずだった。

ポトマック軍がモンロー要塞に到着したことで、南軍司令部は非常に動揺した。塹壕（ざんごう）が半島の突端を横断する形で急ごしらえされたが、これは一七八一年にイギリス軍がヨークタウンを防衛する際に造られた土塁線伝いに点々と掘られたものである。ジョセフ・E・ジョンストン将軍の北ヴァージニア軍はワシントン近郊から撤退し、リッチモンドには防御態勢が敷かれた。こうした措置によって一時的に安全になったにもかかわらず、南部が警戒したのは理にかなっていた。リッチモンド近郊の兵力は北軍一〇万五〇〇〇人に対して南軍六万人であり、南軍が圧倒されていた上に潜在的な差はもっと大きかった。近場では北軍の別の三つの軍勢が行きつ戻りつしていた。すなわち、ウェストヴァージニアにはフリーモントの軍が、ワシントン近郊にはマクダウェルの軍が、さらにシェナンドア渓谷にはバンクスの軍がいた。これらがマクレランの軍と協働できれば、ジョセフ・E・ジョンストンの北ヴァージニア軍は制圧され、南部連合の命運が決せられてしまう。

闇に包まれた南部連合には二筋の光明しかなかった。一つはマクレランが欲求の充足をどれだけ先延ばしにできるかである。彼は客観的には戦力で敵に勝っていたにもかかわらず、性格的にそれを受け入れることができず、絶えずリンカーンに部隊増強を懇願し、増援がなければ前進できないと頻繁に警告を発した。危機は自分にしか見えないとして、前進する代わりに尻込みし、陣地を強化する機会を敵に与えてしまったのである。彼は一八六二年三月二二日にモンロー要塞に上陸していた。その後、四月四日から五月四日までの一カ月間をかけてヨークタウンの無力な南軍陣地を包囲した。南軍の守備隊が撤退した五月五日になってようやく前進し、ウィリアムスバーグで本来の戦闘を初めて行い、そもそもの目標であるリッチモンドに迫ったのは、ようやく二五日になってからだった。七〇マイルを走破するのに八週間以上かかり、敵には何らの損害も与えなかった。ジョセフ・E・ジョンストン軍は無傷でその場におり、依然として戦闘態勢にあった。

もう一筋の光明は南軍の陽動部隊の存在であり、これがマクレランとリンカーンの両者を動揺させつつあった。ただし、意味するところはそれぞれ違った。マクレランは増援を渇望しており、それが奪われるような動きが少しでもあれば不安に陥りかねなかった。さらに言えば、リンカーンは南軍がワシントンに向かう見込みが少しでもあれば不安になる傾向にあった。リッチモンド周辺の南軍は、そのいずれの威嚇(いかく)行動をもなす能力に欠けていた。「石壁」トーマス・ジャクソン将軍と麾下の小部隊は遠く離れたシェナンドア渓谷にいたが、位置的にも能力的にもその両方を同等に準備できる状態にあった。どのようなものであれ、彼が北進すればワシントンを脅かすことになるし、乾坤一擲(けんこんいってき)の半島方面作戦を推進するマクレランに身勝手に部隊を引き抜かれていたリンカーンは、その可能性をますます信じるようになった。ジャクソンがそのような移動を行えば、それは同時に、バンクスとマクダウェルの掩護軍をシェンナンドア渓谷周辺からマクレランのいるリッチモンドに再配置することをリンカーンが認める可能性をも減らすことになる。ストーンウォール・ジャクソンは一八六二年の春、突如として「命運分かつ」立場、すなわち、用兵を誤らなければこの戦争の行方を決定的に変えることができる立場に置かれたのだった。

シェナンドア渓谷は戦略的な回廊地帯であり、南北戦争の軍事的地勢において特異な重要地として機能した。南部連合の中心地はもともと海とミシシッピ川と山脈の間にあり、実質的に侵入不能だった。マクレランはヴァージニア半島への上陸点を見つけて敵の防衛線を突破したものの、突破口を拡大するには決然としてひたすら突き進む必要があった（ウェストポイントの一八四六年同期生は彼にその資質があるか疑問視しており、それにはもっともな理由があった）。さもないと、ミシシッピ川の南ルートが押さえられている限り、シェナンドア渓谷を南下するしか侵入路がなかった。この渓谷は中央アパラチア山脈の東端に位置している。南側の出口はヴァージニア平原とカロライナ両州、ジョージアに通じ、北側の出口はメリーランドとペンシルヴェニアに至り、ワシントン郊外に向かっている。南北戦争の状況において、それは攻守両面で活用できた。理屈の上では、北軍はそれを南部連合の中心地に入るための手段として利用できた。実際には、南北を結ぶ鉄道線が渓谷中にないため、そうした行動は兵站的に実施不能だった。とはいえ、南軍は常にそれに対して用心しなければならなかった。その一方、南軍は北軍よりもはるかに容易に渓谷の北の出入口を出撃口として利用でき、そこから北部の主要都市近郊で北軍を奇襲することができた。南北戦争中、この渓谷の戦略的潜在力を活用したのは北軍よりも南軍であり、一八六二年春にはそれが絶頂となったのだった。

戦略的に見ると、シェナンドア渓谷には大小の地勢がある。大きな地勢とは、一八六一年から一八六五年まで南部連合国だった地域に出入り可能な回廊地帯に関する地勢である。小さな地勢とは、内部の地物

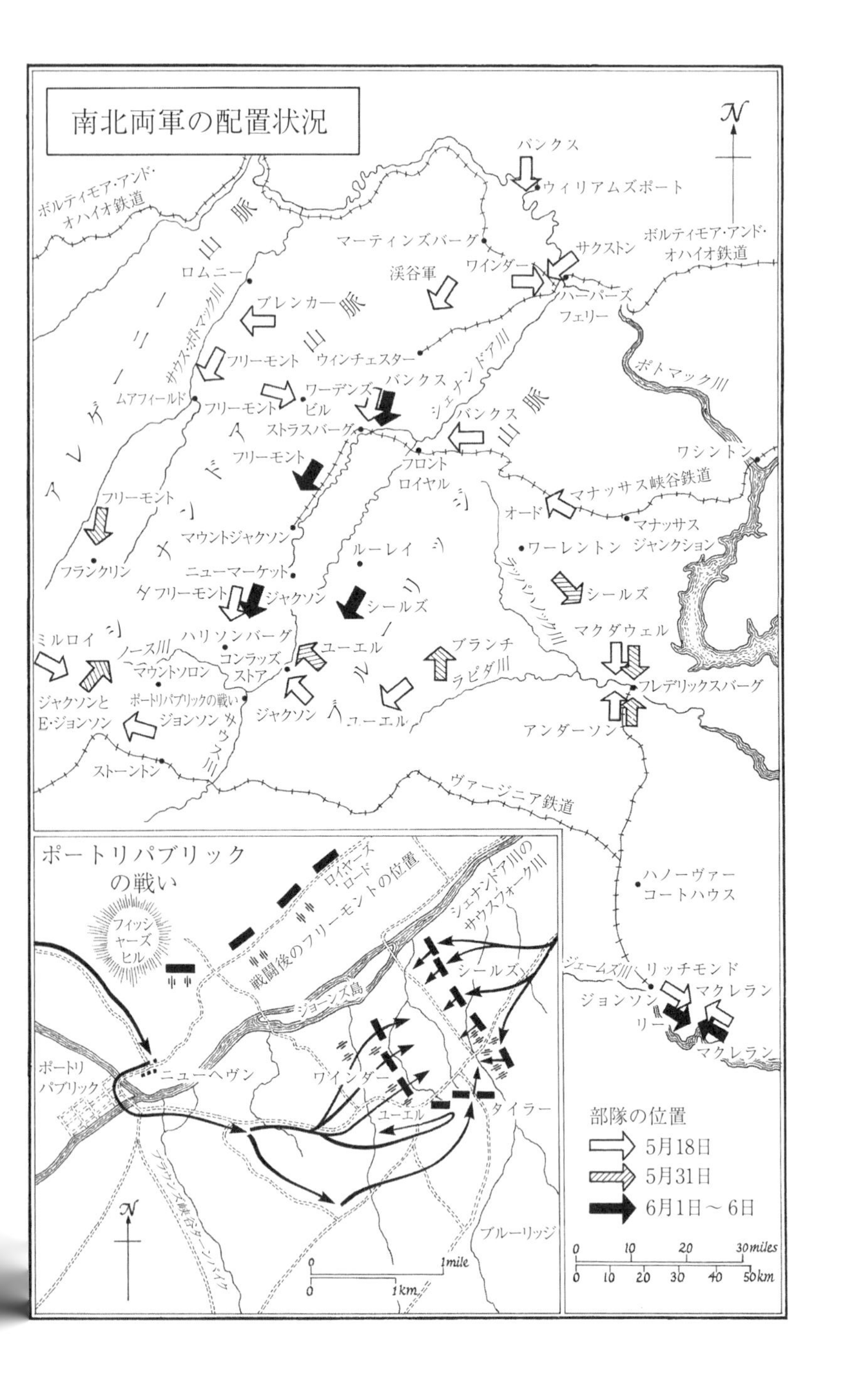
南北両軍の配置状況
バンクス
ウィリアムズポート
ボルティモア・アンド・オハイオ鉄道
マーティンズバーグ
ボルティモア・アンド・オハイオ鉄道
サクストン
ワインダー
渓谷軍
ロムニー
ハーパーズフェリー
ブレンカー
サウス・ポトマック川
フリーモント
ウィンチェスター
ポトマック川
シェナンドア川
ワーデンズビル
バンクス
ムアフィールド
フリーモント
ストラスバーグ
バンクス
アレゲーニー山脈
マサナッテン山
ブルーリッジ山脈
フリーモント
フロントロイヤル
ワシントン
マナッサス峡谷鉄道
オード
フリーモント
マナッサスジャンクション
マウントジャクソン
ワーレントン
ルーレイ
フランクリン
ニューマーケット
フリーモント
ジャクソン
シールズ
ラッパハノック川
シールズ
ミルロイ
ハリソンバーグ
マクダウェル
ノース川
コンラッズストア
ユーエル
ブランチ
マウントソロン
ラピダ川
フレデリックスバーグ
ジャクソンとE・ジョンソン
ポートリパブリックの戦い
ジョンソン
ジャクソン
ユーエル
アンダーソン
サウス川
ストーントン
ヴァージニア鉄道
ハノーヴァーコートハウス
ポートリパブリックの戦い
ロイヤーズロード
戦闘後のフリーモントの位置
シェナンドア川のサウスフォーク川
フィッシャーズヒル
シールズ
ジョーンズ島
ジェームズ川
リッチモンド
ジョンソン
マクレラン
リー
マクレラン
ポートリパブリック
ニューヘヴン
ワインダー
ユーエル
タイラー
ブラウンズ峡谷ターンパイク
ブルーリッジ
1mile
1km
部隊の位置
5月18日
5月31日
6月1日～6日
0 10 20 30miles
0 10 20 30 40 50km

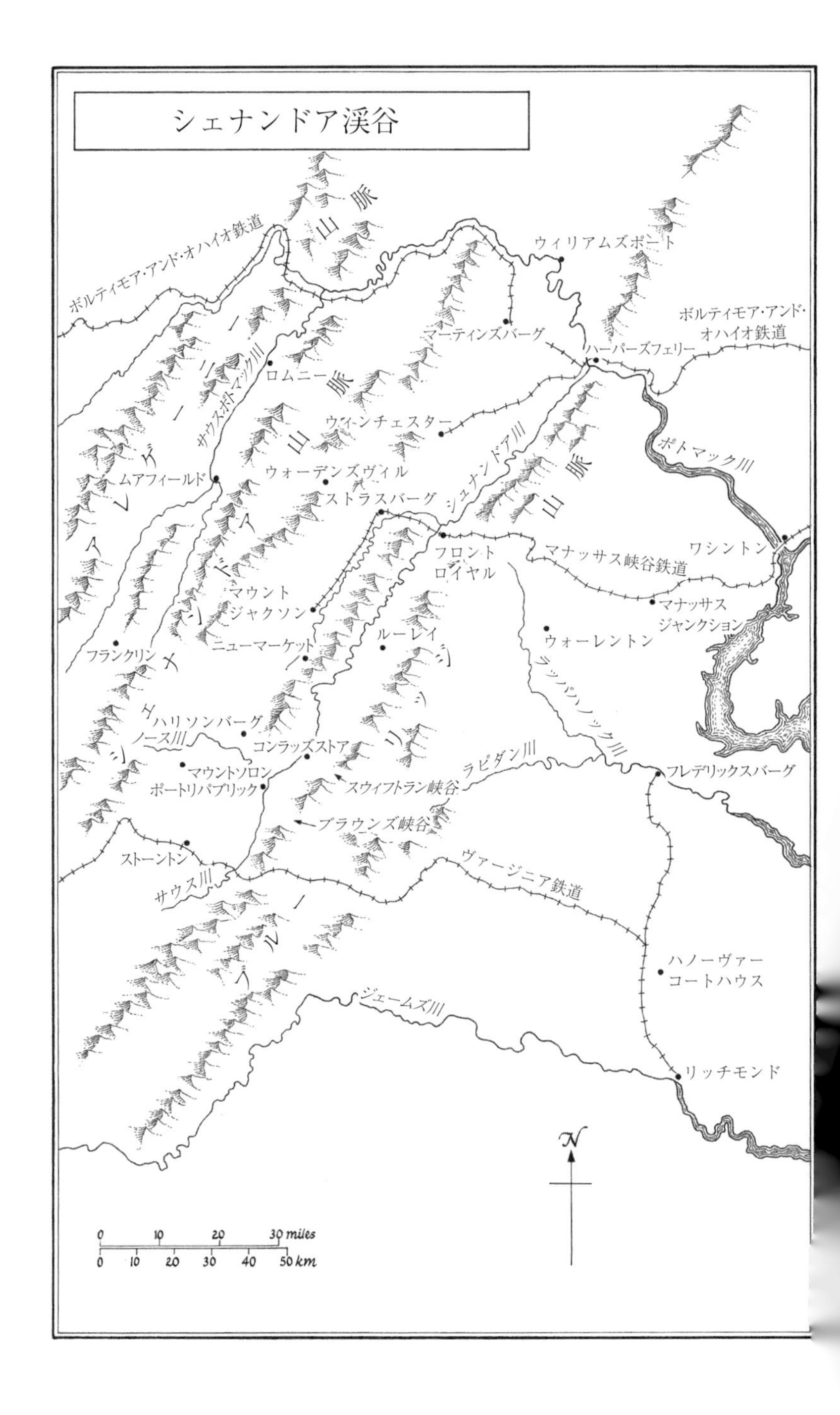
シェナンドア渓谷
ボルティモア・アンド・オハイオ鉄道
ウィリアムズポート
マーティンズバーグ
ボルティモア・アンド・オハイオ鉄道
ハーパーズフェリー
ロムニー
サウスポトマック川
ウィンチェスター
ポトマック川
シェナンドア川
ムアフィールド
ウォーデンズヴィル
ストラスバーグ
フロント
ロイヤル
マナッサス峡谷鉄道
ワシントン
マウント
ジャクソン
マナッサス
ジャンクション
ルーレイ
ウォーレントン
フランクリン
ニューマーケット
ラッパハノック川
ハリソンバーグ
ノース川
コンラッズストア
ラピダン川
マウントソロン
ポートリパブリック
スウィフトラン峡谷
フレデリックスバーグ
ブラウンズ峡谷
ストーントン
サウス川
ヴァージニア鉄道
ハノーヴァー
コートハウス
ジェームズ川
リッチモンド
N
0 10 20 30 miles
0 10 20 30 40 50 km

に関する地勢であり、これを正しく理解すれば決定的な軍事利用に供しうるものである。この渓谷は全長が約一二〇マイル〔約一九〇キロメートル〕（サウス川の源流からシェナンドア川とポトマック川の合流地ハーパーズフェリーまで）、全幅が約三〇マイル〔約五〇キロメートル〕（アレゲーニー山脈の頂上からブルーリッジ山脈の頂上まで）あり、一八六二年においては肥沃な開墾農地だったが、隔絶された環境にある。だが、中心部を下った所にマサナッテン山という尾根が走っており、それ自体がシェナンドア川を南北の支流に分割している。フロントロイヤル近郊で合流した支流はシェナンドア川そのものとなり、北に四〇マイル〔約六五キロメートル〕走ってハーパーズフェリーでポトマック川の一部となる。南の支流は下流のポートリパブリックで三本の小さな流れ、つまりノース川、ミドル川、サウス川に分かれる。

川が多いということは橋が多いということを意味し、一八六二年には軍事的に重要な橋が少なくとも一二あった。これらはシェナンドア渓谷の主要な町村にあり、アメリカ奥地への入植期のほかの橋と同様、ほとんどが木製であり、燃えやすいものだった。橋以外にも戦略的に重要な抜け道があった。川の渡り場はいたる所にあり、周囲の山脈中には山間道もあった。北部が支配するウェストヴァージニアに出入りできる通路はほとんどなく、軍事的にもさほど重要ではなかった。ヴァージニア本州の平原地に通ずるものはもっと多く——計一一本——その全てが重要なものだった。シェナンドア渓谷の南軍はこれによって縦横無尽に移動できるからである。同様に重要だったのが、ニューマーケットとルーレイ間の中央マサナッテン尾根を通る山間道と、フロントロイヤルとポートリパブリックにあるマサナッテン山の両端周辺の東西接続路だった。

シェナンドア渓谷の道路網は渓谷内部の地勢によって決まった。マサナッテン西部の大部分を走っているヴァレー・パイク——破砕バラスでできた全天候型の舗装路——は、ポトマック川のウィリアムズポートからウィンチェスター、ストラスバーグ、ニューマーケット、ハリソンバーグを経由し、サウス川とミドル川の間にあるストーントンに通じていた。マサナッテン東部には悪路が一本、フロントロイヤルからルーレイを通ってポートリパブリックまで走っており、最終的にはストーントンでヴァレー・パイクと合流していた。[*5]

シェナンドア渓谷の地勢を理解している者が北軍にいたとしても、ごくわずかしかいなかった。その理由は二つある。第一に、平時においては、この渓谷における外界との連絡手段がほぼ独占的に川だったからである。つまりハーパーズフェリーまで、シェナンドア川とその支流を上り下りしたわけである。水路が極めて重要だったため、渓谷の住民は川の合流点まで北上することを「下る」、南下することを「上る」と表現したほどだった。こうしたことから、北軍はシェナンドア渓谷を渓谷外部からの諸々の接合点にある一水系としてのみ捉えていた。第二の理由は、この渓谷の地図が実質的になかったことである。こうした状況は南北戦争時には一般的だった。連邦政府は一八六一年以前に合衆国沿岸の地図作成に相当な額を投資しており、政府によるこの国内管理の主要手段となったのが、合衆国陸軍の一部門である地形測量隊だった。政府はさらに、ミシシッピ以西への入植あっせん支援として、大規模な西部探査も後援していた。だが、昔の一三植民地、すなわち一七八二年以降に築かれた東部諸州におけるのと同様な作業は、何一つ行わなかった。その結果、南北戦争に参加した将軍たちは、ろくな地図資料もないまま軍事作戦を開始することになったのである。

正確な軍用地図は一つもなかった。［北軍の］ヘンリー・W・ハレック将軍が一八六二年に西部戦役を戦った際に持っていた地図は、書店で購入したものだった。将軍は大慌てで地図担当将校と文官専門家に地図作成に取りかからせたが、出来上がった地図は概して不正確だった。文官技師のベンジャミン・H・ラトローブはヴァージニア西部に続く道路全般の地図を作成したが、彼が請け負えたのは、それを使えばせいぜい遠征に迷うことはないという程度のものだった。ジョージ・B・マクレラン将軍は一八六二年のヴァージニア遠征に備えて精緻な地図を携えていたが、現場に着いてからそれが当てにならないことを知って愕然とし、「道が間違っている」と嘆いたという。ポトマック川の「北」軍が作戦域の北部ヴァージニアの正確な地図を保有したのは、ようやく一八六三年になってからだった。[*6]

この問題の根底にあったのは合衆国の地図作成の後進性だった。これは無理からぬことかもしれない。合衆国は広大な国であり、依然として大部分に定住者がおらず、探査され尽くしたわけでもなく、地図作成の中央機関もなかったからである。陸軍には地形測量隊があり、海軍には水路測量隊が、連邦政府には沿岸測量部があったが、全て小規模だった。[*7]正確な測量、つまり広大な土地の三角測量を包括的に行うための基盤が欠落していたのである。ただし、別の場所ではそれが行われていた。イギリス諸島では三角測量がすでに行われており、一七九一年初頭には一インチが一マイルに相当する高品質の包括的な地図一式が陸地測量部から出版されていた。これは仕事としては確かに小さかったが、完成度は素晴らしかった。どの基準から見ても見事だったのが、インド測量局の仕事だった。インドは合衆国よりも小さいものの、ヒマラヤ山脈の標高と規模のため、地形上ははるかに複雑である。一八〇〇年初め、インド測量局は歴代工兵隊の指示のもとに完璧な三角測量に乗り出した。三角測量は土地の曲率を考慮に入れながら一連の相互可視点間の計測距離を得るものであり、得られた方眼(グリッド)から後に正確な地図が作成可能となるものである。インドの測量は一八三〇年までに大部分が完了していたが、後に拡大・訂正された。特に指導力を発揮したのが、世界最高峰の名の由来となったサー・ジョージ・エヴェレストだった。三角法専門の数学者と測量士を合わせたチームは数百人にすぎなかったが、多くはこの事業のやりがいに奮起しており、合衆国のミシシッピ川西部の広さに匹敵するインド亜大陸の正確な地図の完結版を、七〇年足らずで作成することに成功したのである。[*8]

合衆国では、一八六一年までに三角測量が行われたことは一度もなかった。広大な国土に対するアメリカ人の姿勢として、これは奇妙な盲点だった。ジョージ・ワシントンは測量士としての訓練を受けていた。エイブラハム・リンカーンも同様である。歴代大統領の中で最も理知的なトマス・ジェファーソンは開拓に熱心であり、一八〇四年には、北西への大陸横断遠征を行うルイスとクラークを後援した。ただし、その目的は「商用の（中略）最短かつ最も実用的な大陸横断水路」を発見することだと明言している。ルートの発見はまず商業のため、次に入植のため、それから鉄道のためであり、大陸の地勢に対する米政府の関心を如実に物語っていた。一八三六年には、アンドリュー・ジャクソンがチャールズ・ウィルクス海軍大尉のもとに合衆国探査遠征隊を派遣し、合衆国の領地を調査させた。ただし、これは海上から行ったものであり、大部分が海岸線の調査に充てられた。内陸部の最後の大規模調査は、一八五三年に制定された太平洋鉄道法による「ミシシッピ川から太平洋に至る最も実用的かつ経済的な鉄道ルートを確定する」ことを推進すべく認可された。これによって候補のルートが五本指定され、その全てが陸軍の地形測量隊によって調査されることになった。ルートは地図化されたものの、合衆国の包括的かつ正確な調査は何ら行われなかった。それは将来に託されたのだった。[*9]

当然のことながら、合衆国の局地的な地図はすでに多くあった。それらは、入植と西方への拡大が切迫している中で、農業用分譲地を区分けする必要があったために作成されたものである。アメリカの地理で特徴的なのは、ミシシッピ川以東の中西部と大平原（グレートプレーンズ）より先が平坦になっていることであり、このため緯度と経度を参照することで所有地の境界線が正確に画定できた。緯度は当初から天測により、経度は一八六〇年代になって電信による時間計算によって測定できた。しかし、そのような地図作成は計画性のないものだった。三角測量が包括的に行われていなかったので、局地的な地図は互いにきちんとつながらず、アパラチア山脈の山岳地帯と東部の海浜地域の描写においては、高さ、つまり等高線が表現されていないのが普通だった。一八六四年になってすら、ウィリアム・シャーマン将軍の工兵隊長であるオーランド・ポー大佐が、ノースカロライナの地図は「不正確さではどれも似たり寄ったり」だということが分かったと不平を漏らしたのも驚くに当たらない。[*10] 地図は伝統的に軍事機密であり、自国の地図は敵に隠すべきものだったし、敵もまた自国の地図を内密に作成した。地図作成は当然ながら諜報活動として見なされたからである。フリードリヒ大王は一七四二年にポツダムの宮殿内に秘密の地図室（Plankammer）を設立したが、所蔵の中にはプロイセンと周辺領域の地図が両方含まれ、例えばシュレージエンの地図などは、七年戦争へとつながった同地への侵攻の前に彼が作成したものだった。[*11] インドの調査においては、インド帝国と北部国境を接する諸国、すなわちチベット、ネパール、アフガニスタン、中国、ロシア中央アジア地域に効率的に張り巡らされたスパイ網が活用され、数珠ひもで歩数を数えて距離を測るよう訓練されたインド人が動員された。キプリング著『少年キム』の登場人物の中で一番愉快な人物ハリー・チャンダー・ムケルジーは、そうしたエージェントの一人であるが、これには現実のモデルがいた。最も有名なのが、無名の世界から出ることを許された「賢人（パンディット）」として知られるナイン・シンだった。彼は一八六四年から一八七五年の間に閉鎖都市ラサを二度訪れ、それまで調査されていなかった国を一二〇〇マイル〔約一九〇〇キロメートル〕踏破し、ツァンポ川を水源地から六〇〇マイル〔約九五〇キロメートル〕たどったのである。インド測量から退くに当たっては、土地一画と勲三等インド帝国章、王立地理協会金章を授かり、英国を訪問した際には王立地理協会で熱心な聴衆に講演を行った。[*12] 彼が引退まで生きながらえたのは幸運だったといえるだろう。一八一四年に東インド会社による侵略の危機に直面していたネパールは、国に通じる幹線道路の出入口を慎重に隠蔽しており、それを暴いた場合は死刑にすると威嚇していたのである。[*13]

一八六一年に侵攻の脅威に曝（さら）されていた南部連合は、内部道路の出入口を隠せなかった。それらは北部連邦同盟のそれとつながっていたからである。しかし、道の伸び具合の表示は、北軍の将軍が利用できるような地図では不十分か、不正確か、あるいはまったく記入されていないことが多かった。みすぼらしい本屋で買った地図帳に載っている図版よりも、地元民の知識の方が格段に信頼できることが多かったのである。南部の内部では、そのような知識は南部連合の防御側の方が北部の侵攻側よりも容易に利用できたのだった。それがなかったため、混乱が増大した。かなりまともな地図でも古くなっているおそれがあったし、地図作成者が選んだ地名が地元民の使っている地名と同じである保証もまったくなかった。「ヴァージニアのコールドハーバー」（一八六四年にユリシーズ・グラント将軍が戦闘を行った場所の一つ）は、コールハーバーと呼ばれることもあった上、ニューコールドハーバーとか「バーンド」コールドハーバーという地名もあった。バーンドコールハーバーは地元民にはオールドコールドハーバーという名で知られていた。道路の多くは二つある名称の一つで呼ばれた。例えば、マーケット・ロードあるいはリバー・ロード、ウィリアムズ・ロードあるいはセブンマイル・ロード、クエーカー・ロードあるいはウィリスチャーチ・ロードといった具合である。さらに紛らわしいことに、同じ名や似た名の付いた道路が近くにあることもよくあり、しかもそれらはまったく別の方向に走っていた。[*14]

地元民はそれを知っていたが、侵入者は知らなかった。このことは、ほぼ一貫して南部にとって有利となった。南部は南北戦争の大半の期間を自らの領土内で作戦行動しており、地元出身者からなる部隊で領土を防衛することが非常に多かったからである。一八六二年のシェナンドア渓谷では特にそうだった。同渓谷軍のストーンウォール・ジャクソン司令官はこの渓谷の出身者だった。彼は正規軍を退役した後、渓谷南端にあるレキシントンの私設士官学校ヴァージニア軍学校の教官になっていた。シェナンドア渓谷軍の大半はこの渓谷出身者であり、第一次ブル・ランの戦いで名を上げたストーンウォール旅団の兵員と、ワシントン大学の学徒から大半を徴集したロックブリッジ砲兵隊の兵員は特にその傾向にあった。だが、同渓谷軍の中で最重要の渓谷出身者は、文官のジェデダイア・ホッチキスだった。彼は一八四七年に自らストーントンに学校を設立し、そこの校長を務めていた。学校は繁盛し、彼自身はニューヨークで生まれたものの、そこに留まった。彼はまた、趣味の地図作りにも従事し始めた。一八六一年には、シェナンドア渓谷西のアレゲーニー山脈での作戦において、地図作成者としてロバート・E・リー将軍に雇われた。病で自宅に戻った一八六二年には渓谷軍に属し、ジャクソンに紹介された。地元に関するホッチキスの知識に感銘を受けたジャクソンは三月二六日、文官のままホッチキスを参謀に加えた。ホッチキスに対するジャクソンの最初の命令はこうだった。「ハーパーズフェリーからレキシントンまでのシェナンドア渓谷の地図を作ってほしい。二つの町の間にある攻防拠点を全部示したやつをな」[*15]

ホッチキスは仕事に取りかかった。地図作成の訓練は受けていなかったが、几帳面だった。まず尾根から周囲を見渡し、周辺を動き回りながらスケッチを描き、メモを書き込み、観察したものを地図の形に仕上げた。彼が一八六二年に作った地図は今も残っている。[*16] 川の流れは薄青色、道路網は赤色で表示されており、丘（等高線なし、独立標高なし）には黒い線影が付けられている。縮尺目盛はないが、地図の底辺が切り取られているため、単に紛失しただけかもしれない。地図としては、南北戦争期に作られた地図の欠点が全て現れている。込み入ったように見える上、細部が多すぎる、あるいは足りなすぎることもあり、未完成の素人作品のように見える。トーマス・ジェファーソン・クラムが描いた、ヴァージニア半島のヨークタウンの的確な地図と比べると、非常に見劣りしてしまう。[*17] これは、フランスのロシャンボー軍工兵隊の一隊が一七八一年に描いたオリジナル地図に由来するものだった。ジャクソンが陸軍士官学校（ウエストポイント）にいた際、どの教科よりもデッサンの授業を嫌ったのも驚くに当たらないだろう。士官学校での地図作成は教え方が悪かったようだ。軍用地図の作成は、ヨーロッパの中でも特にイギリスで標準化されたが、連邦政府のそれに欠陥があったとすれば、アメリカの地図作成は全般的に満足のいくものではなかったということになる。

とはいえ、ホッチキスがジャクソンに提供した地図は地元の知識に基づいたものであり、最新の観測によってもたらされたものであったため、ジャクソンはそれによって北軍に対して優位な立場にあった。ジュバル・アーリーがシェナンドア渓谷で南軍の攻勢を再開した一八六四年という遅きになっても、北軍のフィリップ・シェリダン将軍は三〇年も前の不正確な民間の地図に基づいて対アーリー作戦を実施していたのである。ホッチキスの地図は少なくとも基本的要点を教えてくれた。つまり、山脈中の谷の位置、居住地間の距離、コンパス方位、水路上の渡河点、舗装道路の伸び方である。これは何もないよりもましであり、ジャクソンの役に立つことになった。粗末なシェナンドア渓谷の地図によって、北軍が深刻な過ちを犯してくれるという利点もあった。

一八六二年の渓谷方面作戦は、南北の戦略的均衡が成り立った時点で始まった。すなわち、北軍の攻勢が西部で阻止された後であり、マクレランの攻勢が東部海岸で始まる前である。南部連合は一八六一年にアパラチア山脈西部の領地を多く失っていた。同山脈は南北戦争の二つの戦域を分かつ物理的境界線となっていた。心情的におおむね南部寄りだったミズーリ州は、南軍がウィルソンズクリークで技術的勝利を収めたにもかかわらず、八月には大部分が失われた。ケンタッキーも親南部だったが、時宜を得た進軍によって北軍に押さえられた。これは、下級ながら攻撃的なU・S・グラント将軍によって計画されたものである。これに勢いづいたグラントはテネシーに前進し、戦略的な河畔要塞ヘンリーとドネルソンを攻略するが、やがて多大の損失を出す一八六二年四月のシャイローの戦いへと至ることになる。南部連合の西部戦線は、この戦域の総司令官に新たに任命されたアルバート・シドニー・ジョンストン（シャイローで戦死）によって強化され、一八六二年末まで、ほぼ無傷で保たれることになる。

東部では、作戦を開始した北軍が苦戦しながらも徐々に南部に迫り、南部連合の海岸線を確保した結果、一八六一年に小さな陸地の支配者が変わった。ジョセフ・E・ジョンストンの北ヴァージニア軍は、ブル・ランで南軍が防衛戦に勝利して以降もワシントン近郊に留まり、北部連邦同盟の首都を脅かしていた。リンカーン大統領はその存在を絶えず懸念しており、特にその原因となったのが、新任の総司令官ジョージ・マクレランが北ヴァージニア軍の部隊規模を絶えず過大評価したことだった。一八六二年三月、ジョセフ・E・ジョンストンはラッパハノック川の西に部隊を退かせた。この川はリッチモンドを守る東西河川の一つである。首都防衛を案ずるリンカーンはこの動きに安堵したが、南部連合の首都を海上からの侵攻によって奪取しようとするマクレランの計画はかえって複雑になってしまった。なぜなら、これによって南軍最大の軍勢がマクレランの究極の目標にいっそう近づいたからである。

逆説的だが、地図作成においては縮尺が大きくなればなるほど、表示される細部が少なくなる。一マイル〔一・六〇九三キロメートル〕が一インチ〔二・五四センチメートル〕で表される小縮尺の地図では、一〇マイル〔約一六キロメートル〕が一インチの大縮尺の地図よりも情報量が多いが、戦略的な計画を練る際には後者の方が役に立つ。一八六二年三月の情勢を大縮尺の地図で示すと次のように見えたことだろう。すなわち、北ヴァージニア軍の兵力四万人を擁するジョセフ・E・ジョンストンは、リッチモンドの北四〇マイル〔約六五キロメートル〕のラッパハノック川におり、ポトマック川軍の一一万五〇〇〇人を擁するマクレランは、リッチモンドから六〇マイル〔約九五キロメートル〕にあるヴァージニア半島突端のモンロー要塞に上陸すべくポトマック川を南下し、ナサニエル・バンクス麾下の北軍派遣隊約二万人はワシントンを守っていた。西のアパラチア山脈中には、北軍のほかの将軍たちがさまざまな兵力の派遣隊を展開していた。戦域中央部に配置され、山中とワシントン周辺の北軍と対峙しながら脅かされてもいたストーンウォール・ジャクソンは、五〇〇〇人弱を展開していた。その目的は、ジョセフ・E・ジョンストンの側面を守ること、北軍を山中に追い詰めて逃さないこと、そしてバンクスを牽制することだった。バンクスは、海路でリッチモンドに進軍するマクレランを援護すべく、ワシントンの北軍守備隊を南下させることになっていた。[*18]
開けた地――例えば、平地で森林も小沼河川もない大平原（グレートプレーンズ）――であったなら、ジャクソンの陣地は持ちこたえられなかったであろう。彼は、西に同心円状に進軍するバンクスと北軍部隊との戦闘で、数日中に掃討されたはずである。だが、ジャクソンはさほど脆弱な立場にいなかった。シェナンドア渓谷の山と川を味方につけていた上に、自然と人間によって作られた地の利を生かすことによって、立ちはだかる優劣の差を克服できる可能性があったのである。一八六二年の三月、四月、五月、六月と、彼は卓越した情報活用に全面的に依拠しつつ、あらゆる意味においておそらくかつてないほど見事に機動戦において行動し、全ての蓋然性に挑んだのだった。

渓谷軍（正式名称はシェナンドア渓谷地区軍）は、名人芸ともいえる陽動作戦をシェナンドア渓谷の最上部で開始し、少年期のジャクソンの家があったロムニイの近くで厳冬を過ごしていた。彼は会戦を避けるよう命じられていたが、ワシントン郊外にいるバンクスがリッチモンドに進軍するマクレランに援軍を送るのを阻止すべく行動するようにも命じられていた。結果として会戦をいくつか戦うことになったが、それでも命令の趣旨は守った。

バンクスはワシントンに釘づけになっていたものの、渓谷の北端を突破するよう命令を受けてもおり、二月下旬、ポトマック川がシェナンドア川と合流するハーパーズフェリーで渡河し、南進した。その目的は二つの戦略的兵站線を南軍の妨害から守ることだった。一つはチェサピーク・オハイオ運河（アパラチア山脈を横断してオハイオ水系と海を結ぶもの）、もう一つは、ボルティモアとオハイオを結ぶ鉄道（アパラチア山脈を通る西への主要鉄道ルート）である。ジャクソンは当初、バンクスをウィンチェスターで攻撃することを提案した。ここは鉄道の支線が渓谷ターンパイクで終点を迎える場所であり、散開中の北軍を破ることができると考えたのである。しかし、この計画は戦闘を控えようというジョセフ・E・ジョンストンの命令に反していた。ジョンストンはリッチモンドを守るべくマナッサスから撤兵する一方、いかなる場所でも敗北の危険を冒さないよう特に注意していた。負ければ、バンクスがマクレランの部隊を増強すべく移動することを許してしまうからである。ジャクソンの計画には部下も驚愕した。彼らは負けを確信していたのだった。ジャクソンは、自身にとって初の三月一一日夕方の作戦会議で激論を行った後、議論することを断念した。馬に乗って闇夜の中に走り去る際、彼は部下の軍医長にこうぶちまけた。「作戦会議を開くのはこれで最後だ」

彼は言葉に忠実だった。実際には、それ以上だった。「作戦会議は戦わず」は軍の標語であり――これは後にセオドア・ローズヴェルト大統領の標語になるが、その発想は古代の遺物と同じほど古い――、ウィンチェスターで部下の旅団長たちが小心を見せつけた後、ジャクソンは自分の殻に閉じこもってしまったのである。[*19] 彼はウェストポイントでの士官候補生時代も口数が少ないことで有名であり、会話をするよりも一人で祈りに耽(ふけ)る方をはるかに好んだ。今や彼は自分の考えを内に秘め、最後の瞬間になってようやく態度を明らかにし、その上さらに高圧的で意味不明の命令を発することも多くなった。これは周到な保全措置ではなく、むしろ内向的な性格を反映したものだったが、反復奇襲攻撃をなす際には、想定外を沈黙で覆い隠すという非常に好ましい効果があった。

三月一一日から二〇日にかけ、渓谷軍はターナー・アシュビー率いる騎兵隊に援護されながら南に後退し、ターンパイクまで南下した。アシュビーは生来の騎兵であり、騎兵戦術の訓練を正式に受けていないにもかかわらず骨の髄まで馬術家で、猪突猛進型の人間だった。彼とその部下の規律が作戦中に弛(ゆる)んだときなどは、プロ意識の高いジャクソンを激怒させたこともたまにはあったであろう。だが、容赦のない積極性によって、結局はまたジャクソンに気に入られるのが常だった。一方、退路が伸びるにつれ、ジャクソンは自分の戦略をあれこれ考えていた。「渓谷軍の将来は機動力という本質的要素にかかっていた」[*20]

とはいえ、優勢な敵に直面しても渓谷軍が首尾よく機動戦を行えるのは、渓谷の地理を然るべく活用し、敵に失敗を重ねさせ、重要な兵站線をバンクスに利用させないようにしたときのみである。ジャクソンの目論見にとって極めて重要な要素だったのは、自分の相手は職業軍人ではないと知ることだった。実際のところ、バンクスは軍人などではまったくなかった。彼は南北戦争時の典型的な「政治的」将軍、つまり党の理屈によって任命された将軍だった。かつては議員であり、下院議長も務め、将軍に任命される直前はマサチューセッツ州知事だった。にもかかわらず、ジャクソンの計算は主観的要素ではない道、橋、川、丘といった客観的要素に基本的に依存していた。今やバンクスは渓谷の中におり、ジャクソンは彼をそこに留めておく必要があったが、戦わなければ自分が負けるおそれがあった。また、西のアレゲーニー山脈にいる北軍からも安全な距離を保つ必要があった。さらには、リッチモンドに通じる東の退路を空けておかなければならなかった。これは、半島にいるマクレラン軍に対し、リッチモンド防衛を支援せよとの命をジョセフ・E・ジョンストンから受けた場合に備えてのことである。

ジャクソンが最初に考えたのは橋についてだった。敵に使わせてはならない橋、自軍の作戦行動能力にとって必要な橋である。シェナンドア渓谷には多くの橋があり、その多くは木製で燃えやすかったが、いくつかは極めて重要だった。鉄道橋は二つあり、一つは渓谷の南端でサウス川に架かっていた。この橋は、ジャクソンが鉄路でリッチモンドに脱出することになった場合に必要だった。もう一つは、北軍補給網の主要線であるマナッサス峡谷鉄道が通るフロントロイヤルに架かる橋だった。この橋はジャクソンの司令部護衛隊によってすでに焼かれており、車両はその向こうの南に全て送られていた。これは、バンクスが前進してきた際にこれらの貨車を利用することを防ぐためだった。

道路橋に関しては、司令部護衛隊がフロントロイヤルの橋もすでに焼き払っていた。バンクスがローレ渓谷に南進してくるのを妨害するためである。同渓谷はマサナッテン山の東にあり、そこにノースフォーク川が流れ込んでいる。ジャクソンがマサナッテン峡谷を通って中央山脈に忍び込むことを決意した場合、ルーレイの三つの橋はジャクソンにとって極めて重要だった。彼はさらに、ポートリパブリックとコンラッズストアの橋を確保しておく必要もあった。双方ともにノースフォーク川あるいはその支流に架かっており、ブルーリッジ谷を通ってリッチモンドに至る道がその上を通っていた。最後は、渓谷ターンパイクがノースフォークと交わるルーズヒルにある木橋であり、おそらくこれが最重要の橋だった。バンクスが北、ジャクソンが南にいる中でこれが破壊されると、北軍の前進が急にそこで止まることになる。同様に、ジャクソンの背後でこれが破壊されると、マサナッテンの西の渓谷で反撃を始めるジャクソンの機会が尽きることになる。

渓谷最南端に位置するジャクソンの本拠地ストーントンで事態を公平に観察していた者なら、一八六二年三月中旬の状況を次のように評価したことだろう。すなわち、ウィンチェスターから撤兵するジャクソンを追撃できなかったバンクスは、当地とストラスバーグの間で行き詰まっているが、ノースフォーク川あるいはサウスフォーク川に南下する選択肢は保持している。後者をなすにはフロントロイヤルで架橋を必要とするが、彼の軍にはそれが可能だ。ノースフォーク川のマウントジャクソンにいるジャクソンには、二つの選択肢がある。撤退を覆してターンパイクを北上し、バンクスを見つけてこれと戦うこと、あるいは、マサナッテン峡谷を横断してルーレイ渓谷に入り、攻勢をなすための戦線を新たに切り開くことである。

だが、第二の選択肢を採ると、渓谷軍は舗装されたターンパイクを離れて泥道に入ることになり、機動性が制限される上、ストーントンの本拠地が北軍の攻撃に曝されることになる。そこでジャクソンは、リッチモンドのジョンストンと接触するには遠く、アレゲーニー山脈に残る北軍には近くなるにもかかわらず、引き返してウィンチェスターでバンクスを戦闘に引き込もうと決断した。さらに彼は、反転するようジョンストンにけしかけられてもいた。ジョンストンはマナッサスからリッチモンド河川域に向かって撤退しており、ジャクソンがバンクスから離れすぎていると懸念を表明したのである。「君が部隊と一緒にウィンチェスター近くにいれば、そこの敵が部隊を減らすのを防げるはずではなかったのかな。（中略）敵を渓谷に閉じ込めておくことが重要だし、その部隊がマクレランを増強するようなことはあってはならないと思う。慎重にできるだけ近づいてそこに留まり、そうなることを阻止してくれたまえ」[*21]

ジョンストンは、戦闘をするよう暗にジャクソンを仕向けたわけではなかったが、ジャクソンは勝機を察知すると慎重ではなくなった。ジョンストンからの至急報を受け取ったジャクソンは直ちに再び北に転じ、三月二二日の季節外れの雪の中を行軍、二三日にはウィンチェスターの五マイル〔約八キロメートル〕手前のカーンズタウン村でバンクスの前衛と接触した。

火蓋を切ったのはアシュビーの騎兵隊であり、その日の午前中は歩兵の支援を受けつつ小競り合いをしながら前進した。彼は、向かいの北軍が戦列を形成し始めるにつれ、本隊を繰り出しつつあるジャクソンと落ち合うべく後退した。抵抗している敵は連隊四個しかないとジャクソンに知らせたのはアシュビーか、あるいは地元のスパイだったかもしれない。いずれにせよ、ジャクソンは誤報を受けたのだった。北軍の勢力はもっと大きく、ジャクソンの四〇〇〇人に対して約一万人であり、適切な位置から迅速に戦闘に投入された多数の大砲が損害を与え始めた。

ジャクソンは劣勢であったにもかかわらず――しかもその日は敬虔な彼が常に戦闘を避けようとした日曜日〔キリスト教徒の安息日〕であったにもかかわらず――午後早くに攻撃することにした。北軍はターンパイクの両側に展開していたが、戦力が大きいのは尾根や小山からの見晴らしが良い西側だった。ジャクソンが手を尽くしたのはまさにそこだった。彼は戦闘指揮を補佐させるため、第二ヴァージニア歩兵連隊のフランク・ジョーンズ少佐を呼び出した。「彼にはここの土地鑑があった。パイク越しに自分の家の玄関先を見渡せたのだから」[22] だが、この場合、地元の知識がジャクソンを窮地から救うことはなかった。彼は手に余ることをやろうとしていたのである。さらに悪いことに、彼の無口な性分が状況を悪化させた。不明瞭な命令を出した上に秩序を回復しようとして馳駆(ちく)し、中心部署を離れたことで事態の収拾がつかなくなったのだった。麾下の旅団は目標を失い、激しい砲火に曝されて避難したあげく後退した。ジャクソンは歩兵の増援と大砲――敵と同数近くを保有していた――を送り出したが、近距離で激しい一斉射撃を最後に交わすと撃退された。兵士の多くは弾薬が尽きていた。数日後、ジャクソンは自らこう記した。「マスケット銃のあれほどの銃声はこれまで聞いた覚えがない」。しかし、北軍の銃砲撃はそれだけ激しかったということであり、渓谷軍は午後六時に密かにその場を離れ始め、ターンパイクを下って撤退した。[23]

カーンズタウンの戦いは南部連合の敗北だった。南軍の損耗は死傷者四五五人、捕虜二六三人だった一方、北軍の損耗は死傷者五六八人だった。これに比例して、渓谷軍の損耗はもっと悪かった。他方、この戦いの戦略的影響は渓谷軍に有利に働いた。敵は攻撃した際に前進していたとはいえ、バンクス軍の一部を形成したにすぎず、もう一つの師団はすでにリッチモンドのマクレランと合流すべく去っていた上、バンクスはワシントンに向かっていた。マクレラン自身は、カーンズタウンからの知らせでワシントンから急遽戻ったバンクスに対し、「ジャクソンを攻めたて、ストラスバーグの向こうに追い出せ」と命じた。マクレランは四月一日に指示を拡大し、カーンズタウンの戦いによって計画の変更を余儀なくされたと力説しつつ、バンクスに渓谷を去らずにそこに留まるよう要請し、鉄道が修復するや、渓谷のふもとのジャクソンの本拠地ストーントンまで進軍するよう命じた。その目的は、「反乱軍を貴官に集中させ、その後に［貴官が］小官のところに戻るよう」にするためだった。[24]

マクレランがバンクスにさらなる部隊を提供することはなかった。ワシントンを防衛するリンカーンの懸念と、アレゲーニー山脈の内と西側での作戦によるマクレラン自身の兵力の引抜きが相まって、リッチモンドに対する彼の打撃力が減じてしまった。マクレランがバンクスに対し、マサナッテン山という分割境界線の西の渓谷ターンパイクを下って前進するよう明確な命令を発したことを考え合わせると、ジャクソンはこれによってマサナッテン山東方のルーレイ渓谷を防衛する必要もあるかもしれないという心配をせずにすんだのである。実際に、いったん北軍の展開パターンが分かるや、ジャクソンは反撃のための手段としてルーレイ渓谷を使う機会があると認識したのだった。彼はそれを最大限に活用することになる。三月の残りと四月の大半はマサナッテン山の西への後退に費やすことになったものの、東方の回廊地帯へと進むための対策をすでに練っていた。そこからなら、ハーパーズフェリーとマナッサスに対する攻撃を再開できた――したがって、リンカーンとマクレランの不安を高めることにもなった。

しかし、そのように自由に行動するには、前もって渓谷の南で戦闘をさらに行う必要があった。ジャクソンはカーンズタウンからの後退に引き続き、マウントジャクソン近くの防御陣地に渓谷軍を導き入れており、そこで立直しを行った。ここはシェナンドア川のノースフォーク川に近い場所である。ゆっくりと追跡していたバンクスは、ウッドストックを占領した。四月三日から一七日にかけての両軍間の実際の前哨線は、ストーニークリークという小川に沿っていた。双方はこれを挟んで小規模な戦闘を行ったが、それ以外は二週にわたって何もなかった。ジャクソンは、バンクスを休みなく動かし続けていることに満足しており、一方のバンクスは、ジャクソンがルーレイにつながるマサナッテン山をすり抜けてシェナンドア川のもっと上流で自分の兵站線を叩くのではないかと思い、前進を躊躇していたからである。しかし、最終的にバンクスは希に見る閃き(ひらめ)によって、仮にジャクソンが地形を利用できるのなら、自分にもそれが可能なはずだと気づいたのだった。彼は、距離が非常に短いことを考えれば、ターンパイクを下って急進することにより、ジャクソンをマサナッテン峡谷の入口であるニューマーケットの向こうに追いやり、南のハリソンバーグあるいはストーントンにまでも押しやれるかもしれないと考えたのである。四月一七日払暁、北軍の歩兵が奇襲を開始し、騎兵がそれに続いた。南部連合の防御は押され、アシュビーの騎兵がルーズヒルの橋に火を放って北軍の前進を止めようとしたが、彼らに迫っていた北軍の騎兵が素早く消火した。ルーズヒルは、横断不能な溝の中をノースフォーク川が走っている場所である。兵力がほぼ一対二で劣っていた渓谷軍は、なるべく速く南に逃げる以外に選択肢がなかった。二日にわたる強行軍で追っ手を振り切ったものの、ジャクソンはカーンズタウンに引き続いて局地的敗北を喫したと思った。

しかし、戦略的には彼は依然として優勢だった。ジョセフ・E・ジョンストンはリッチモンド近郊でマクレランに一段と激しく圧迫されており、実際にジャクソンに対して渓谷を離れる準備をするよう命令を下していた。ブルーリッジを通る重要な峠の一つであるスウィフトラン峡谷に設置された彼の新たな宿営は、そのために置かれたものである。しかし、ジャクソンは四月が過ぎるにつれ、今の場所に留まってスウィフトランを安全な拠点――両側の高地が奇襲から守ってくれる――として使い、そこから付近の北軍を叩く方がリッチモンドを首尾よく防衛できると一段と確信するようになった。彼の計算では、敵は総勢一六万人であり、ヴァージニアの東部、北部、西部に散開しており、その多くが南軍を釘づけにすることに成功していた。マクレランはジョセフ・E・ジョンストンをリッチモンドに留めていたし、マクダウェルはフレデリックスバーグを通るラッパハノック川でアンダーソンと向き合っていた。さらに、アレゲーニー山脈にいたフリーモントはエドワード・ジョンソンの小部隊を脅かしていた。自由に行動できるのはジャクソンしかいなかった。今や北軍が渓谷南部を支配しているように見えたが、機動戦を仕掛ければ敵を出し抜くことができるという自信が彼にはあった。問題は、バンクスが最有益の目標を差し出してくれるかどうかだった。

その判断を最終的に覆したのは、フリーモントがアレゲーニー山脈から出てきた兆候が日増しに大きくなってきたことだった。彼はストーントン近郊にいるジョンソンの小規模な孤立部隊を叩こうとしていたのである。ストーントンはジャクソンの本拠地であり、軍需品や渓谷で採れた農産物が積まれていた。ジョンソンを助けに行くには悪路を五〇マイル〔約八〇キロメートル〕行軍せねばならず、バンクスの軍の面前を横断することになる。同軍は前月にカーンズタウンで勝利して前進した後に、依然として渓谷ターンパイクのハリソンバーグ近郊で待機していたのだった。ただし、バンクスはノース川の背後におり、そこに架かる橋はジャクソンがスウィフトトラン峡谷まで撤退するのを援護すべくジャクソン自身の命令に基づいて焼却されていたため、リスクは耐えうるものだった。そこで、エドワード・ジョンソンの正確な位置を把握し、そこに至るルートを偵察するため、ホッチキスが送られた。四月三〇日、渓谷軍が進発した。

バンクスは、渓谷軍がすでにスウィフトトラン峡谷を去ってリッチモンドに向かっているものと思い込んでいた。ジャクソンはそのことを知っていたら安心できたであろう。だが、彼は一心不乱に目的地を目指しており、豪雨——「水門からあふれた大量の水が道沿いに数百ヤードにわたって流れていた」——がホッチキスの選んだ道を阻んだ際も、隊列を反転させてブラウンズ峡谷に戻り、部下に一泊休養させ、その後にもっと南寄りのルートで西に出発させたほどだった。その道はヴァージニア中央鉄道と並走しており、利点があった。それに病人と必需品を乗せたのである。渓谷軍は五月六日、鉄道と道路によって少しずつストーントンに集結し、翌日にはそこを立ち、同軍と落ち合うべく行軍していたエドワード・ジョンソンの部隊と合流、その後にマクダウェルという小さな場所に向かって西に急進した（紛らわしいことに、リッチモンドの北のラッパハノックで指揮を執っていた北軍の将軍もマクダウェルである）。

五月八日午後、両軍の斥候が鉢合わせして戦闘が拡大し始めた。ジャクソンは平坦極まるこの地をすでに調べており、北軍を奇襲する計画を立てていた。その北軍とはR・H・ミルロイ将軍率いるフリーモント軍の派遣隊である。しかし、ミルロイはジャクソンの接近を嗅ぎつけており、劣勢にもかかわらず攻撃に移った。その後の乱戦で彼の部下はより多大な損害を与えた。ジャクソンはリーに「神はわが軍を勝利で祝福せり」と報告したが、ミルロイが戦闘を中断して後退したという意味において、南軍が勝者となった。[*25]だが、その勝利は大きな犠牲を払って得られたのであり、ジャクソンは後に、戦闘の指揮監督がまずかったと自責の念に駆られている。渓谷戦役において彼がミスをするのはこれが最後となった。

作戦行動のペースが速まりつつあった。リッチモンドにいるリーは、南部連合の首都を包囲している北軍を分断しようとこれまで以上に努めたが、それについてはジョセフ・E・ジョンストンも同じだった。さらに両者とも、ジャクソンがバンクスをブルーリッジの西に釘づけにし、フリーモントをアレゲーニー山脈に留めおくよう行動してくれることを当てにしていた。そこでジャクソンは、マクダウェルでの戦闘の後にミルロイを追跡すべきと判断し、その一方でフリーモントの行動能力を阻害する措置を講じた。彼は、アレゲーニー山脈からシェナンドア南部へと至るルートを封鎖すべく寄せ集めの騎兵とともにホッチキスを派遣し、自身は後退中のミルロイを追った。五月一二日には山奥のフランクリンという小さな町にまで達したが、それでも追いつけなかった。それゆえ追跡を中断し、渓谷へと戻った。その目的は以前と同様、バンクスが離れないようにすることだったが、部下のユーエルと再合流して戦力を統合し、優勢な敵に立ち向かおうという意図もあった。

渓谷軍は今やジャクソンが期待した桁外れの行動に慣れつつあった。五月八日、マクダウェルの戦いの日、ストーンウォール旅団はすでに三五マイル〔約五五キロメートル〕を行軍していた。接敵すべく陣営を出て、その後に戦場を離れ、陣営に戻っていたのである。このような行軍は翌月には普通になった。悪路や食糧不足、粗悪な履物――裸足で数十マイル行軍することが共通体験になった――にもかかわらず、渓谷軍は難題にうまく対処した。ジャクソンは最側近に対しても真意を隠していたが、渓谷軍は一八六二年五月には彼の戦略を理解するに至った。それは、長距離にわたって一般歩兵の能力が及ばないほどの速度を達成することで敵を惑わし、欺くことだった。彼らは自らを「ジャクソンの歩く騎兵」と呼ぶようになり、騎兵が馬に乗っていくほどの長距離を行軍することで、その称号の正当性を実証したことが何日もあったのである。

五月一七日、ジャクソンの部下はアレゲーニー山脈から苦労して移動した後、マサナッテン西のハリソンバーグ近郊で渓谷に再び入った。バンクスは三カ月前にここにおり、その軍はノース川沿いに南方に向いていたが、その後、フレデリックスバーグへの移動準備として渓谷最北端に位置するストラスバーグへと進発していた。彼はすでにシールズの師団を前進させていた。ジャクソンがすべきことは従前同様、バンクスを現在位置に留めておくことだった。彼にとって有利だったのは、戦力バランスが変わったことだった。シールズが去ったことで、バンクスには一万二〇〇〇人の戦力しか残っていなかった。今やジャクソンは、ルーレイ渓谷にいるユーエルの師団を含めれば、直接の指揮下あるいは直ちに指揮下に入る約一万六〇〇〇人を有していた。北軍のインテリジェンスの質が悪化しつつあったことも彼にとって有利となった――バンクスは渓谷軍の配置について確信が持てずにおり、生情報の質がさらに悪化することになった。バンクスは五月二一日には、ジャクソンの位置をハリソンバーグの西八マイル〔約一三キロメートル〕、ユーエルはスウィフトラン峡谷にいると特定し、両者は四〇マイル〔約六五キロメートル〕離れ、隔たりが大きくなっていると踏んだ。実際には、その頃までにジャクソンはマサナッテン峡谷を経由してルーレイ渓谷に移動し、ユーエルも彼に合流して一丸となって北に突き進み、フロントロイヤルの弱体な北軍派遣隊に向かっていた。この派遣隊は、ストラスバーグの東にあるマナッサス峡谷鉄道の橋を守っていた部隊である。

ジャクソンとユーエルによるこの再合流は困難なしには達成されず、工夫を凝らした不服従すら必要とされた。五月半ばは南部連合にとって散々な時期だった。三月から四月にかけては、四方のフロンティア、極西部、大西洋沿岸において、敗北に次ぐ敗北が続いていた。半島を横断する防衛線は五月初旬には放棄されており、リッチモンド郊外のウィリアムスバーグの戦いには敗れ、マクレランは同都市自体の防御施設を包囲しつつあった。五月一五日から一八日にかけては、ロバート・E・リーとジョセフ・E・ジョンストンの両人が渓谷から一〇〇マイル〔約一六〇キロメートル〕離れたリッチモンドにおり、わずか二、三日の遅れで連絡を取っていた。彼らは馬による高速逓伝や電報を利用できたにもかかわらず、矛盾する命令を乱発していた。その中でも衝撃的だったのは、ユーエルをジャクソンから離し、フレデリックスバーグにいるマクダウェルの監視に向かわせるという命令だった。ジャクソンもユーエルも従いたくなかった。なぜなら、それに従ってしまえば、バンクスに対する渓谷軍の一時的な決定的優位が奪われてしまうことになり、二人が分離することによってどこかで成功が得られる保証もないためだった。二人は受け取る命令の曖昧さにつけ込み、命令伝達の遅れを利用しようと密かに合意し、バンクスに向かってともに進撃することにしたのだった。

ジャクソンが移動したのは五月一九日だった。ハリソンバーグの橋を焼いたことはアレゲーニー山脈への出撃の掩護にはなったが、今やシェナンドア渓谷自体に続くノース川を再渡河するには障害となっているはずだった。しかし、実質的に彼のインテリジェンス・オフィサーとして活動していたホッチキスが、浅瀬をまたぐように置かれた多数の大型荷馬車を発見し、これによって川が増水していたにもかかわらず渡河することができた。ジャクソンは五月二〇日にはマサナッテン峡谷の西端に位置するニューマーケットに到着し、二一日にはマサナッテン山を通ってルーレイでユーエルと合流、二三日には先陣がフロントロイヤルの郊外に着いた。三日で七〇マイル〔約一一〇キロメートル〕を踏破した強行軍により、バンクスの後衛に到達し、決定的な一撃を加える準備が整った。

その後はまったくの僥倖に恵まれた。ただし、それは親しみのある土地で戦闘を行うという事情によってもたらされたものだった。フロントロイヤルの橋にいる北軍守備隊の戦力を知らずに接敵すべく前進していると、部下の一将校が、息を切らした一八歳のかわいらしい娘ベル・ボイドと出会った。彼女は敵陣を通ってきたばかりであり、北軍将校をたぶらかして一個連隊がいるにすぎないことを聞き出していた。「彼〔ストーンウォール〕に伝えてちょうだい」と彼女は急かした。「このまま突っ込めばヤツらを一網打尽よ」。*26 その後の乱戦で北軍歩兵の大部分が遁走し、南軍騎兵は次の段階の対バンクス戦でジャクソンが必要とする橋を確保、さらに、北軍の敗北がバンクスに伝わらないように電信線を切断した。

五月二三日夜、ジャクソンはフロントロイヤルでのやや不完全な勝利がもたらした状況について熟考した。彼は、ストラスバーグの陣地にいるバンクスは南軍のさらなる攻撃に曝されると感じるだろうと推論したが、これは正しかった。バンクスの戦力はすでに約一万人にまで落ち込んでいると推定しえた。バンクスがアレゲーニー山脈にいるフリーモントを当てにすることもあるかもしれないが、ワシントン防衛がバンクスの任務の一つであることは疑いなく、ワシントンが反対方向にあることから、それはなさそうだった。可能性は極めて低いが、彼が攻勢に転じてフロントロイヤルの再奪還を試みることもあるかもしれなかった。バンクスはその際、次のように判断するかもしれない。すなわち、ジャクソンは北軍がハーパーズフェリーに退却していると推測し、この町を目指して北に進発するだろう、と。あるいは、バンクスは分かり切ったことをやるだけで、とにかく徹退するかもしれない。

結局ジャクソンは、後に正しさが判明したように、バンクスはハーパーズフェリー目指して後退するだろうと判断した。そこで彼は、予想されるバンクスの逃げ道をたどるよう自軍に命じた。それは、渓谷ターンパイクを北上してウィンチェスターに向かうものであり、シダーヴィルとニネヴェを通る、状態のさほど良くない道に沿った収束ルートを使うものだった。それぞれが踏破しなければならない距離は約二〇マイル〔約三〇キロメートル〕だったが、必需品の満載された荷馬車の長い車列にバンクスが手こずる一方、物資不足に悩まされたジャクソンは偵察騎兵の大群とともにこの田舎を走破することができた。南軍騎兵は五月二四日の朝、戦闘部隊に守られていないも同然のバンクスの荷馬車隊が、渓谷ターンパイクで数珠（じゅず）つなぎになって立往生しているのを発見した。そこは石壁に挟まれた場所だった。南軍はこの集団に発砲し、アシュビーの騎兵が突撃した。北軍はできるだけ多くの荷馬車に火を放ったが、南軍は多くの戦利品を獲得した。その頃、ジャクソンは追撃を急いでいた。同日夕方、彼の部隊はウィンチェスター郊外で整列し、疲れていた上に足を痛めていたものの、戦闘の準備を整えた。

ウィンチェスターはハーパーズフェリーからわずか二五マイル〔約四〇キロメートル〕、ワシントンからも七〇マイル〔約一一〇キロメートル〕しか離れておらず、そこに渓谷軍が出現したことで北部連邦同盟の首都は恐慌を来たした。最悪の場合は直接攻撃されるおそれがあり、少なくとも対リッチモンド作戦の推進を弱める必要があるように見えた。リンカーンはジャクソンと同様に、その戦域の地図――ホッチキスのものより劣る地図――を研究していた。[*27] 彼は五月二四日午後四時から五時の間にフリーモントに対し、アレゲーニー山脈から西に移動してテネシー州ノックスヴィルのレールセンターに向かう計画を断念させ、バンクスを支援すべく東進するよう命じた。さらに、半島にいるマクレランと合流する準備を整えていたマクダウェルにも命令を発し、兵力の半分を同じくバンクス支援に送るよう指示した。「五月二四日午後五時のこの瞬間、渓谷軍は渓谷戦役に勝ったのである」[*28]

だが、ジャクソンは渓谷を上り下りしてさらに戦わなければならなかった。五月二五日の朝、濃霧の中、ウィンチェスター郊外の丘の上に配置しているバンクスの部隊をジャクソンの前衛部隊が発見した。彼らは南から町を守っていた。今回ばかりはジャクソンの現地情報も役立たなかった。彼は、北軍は自分よりも前ではなく背後にいるものと考えており、ハーパーズフェリーから敵を分断するつもりだった。最初の遭遇戦はジャクソン自身の旅団によってもたらされたのではなく、前進中に接敵したユーエルの旅団によってもたらされたものだった。その後の混乱の中で北軍は初めて敵に大損害を与えた。彼らの砲兵隊は高地に巧みに配置されていた。しかし、南軍の集結部隊が大きくなるにつれ、北軍は左右両翼から包囲されてしまった。砲兵部隊は小銃の直射に曝され、歩兵は後退を余儀なくされた。バンクスの部隊はじきに総退却した。彼らはウィンチェスターの街路で抵抗しようとしたものの、そこの町民が前進中の南軍——多くがその町出身の第5ヴァージニア連隊所属——に隠し持った武器を提供したり生情報を教えたりしたため、抵抗が挫かれてしまった。バンクス軍は正午には大挙してハーパーズフェリーに向かう渓谷ターンパイクを上り、ジャクソンの歩兵——「歩く騎兵」——がそのすぐ後に続いた。

　このとき、もしジャクソンが騎兵の全戦力を手中にしていたら、敵は完全に壊滅していたかもしれない。彼の騎兵隊長であるアシュビーは重要な瞬間に別の場所におり、勝手気ままに行動していた。これは南部の馬乗りに絶えず付きまとう欠点である。その結果、バンクスは首尾よく逃げおおせ、ジャクソンの前衛部隊の目前の位置を辛くも維持しながらハーパーズフェリーに到達し、二五日の夜にそこでポトマック川を渡河、渓谷を南軍の手中に委ねたのだった。

　それはどれほどの期間になろうか。リンカーンは情勢変化の危機を痛感し、それを正しく読み取ってもおり、北軍のリッチモンド集結を妨害しようとしているジャクソンを何としてでも阻止しようとした。彼は、「ジャクソンは極小兵力をもって大兵力を無力化するだろう」というマクダウェル将軍の分析を受け入れた。しかし、リンカーンは自分の兵力を然るべく配置することによってその無力化を打破し、北軍の優位を再び確立しようとした。それは数的優位によってもたらされるはずだった。ジャクソンがハーパーズフェリーにまで前進したことは、地図の上ではワシントンに対する脅威の表れに見えた。その一方、包囲いかんによってはジャクソンが三方面からの罠にかかったと見ることも可能だった。すなわち、アレゲーニーから前進してきたフリーモントが西から、マクダウェルが東から、そして、バンクスがポトマック川を再渡河すれば、北からジャクソンを包囲することもありえた。大統領は五月二九日、それに必要な命令をマクダウェルとバンクスに送った。マクダウェルの命令書にはこう記されていた。「フリーモント将軍の部隊は明日正午までにストラスバーグ〔シェナンドア川のノースフォーク上流〕あるいはその近郊に到着するはずであり、おそらく到着するであろう。貴部隊あるいはフリーモントの先遣部隊をフロントロイヤル〔二つの支流がある場所〕に速やかに配置されたい」。要するにリンカーンは、ジャクソンの背後で挟撃の準備をしていたのであり、それによってジャクソンは渓谷から分断され、さらにはリッチモンドにいるジョンストンの部隊からも切り離されて孤立し、敗北の危機に曝されるはずだった。

ジャクソンは捕まらなかった。いかなる場合も危機に対して非常に敏感な彼は、一連の報告――フリーモントが動いたという知らせを持ってブルーリッジ山脈から馬でやって来た忠義な南部人からの報告、シールズがフロントロイヤルに向けて進軍していると述べた北軍捕虜の尋問筆記録、そして最後に、フロントロイヤル近郊で北軍と実際に接敵したとの知らせ――によって、現実的な危機を然るべく警戒していた。ジャクソンは五月三〇日昼になると、ハーパーズフェリー直前にいる自分の前進位置が敵に曝されすぎており、念のために渓谷内に退くべきだという点をもはや無視できなくなった。

その後は総崩れとなっていたかもしれない。渓谷軍は鹵獲品で潤っていたが、数百の荷馬車が足手まといになっていた。自軍のものもあったし、民間のものも、敵から捕獲したものもあった。それが八マイル〔約一三キロメートル〕の道を埋め尽くしていた。軍事上の用心からすれば、ジャクソンの兵員ができるだけ速やかに撤退できるようにするには、これらは放棄すべきものだった。しかし、彼らの司令官であるジャクソンは鹵獲品を保持することに執着しており、捕らわれるのを避けるべく敵の追撃よりも速く進む兵士の能力に期待していたのだった。彼らはまた、行軍進路から離れて直ちに戦闘隊形に展開する能力を保持していた。六月一日、フリーモントが道を遮断すべく突進するや、ジャクソンは北軍の突撃を追い返すため、麾下旅団の一つの進軍を反転させた。彼の部隊の中には、濡れた毛布にくるまりながら濡れた地面で休み休み仮眠を取りつつ、一六時間で三五マイル〔約五五キロメートル〕も行軍していたものもあったが、砲兵部隊の手際の良い砲撃もあり、敵を食い止めておくことに成功した。ジャクソンはホッチキスと頻繁に密議をこらした。ホッチキスは精力的に偵察を行いながら、地図の上で相対距離を測定していた。彼は、急いで行軍すれば渓谷軍が危険を免れえると判断し、ジャクソンを納得させた。六月一日午後、渓谷軍はストラスバーグを越えて南を目指し、彼が去った地でフリーモントとバンクスの先遣隊が手を結んだ。

次の二週にわたり、ジャクソンは実際の罠、あるいは罠と疑われるものから数回以上逃れることになった。敵の手が及ばないようにストラスバーグから南に向かう道すがら、彼は危険に対する鋭い感覚によって別の要素に注意を向けた。彼の考えでは、フリーモントはすぐ後に続いており、シールズはマサナッテン山の東方脇を前進していることから、もっと低い場所で二人に包囲されると予見した。これはシールズの前進速度を過大評価したものだったが、間にマサナッテン山という障害があることから、その懸念は理解できるものだった。彼が考えた解決策は、騎兵部隊を急いで前進させ、ルーレイ峡谷を通ってシェナンドア川に無傷で架かるルーレイの橋を焼き払い、かくしてシールドの南進路を封鎖するというものだった。

ニューマーケットを目指して南進するジャクソンの行く手は、北軍騎兵の絶え間ない攻撃と荒天によって阻まれ、舗装された渓谷ターンパイクですら、路面が糊（ゲル）と化した。大混雑の中、兵士は足取りを確保すべく腕を組んだ。混雑の原因はジャクソンが放棄を拒んだ荷馬車隊と、北軍捕虜だった。捕虜たちはすぐ近くに味方が続いているのを察知しており、わざと遅く歩いたので、前に進ませるには脅す必要があった。ルーズヒルの橋はアシュビーが四月に破壊しそこなっていたものだったが、六月三日に敵前で火が放たれた。[*29] 渓谷軍は今や作戦行動の余地を失いつつあった。リッチモンド周辺で指揮を執っている最中に負傷したジョセフ・E・ジョンストンを継いだロバート・E・リーは、ジャクソンの戦力を強化すべくジョンストンの騎兵部隊を奪うことを実際に画策しており、メアリランドとペンシルヴェニアの北部二州の侵攻を指揮するつもりでいた。これはこの一年後に起きることになるが、一八六二年の情勢においてはそのような措置は不可能だった。ジャクソンは好むと好まざるとにかかわらず、退却命令に縛られていた。彼にとっての問題は、犠牲の大きい戦闘に巻き込まれることなくフリーモントとシールズを絶えず背後に引き寄せ、有利な条件で撤退するための手段を見つけることだった。

悩みの種は、橋を焼き払った抜け目なさが、今となっては仇（あだ）となっていることだった。必要なのは、彼の本拠地ストーントンに向かう退路と、リッチモンドに至るヴァージニア中央鉄道に向かう道だった。つまり、一つは再補給地であると同時に数百の荷馬車から解放される場所であり、これによって必要とあらば反撃できるようになる。もう片方は脱出路だった。要衝の一つがコンラッズストアであり、ここには渓谷ターンパイクからの道が一本通っているほか、スウィフトラン峡谷（ブルーリッジに位置）を貫いてヴァージニア鉄道まで伸びる道があった。だが、必要な橋はすでに焼かれており、工兵の意見では、豪雨によって増水したシェナンドア川への架橋は安全が保障できないとのことだった。

唯一の脱出路は、渓谷軍がこの前の月にアレゲーニー山脈への進出後にたどった道だった。つまりコンラッズストア手前のポートリパブリックの村に続く悪路であり、そこからはブラウンズ峡谷を経由してヴァージニア鉄道のメチャム川駅に至る道があった。これはリスクが大きかった。ルーレイから南に移動していたシールズが渓谷軍を途上縦隊のまま捉え、疲弊状態にある同軍を破りかねなかった。しかし、ホッチキスはジャクソンの目として精力的に動いていた。マサナッテン山の南端にある監視哨（しょう）からシールズを観察していた彼は、六月五日午後にコンラッズストア近郊でシールズが野営しているのを発見した。一カ月前に距離を観測していたジャクソンは、北軍に追いつかれることはポートリパブリックまでないと踏んだ。今やそこが安全を測る目安だった。

だが、ジャクソンが司令部をポートリパブリックに移したのはようやく六月七日になってからだった。それは、数個連隊が壊滅し、アシュビーが戦死した激戦の二日後のことである。北軍の追撃はジャクソンが予想したよりも激しかった。圧迫によってまもなく戦闘が起き、それによって自分の退路が分断されるおそれがあった。ポートリパブリックの位置は込み入っていた。マサナッテン山の南端とブルーリッジの間に押し込まれ、数本の要路が交差もしており、三本の川、すなわちシェナンドア川のサウスフォーク川、ノース川とその支流であるサウス川の合流地でもあった。大通りを上った所にある無傷の橋はノース川とサウスフォーク川の合流地点に架かっている一方、サウス川ではアッパーフォードとローワーフォードの二カ所で渡河可能だった。敵――北西から進軍するフリーモントと北東から進出するシールズ――に立ち向かうには、ジャクソンはあらゆる戦闘場面で優位に立つ必要があり、南西方向に退くという選択肢に留意しておく必要もあった。

ジャクソンの情報優位は尽きていた。敵は間近におり、彼と同じように戦況図を読むことができた。敵は戦場の二方向を支配しており、北の高地もこれに含まれた。敵を撃退できなければ左右から包囲されてしまうし、脱出路も遮断され、ここ四カ月にわたって阻止してきた北軍の勝利が達せられてしまう。

この状況から抜け出るには戦うしかなかった。六月八日から一二日にかけ、渓谷軍は懸命に戦った。ポートリパブリックの街道で行われた六月八日の戦闘は、ジャクソンらしからぬ不注意によって生じた。日々の行軍によって自身も部隊も疲れていたため、用心する代わりに疲労回復のための休息の必要性を認めてしまった。平穏な日曜日になるはずのその日の朝、北軍騎兵がポートリパブリックに侵入し、寝ぼけた南軍を奇襲した。彼らは犠牲を払ってようやく追い払われた。そうこうしているうちに、サウス川の上流を前進していた強力ながらも時宜を逸した支援部隊のフリーモント軍がクロスキーの村で敗北した。

ジャクソンは、それまで稼いできた時間をここで使い、接触を断って急いでブラウンズ峡谷、ヴァージニア鉄道、そしてリッチモンドへと退くこともできたかもしれない。慎重であればそうしていたことだろう。だが、そうはせずに、またも敵との交戦を決意し、最後の罠に落ちるリスクを冒しながら決定的勝利を収めようとしたのだった。
　罠は閉じかけていた。その挟み口は、互いに直角をなす二つの戦線上での激戦によって辛うじて開いたままになっている状態だった。シェナンドアのサウスフォーク川の北の高地ではフリーモントが追い詰められており、一方、同川とブルーリッジの間の低地では、当初の混乱から立ち直ったジャクソンの渓谷軍の大半がついに防衛拠点を構築し、シールズを撃退した。六月九日早朝に行われた数時間に及ぶ戦闘は、渓谷戦役中、最大の激戦であり、最終的に南軍がフリーモントとシールズの部隊を戦場から駆逐したものの、両軍に死傷者八〇〇人以上が出たのだった。南軍の生存者は後にこう記している。「あれだけ多くの死傷者を一カ所で見たことはかつてなかった」[30]

　とはいえ、最高潮に達したこれら戦闘の勝者が渓谷軍であったことは疑いない。その勝利の度合いたるや、フリーモントとシールズが戦場を単に渓谷軍に明け渡した（敗北を認めた印）のみならず、北に撤退して渓谷の中に入らざるをえず、そこからでは攻勢を再開することができないほどのものだった。ポートリパブリックで敗れた後、「［彼らは］渓谷軍に怯えていた。六月一九日時点では反乱軍は七〇マイル〔約一一〇キロメートル〕離れていたが、バンクスは敵が迫っているのではないかとやきもきしていた」[31]。そんな士気のもろさを前にしたジャクソンは、自陣地からサウスフォーク川を越えて渓谷にまたも入り、敵が撤退している間に休息して再編を行ったのである。

　ジャクソンに対しては、ペンシルヴェニアまで北進して北部侵攻を開始せよとの指示が六月中旬になってすら再び発せられた。今や北ヴァージニア軍の全権を握っていたリーは、ジャクソンへの増援を編成し、敵にその配置を隠そうともしなかった。実際には、これは陽動にすぎなかった。存在自体が非常に危ぶまれる南軍には、敵に戦闘を挑む覚悟など実のところなかったのだった。自身の首都の安全を確保する必要があり、敵の首都を脅かすどころではなかったのである。六月一三日、リーはジャクソンからの書簡にこう書き留めた。「ジャクソンがこちら〔リッチモンド〕へ移動できるのなら、早いほど良いと考える。目下の第一目標はマクレランを破ることだ。渓谷にいる敵は休止しているように見える。彼らが渓谷に移動する準備を整える前にここで叩いてもよい。敵は当然のことながら警戒しているため、隠密かつ迅速にせねばならない」[*32]

リーは要するに、ヴァージニア半島にはジャクソンが必要だと判断したのである。そこには今や北軍の大半が展開していた。そこでリーは六月一六日、ジャクソンに対して渓谷軍とともに南部連合の首都近辺に移動するよう命令を発した。六月一八日に出発したジャクソンは馬に乗って先を目指し、二三日午後にリッチモンド近郊でリーと落ち合った。後に続いた麾下の軍は、ブルーリッジ山脈を横断してまもなくリッチモンドに到着し、七日間の戦いに参戦、これによってマクレランの半島方面戦役は失敗した。かくしてリッチモンドは救われ、南軍もしばらくの間は救われたのだった。

一八六二年後半と一八六三年には、南軍がリーの指揮のもとで攻勢に転じ、ゲティスバーグでの北軍の不完全勝利でそれが頂点に達した。その後は南軍の砦（とりで）が徐々に破壊された。では、南部連合の延命において、ジャクソンとその情報活動はどのような役割を演じたのだろうか。

第一に、ジャクソンは敵の野戦指揮官からワシントンのリンカーン大統領に至るまで、あらゆるレベルの敵の疑念や不安に働き掛けた。渓谷戦域での野戦においては、フリーモントとシールズを敗北の瀬戸際に追い詰めた。また、ポトマック川を渡河してワシントン自体に迫る危険性をもってリンカーンを脅かした。第二に、渓谷戦域内においては北軍と順次対峙し、北軍の戦力を半島からそらす必要性が頂点に達した緒戦においては北軍を渓谷の内奥へと引き込み、その後は不可避な戦闘のリスクを冒しつつも、ほとんど常に思うがままに戦闘を行った。彼は部下を酷使した――麾下の「歩く騎兵」は耐久力がつくにつれ、行軍において比類なき偉業を達成し、一〇〇時間に七〇マイル〔約一一〇キロメートル〕も踏破したこともあった

——が、そのペースに耐えられた者は最後まで戦える状態にあった。罹患と疲弊による損耗は三〇パーセントにも上ったが、戦闘による損耗人員は驚くほど少なく、四〇日間で約二〇〇〇人しかいなかった。渓谷軍が増強されていたことは間違いなく、事実、渓谷を去る際には戦役開始時よりも規模が大きくなっていた。

ジャクソンの成功は大部分が彼自身の能力による——生来の寡黙さと秘密主義によって補強された——ものだった。彼は取捨選択を行い、敵よりも迅速かつ明晰に考え、何歩も先んじたのである。とはいえ、この能力はシェナンドア渓谷の地理に関する優れた知識と優れた現地情報に依拠しており、それを絶えず更新したのが、多忙なインテリジェンス・チーフたるジェデダイア・ホッチキスであり、友好的な住民だった。名将は常に地勢に関する詳細な知識に価値を置いてきたし、ほかのいかなる類いの情報よりもそれを重んじる傾向にある。ジャクソンは敵将の誰よりも優れていたのであり、渓谷における作戦は、マクレランが北軍の物的優勢から何の益も得られなかったことにも助けられ、リッチモンド防衛の成功を確たるものとした上、マクレランの敗退を源泉とする一八六二年から翌年にかけての北軍の敗北をも決したのだった。だが、将としての彼の手腕は、複雑なシェナンドア渓谷の人知れぬ場所や通路を活用したことによってこそ発揮されたのである。彼はそれらを知っており、敵は知らなかった。ジャクソンが勝利したのは当然だったのである。

第四章　無線情報

情報の有益性は、音声の到達距離や視程、書信運搬スピードによって、戦争遂行の当初から制約を受けていた。どれだけ工夫してもその遅れを取り除くことはできなかった。ネルソン時代の英海軍はそれを最小化すべく多大の工夫を凝らした。一七九六年にはロンドンの英海軍本部とディール港の間に一五の相互可視手旗信号局からなるシステムが建造され、それを通すと二分以内に送信・受信応答が可能になった。この連鎖網は一八〇六年にはプリマスまで到達し、距離二〇〇マイル〔約三二〇キロメートル〕の送信・応答に三分を要した。中継局の各々が一つ前の局の手旗信号の腕の動きを視認できることを前提とするこのシステムは、日中のみに機能したが、霧が出ると不通になり、冬季には夏季よりも早く閉ざされたのだった。[*1]

さらに、機械式信号が送信できるのは手旗信号と同様、ブックコードによって事前に取り決められたメッセージのみだった。しかし、一八四〇年代までにアメリカ人サミュエル・モールスが独自のコードを発明していた。技術的には、これは伝達文の言語再現を可能にするサイファーであり、「トン」、「ツー」としてじきに知られるようになる短長記号を単独あるいは組み合わせた形で用い、それらがアルファベットの個々の文字に対応する仕組みである。一八三八年にイギリス人チャールズ・ホイートストンが先駆けた通信法では、信号が電気パルスに変換されて金属ケーブル中を伝わるようになり、送信遅延が取り除かれたのだった。モールス符号による電信が初めて成功したのは、一八四四年にワシントンとボルティモアの間で行われた実験においてである。

電信によって、機械式システムはほとんど即座に不要になった。英海軍本部は中継局を安値で売り払い、それらは今日ではイギリス南部州の「テレグラフヒル」や「セマフォアハウス（手旗信号所）」といった地名で記憶に留められているのみである。しかし、電信によって指揮官と部下の間の同時通信が直ちに確立されたわけではない。第一に、初期の電信リンクにおいては、電力の供給不足によって頻繁に再送信しなければならなかった。クリミア戦争中、イギリス政府はバラクラヴァと初期の海底ケーブルで接続されていたものの、数段階の中継を必要としたため、遠征司令部に通信文が届くのに依然として二四時間もかかった。[*2] 第二に、現地指揮官は上からの干渉を面倒に思い、指示を無視することもままあった。第三に、送信システムには融通性がなかった。このシステムはケーブルに依存しない電子的通信法、すなわち文字どおりの「無線」が発明されるまで残ることになった。作戦域を移動中の指揮官、さもなければケーブルヘッドに居合わせていない指揮官には連絡することができず、指揮官側から返信することもできなかった。

ケーブル通信が仮にネルソンの時代に存在していたなら、ナイル戦役期間中の彼には役立ったことだろう。とはいえ、それが役立ったのは彼が陸地に接し、ケーブルヘッドが友軍操作員の手中にあるときのみであったはずである。ネルソンは、視認されないようにしていた敵を追ってほとんど海上にいたため、それがいつ彼の役に立ったかを特定するのは難しい。もしアレクサンドリアとトルコ南部の間にリンクがあり、それが彼に有利に働いたとしたら、エジプトとシチリアの間を二度目に通過したときに役立ったであろうし、一カ月早くフランス軍を捕捉できていたかもしれない。だが、これはまず考えられないことである。フランス艦隊は模範的な回避行動を行ったのであり、無線や空中監視、レーダーが発展する以前のいかなる時代においてもそれは成功したであろう。

ジャクソンは電信時代に作戦を行っていたが、そこからさほどの益を得なかった。それは敵も同じだった。どちら側にとっても、少なくとも作戦域においては、シェナンドア渓谷まで届く電信リンクが役立つことはなかったのである。南軍は撤退時にそれと鉄道を破壊した一方、リッチモンドまで通ずる自らの電信リンクには断絶部分があったようだ。事実、命令のやり取りで混乱していた六月初旬には、ジャクソンとリーの間の連絡は七日遅れの書簡によって行われていた。[*3] 電信手段の達人であるグラントが北軍の指揮を執った一八六四年になって、ようやく電信が軍の運用管理において優位を占めるようになるのであり、その当時ですら、電信は戦術手段ではなく戦略手段に留まったのである。その理由はまたも、ネットワークが硬直的で、混乱を極める戦場にケーブルヘッドを伸ばすことができないためだった。[*4]

無線は送信機と電源、受信機しか必要とせず、大気自体を伝播媒介として利用するため、その発明は理論的には自由通信の時代の到来を告げた。だが、それは当初は理論の上においてのみのことだった。無線の概念は、一八六〇年代にイギリスの物理学者ジェームズ・クラーク・マックスウェルによって初めて提唱された。彼は、電磁波は空間に伝播可能であり、光速で移動すると予言した。一八八八年にはドイツの科学者ハインリヒ・ヘルツが実験結果を発表し、実際に電磁波の伝播——および受信——を実施してみせたが、その距離はわずか数フィートにすぎなかった。しかし、電磁波は通信に利用しうるとのサー・ウィリアム・クルークの助言に基づき、一八九〇年代までに数人の実務家が「無線機」を組み立て、これを利用していた。その一人が英海軍将校のH・B・ジャクソンであり、別の一人がイタリア人グリエルモ・マルコーニだった。

ジャクソンの実験歴は平凡な役職に任命されたことで損なわれてしまったが、いずれにせよ、彼は真の発明者ではなかったのかもしれない。しかし、マルコーニは純粋な科学者というよりも起業家の類いであり、無線の応用可能性は海上にあると非常に早い時期から理解していた。彼はヨーロッパ海軍の大競争時代に活動しており、それはちょうど一九〇〇年にドイツが艦隊法を採用し、イギリスとの破滅的な建艦競争に突入した時期だった。それは同時に、海運業の大拡張期でもあり、大洋を往来する蒸気船の数が帆船の数を初めて上回った頃だった。その大多数（九〇〇〇隻近く）は英国旗のもとに航行していたが、それはまずもってイギリスが世界中に及ぶ大帝国の内部航路の支配を確保しようとしたためであり、さらには海軍の覇権を維持しようと決意したためだった。

マルコーニは、無線によって海上の船から船へ、船から陸への送信が大いに改善されると考えた。無線が装備されるのは当初は大型の貨物船や旅客船だけにせよ、そのための代金を船主が必ずや払ってくれるだろうと考えたわけである。しかし、彼が売り込み先として本当に狙っていたのは海軍の艦隊だった。速度や装甲防御、砲の口径をめぐる競争が激化する中で、後塵を拝する余裕がある海軍などなかったからである。だが、まずは無線が実際に機能する必要があった。一八九〇年代中期に絶え間なく実験が行われたにもかかわらず、マルコーニは一〇マイル〔約一六キロメートル〕を超える距離での受信を達成することができなかった。さらに、伝播した電波は同調できず、それゆえ全周波帯に障害が発生した。受信機は伝播波と「空電雑音」とを区別できず、「二つの局が同時に送信すると、受信印字機のテープ上に無意味な印が乱雑に並んで終わった」が、当時は信号を表すにはこの仕組みしかなかった。*5

しかし、マルコーニが一八九七年から二年越しで装置を大いに改良したため、一九〇〇年までに英海軍本部が無線を通信の主手段とすることを決定した。マルコーニのあざとい宣伝文句を真に受けた英海軍は五〇セットを買い入れ、そのうちの四〇セットを艦艇に搭載し、八セットをドーヴァーからシリー諸島までの南海岸沿いの陸上局に設置した。到達距離は五〇マイル〔約八〇キロメートル〕を超えるようになり、理解可能な通信文が一分間に一〇語の割合で送信された。それからというもの、改良は驚くべきペースで加速した。一九〇一年一二月、マルコーニはイギリスのコーンウォールから米国のケープコッドまでの送信に成功し、一九〇二年一月にはコーンウォールからキューナード定期船『フィラデルフィア』までの一五五〇マイル〔約二五〇〇キロメートル〕の送信を成し遂げた。

無線は陸上よりも海上の方がうまく機能したが、それには多くの理由があった。マルコーニは、高出力の電力——大型エンジンと発電器を備えた大型船では容易に利用可能——を使って極大アンテナから長波で電波を放射すれば、湾曲した地表に沿って飛ぶ「地上波」を利用できることに気づいた。受信は地表と大気層との間の反射波によっても容易になった。大西洋横断の送信が大成功してから数年後、マルコーニはさらに別の重大な発見をした。これは特に個別周波数帯への「同調」送信に関するものであり、それによって干渉が減少するとともに受信が改善され、異なる周波数を海上局にも地上局にも割り振ることができるようになった。かくして彼は海軍の要求、特に英海軍本部の要求に応えたのである。それは、世界中の大洋に点在する多数の艦艇に同時通信するためのものだった。

そのためには、世界中に陸上無線局網を建設する必要もあった。なぜなら、マルコーニの最高の無線機をもってしても、世界的規模の通信をするための電力が依然として不足していたからである。それまでの大陸間通信はケーブルによって行われており、一九世紀末にはその六割超がイギリス所有のものだった。それ以外のケーブルはイギリス人オペレーターが勤務する局を通っていたため、イギリスのケーブル網支配は会社の目論見書に明記されているよりも、はるかに完璧だったのである。イギリスは、ケーブル分野の支配権を確立することにかけては当初から徹底していた。一八五八年には、営利事業用ながらも初の大陸間ケーブルを敷設し、その後は政府あるいは助成金を受けた民間企業がそれを行った。一八七〇年にはイギリスとインドがケーブルでつながった。これの中継地は、リスボン（イギリスが最も信頼する最古の同盟国の首都）、ジブラルタル（一七一三年から英領）、マルタ（一八〇〇年から英領）、アレクサンドリア（一八八二年以降、実質的に英領）だった。

大英帝国が拡張するにつれ、ケーブルは国旗を追いながらアフリカ両岸を下り、ファニング島のような小さな遠隔地を経由してオーストラリアとニュージーランドに達し、太平洋を横断した。ファニング島は接続地カナダ・バンクーバーから三四五〇マイル〔約五五五〇キロメートル〕離れており、太平洋のほぼ中央に位置している。イギリスにとって、「全赤色」網（赤は英植民地を区別するための地図上の色）を作ろうとする衝動は戦略的な強迫観念となった。「全赤色」効果を達すべく、ケーブルが海路で再敷設、つまり二重に敷設され、外国の妨害を受けない安全なケーブルを使った交信が不能な地域が帝国内から消滅するまで続いた。最長を誇った一四万マイル〔約二三万キロメートル〕に及ぶケーブルは、商用文を中継送信する民間会社に属していたが、これは問題ではなかった。政府は、「回線開けよ、回線開けよ」と前置きして発信することによって、いつでも優先使用権を行使できた。その上、イギリス政府は官民の送信網を国有財産と見なした。一九〇〇年一一月にフランス政府が認めたように、「世界における英国の影響力は、おそらく海軍よりもケーブル通信によるものである。英国は通信を管理し、驚くべき方法でそれを政策と通商に役立てているのだ」。[*6] 特にロンドンのシティは「世界の電信電話システムの中枢」であり、その結果、「産業界のほとんどがポンド建てのロンドン宛て手形で貿易資金をまかなった」のである。産業界はおろか、エジプト（綿）、アルゼンチン（牛肉）、オーストラリア（羊毛）、カナダ（小麦）といった一次生産国も同様だった。これら全てが、空取引の担保となる金準備で行われていたが、その額は著しく低かった。一八九一年当時、イングランド銀行には二四〇〇万ポンドしかなく、これに比べてフランス銀行には金銀合わせて九五〇〇万ポンド、ドイツには四〇〇〇万ポンド、合衆国には一億四二〇〇万ポンドあった。[*7] 戦略的な送信には優先権が与えられたこともあっただろうが、イギリス政府は国家の通商を守るのは究極的には海軍だと、十分に認識していたのである。

絶えず拡大していた巨大なイギリス商船隊は、一九世紀の大半を外国の妨害など考えずに航行していた。一八八〇年になっても、英海軍は規模において二位以下の海軍七つを合計したものに匹敵した。一八九〇年代になると仏、米、独、露、日の海軍が特定海域あるいは世界的規模で覇権に挑戦し始めた。ドイツが大洋艦隊の創設を開始する艦隊法を通過させた一九〇〇年以降は、主にドイツ皇帝の海軍から挑戦を受けるようになった。それ以前の同海軍は、沿岸防衛部隊と大して変わらなかった。一九〇〇年以降、ドイツ海軍は英海軍の戦艦に匹敵する戦艦の建造に着手したが、巡洋艦についてはすでに建造を開始していた。これは、戦艦のために索敵を行い、しかも敵の商船を脅かすよう設計された艦である。ドイツ海軍の拡張はフォン・ティルピッツ提督によって立案され、その思考は戦艦建造に向けられていた。大海軍主義者としての彼の哲学は「リスク理論」として見なされている。これは、戦艦部隊によって英海軍に脅威を与え、奇襲において甚大な被害を加える危険性をもってこれを脅かし、その戦力を制限しようとするものである。ただし、それに想定された戦艦部隊は、英海軍を本国水域で破れるほど大きくはなかった。

カイザー・ヴィルヘルム二世はイギリス人との混血であり、英海軍の名誉提督でもあったが、一意専心ティルピッツのリスク理論を支持した。皇帝の戦略思考を形成したのは、ひとえにイギリスの世界的優位に対する愛憎の念である。皇帝はイギリス戦艦艦隊に対する均衡、あるいは優位すら切望していたが、その一方、大陸軍にかかる費用がイギリス規模の建艦を妨げることも理解していた。また、イギリスを模範とした海外帝国の創建も願っていた。それには海外任務のための巡洋艦隊の創設が必要とされた。ティルピッツは当初は巡洋艦の建造に理解があったが、一九〇〇年に艦隊法が成立してからは、その計画に敵対的になった。しかし、その頃になると、ドイツの帝国建設計画は最高潮にあった。その前に行われたのが、新帝国の商業開発だった。ドイツの貿易商社は一九世紀後半にアフリカの東部、西部、南西部、ニューギニア、そして太平洋諸島に足場を築いていた。ドイツ国旗は一九一四年にはドイツ領東アフリカ（現在のタンザニア本土）、トーゴ、西アフリカのカメルーン、パプア・ニューギニア北部、太平洋のビスマーク諸島、マーシャル諸島、カロリン諸島、マリアナ諸島、サモアに翻っていた。領土の中には公然と併合されたものもあるが、明白な価値がない遠方の環礁カロリン諸島のような領土は、一八九八年に合衆国に負けたスペイン帝国の崩壊時に同国から有無を言わさずに購入したものである。さらに、ドイツは一八九四年の日清戦争後、沿岸部の居留地を中国から併合するほかの西欧列強に加わった。ドイツは黄海のチンタオ港を獲得し、極東巡洋艦隊用に急いで設備を整えたのだった。

　ドイツの海外領地はケーブルで本国とつながっており、これはイギリスと同様だった。しかし、ケーブル網の脆弱性を痛感していたドイツは、無線という新技術にも早くから投資しており、一九一四年には世界で「最先端のネットワーク」を有していた。[*8] ドイツの代表的無線会社であるテレフンケンは「連続波」送信の草分けであり、これによって膨大な独立チャンネルの使用が可能となったため『空中に』発せられる通信量が激増した」のである。[*9] テレフンケンはまた、ドイツ政府通信局の送信範囲の拡張にも尽力した。一九一四年には、ベルリン郊外のナウエンに置かれた主送信機が三〇〇〇マイル〔約四八〇〇キロメートル〕離れたトーゴランドのカミナまで送信できるようになり、カミナはその一方、ドイツ領南西アフリカのヴィントフーク、ドイツ領東アフリカのダルエスサラーム、カメルーンのドゥアラと交信可能だった。無線局はほかに、カロリン諸島のヤップとオーガー、マーシャル諸島のナウル、サモアのアピア、ビスマーク諸島のラバウル、そしてチンタオにもあった。ただし、これより離れた無線局はベルリンとトーゴランドの到達範囲外にあり、ケーブルで送られた通信文を中継伝達できるのみだった。そのケーブル回線のうち、リベリアのモンロヴィアとブラジルのペルナンブコの間の回線だけがドイツの所有であり、後の一九一四年に中立地帯となる場所にあった。

　しかし、ドイツの主力艦は英、米、仏、伊、露のそれらと同様、一九一四年までに全て無線を装備するようになり、好条件下においては一〇〇〇マイル〔約一六〇〇キロメートル〕超の送信をすることができた。このことは第一次世界大戦の勃発時、英海軍の作戦にとってとりわけ重要だと判明した。なぜなら、イギリスは世界のケーブル網を支配したことによる慢心から、長距離用の陸上送信局の建設においてドイツの後塵を拝していたからである。一九〇九年にイギリスが保有していた長距離局は大ブリテン島のクリーソープス、ジブラルタル、マルタの三カ所しかなく、一九一二年にマルコーニ社との間で帝国無線通信網の建設契約が結ばれたものの、それが完成したのは一九一五年から一六年にかけてであったため、開戦時においては、フォークランド諸島のような南大西洋の遠隔植民地の通信局を始め、大英帝国のほとんどの局は出力が低く、送信範囲も限られたものでしかなかった。戦略通信は国防委員会自らが安全を保障したケーブル網によって維持されており、それが不通になるのは計画的なケーブル切断以外にありえず、しかもその能力が備わっているのは、他国保有のケーブル敷設船の数の二倍に達する二八隻を保有しているイギリスのみだった。[*10]

したがって、一九一四年に戦争が勃発すると、遠方海域での海軍作戦は奇妙にもまったく異なる方法で実施されることになった。ドイツの小規模な巡洋艦隊は本国基地と断続的に交信できるのみだったが、非常に数の多い英艦隊――日、仏、露海軍部隊の支援を方々で受けた――と互角だった。英艦隊は無線とケーブルの混合通信によって運用されたが、これはたいてい不安定であることが判明した。技術的には、英独の提督が利用できた情報・指揮手段はネルソンとナポレオンが一七九八年に利用可能だった手段を凌ぐものであり、その差は彼らが活動した海、つまり地中海と太平洋の大きさほどの違いがあった。実際のところは、艦隊との遭遇――そして失探――は、それら手段と同じように、ほとんど場当たり的なものだったのである。

コロネルの戦い

一九一四年八月四日に英独間で戦争が勃発しても、主力戦艦艦隊は本国のそれぞれの基地に集中して留め置かれていた。ドイツ大洋艦隊は北海諸港にいたし、イギリス大艦隊（グランドフリート）は北スコットランド沖のオークニー諸島内に位置するスカパフローの遮蔽水域に停泊していた。大艦隊は戦力において大洋艦隊を凌駕しており、ドイツの弩級（ドレッドノート）戦艦一三隻、巡洋戦艦四隻に対し、弩級戦艦二一隻、巡洋戦艦四隻を保有していた。両海軍はともに旧式の前弩級戦艦を何隻も有しており、戦艦艦隊が新しくなればなるほど他所が古くなった。ドイツはバルト海にそれらを留め置き、イギリスはポートランドに置いてイギリス海峡を封鎖した。大艦隊の母港がスカパフローに選ばれたのは、ドイツ艦隊が北海から出るのを阻止するためだった。[*11]

両艦隊は軽重巡洋艦と駆逐艦も多数保有しており、英海軍の方がドイツ海軍よりもかなり多かった。後者はそのほとんどを大洋艦隊に留め置いたが、英側は当初から多くを北海南部のハリッジに配置し、そこからドイツ沿岸に対する哨戒（しょうかい）を積極的に行った。彼らはドイツ艦隊が「出て」来ないか常に警戒していたが、ドイツの戦略は安全に退避できることが確実な場合にのみそうするというものだった。英海軍はカイザーの海軍の撃滅を望んでいたが、これとは対照的に、ドイツ海軍は単に英海軍を「危険に曝して」おくことだけを目指していた。無傷で港にいる限りはそれができたが、そこに留まっている間は本国水域における情勢は完全な膠着状態となった。

昔のネルソンの時代のように、予期せぬ交戦が生じる可能性があるのは、もう少し離れた海域のみだった。地中海はそうした不確実性のある舞台であり、戦争劈頭にドイツの地中海艦隊（一九一二年に設立されたもので、二隻にしては大げさな名称を冠した部隊）が劇的な成功を収めている。巡洋戦艦『ゲーベン』と軽巡洋艦『ブレスラウ』が、これを無力化しようとした英地中海艦隊を逃れてコンスタンティノープルにたどりつき、トルコ海軍に合流することに成功したのである。一一月初頭、両艦は黒海に入ってロシア諸港を砲撃し、かくしてロシアとその同盟国である英仏との戦争をトルコに開始せしめたのだった。この結果の一つがガリポリ戦役であり、もう一つが、「逃走していたドイツ艦『ゲーベン』の追蹤遂行に失敗した」トラウブリッジ提督の軍法会議だった。[*12] トラウブリッジは無罪放免となったが、艦上勤務になることは二度となかった。これはネルソンが最も信頼した艦長の子孫に対する大変な屈辱であり、地中海をはるかに越える影響を及ぼすことになったのである。

　トラウブリッジが判断ミスを犯したという記憶は、第二次世界大戦の勃発時に英巡洋艦を率いたもう一人の提督にいくらかの影響を及ぼしたかもしれない。それは「優勢な戦力」、一一インチ〔二八・三センチ〕砲を備えたポケット戦艦『グラーフ・シュペー』が、ウルグアイのモンテビデオ沖のラプラタ河口で重巡『エクセター』と軽巡『エイジャックス』および『アキレス』に追い詰められたときのことだった。イギリス軍部隊は、トラウブリッジがしなかったとして軍法会議で責められたことをなし、機動によって『グラーフ・シュペー』の砲の射程と砲弾重量の優位を無効にし、同艦が逃避せざるをえないようにしたのである。『グラーフ・シュペー』は、一九一四年に遠洋で活躍したドイツの提督、マクシミリアン・グラーフ・フォン・シュペー東アジア巡洋戦隊司令長官を偲んで進水時に命名されたものだった。フォン・シュペーは南ドイツの貴族にしてカトリック教徒であり、ドイツ陸軍を支配していた東プロイセンの冷厳なプロテスタントとは気質が異なっていた。気配りができて情に厚く、部下の将兵から崇敬されていただけでなく、ドイツ帝国の理念に対する献身や闘志も認められていた。彼はその点において、ヒンデンブルクやルーデンドルフ、フォン・レットウ゠フォアベックと同様にカイザーの臣下でもあった。フォアベックはドイツ領東アフリカのカリスマ的司令官であり、未開地におけるその神出鬼没の行動は、後にフォン・シュペーの海賊さながらの勲功と結びつくことになる。

　ドイツの遠洋巡洋艦隊は一九一四年八月時点で八隻からなっており、五隻が東アジア巡洋戦隊を構成していた。すなわち、中国のチンタオを母港にしていた『シャルンホルスト』、『グナイゼナウ』、『ライプツィヒ』、『ニュルンベルク』、『エムデン』である。『シャルンホルスト』と『グナイゼナウ』は「装甲巡洋艦」として当時知られており、八・二インチ〔二一センチ〕主砲八門を装備、速力二〇ノットを出し、両艦ともに一九〇七年に進水していた。これらはカイザーの海外艦隊の精鋭艦だった。一九〇六年から八年にかけて進水した『ライプツィヒ』、『ニュルンベルク』、『エムデン』は軽巡洋艦であり、実質的に非装甲だったが、四・一インチ〔一〇・五センチ〕砲一〇門を装備、速力二四ノットを出せた。この同型艦が、東アフリカを拠点とした『ケーニヒスベルク』と、南米の大西洋岸沖を巡航した『ドレスデン』だった。戦争勃発時、『ライプツィヒ』はメキシコの太平洋岸沖におり、同国で内戦が継続している間、ドイツ国民を保護すべく配置に就いていた。一方、『ニュルンベルク』はそれとの交代の途上にあったが、目的地よりも中国に近い場所にいた。『エムデン』は欧州で緊張が高まっているとの報に基づいてチンタオを離れたばかりであり、太平洋中央で主戦隊と会合すべく航行していた。その役割は、巡洋艦作戦が始まった際にフォン・シュペーに合流することになっている給炭艦団を保護、編成することだった。

ドイツ海軍の創設者であるティルピッツは巡洋艦への出費を認めていなかった。彼が一八九七年に記した覚書はドイツ帝国海軍の計画の基礎になったものだが、その中で彼は「英国に対する通商破壊と大西洋横断戦争は甚だ絶望的であり、わが方の基地不足と英側の優位も相まって、この種の戦争は否認すべきものである」[*13]と記している。後にティルピッツは見方を変えることになるものの、それが一九一四年のドイツ艦隊の構成と配置を決め、イギリスに非常な有利となった。彼の見方は客観的に正しくもあった。イギリスは二五〇年にわたって世界中に――来たるべき巡洋艦戦で重要になる――基地の数を少しずつ増大させていた。それらには中国の香港、東インド諸島のシンガポール、アラビアのアデン、インド洋のココス・キーリング諸島、そして南大西洋のフォークランド諸島が含まれた。ケーブルや無線施設に供する基地はさらに数百あり、より重要なものとして石炭貯蔵に使えるものもあった。

重油は、最新の軍艦の燃料源として石炭に取って代わり始めたばかりだった。イギリスの新型高速戦艦『クイーン・エリザベス』級に積まれたタービンは重油を燃料としていたが、軍艦のほとんどは旧態依然として石炭に依存していた。これでは一週間もしないうちに基地に帰らねばならなかったか、もっと骨の折れることに給炭艦と会合しなければならず、甲板から甲板へと数百トンの石炭を移すという単調で困難な仕事を、投錨地あるいは天候が許せば外洋で行う必要があった。給炭港に恵まれていた英海軍は外洋で給炭を行うという苦労をせずにすんだ。ドイツの巡洋艦は数週の間、足手まといになる給炭艦を帯同して巡航するか、あるいは派遣された給炭艦と遠方の入江で会合する手配を整えざるをえないこともあった。

困難があった上にティルピッツが認めていなかったにもかかわらず、海外にいるドイツ艦隊は宣戦布告の瞬間から通商破壊戦に傾倒していた。指令書には次のように明記されていた。「英国、あるいは英国を含む連合に対する戦争が勃発した際は、海外の艦艇は別命あるまで巡洋艦戦を遂行するものとする。巡洋艦戦に不適の艦艇は補助巡洋艦として艤装するものとする。作戦域は大西洋、インド洋、太平洋である。（中略）海外のわが艦艇は、戦時においては増援あるいは大量の補給物資のいずれも当てにできない。（中略）巡洋艦戦の目的は敵の通商に損害を与えることである。これは、必要とあらば同等あるいは劣勢な敵と交戦することによって果たされるべきものである」[*14]。カイザーがじきじきに巡洋艦の艦長に宛てた指令書はさらに踏み込み、あらゆる状況において立派な戦果を上げるよう迫っており、最後まで戦うことが名誉なこととされた。しかし、撤回されなかったこれ以前の指令は外国水域で潜在的な敵を破る希望を抱かせる内容であり、一九〇七年の指令では、当該水域での英仏露部隊に対するアジア戦隊の優位に言及されていた。これは楽観的だったが、後に判明するように非現実的でもなかった。戦争勃発前、植民地におけるドイツ海軍は人的にも物的にも質の高い結束力のある部隊を形成していた。同じことは現地の敵にはいえなかった。敵は数的に優位にありながらも二線級の人員が配置された多数の旧式艦に頼っており、真に手強いものとは見なされなかった。

明白なのは敵の通商の脆弱性だった。ドイツは二〇九〇隻の汽船を保有し、世界第二位の商業国だった。この事実は大洋艦隊の建設理由に関する議論でしばしば見落とされてきたものである。しかし、その商船隊は八五八七隻の汽船を有するイギリスに凌駕されていた。イギリスの船舶は、帝国各地の汽船を加えると世界のそれの四三パーセントに達した。それらがあらゆる海のあらゆる通商路を航行し、世界の商取引の過半数のみならず、本国の生存に不可欠な必需品を運んだのであり、その中には食糧の三分の二も含まれていた。[*15] しかも海軍本部は、一七九三年から一八一五年までのフランス戦争において英海軍のエネルギーの大部分を割いた船団の意義を疑うようになっていた。部隊輸送船団を別にすれば、商船輸送を保護する計画は一九一四年には何らなく、一九一七年のUボート危機まで何の計画も立てられなかったのだった。海軍本部は、開戦時とその後の三年間、単独航行商船を守るのに海の広さを当てにしていたのである。

当然のことながら、敵の通商破壊艦が出てくれば遠方の艦隊がこれを追いつめ、破壊してくれるだろうとも考えていた。北海の内部あるいは近くにはあらゆる級の最新艦が集中していたが、依然として十分な艦がイギリスの世界的海軍プレゼンスを確保すべく、歴史的に重要な八カ所の海外根拠地の遠方海域に留まっていた。それらは、中国、ニュージーランド、オーストラリア、北米と西インド諸島、南米、アフリカ、地中海、そして東インド諸島である。戦争勃発時に配置に就いていた艦艇――河川用砲艦と旧式の巡洋艦――の中には、外洋作戦に適さないものもあった。戦列の任務が果たせるのは、中国の根拠地にいた旧式戦艦『トライアンフ』、装甲巡洋艦『マイノーター』および『ハンプシャー』、軽巡『ニューカッスル』および『ヤーマス』、南米の根拠地にいた近代軽巡『グラスゴー』、東インド諸島の根拠地にいた旧式戦艦『スウィフトシュア』、軽巡『ダートマス』、旧式軽巡『フォックス』、オーストラリアとニュージーランドの根拠地にいた王立オーストラリア海軍の近代巡洋戦艦『オーストラリア』、軽巡『シドニー』および『メルボルン』、旧式軽巡『エンカウンター』と『パイオニア』だった。オーストラリアとニュージーランド（後者は本国水域で大艦隊とともに仕えた巡洋戦艦『ニュージーランド』に出資していた）は、戦争状態においては自国海軍の艦艇が英海軍本部の管埋下に入ることに同意していた。

艦数――総計一四隻――は多かったものの、これら軍艦は玉石混淆（こんこう）だった。『オーストラリア』は自らをまったく危険に曝すことなく植民地のいかなるドイツ巡洋艦も撃沈できたが、当初はオーストラリアとニュージーランドの派遣部隊を輸送する船団の護衛に拘束された。『ダートマス』、『シドニー』および『メルボルン』はドイツの近代軽巡に匹敵したが、装甲巡洋艦の『マイノーター』と『ハンプシャー』は旧式であり、ドイツの同級には及ばなかった。装甲巡洋艦はすでに異質なものになっていた。つまり、巡洋戦艦と戦うには弱すぎ、軽巡を捉えるには遅すぎたため、同級の他艦と戦うことしかできなくなっていたのである。来たるべき巡洋艦戦において英海軍に逆境となったのは、保有する装甲巡洋艦がドイツのそれよりも劣り、両艦ともに新型の巡洋戦艦に劣るということだった。

開戦当初の数週間でイギリスは海外本拠地に増援を送ることになった。北米と西インド諸島の本拠地司令官を務めるサー・クリストファー・クラドック少将は、装甲巡洋艦『サフォーク』、『ベリック』、『エセックス』そして『ランカスター』を受領した。これらの中で巡洋艦戦に参加したものは、姉妹艦『マンモス』以外に一隻もなかった。本艦は南米に派遣されて最終的にクラドックの戦隊に合流し、対巡洋艦戦の一翼を担うことになった。派遣された別の装甲巡洋艦『グッドホープ』もこれに加わり、クラドックは八月一五日にこれを旗艦とした。最後の増援は、一八九六年に進水した旧式戦艦『カノープス』――その一二インチ〔三〇・四八センチ〕砲には年取った予備が配員され、機関室は精神的に軍務不適格であることが後に判明した機関長に指揮されていた――および仮装巡洋艦『オトラント』だった。仮装巡洋艦――両大戦で使われ、功罪半ばする結果を生んだ軍艦――は砲を備えた大型定期船あるいは高速貨物船であり、海軍将兵が乗り組んでいた。海軍本部は、それが船団護衛艦あるいは通商破壊艦として役立つだろうと期待したのだった。条件が良ければ役立つものも中にはあったが、そうでない場合は死の罠となった。

ドイツも仮装巡洋艦を就役させていた。実際にハンブルク＝アメリカやノルドドイチェ＝ロイドといった会社の高速定期船からなる商船隊には、世界最速の客船も何隻か属していた。戦争が勃発すると、その多くが特に北南米の中立港へと逃げ込んだが、船長は乗組員と同じくドイツ海軍の予備役に属していることが多く、機会あらばドイツの通商破壊部隊に合流しようと待機していた。実際に起きたように、武器弾薬を移転することができれば、それら商船隊は通商破壊戦に有効な部隊となったのだった。

通商破壊戦におけるほかの要素は、フランス、ロシア、日本の艦艇だった。フランスはインドシナと太平洋諸島に基地を持ち、アジア海域に数隻の巡洋艦と駆逐艦を保有していた。『デュプレクス』や『モンカルム』などである。ロシアは一九〇四年から翌年の日露戦争に敗北して以来、太平洋における重要な海軍国ではなくなったものの、一、二個の部隊を展開していた。八月二三日に対独戦に突入した日本は太平洋の海軍力バランスを変え、ドイツにとって完全に不利となった。日本はドイツに陸軍を養成してもらっており、カイザーの帝国とは何らの反目もなかった。ドイツに対する宣戦布告は純粋に自国本位のものだった。英仏と同盟を結んでいた日本は、ドイツ領のマリアナ諸島やカロリン諸島、ビスマーク諸島が手に入るだろうと正確に予期していたのだった。実際にそうなったのであり、日本が対独同盟を支持したことは、短期的にはドイツ巡洋艦の脅威を制限した点において重要な意義があった。長期的には、日本が太平洋中部および南部のドイツ領諸島を合併したことにより、同国が一九四一年から四二年にかけて太平洋の欧米勢力圏に対する侵略を成功させるための基盤が敷かれたのだった。特にパプア列島におけるドイツの主要根拠地だったラバウルは、ニューギニアとソロモン諸島をめぐる一九四二年から翌年にかけた米豪との戦いにおいて、日本の主たる基地となったのである。

日本の対独戦は九月二日にチンタオを包囲したことから始まった。これは一一月七日まで続いた。守備隊は抵抗が絶望的だと分かっていたが、非常に粘り強く戦った。現地の二隻の防御用砲艦『S90』と『ヤーグアール』は揚陸艦隊と交戦し、守備隊は激しい砲撃のもとでようやく徐々に後退した。要塞司令官は、英ケーブル船『パトロール』が上海から煙台までのケーブルを切断した八月一四日以降、外界から隔絶されていた。[*16]麾下の守備隊は大部分が海軍歩兵であり、東アジア巡洋戦隊が数週間前に去っていたため脱出の望みが絶たれていた。グラーフ・フォン・シュペー提督はイギリス軍代表と食事を交わした後、六月一四日に彼らと極めて友好的に別れ、その後は大型艦とともにドイツ領の太平洋諸島を巡航していた。七月下旬、ヨーロッパで危機高まるとの報に接した彼は、ベルリンを説得して『ニュルンベルク』に対するチンタオ帰港命令を撤回させ、カロリン諸島の離島ポナペで自艦と合流するよう命じた。八月四日にはイギリスが宣戦布告したことを知ったが、「チリが友好的中立国である」ことと「日本が中立を保つ」ことも知った。[*17]

この生情報は部分的にしか正確でなかったが、フォン・シュペーは今やそれに基づいて対策を即断した。彼はチンタオを立つ前に『エムデン』艦長フォン・ミュラーに対し、戦隊の機動力を確保する給炭艦を守ることがフォン・ミュラーの基本的な役割だと指示していた。「関係が緊迫した」場合、給炭艦はチンタオを出てマリアナ諸島のパガン島に進出することになっており、『エムデン』はフォン・シュペーとの再合流を目指す手筈になっていた。フォン・シュペーは、イギリスが中国の根拠地に戦艦一隻を含む戦力を保有していることと、自分の戦隊を殲滅（せんめつ）しうるＨＭＡＳ〔His/Her Majesty's Australian Ship の略称〕『オーストラリア』が南に向けて行動していることを知った上で八月五日にパガンに向針し、一二日には同島で『エムデン』、仮装巡洋艦『プリンツ・アイテル・フリードリヒ』および補給船『ヨルク』と合流した。これらに随伴していた給炭艦は四隻だった。ほかの四隻は、航行中に英戦艦『トライアンフ』と装甲巡洋艦『マイノーター』――六月にフォン・シュペーが和やかに食事をした艦――によって撃沈あるいは拿捕（だほ）されており、このことは彼らを取り巻く危機の前兆となったのだった。

東アジア戦隊にとって、北西太平洋が危険極まる戦域になっていることは明らかだった。八月一三日に

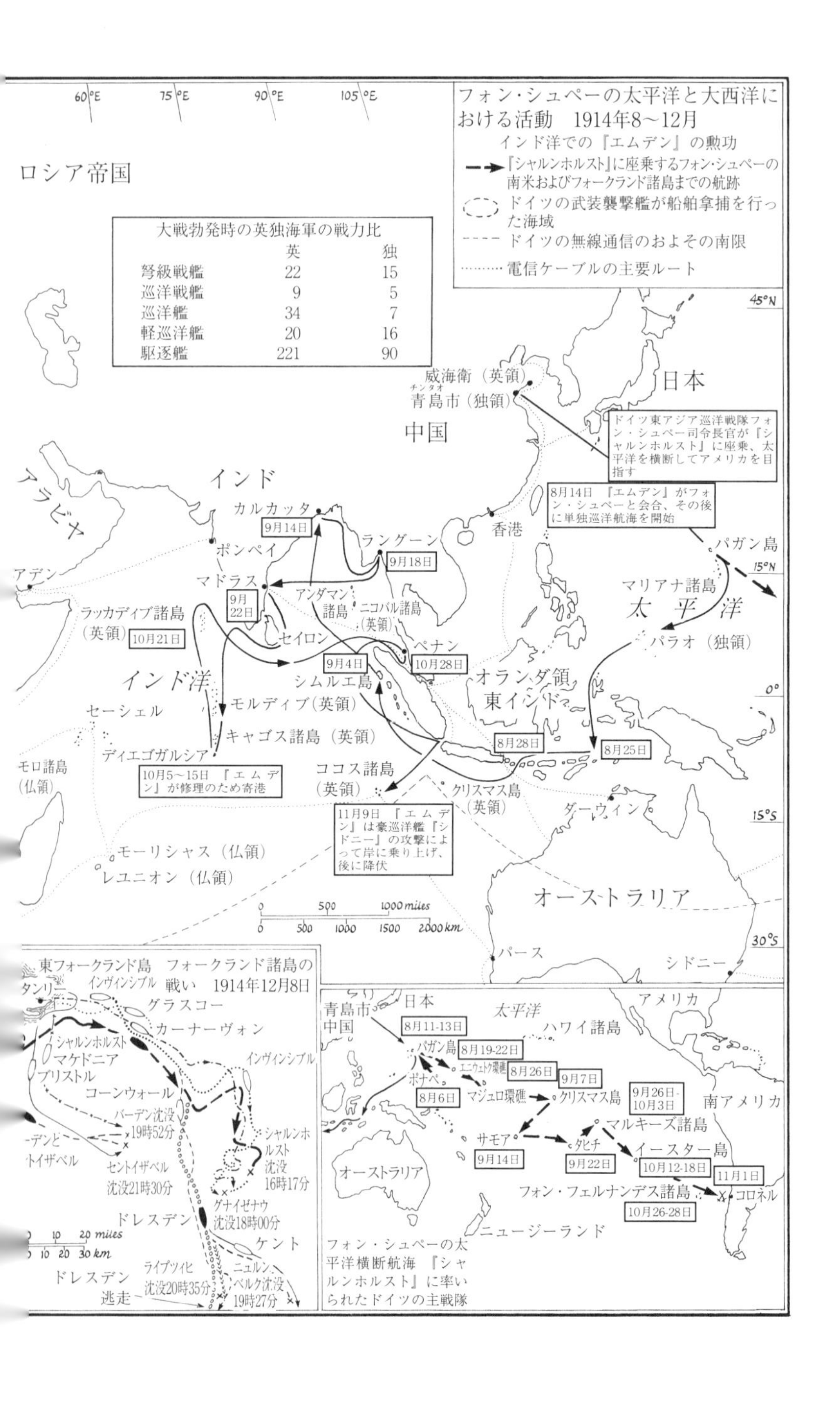

大戦勃発時の英独海軍の戦力比

	英	独
弩級戦艦	22	15
巡洋戦艦	9	5
巡洋艦	34	7
軽巡洋艦	20	16
駆逐艦	221	90

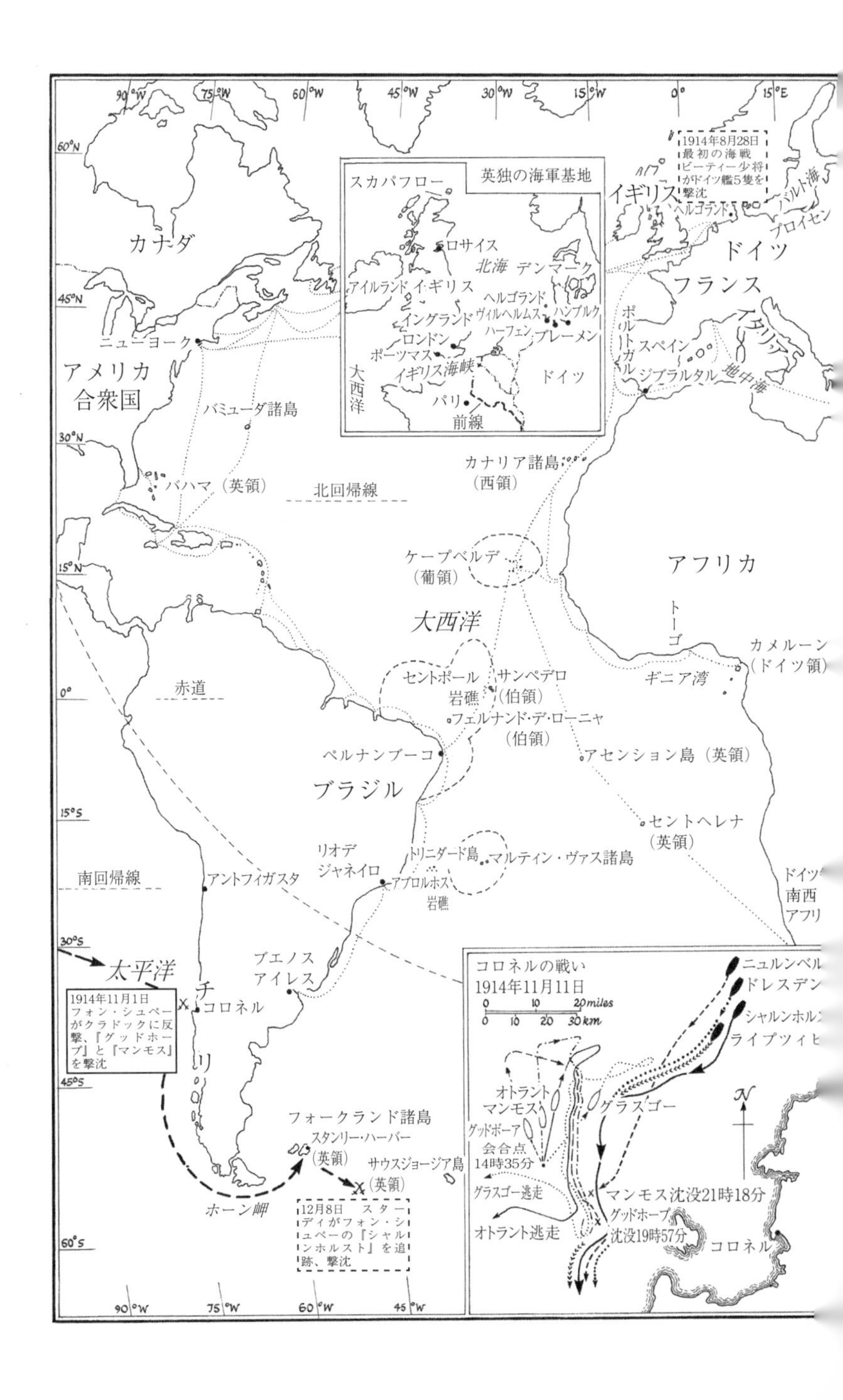

英独の海軍基地
スカパフロー
ロサイス
北海
デンマーク
アイルランド
イギリス
ヘルゴランド
ヴィルヘルムス
ハーフェン
ハンブルク
ブレーメン
イングランド
ロンドン
ポーツマス
イギリス海峡
ドイツ
大西洋
パリ
前線
1914年8月28日
最初の海戦
ビーティー少将
がドイツ艦5隻を
撃沈
イギリス
ヘルゴランド
バルト海
プロイセン
ドイツ
フランス
イタリア
ポルトガル
スペイン
ジブラルタル
地中海
カナダ
ニューヨーク
アメリカ
合衆国
バミューダ諸島
バハマ（英領）
北回帰線
カナリア諸島
（西領）
ケープベルデ
（葡領）
アフリカ
トーゴ
大西洋
カメルーン
（ドイツ領）
ギニア湾
赤道
セントポール
岩礁
サンペデロ
（伯領）
フェルナンド・デ・ローニャ
（伯領）
ペルナンブーコ
アセンション島（英領）
ブラジル
セントヘレナ
（英領）
リオデ
ジャネイロ
トリニダード島
マルティン・ヴァス諸島
アブロルホス
岩礁
南回帰線
アントフィガスタ
ドイツ
南西
アフリ
太平洋
チ
リ
ブエノス
アイレス
1914年11月1日
フォン・シュペーがクラドックに反撃、『グッドホープ』と『マンモス』を撃沈
コロネル
フォークランド諸島
スタンリー・ハーバー
（英領）
サウスジョージア島
（英領）
ホーン岬
12月8日　スターディがフォン・シュペーの『シャルンホルスト』を追跡、撃沈
コロネルの戦い
1914年11月11日
0 10 20 miles
0 10 20 30 km
ニュルンベル
ドレスデン
シャルンホルス
ライプツィヒ
オトラント
マンモス
グッドボーア
会合点
14時35分
グラスゴー
グラスゴー逃走
オトラント逃走
マンモス沈没21時18分
グッドホープ
沈没19時57分
コロネル

日本が戦争に突入するや、そこの危険度はすぐさま一段と高まった。一九〇五年にロシア軍を完膚なきまでに撃破した大日本帝国海軍は、今や国産の最新の弩級戦艦三隻と巡洋戦艦四隻、重巡七隻、その他多数の巡洋艦と駆逐艦から構成されていた。日本は二〇年以内に第一級の海軍国となるが、この当時はまださほどでもなかった。とはいえ、ドイツのアジア艦隊は撃滅しえた。フォン・シュペーにとって、そこから去るべき時が今や到来したのである。西と南にイギリス軍、北に日本軍、南にオーストラリア軍がいる中で、彼は南東に向かうことを的確に決断した。目指したのはチリだった。そこにはドイツの大義に非常に共感していたドイツ国民とドイツ商人が多数いた上、海図にも載っていない迷路のような入江もあり、襲撃艦隊がそこに隠れることもできた。

しかし、フォン・シュペーは出撃に先立ち、配下の戦力を分散することに同意していた。戦力の分散は用兵の鉄則に対する違反である。これは特にフォン・シュペーに厳密に当てはまることだった。麾下の艦をひとまとめにしてこそ敵も同様にせねばならず、それによって敵に発見される公算と、定期運航するドイツ商船が襲われる公算の両方が減じたのである。指揮下にあるのはわずか四隻——『シャルンホルスト』、『グナイゼナウ』、『ニュルンベルク』、『エムデン』——であり、『ライプツィヒ』と『ドレスデン』が合流するのを待っている情況からすれば、できるだけ強力な戦力を維持するのが道理だった。それにもかかわらず、彼は『エムデン』艦長の説得に負けたのである。フォン・ミュラーは、戦隊の最速艦とともにインド洋へと分散しながら巡航すれば混乱を広範に拡げられる上、イギリスの権益、特に帝国最大の領地インドに近接した海岸沿いの権益に対し、深刻なダメージを与えることができると主張した。八月一三日午後、フォン・シュペーはフォン・ミュラーに一通の命令書を送った。「これより貴官に『マルコマニア』［給炭艦］を割り当てるとともに、インド洋に進出して可能な限り巡洋艦戦に従事する任に貴官を派遣するものとする」。[*18]『エムデン』の武勇伝はかくして始まった。それは、ネルソンのフリゲート艦長に関する物語の中のどの一節にも劣らず劇的であり、来たる数カ月間の海軍作戦において、敵味方に等しく衝撃を与えることになる出来事となったのである。

したがって、フォン・シュペーは南洋の英海軍力に挑戦すべくわずか三隻の軍艦をもって西経一二〇度線を越える太平洋横断に着手したのだった。これには仮装巡洋艦『プリンツ・アイテル・フリードリヒ』、八隻の給炭艦と補給船、そして武装商船『コルモラン』も随伴していた。『コルモラン』は旧ロシア船『リャザン』であり、チンタオからの途中で『エムデン』に拿捕された後、沿岸用の余剰艦から取り除いた砲を装備したものである。パガンを八月一三日に立ったシュペー戦隊の最初の目的地はエニウェトクだった。ここは、このほぼ四〇年後にアメリカが核実験を行った場所である。フォン・シュペーは八月一九日から二二日の間に環礁の中で石炭を補給した後、マーシャル諸島のマジュロに向かった。その途上、『プリンツ・アイテル・フリードリヒ』と『コルモラン』を通商破壊に派遣した。前者は後にフォン・シュペーに再合流し、後者は石炭を使い果たしてアメリカのグアム島に収容を求めざるをえなかった。彼はまた、すでにアメリカ領となっていたホノルルに『ニュルンベルク』を送ったが、このとき発せられた信号はケーブルでベルリンに転送された。フォン・シュペーの計算はこの時点では鋭かった。『ニュルンベルク』が最後に部外者に目撃されたのはメキシコ沿岸であり、しかもそれが主戦隊に合流したという知らせが広まっていない以上、同艦がホノルルに到着しても、自らの位置が暴露されることはなかろう、と。

遠隔地のクリスマス島にいたフォン・シュペーに『ニュルンベルク』が再合流したのは九月二日だったが、同艦はその間にもフィジーとホノルルを結ぶイギリスのケーブルを切断すべくファニング島の近くを訪れていた。この行動はフォン・シュペーの艦位を明かしてしまう危険性があり、彼はその翌月、らしからぬ無謀さを示したのだった。クリスマス島にいた際、今やドイツ領ではなくなっていたサモアに向かう決心をしたのである。ここは前月にニュージーランド遠征軍に奪取されていた場所だった。彼は『オーストラリア』などの優勢な敵に立ちはだかられる可能性については受容した。しかし、払暁時に接近して魚雷を使えば優位に立てると考えたようである。これは非常に楽観的な見通しだった。実際には、サモアの首都アピアの港は空だったのである。彼はそこを離れたものの、自分がいた形跡を残してしまった。東にさらに五〇〇海里進んでスヴァロフ島に立ち寄り、石炭を補給しようとしたが、荒海によって追い返されてしまったため、仏領ソシエテ諸島のボラボラへと進出した。そこの住民は今次戦争について未だ聞いておらず、生鮮食品を提供してくれたほか、艦に石炭も補給してくれた。フォン・シュペーの次の目的地は仏領タヒチの首都パペーテだった。だが、ここの守備隊には戦争の知らせが届いており、彼らは備蓄した石炭に火を放って抵抗した。無線局はなかったが、フォン・シュペーが離れた隙に、報告書を携えた船一隻を総督がサモアに送り、その報告書が九月三〇日に海軍本部に届いた。

ベルリンはフォン・シュペー戦隊と連絡できずにいた。ビスマーク諸島のラバウルがオーストラリア軍に奪われ、ナウエンとの後方連絡手段が途切れていたためである。そこでドイツ海軍総司令部は、フォン・シュペーの行動や戦略を管理しないようにしていた。その一方で、彼が南米に進出し、おそらくそこからホーン岬を経由して大西洋に入るものと推測した。英海軍本部はこれとは対照的に、フォン・シュペーが南洋州海域あるいはインド洋で活動すべく西に移動する危険を主に懸念していた。インド洋では、オーストラリア兵とニュージーランド兵、インド兵をヨーロッパに輸送する大「帝国船団」が出港しつつあった。フォン・シュペーが太平洋を横断してゆっくりと東方に進む一方、『エムデン』のフォン・ミュラーはインド洋において英商船舶を破壊しており、その成功に英海軍本部の懸念はさらに高まった。

フォン・シュペーが南大西洋に現れたことに対し、英海軍本部は早くも九月の初週には艦艇を配置し始めていた。現地の情勢、特にメキシコ内戦によって、八月中はカリブ海に艦艇が集中していた。北米根拠地司令官サー・クリストファー・クラドック提督は九月二二日、こう打電した。「『グッドホープ』〔装甲巡洋艦〕

は（中略）セントポールロックを視察、九月五日には受命のためペルナンブコに到着予定、『コーンウォール』〔装甲巡洋艦〕は無線連絡しつつ南進中。『グラスゴー』〔軽巡〕は『マンモス』〔装甲巡洋艦〕および『オトラント』〔仮装巡洋艦〕とともにマゼラン海峡〔ホーン岬〕に進出中と報告、同地では給炭艦と推測されるドイツ艦の数が報告されており、中国、太平洋および大西洋からドイツ巡洋艦が集結しているのは明白と思われる」。[*19] クラドックの信号は、海軍本部の情報に関知しない指揮官が極めて鋭い判断を行ったことを示すものだった。ブラジル東端のペルナンブコは、イギリスで消費される牛肉の多くがやってくるアルゼンチンからの主要通商ルートに隣接していた。ペルナンブコ沖のセントポールロックは、明らかにドイツ通商破壊艦の石炭補給域だった。ここは第二次世界大戦中、Uボートの燃料補給用の会合点として頻繁に使われることになる。南米の港は、通商破壊艦に再補給するために現地のドイツ人仲介者がチャーターした給炭艦でいっぱいになっており、クラドックが指摘したとおりだった。

　クラドックはその後、『ドレスデン』ともう一隻の軽巡『カールスルーエ』の位置が特定できずに苛立っていた。実のところ、『カールスルーエ』については心配する必要がなかった。西インド諸島の離島で視界から消えた後、一一月四日に起きた弾薬庫の自然発生的な爆発によって爆沈していたからである。この事実はイギリスでは三カ月にわたって知られておらず、その行方について九月、一〇月と推測しなければならかったため、クラドックの思考は錯綜を続けることになった。『ドレスデン』は依然として真の脅威だった。クラドックはこれが太平洋に入らないように警戒すべく、九月初旬に『グラスゴー』、『マンモス』および『オトラント』を南米南端のマゼラン海峡に派遣した。一方、『ドレスデン』はラプラタ川でイギリスの給炭艦一隻を撃沈した後にマゼラン海峡に移動し、その後の九月一八日、「『ライプツィヒ』とともに行動せよ」とのドイツ海軍総司令部からの指示に基づいて太平洋に入った。『ドレスデン』移動の報に接したクラドックは、旗艦『グッドホープ』をマゼラン海峡の南に移し、そこで九月一四日に『グラスゴー』と『マンモス』に合流した。これが後に悲惨な結果を招くことになる。

ヨーロッパと南米水域の間の交信は複雑だった。英海軍本部は無傷のケーブル網を使ってウルグアイのセリートに通信文を送り、それら通信文はそこからフォークランド諸島の低出力無線局に無線で転送された。これによって南大西洋の艦艇とかなり迅速に連絡できた。南太平洋への送信はもっと難しかった。フォークランド局は空電雑音とアンデス山脈という障害のため、太平洋まで届く電波を発することがたいていの場合できず、したがって軍艦はケーブルによる電文を回収すべく一定間隔で入港しなければならなかった。これは何日もの遅延を生じさせる、うんざりするような手続きだった。ドイツ側は、電波が到達しうる限りの範囲内にいる自国領事に〔ベルリン郊外の〕ナウエンから無線送信し、それを受けた領事がフォン・シユペーの位置に最寄りの港にいるドイツ商船とケーブルで連絡した。南米諸国の政府が中立規定に厳格でなかったこともあり、ドイツの商船長はそこから信号を無線で転送し、その後に同じルートで受信した信号を本国に再送信したのだった。

九月一四日、英海軍本部はクラドックに次のような長文の信号を打電したが、これがクラドックの戦隊と彼自身の破滅の元凶となったのである。


『シャルンホルスト』および『グナイゼナウ』がマゼラン海峡あるいは南米の西海岸に到達した可能性が高い。（中略）『ドレスデン』および『カールスルーエ』に対処すべく十分な戦力を保持せよ。『シャルンホルスト』および『グナイゼナウ』と対戦するに足るべく、戦隊を厳に集中させ、フォークランド諸島を貴官の給炭所となせ。『カノープス』は目下アブロルホスへの途上にあり、『ディフェンス』は地中海から貴官に合流しつつあり。『ディフェンス』が合流するまで、少なくとも『カノープス』およびカントリー級〔すなわち『グラスゴー』あるいは類似艦〕一隻を旗艦に帯同させよ。優勢な戦力を得るや、反転準備とラプラタ川の監視準備を整えつつ、戦隊とともにマゼラン海峡を捜索、あるいは生情報に従ってバルパライソまでの北方を捜索すべし。ドイツの交易を粉砕し、ドイツ巡洋艦を破壊せよ。[*20]

これは戦術的というよりも戦略的な指示であり、広範囲にわたるものだった。この指示はクラドックに対し、商船の集結地であるウルグアイのラプラタ川までの大西洋岸と、もう一方の商船集結地であるチリのバルパライソまでの太平洋岸の双方を警戒するよう求めていた。また、通商破壊戦と対巡洋艦戦の両方を実施するよう指示していた。『ディフェンス』の派遣は約束しているものの、これは後になって地中海に留め置かれることになったのであり、もしこれが駆けつけていれば、クラドックが火力で圧倒されることはありえなかったであろう。この指示は旧式戦艦『カノープス』を『ディフェンス』と同等なものとして見なしているが、実際はそうではなかった。さらに、クラドックが勝利するものと暗に推測していた。

発せられた信号からは、英海軍本部がフォン・シュペーの行方について完全に無知であることはうかがい知れなかった。本部が知っていたのは、フォン・シュペーがファニング島とホーン岬の間の南東太平洋のどこかにいるということだけだった。ファニング島については、無線・ケーブル局が破壊されたことによって確認された事実であり、ホーン岬については位置測定を行ったものだったが、その誤差は距離数千マイル、経緯数百度という因数による影響を受けた。九月一六日には修正が行われた。「状況が変化せり。『シャルンホルスト』および『グナイゼナウ』は九月一四日にサモア沖におり（中略）北西に向針（ビスマーク諸島に引き返す針路）。（中略）米西海岸のドイツの交易を直ちに攻撃せよ。（中略）巡洋艦は集結の要なし。巡洋艦二と仮装巡洋艦一がマゼラン海峡および西海岸に向かう可能性は十分あり。『カノープス』に関する提案を報告すべし」[*21]

サモアからの報告は、フォン・シュペーが軽率にも二日前に立ち寄ったことによってもたらされたものだった。もしオーストラリア艦隊がいれば、壊滅的事態になっていたことだろう。この二週間後、彼は太平洋におけるフランス領最後の前哨地、マルケサス諸島まで移動した。ここの遮蔽水域で石炭の再補給を行うことができた上、島民からは生鮮食料を得てこれを積載することもできた。これら島民は欧州大戦について依然として聞き及んでいなかったのだった。その後は、さらに遠方のイースター島、次にロビンソン・クルーソーの伝説的孤島であるファン・フェルナンデス諸島へと向かった。イースター島では『ドレスデン』および『ライプツィヒ』と合流したが、この二艦はそれぞれ当て推量で航海しており、一〇月一日から五日〔原文ママ。一〇月一二日からの一四日のことを指していると思われる〕の間にそこに到着してフォン・シュペーに遭遇したのだった。フォン・シュペーが最初にクラドックらの接近を知ったのは、両艦の間でやり取りされた無線交信を傍受したためだった。

片やクラドックは、南米の大西洋岸で『ドレスデン』を捜索していた。彼は海軍本部との意思疎通にますます支障をきたすようになり、その逆もまた同じだった。自分が場違いの海にいるという事実にようやく気づかされたのは、ホーン岬近くで九月一八日に『ドレスデン』に追跡されたというイギリス船に九月二五日に出会ったときだった。手がかりをつかんだと感じたクラドックは、直ちに麾下戦隊をマゼラン海峡（二つの大洋の間を航行する際の通常の手段）へと導き、チリのプンタアレナスに寄港した。ここのイギリス領事は、『ドレスデン』が近くのオレンジ湾を拠点として使いながら活動していたことを確認していた。そこで何も発見できなかったクラドックは次に反転し、行きつ戻りつ複雑に動き、帯同した仮装巡洋艦『オトラント』を背後に残したまま旗艦『グッドホープ』に座乗してフォークランド諸島へと戻った。しかし、そこにいったん到着するや、『グラスゴー』と『マンモス』を『オトラント』に合流させるべくほとんど即座にプンタアレナスに戻し、その際――クラドックが理解したところの海軍本部の指示に従って――チリの太平洋岸で巡洋艦戦を実施するよう命じた。だが、彼がフォークランド諸島で『オトラント』からの無電によって聞き及んだところでは、『オトラント』はドイツ海軍の無線信号を傍受しており、それによって同艦は再びオレンジ湾に向かったとのことだった。そこにはドイツ軍水兵が「キルロイ参上」〔第二次世界大戦中に米兵の間で流行ったコミカルな落書き〕と同種の落書きを残しており、わずか数日前に『ドレスデン』がいたことが確認された。だが、ドイツ軍の存在を実際に発見するに至らなかったクラドックは、またしてもフォークランド諸島へと戻ったのだった。

来たるべき惨事に広く責任を負うことになるクラドックは、困難な状況に置かれていた。彼は自分を取り巻く危険を痛いほど認識していた――フォン・シュペーの大型艦がおそらく太平洋にいながらも大西洋への侵入を目論んでいるであろうこと。イギリスの通商に襲いかかろうとするドイツ軽巡洋艦の潜在的な脅威があること。自分の担当区域には太平洋水域の制海権とは無関係のフォークランド諸島以外にイギリス軍基地がないこと。パタゴニア地域全体にドイツ人入植者と政府関係者がおり、彼ら全員がカイザーの船への補給、給炭艦の保護、英海軍に対するスパイ行為を厭わず行う覚悟であること。自分の困難の背景にはホーン岬のすさまじい気象があり、南半球の夏季においてすら、それが強風やみぞれ、雪、山のような高波を絶えずもたらしていること。あげくの果てに、彼はロンドンにいる上官たちとの意思疎通にも苦労していた。その上官らは、大洋艦隊が強行突破するおそれに悩まされながら世界戦略を練っていた。彼らはスコットランド北部に係留されている虎の子の近代戦艦と巡洋戦艦に手を付けることなく、海外拠点に配置されたドイツの最精鋭巡洋艦をヴィクトリア朝海軍の遺物である旧式部隊が追い詰めてくれるものと期待していたのだった。この頃、ウィンストン・チャーチル海相がベルギー北岸で私戦を自ら指導しようとしたことや、英海軍の制服組トップであるルイス・オブ・バッテンベルグが大衆紙にドイツの小公子であると攻撃されたことは、海軍戦略の運用上、阻害要因となった。バッテンベルグはこの攻撃によってまもなく辞任することになる。

こうした状況において、クラドックは二つの大洋と二つの矛盾した海軍本部の要求を股に掛けようとしたように見える。その要求とは、大西洋におけるイギリスの通商を守ることと、太平洋に東アジア巡洋戦隊がいればこれを撃破することだった。一〇月劈頭（へきとう）の彼の行動が支離滅裂に見えても不思議ではない。しかし、彼は第二次オレンジ湾捜索を行ってからフォークランド諸島に戻った際、海軍本部からの伝達事項を一〇月七日に受け取った。これはようやくフォン・シュペーの行方に光明を投ずるものであり、多少なりとも明確な指示を与えるものだった。

一〇月四日には、英領フィジーのスヴァの無線局が、ドイツの商用コードで発せられた「『シャルンホルスト』はマルケサス諸島とイースター島の途上にあり」という『シャルンホルスト』からの通信文を傍受していた。[*22] 今では判明しているように、この生情報は正しかった。いずれにせよ、海軍本部は一〇月七日にクラドックにこう指示した。「来たるべき会戦に一丸となって備えよ。（中略）『カノープス』は『グラスゴー』、『マンモス』および『オトラント』に随伴し、一致協力して捜索を行うとともに通商を保護せよ。（中略）貴官が『グッドホープ』に現場から離れるよう提案するとあらば、東岸に『マンモス』を残置させよ」[*23]

ただし、海軍本部が『シャルンホルスト』のコード通信をすでに判読可能になっていたのか否かについては疑問が残る。戦争初期にドイツの商用コードブック一式がオーストラリア水域で捕獲されていたのは確かだが、それが海軍本部に届いたのは一〇月末だった模様である。[*24] おそらくそのコードブックは現地ではすでに使われていたのだろう。さらに不可解なのは、一〇月七日の海軍本部のかなり明確な指示に対するクラドックの反応である。彼が八日に返信した内容からは、フォン・シュペーの重装艦が軽巡と合流し、侮りがたい戦力となりかねないことを彼が認識していたことがうかがわれる。また、フォークランド諸島で自分に合流するよう旧式の低速戦艦『カノープス』に命じた旨も告げていた。彼はそこで「戦力を集中し、分散を避けよう」としたのである。しかし、戦力を分散させまいと決心したにもかかわらず、『グラスゴー』、『マンモス』そして『オトラント』を太平洋へと送り出し、「ドイツ巡洋艦の位置が把握されるまではバルパライソの北には赴かないこと」という限定的な指示を自信なげに発したのだった。さらには、以前に派遣が約束されていながら地中海に留め置かれた『ディフェンス』の所在について尋ねもした。彼は明らかに、フォン・シュペーが北進してアメリカの許可のもとにパナマ運河を通過し、ドイツに帰国するか、あるいはメキシコ湾で別の通商破壊戦を開始するのではないかと考えて動揺していたのである。

一〇月の最後の二週間、海軍本部とクラドックは破滅的かつ極めて悲劇的な相互誤解に陥った。本部はクラドックを支援すべく大西洋での新たな作戦計画を練っており、その中には――ようやく――『ディフェンス』その他の巡洋艦をストッダート提督の指揮下にアフリカの拠点からブラジルの突出部に展開させることも含まれた。ロンドンはまた、フォン・シュペーが太平洋で害を及ぼさぬよう、太平洋中部および西部の日本艦隊が牽制してくれることを当てにしてもいた。後に決定的となる海域――バルパライソとホーン岬の間の南太平洋――における戦力展開をめぐり、海軍本部と現場の提督が互いに誤解するに至ったのである。

理解の阻害要因となったのは、『カノープス』が置かれた状況と、クラドックが『ディフェンス』に対する権限を誤解していたことだった。『ディフェンス』は装甲巡洋艦の構想を究極的に体現したものであり、『シャルンホルスト』と『グナイゼナウ』よりも大型かつ高速で、重装甲かつ重武装だった。もし同艦がクラドックに合流していれば、彼自身が確信していたように、相手のドイツ艦のいずれをも撃退していたことだろう。『カノープス』は戦艦ではあったものの、英独問わずこれら三隻の装甲巡洋艦の全てに劣った。装甲は薄く、一二インチ砲は辛うじてドイツ艦のそれよりも長射程というほどでしかなかった。しかも、その臆病な機関長は、一二ノットを超える速度は出せないと艦長とクラドックを説得していた。

これは故障した艦の速度である。そこでクラドックは、フォークランド諸島から太平洋に向けて続航し、一〇月二七日に海軍本部にこう打電した。「低速な『カノープス』では敵戦隊の発見とその撃滅は実施不能である。それゆえ小官は『ディフェンス』に本艦との合流を命じた。（中略）『カノープス』には給炭艦団の護衛に従事させる予定」。[*25] 不幸なことに、海軍本部は全体像を見誤り――『カノープス』の役割あるいはクラドックの役割を誤解することによって――フォン・シュペー戦隊が阻止されたと結論づけた。北進すればフォン・シュペーは強力な日本艦隊の砲火に曝されることになるし、南進すれば結果的にクラドックの巡洋艦隊の中に入り込むことになろう、と。海軍本部は『カノープス』もそれに合流するのだろうと確信していたように見え、『カノープス』の一二インチ砲の支援なしにクラドックが交戦のリスクを冒すことはなかろうと確信していたようだ。だからこそ、海軍本部は「［南米の］西海岸の情勢は危機を脱した」と結論づけたのであり、フォン・シュペーに挑むための速力と火力の両方を有する『ディフェンス』に対し、大西洋に残るよう命じたのだった。エリザベス朝の伝統に則った海軍軍人だったクラドックは、ミルンがドイツ艦『ゲーベン』と『ブレスラウ』のいずれをも逃してしまった誤りを繰り返すまいと決意を固めており、ゆっくり進む『カノープス』を三〇〇海里背後に残したまま、弱小艦隊とともに白波蹴立てて前進した。一一月一日の午後遅く、二つの戦隊はチリのコロネル港沖で接触した。

互いの存在はすでに無線によって双方に明らかになっていた。クラドックが海岸に接近していることは南方の諸港にいたドイツ商船によってフォン・シュペーに報告されていたし、一方のイギリス軍は、ドイツのテレフンケンによる通信を数日にわたって傍受していた。しかし、フォン・シュペーはクラドックが数隻の艦とともに接近していることを知っていたのに対し、クラドックは、ドイツ側が賢くも『ライプツィヒ』の無線だけを使ったために、前途にはドイツ巡洋艦が一隻しかいないものと信じ込んでしまっていたのだった。[*26] 彼は、フォン・シュペー戦隊がパナマ運河を西から東へ横断すべく一丸となってガラパゴス諸島に向かって北進していると考えたようである。自分の推測が正しいかを確認し、ケーブルによる電報を送受信するため、彼は一〇月三一日に高速軽巡『グラスゴー』をコロネルに派遣し、翌日には戻るよう命じた。[*27]

仮に『グラスゴー』が数時間遅れて到着し、あるいはもう少し長く留まっていたら、迫り来る敗北は避けられたかもしれない。退役軍人のサー・ジョン・フィッシャー提督が第一海軍卿に復職したばかりのロンドンでは、海軍本部が南米の情勢評価を見直しているところだった。本部は情勢が予示する危険にすでに気づいており、『ディフェンス』に対してクラドックに至急合流するよう命じ、一方のクラドックには『カノープス』なしに戦ってはいけないと念を押していた。『グラスゴー』は出港が早すぎてフィッシャーの新たな指示をクラドックにもたらせなかった。同艦が『グッドホープ』、『マンモス』および『オトラント』と再合流した際、戦隊はドイツ軍の強力な無線信号を受信した。明らかに近距離で発せられたものだった。当時の技術では方位測定ができなかったため、クラドックは捜索線を張ることにして麾下の艦を一五海里――ネルソン時代の直線視程とほとんど変わらない間隔――に離して配置し、発信源の捜索を開始した。

彼は、自分が探しているのは敵艦一隻だと思い込んでいた。皮肉なことに、今や近くにいたフォン・シュペーも同じ印象を抱いていた。彼は、コロネルとバルパライソの中間にある太平洋の給炭基地であるファン・フェルナンデス諸島のマス・ア・フュエラを一〇月二七日に立ち、その沖合を三日間航行しながらクラドックの到着を待っていたが、『グラスゴー』来着の報に接すると、これを本隊と分断しようと動いた。フォン・シュペーが麾下の艦を捜索線上に展開させている最中、クラドック戦隊の持ち場に就いたばかりの『グラスゴー』がフォン・シュペーの艦の排煙を発見した。数分後、イギリス艦がドイツ側に発見され、両戦隊は戦列を形成すべく行動した。[*28]

『シャルンホルスト』と『グナイゼナウ』がいるとの報は、『グラスゴー』から五〇海里離れたクラドックへと無線で伝えられた。提督はこの際にも戦闘を避けることができたかもしれない。『マンモス』と『グッドホープ』はドイツ装甲巡洋艦よりも優速であり、『グラスゴー』もドイツ軽巡より劣速ではない。反転して離脱することもできたかもしれないが、捨て駒にされていたはずの『オトラント』に邪魔された上、ほかに考慮すべきこととして名誉の問題もあった。戦うことが英海軍の常だった。クラドックは、『グラスゴー』に接するべく隊形を組むよう麾下の艦に命じ、ドイツ艦隊に向かっていった。

南太平洋のホーン岬の緯度では、夏が厳しい季節になることもある。一九一四年一一月一日がそうだった。晴天で太陽が眩しかったにもかかわらず、風力六〔秒速一二メートル前後〕の風が吹き、小さめの艦の上では波が砕け、空気は極めて冷たかった。行動当初のクラドックの戦術計画は、背後で沈みゆく太陽がドイツ軍砲手の視力を奪うまで射程外に留まるというものだった。フォン・シュペーは、黄昏(たそがれ)が味方の艦を守り、西の水平線にイギリス艦の輪郭が浮かび上がるや距離を詰めようと考えていた。六時一八分、クラドックは二五〇海里離れた『カノープス』に対してこう打電した。「敵を攻撃せんとす」。これには別れの挨拶としての意味があったのかもしれない。

日没を待っていたドイツ軍は一時間近く砲門を開かず、その間、二つの戦隊の針路はゆっくりと南向きに収束した。七時頃、『グラスゴー』の一士官はこう記した。「われわれの輪郭は夕焼けに浮かび上がっており、くっきりした背後の水平線に着弾の水しぶきがはっきり見える一方、〔敵〕艦は低く黒い形状にぼやけ、深まる闇を背にしてほとんど識別不能である」[*29]。ドイツ艦の大砲は合計一二門あり、『グッドホープ』の九・二インチ〔約二三・四センチ〕砲二門以外の全てより射程が大きかった。英軍の六インチ〔約一五・二センチ〕砲は、慎重に距離を保つ『シャルンホルスト』と『グナイゼナウ』に届く射程を持たなかった。「夕方の金紅色の空にくっきりと輪郭が浮かんだ」『グッドホープ』と『マンモス』は、繰り返し命中弾を受けた。『グラスゴー』の一士官は次のように記している。「かなり暗い時刻になった一九四五時になると、『グッドホープ』と『マンモス』は明らかに危険な状態にあった。『マンモス』は激しく燃えながら右舷にそれていき（中略）『グッドホープ』は（中略）数回発砲しただけだった。艦上の火災は輝きを増した。一九五〇時、大爆発が（中略）メインマストと後部煙突の間で起きた。舞い上がる炎は三〇〇フィート〔約九〇メートル〕の高さに届き、それよりさらに宙高く吹き飛ばされた破片の塊を照らした。低くて黒い船体が二つ、戦列の間で鈍い白熱に照らされていた。沈むところを目撃した者は（中略）誰もいないが、何分ももたなかったはずだ」[*30]

『マンモス』は敵艦よりも劣ったが、依然として戦い続けており、『グラスゴー』が信号灯で「無事なるか」と問い掛けると、「艦尾をうねりに向けんと欲す。艦首への浸水甚大なり」と返信できた。しかし、これが最後の言葉になった。『グラスゴー』が見たところでは、「それ（『マンモス』）は艦首付近がひどく沈み、左舷に傾き、燃え上がる内部の白熱が下甲板の下の舷窓を輝かせていた」

この時点で『グラスゴー』艦長はその場を離れることにした。南方から全速で北上している『カノープス』に警告する必要があったためである。無線はドイツ軍の妨害電波で満たされていた。『グラスゴー』が逃走する最中、『マンモス』に対する砲撃の閃光が七五回見えたが、その後は水平線に遮られて見えなくなった。だが、沈みつつあるこの艦が目撃されたのはこれで最後となったわけではなかった。九時になる直前、軽巡『ニュルンベルク』が「旗を翻したまま」の『マンモス』を発見し、攻撃を再開した。「『マンモス』は戦闘旗を翻したまま『ニュルンベルク』に向かっていった。衝突するためか、あるいは右舷の砲を向けるためだ。そのためフォン・シェーンベルク艦長は砲撃を再開した。（中略）『マンモス』の船体の非装甲部分に加えて甲板も砲弾によって引き裂かれた。傾斜がいっそう激しくなり、二一二八時にゆっくりと転覆し、沈んでいった。フォン・シェーンベルクが後に知ったところでは、甲板に立っていた二人の士官には『マンモス』の士官が砲に配員するよう命じているのが聞こえたとのことである。[彼らは]浸水を止めようとしていた模様だ」[*31]

『グッドホープ』と『マンモス』の乗組員は全員が失われた。一六〇〇人のうち、砲撃戦で戦死しなかった者は冷たい南太平洋の暗闇の中で溺死した。ドイツ側の負傷は三人であり、『グラスゴー』は命中弾を五発受けたにもかかわらず、損耗は皆無だった。用心深くも早期に戦闘から退避していた『オトラント』にも損耗はなかったが、これはクラドックの承認を受けていたものと思われる。同艦は戦闘には不向きだった。生き残った二隻は全速で南に退避し、『カノープス』を発見するや、ともにフォークランド諸島へと戻った。一九一四年一一月一日のコロネルの戦いは、一八一二年の米英戦争以来初の英海軍の敗北であり、一七八一年のヴァージニア岬の海戦以来初の英艦隊の敗北だった。その知らせは英海軍、英世論、英海軍本部、そして最高指導部の中の誰よりもチャーチルとフィッシャーを驚愕させた。惨事という語の意味を理解した瞬間から、彼らは復讐に燃えたのである。

エムデン捜索

イギリス本国では、フォン・シュペーが派遣したフォン・ミュラーの通商破壊艦『エムデン』の手にかかって被った屈辱により、コロネルでの敗北に対する憤怒がさらに高まった。フォン・ミュラーは、八月一三日にフィリピンの東に位置するマリアナ諸島のパガン島で東アジア巡洋戦隊と別れて以来、インド洋に入るべく東に向かってゆっくりと航行していた。そこに行けば最大の収穫があるだろうと的確に見積もったのである。オランダの東インド諸島の間は主要な船舶航路であり、カルカッタ、シンガポールから香港(ホン)(コン)、上海へと通じていた。インド洋自体はイギリスの池のようなものであり、常に定期船や商船でいっぱいだった。今やイギリス政府が借り上げた船も多く、それらはインド帝国の港から兵員や物資をエジプトやヨーロッパへと運んでいた。

　フォン・ミュラーは、一八世紀以来もっとも衝撃的となる通商破壊作戦をそこそこのテンポで開始した。八月末に沿岸防御用戦艦からオランダの中立水域に関する警告を受け、九月五日にはインド洋に入った。その途上、無線傍受によってその存在を探知していた強力なHMS『ハンプシャー』を回避する一方、イギリス政府向けの石炭を積載していた中立船『ポントポロス』を拿捕、これを帯同して自らの給炭艦『マルコマニア』に合流させた。九月一〇日には、空荷の兵員輸送船『インダス』を拿捕し、略奪の後に撃沈した。『インダス』は三九九三トンしかない船の割には無線機を備えていた。しかし、警戒信号を発する前にフォン・ミュラーによって船橋を制圧されてしまった。九月一一日には『カビンガ』が餌食となった。フォン・ミュラーはこの船に捕虜を移乗させてから追い払った。かくして始まった騎士道的な行為は、後に国際的賞賛を勝ち取った上、敵からも称えられたのである。九月一三日、『エムデン』は粗悪な石炭を積んでいた『キリン』の行く手を阻み、砲撃によってこれを沈めた。同じ日、スズを積載していた優美な船『ディプロマット』も迎撃、撃沈した。本船の喪失はロンドンの日用品市場の価格に影響を与えた。

『エムデン』が次に遭遇したのは中立国イタリアの『ロレダーノ』だったが、これは解放された。本船は、カルカッタ港の入り口でドイツ軍が視界の外に出るや否や、手旗信号でイギリス船『シティ・オブ・ラングーン』にこれまでの経緯を伝えた。本船は無線機を備えており、カルカッタ当局に無線で転送した一方、当局は三隻の船の出航を遅らせ、その情報を託したのだった。それはセイロン島の海軍基地コロンボの英海軍情報将校を経由して九月一四日にロンドンの海軍本部に到着し、一五日から一六日にかけての夜に中国本拠地司令官ジェラム提督に伝えられた。翌日、オランダ領東インド諸島で同月初めに『エムデン』に回避されたHMS『ハンプシャー』が、HMS『ヤーマス』を伴ってシンガポールから追跡に出た。さらに、HMS『マイノーター』と日本の巡洋戦艦『伊吹』および巡洋艦『筑摩』にも警報が発せられた。これら五艦は全て『エムデン』よりも大口径の砲を備えており、優速なものもあった。

しかし、共同捜索でその形跡を発見した艦は一隻もおらず、『エムデン』は船舶航路への接近を続けていた。九月一四日には英商船『トラボック』を撃沈し、その直後に『クラン・マシソン』を沈めた。後者は逃げようとした際に衝突されて沈没した。フォン・ミュラーはその後に石炭補給の必要性が生じたため、ベンガル湾の中央に位置するアンダマン諸島に向針し、依然としてともにいた『ポントポロス』から石炭を積み込んだ。『エムデン』はその途上、フォン・ミュラーの最近の戦果を告げる無線信号をいくつか傍受した。その中には、解放してやった『カビンガ』からのものもあった。ラングーンの近くでは中立国ノルウェーの『ドヴレ』を停船させ、その後に解放した。本船は、二隻のフランス巡洋艦『デュプレクス』と『モンカルム』、そして二隻のイギリス仮装巡洋艦の存在をフォン・ミュラーに伝えた。

フォン・ミュラーはベンガル湾の北で追跡されることを重荷に感じ、今や南進してマドラス港の石油貯蔵タンクを攻撃することを決意した。これはライオンの尾をひねって虚勢を張ったにすぎなかった上、追跡してくる強力な敵艦の一隻と遭遇するリスクもあった。だが、彼が事後報告に記したように、「小官はこの砲撃を単に示威行為として考えており、インド人民に関心を生じせしめるとともに英国の通商を混乱せしめ、もってその威信を失墜せしめることを目的としていた」[*32]。九月二二日の夜、『エムデン』は港から三〇〇〇ヤード〔約二七〇〇メートル〕以内の距離まで接近し、探照灯でバーマーオイル社の六基の石油タンクを照らしながら砲門を開いた。タンク六基のうちの五基が一〇分以内に命中弾を受け、三四万六〇〇〇ガロンの燃料が損なわれた。その後、『エムデン』は闇夜に紛れて首尾よく逃げおおせた。

その後の九月二三日から一〇月二八日までの五週間は『エムデン』にとって幸運の連続の極みだったが、その幸運は老獪（ろうかい）にして老練な策を弄して得られたものだった。フォン・ミュラーは、話す意思のある捕虜に相手かまわず詰問し、捕虜から得た新聞の中の船舶に関する記事を丹念に読み、先を読みつつ用心しながら船舶航路を遊弋横断する計画を立てた。九月下旬には、オランダ領東インド諸島に戻ることを考えた。現地代理人が当局の目を盗んで石炭積載と補給の手筈を整えてくれることになっていたのである。しかし、マドラス攻撃に成功してからは、西インド諸島の船舶航路の掃討を決意した。ここはイギリス領アフリカとスエズ運河から、ベンガル湾とシナ海への往来をつなぐ場所である。遠方のチャゴス環礁、ラカディーヴ諸島、モルディヴ諸島も石炭補給に安全な場所を提供してくれたため、彼は給炭艦を一隻帯同しようとした。ほどなくして、さらに数隻を捕獲することになるが、それらは同時期に捕えた一三隻に含まれるものである。そのほとんどが空荷か利用不能な貨物を積んでいることが分かったため沈められたが、九月二七日に捕えた『ブレスク』は英海軍の中国根拠地に向けた最高級ウェールズ産石炭を六六〇〇トン積んでおり、一〇月一九日に捕えた『エクスフォード』には五五〇〇トンが積まれていた。この二隻の積荷は、フォン・ミュラーが追跡を逃れえた場合、丸々一年間の航行を継続させるに十分だった。彼はこの二隻を船団に組み入れたほか、すでに『マルコマニア』をオランダ領諸島に送り出しており、自らの到着を同船に待機させていた。撃沈しなかった船には捕虜を乗せ、イギリスの港に向けて送り出した。別れ際には、ほとんどの者が「紳士の軍艦」に喝采を送ったのだった。

フォン・ミュラーは今やもう一つ別の挑発、イギリス領マラヤにあるペナン襲撃を行う決断をした。情報によれば、そこは敵艦に使われていた。実際にそうであり、『エムデン』は一〇月二八日早朝、そこの港にロシア軽巡『ジェムチューク』並びにフランスの軽巡『ディベルヴィル』、駆逐艦『フロンド』、『ムースケ』および『ピストレ』がいるのを発見した。艦長が娯楽のため上陸していた『ジェムチューク』は防御の準備がほとんどできておらず、砲撃と雷撃に圧倒された。『ディベルヴィル』、『フロンド』および『ピストレ』はドックヤードにいて行動不能だった。『ムースケ』は勇敢に戦ったが、数回の斉射で撃沈された。『エムデン』は生存者を救い上げ、後に停船させたイギリス汽船に移乗させてからオランダ水域に逃げ込んだ。

一〇月下旬になると、ロンドンの海軍本部は『エムデン』の勲功に怒り心頭に発していた。問題は、フォン・ミュラーが中立国民やドイツ国民と同じようにイギリス船員からも敬服される英雄になったということだけでなかった。彼の破壊行為は大英帝国の通商路はもちろんのこと、戦略的な交通路にとっても深刻な妨げとなった上に、海の女王たる英海軍の威信を、ひいては大英帝国当局者の威信をも失墜させていた。インド洋では『ケーニヒスベルク』も独自に行動しており、その全域の船舶が出航を恐れて港を出ようとしなかった。オーストラリア軍やニュージーランド軍、インド軍をヨーロッパの戦争に輸送する英帝国船団の安全は著しく損なわれた。南太平洋で行方不明になった東アジア巡洋戦隊を発見するための取組みは、わずか一隻の軽巡の活動によって阻止されたのであり、それに対して英仏露日の一〇隻強の軍艦が無為に展開していたのである。

一〇月一日に記されたウィンストン・チャーチルの覚書からは、連合国側の鬱積の程が伝わってくる。

騎兵の運搬に適した三隻の輸送艦は、『エムデン』に対する恐怖のために空荷のままカルカッタで足留めされている。これは、騎兵師団の一部と砲兵隊をボンベイから輸送するのを延期することを意味する。（中略）『ハンプシャー』の作戦をどう理解してよいものか。（中略）『ヤーマス』はどうなったのか。同艦の作戦は支離滅裂で無益に思えるし、（中略）もし『ケーニヒスベルク』が捉えられたのなら、それを追っている三隻の軽巡は『エムデン』に向けられるべきだ。（中略）二、三隻で大洋を動き回っても意味がない。八隻か一〇隻を一〇海里か一五海里離して巡洋艦掃討に当てれば、『エムデン』の艦位に関する生情報を使って同艦を戦闘に至らしめるという明るい見通しもいくらか生まれよう。（中略）『エムデン』が際限なく略奪を続ければ、海軍本部の名声が著しく損なわれるという点を貴官ら［第一海軍

卿その他」には指摘しておきたい[*33]

チャーチルが怒るのも無理はなかった。『エムデン』と東アジア巡洋戦隊の捜索は調整が取れていなかったからである。それは、英海軍の数カ所の根拠地――中国、南米、オーストラリア、東インド諸島――と英日仏露四カ国の海軍の間で割れていた上に、仏露海軍の人的・機械的欠陥のためにさらに阻害された。しかし、チャーチルはやはり過去に生きる人間だった。彼の決まりきった方法である「巡洋艦掃討」――八隻を視認限度の距離に配置し、横一列になって前進させるもの――はネルソンのそれとまったく違わないし、それが網羅する空間はわずか横九六海里、縦二四海里しかなかった。これは、マスト頂からの視認距離を約一二海里と計算した場合である。インド洋はオランダ領東インド諸島のスマトラからアフリカ東岸まで、差し渡し三〇〇〇海里超あるため、『エムデン』を発見できる見込みは、フォン・ミュラーが几帳面に無線封鎖を守っていたこともあり、統計的に極めて小さいのが実情だった。彼は傍受だけに無線機を使い、送信には使わなかったのである。これは追跡を逃れるのに役立った。無線方向探知技術は未開発だったため、傍受した信号――『ハンプシャー』のコールサイン（ＱＤＭ）はすでに馴染みあるものになっていた――からは方向が分からなかったが、信号の強弱によって距離が大まかに分かったため、追っ手から逃れるのにこれを使用することができたのだった。

しかし、『エムデン』は広大な海にこそ守られていたのである。一〇月下旬、フォン・ミュラーはこれまで襲撃したことのない水域への移動を決意した。インド洋を横断し、アフリカの角とアラビア半島からなる海域へと向かおうというのである。そこに至るために、鹵獲した『ブレスク』からスマトラ沖でまず石炭を補給した後、遠隔のココス・キーリング諸島およびスマトラとジャワの中間にあるスンダ海峡で給炭することを提案した。この行動は、オーストラリアに向かっていると敵に思わせるための欺瞞に等しかった。

一〇月三一日に見つかった『ブレスク』は由々しい報をもたらした。本来の給炭艦『ポントポロス』と『マルコマニア』が二隻ともHMS『ヤーマス』に鹵獲されたというのである。とはいえ、その乗組員は彼の新たな計画について何ら知るところではなかったので、フォン・ミュラーには自信があった。彼はもう一隻の鹵獲船『エクスフォード』を北キーリング諸島に派遣してそこで待機させ、これにゆっくりと続いた。彼の計画の一端は、石炭を補給する前にココス・キーリング諸島の一部であるディレクション島の無線・ケーブル局を破壊することであり、その目的は自分の行動を覆い隠し、イギリス軍の不安を煽ることだった。一一月九日早朝、『エムデン』の内火艇と二隻の短艇にフォン・ミュッケ大尉率いる武装水兵が乗り組み、無線アンテナ支柱とケーブル端末施設を破壊すべく先遣された。『エムデン』がこれに続いた。

ココス・キーリング諸島は私有植民地という現実離れした変則的な場所であり、ヴィクトリア女王の認可のもとにクルーニーズ・ロス家が管理していた。イギリスにとって、この諸島の重要性は無線・ケーブル網の通信拠点の一つであることに尽きた。これは東方電信拡張会社の技術者によって運営されていた。しかし、一九一四年の時点において、離島に駐在しているイギリスの電信技術者は自らを大英帝国の統治の代理人として見なしていた上に、ディレクション島の駐在員には気骨があった。フォン・ミュッケの一団が上陸する前に、フォン・ミュラーがいつになく悪いタイミングで『ブレスク』に合流するよう発信すると、彼らはこう打電した。「コードと船名を知らせ」。『エムデン』は直ちに妨害電波を発し始めたが、島の無線局は辛うじて信号をさらに二つ送信することができた。最初は「港口に国籍不明船」、それから「SOS、『エムデン』現る」を数回反復したのである。ちょうどフォン・ミュッケが到着したところだった。

てフォン・ミュラーは破滅的な誤りを犯していた。その前日、『エムデン』はコールサインを一つ傍受しており、それを敵艦からのものと正しく捉えていた。しかし電信員は、発信源は二〇〇海里遠方におり、南方に向かって離れつつあると推定してしまった。それゆえフォン・ミュラーは、その敵艦は反体制ボーア人が反英暴動を起こしているドイツ領南西アフリカに向かっているものと判断した。その結果、この信号の価値が減じてしまったのである。しかし、この信号は死活的に重要なものだった。ディレクション島の無線局は、それが装甲巡洋艦HMS『マイノータ―』から来たものであることを知っていた。そして、その無線局が『エムデン』の『ブレスク』宛て送信を傍受するや否や信号を送った先こそ、まさに『マイノーター』だったのである。

『マイノーター』は付近にはいなかったが、日本の巡洋戦艦『伊吹』と、『エムデン』と同じ軽巡でありながら速力と火力において勝るHMAS『メルボルン』および『シドニー』とともに航行していた。これらはオーストラリアを離れる最初の英帝国船団の護衛を務めており、『マイノーター』が出港して以来、無線封鎖を維持していた。船団指揮官は、ディレクション島から船でわずか二時間の場所にいる『シドニー』を派遣することをきっぱりと決め、視覚信号を送った。『シドニー』は二六ノットで出港していった。『エムデン』艦上ではさらなるミスが犯されつつあった。もしフォン・ミュラーが直ちにフォン・ミュッケに警報を発していれば、上陸班を呼集して逃げることもできたであろう。間一髪で可能だったはずだ。しかし、両者ともに無線・ケーブル局を徹底的に破壊しようとしていたため、出遅れてしまったのである。フォン・ミュラーは排煙が水平線上に見えたときですら、その煙を、呼び戻した『ブレスク』からのものと判断したのだった。マスト頂からの報告によれば、マストが二本、煙突が一本あり、『ブレスク』と合致したからである。だが、午前九時から九時一五分の間に事態が悪い方向に変わった。煙突は数本あり、これが意味するところは軍艦しかなかった。フォン・ミュラーは繰り返しサイレンと警報ベルを鳴らし、国際信号旗Aを掲揚した。これは抜錨を意味する。しかし、内火艇が岸を離れるや、『エムデン』は動き出した。上陸班は必死に身振り手振りをした。『エムデン』はゆっくりと増速した。九時一七分には外洋に達し、乗組員は戦闘配置に就きつつあった。

『シドニー』は、『エムデン』の四・一インチ砲一〇門に対して六インチ砲八門を備え、速力においても二ノット勝っており、来たるべき交戦に勝利するのは必至だった。ただし、そのためには乗組員が試練に負けてはならなかった。だが、彼らはドイツ海軍よりも若い海軍に属しており、勝利する決意でいた。しかも、『エムデン』は一〇人の重要な照準手全員を陸に置き去りにしていた。九時四〇分、『エムデン』が火蓋を切り、第三斉射が命中した。その後は『シドニー』の重砲弾が効果を発揮し始めた。一〇時に致命傷を与え、その後一時間にわたって『エムデン』を粉砕した。ドイツ兵は一五〇〇発の砲弾を使い果たしながらも断固として屈服しなかったが、一一時一五分には武装のほとんどが破壊されたため、フォン・ミュラーが手負いの艦をノースキーリング島の岸につけさせた。生存者は艦上に留まり、翌日になって『シドニー』の捕虜となった。彼らは、クラドックの部下が南東太平洋の凍てつく海で迎えた恐ろしい運命を逃れたのである。

『エムデン』の武勇伝はこれで終わったわけではなかった。『シドニー』がディレクション島に戻る前に、フォン・ミュッケは港で商用スクーナー一隻を見つけてこれを徴用し、上陸班をそれに乗せてスマトラに向けて出航した。同地で、現地貿易に従事していたドイツの給炭船を発見すると、その船長から協力を得てこれを私的に使用した。彼は『エムデン』の部下乗組員とともにインド洋を横断し、同盟国トルコの領地である南アラビアのイエメンに向かった。離船すると、地元民の船を何隻か徴用して紅海を北上し、今度はラクダに乗り換えてベドウィンと戦い、これに勝利してからはヒジャズ鉄道――アラブ反乱時にアラビアのロレンスが破壊することになる鉄道――でトルコの首都コンスタンティノープルに一九一五年五月二三日に到着、英雄として迎えられた。彼がディレクション島から連れて帰った上陸班の多くは生きながらえ、驚くべき物語を語ったのだった。

フォークランド諸島の戦い

『エムデン』の没落を証明したのは、結局は無線だった。艦長は規則を全て適切に遵守し、無線封鎖を維持していた。自らを敵の重砲火に曝したのは、ディレクション島の出先通信機関を攻撃して艦に栄誉を添えたいという自らの衝動だったのである。

フォン・シュペーの命運を決したのも同じような衝動だった。彼はコロネルでクラドックに対して華々しい勝利を収めた後、チリのバルパライソでつかの間の勝利を味わった。大勢のドイツ人居留者が祝賀したにもかかわらず、イギリスの海軍力を打破した祝賀にしては奇妙だった。なぜなら、今と同様に当時のその港の海岸は、チリ海軍の偉大な英雄にして対スペイン独立戦争時のチリ艦隊司令官、コクラン英海軍提督の記念碑に見下ろされていたからである。

しかも、チリではドイツの影響力が強かったにもかかわらず、政府は中立の信用維持に熱心だった。到着に当たってフォン・シュペーに伝えられたのは、一回の滞在には二四時間の法的制限があり、しかも三隻を超えてはならないということだった。フォン・シュペーは『シャルンホルスト』、『グナイゼナウ』、『ニュルンベルク』を入港させ、『ドレスデン』と『ライプツィヒ』をマス・ア・フュエラに派遣した。そこは遠い沖合にあり、責任を問われることなく中立規定を破ることができるといみじくも計算したのである。バルパライソには三二隻のドイツ商船が待避しており、ベルリンからの指示をケーブルで受け取った。それによれば、敵艦が中部太平洋、西インド諸島、南大西洋の全域で活動しているため、艦を集結させ、「強行突破して帰還せよ」とのことだった。*34

フォン・シュペーは、ベルリンからの電報や現地ドイツ人から受けた知らせによって、南太平洋を去るしか手だてがないことを確信した。インド洋に入る西向き航路は英豪艦に封鎖され、中部太平洋の諸島には強力な日本艦隊が集結し、パナマ運河からカリブ海に入る出口は英仏部隊に封鎖されている。大西洋内とその入り口にはより強力な敵が集結していたが、逃げ切る見込みがあるのは、悪天候に紛れて敵を巻き、一気に南大西洋に入り、さらに北方水域を目指すことくらいだった。一一月一八日にバルパライソからもたらされたベルリン発のさらなる伝達事項により、彼の考えは固まった。それは、北海に入る際に大洋艦隊の部隊数個が護衛に向かう可能性を示唆していた。この内容は詐欺といってもよいほど不実なものだった。なぜなら、ドイツ海軍総司令部は、フォン・シュペーが通り抜けなければならない海峡が英海軍によってどれだけ厳重に管理されているかを、手痛い実験によってすでに知っていたからである。

コロネルの戦い以降、フォン・シュペーが不信に苛まれていたようにみえるのももっともである。彼はホーン岬付近で南大西洋に強行突破し、ゆっくり南に向かった。ドイツ人エージェントによって派遣された給炭艦からできるだけ石炭を補給し、ホーン岬の北のチリ沿岸に食い込んだ迷路のような入江や峡湾へと入った。当てもなく南方にさまよっていると、カイザーの海外領が崩壊したとの報を得た。フォン・シュペーは、太平洋の領地であるニューギニア、サモア、ビスマーク諸島、カロリン諸島がすでにオーストラリア軍、ニュージーランド軍、そして日本軍の手中に落ちていることを知っていた。今やドイツ領アフリカも陥落することを知った。おそらくフォン・シュペーは、ドイツ領南西アフリカのボーア反乱軍がイギリスの海軍力を分散してくれるという希望を抱き続けたことだろう。そして、それが南大西洋に展開する英海軍の戦力配置に関する彼の判断に影響を与えることになるのである。

フォン・シュペーは、ホーン岬近くのピクトン島にいた一二月六日、南大西洋のイギリス植民地フォークランド諸島に対する襲撃を決意した。その理由として、戦隊ならそこの石炭貯蔵施設と無線局を破壊することができる上、付近に敵艦がいるという情報もない点を艦長らに告げた。彼は、敵の手持ち艦は南アフリカに赴いているものと思い込んでいたのである。彼はさらに、ニュージーランド軍がドイツ領のサモア総督を捕えたことに対する報復として、フォークランド諸島の総督を捕えようとしたのだった。

面目の問題である総督の件は別として、フォークランド諸島を攻撃しようとするフォン・シュペーの主張からは、判断ミスがうかがえる。おそらく、あまりに長く海上におり、あまりに長く指揮系統から置き去りにされていたためであろう。攻撃しても、敵に損害を与えることなく自分の所在に注意を引きつけるだけだった。これは理にかなった判断ではなかった。それは、東アジア巡洋戦隊の破滅に帰するということであり、クラドック提督とその艦隊、乗組員に対して勝利した状況に酷似した状況をもたらすということだった。

コロネルの戦いによって英国民と英海軍は激高していた。敗北の報を受け取った海軍本部の政治的指導者であるチャーチル海相と、制服組の長であるフィッシャー第一海軍卿は、報復すべしと意見を一にしていた。名目上の第5巡洋戦隊司令官、実質的には南米水域で活動していた上級海軍将校のストッダート提督は一一月四日、ブラジル沖の通商路に巡洋艦の一群を展開するよう命じられた。この同じ日、もう一つ別の特命が発せられた。チャーチルは当初、スカパフローの大艦隊から貴重な巡洋戦艦の一隻を引き抜き、装甲巡洋艦『ディフェンス』にこれを支援させようと考えていた。『ディフェンス』は以前、海軍本部がクラドックへの派遣を躊躇した艦である。一一月一日に第一海軍卿に復帰したフィッシャーが伝説的な覇気を示したのはそのときだった。チャーチルに対し、はるか南のこの情勢に倍の注意を払うべきであり、巡洋戦艦は一隻ではなく二隻派遣すべきだと説いたのである。直ちに『インヴィンシブル』と『インフレキシブル』に出撃命令が下され、英仏海峡の港で石炭を補給した後に南大西洋へ進出することになった。二隻は最初ポルトガルで石炭を再補給し、ブラジル沖のアブロルホス礁に進み、そこでストッダート麾下の巡洋艦『カーナーヴォン』、『コーンウォール』、『ケント』および『グラスゴー』と合流することになっていた。『グラスゴー』はコロネルの戦いにおける唯一の生存艦であり、ちょうどリオデジャネイロで損傷箇所の修理を行っているところだった。ストッダートの戦隊には仮装巡洋艦『マケドニア』と『オラマ』が含まれた。合流後は、巡洋戦艦を引き連れてきたサー・ダヴトン・スターディー提督の指揮のもとで南進することになっていた。

スターディーはフィッシャーから嫌悪されていた。フィッシャーは、スターディーが参謀部長を務めていた海軍本部を去ることとしか認めなかった。だが、スターディーは適任だった。彼は完璧な職業人にして戦術理論の信奉者であり、強烈な個性を備えた人物だった。しかも、無線封鎖の基本的な重要性を理解していた。彼は南進するにつれ、西アフリカに所在するフランスの無線局が連合軍艦艇のコールサインを送信しているという懸念すべき事実に注意喚起され、『インヴィンシブル』と『インフレキシブル』の電信員に対し、「不用心に無線を使うと最悪の事態になりかねない。絶対に必要なとき以外は絶対に打鍵しないこと」と指示した。実際には、彼は自分が思ったほど無線の危険性の制御に成功したわけではなかった。石炭補給のためポルトガルのセントヴィンセントに寄港したことにより、大西洋に大型艦がいることを自ら暴露してしまったし、その報は西方電信会社のオペレーターによって南米にいる同社同僚に滞りなく伝えられたからである。かくしてドイツのエージェントは、スターディーがアブロルホス礁に一一月二四日に到着したことを知った。だが、何らかの手落ちにより、この知らせはベルリンには伝達されず、依然として南チリ沖にいたフォン・シュペーにも届かなかった。チリに行けば現地のドイツ当局者からその知らせを得ていただろう。さらに悪いことに、ブエノスアイレスのドイツ領事は一一月二四日にはスターディの動向に関する報に接していたにもかかわらず、それをアンデス経由でバルパライソに電送せず、船便でプンタアレナスに送ったのだった。それが到着するのに一週間を要し、しかもドイツ戦隊がそこを訪れることは実際にはなかったのである。

判断ミスもフォン・シュペーの悪運に輪をかけた。彼は帰国することを選んだが、全速で大西洋に入ることをせずにホーン岬周辺とその沖に留まり、本来なら必要ではなかった石炭を積載したのである。それがなければ、フォークランド諸島を攻撃しようとする彼の決断は数日早くなされていたかもしれず、その場合、復讐に燃えて待ち構えていたスターディーの巡洋艦に彼が出くわすこともなかったであろう。フォン・シュペーにとってさらなる不運となったのが、スターディー自身も南進途中で遅れたことだった。彼はアルブロホス礁で悠長に石炭を補給し、曳航標的に対する射撃訓練に従事したが、その曳航索が『インヴィンシブル』のプロペラの一つに絡まってしまい、それを取り除くためにダイバーを潜らせざるをえず、さらなる遅れが生じてしまったのである。結果的に、戦隊がフォークランド諸島のポートスタンリー港に到着したのは、ようやく一二月七日になってからだった。フォン・シュペーは、本来であればその一週間も前にそこに立ち寄っていたかもしれなかった。スターディーの戦隊が到着しても、ドイツ軍はそれが近くにいることを知らずにいた。これは、スターディーが情報保全にかなり努力したためだった。彼は、無線送信は『ブリストル』あるいは『グラスゴー』から行うよう命じていた。これら二隻がこの海域にいることは、敵も知っていたからである。[*35]

『グラスゴー』はコロネルの惨事を逃れて以降、フォークランド諸島を一度訪れていた。同艦はその際、のろのろと進む帯同艦『カノープス』をそこに残し、ブラジルの好意でリオデジャネイロのドックに入っていたが、今やフォークランド諸島への再訪行程にあった。『グラスゴー』は、『インヴィンシブル』、『インフレキシブル』と、これ以外の巡洋艦『カーナーヴォン』、『ケント』、『コーンウォール』および『ブリストル』とともに静まりかえったポートスタンリーに到着した。『グラスゴー』の艦長と乗組員は、そこの状況が一変しているのを見て取った。現地の無線局を経由して海軍本部から急かされたこの植民地は、防衛態勢に入っていたのである。『カノープス』は岸に揚げられて泥錨地の中に据えられており、これによって一二インチ砲が港口とその進入路に向くようになっていた。同艦の海兵隊員は地元民兵を強化すべくすでに陸揚げされており、小口径砲は取り払われてドック脇の火力として供せられていた。また、港口は電気式機雷で封鎖されていた。

スターディーの艦隊が投錨地に入った一二月七日以降、ポートスタンリーの奪還や総督の誘拐、石炭貯蔵施設の焼尽あるいは無線局の破壊を実施することは、ドイツ側にとって不可能となった。これらの危険は、このときまでにイギリス側にとっては副次的な問題となっていた。問題は、フォン・シュペーを捕捉しえるかどうかだった。

フォン・シュペーは別の行動計画に従って事を進めていた。フォークランド諸島を攻撃しようとする彼の決断は、次のような計算にも影響を受けていた。すなわち、ポートスタンリーの備蓄庫から大量の石炭を再補給できる上、残りに火を放ったりその他を破壊したりすることで、大西洋における最需要基地を通信中枢もろとも英海軍から奪うことができる、という打算である。彼は手持ちの情報から、優勢な敵戦力がいる可能性を度外視したのだった。その情報は、一二月六日夜に給炭艦『アマズィ』から彼が最後に受信した無線報告によってもたらされたものだった。それによれば、港には『カノープス』以外はおらず、空とのことだった。この報告はその時点では正しかったが、その二四時間以内にスターディーが到着したことによって誤ったものとなってしまったのである。これは、リアルタイム・インテリジェンスの重要性を証明するのに申し分のない実例であろう。

「リアルタイム」によって図らずもスターディーに有利となった。仮に彼が麾下の巡洋艦群を横並びの捜索線にして南に導くことをせずに、アブロルホス礁から先に進んでいれば、ポートスタンリーに到着してから監視されてしまう時間が十分あったであろうし、フォン・シュペーが警戒してそこを立ち去ることにもなったであろう。悪い結果を逃れたスターディーは、ポートスタンリー港内で安閑とすることによって今や別のリスクを冒していた。これは、非常に強引な人間の特性としては奇妙だった。一二月八日の朝食までに燃料を完全に再補給していたのは『カーナーヴォン』と『グラスゴー』のみであり、二隻の巡洋戦艦の脇にはまだ給炭艦が付いていた上に『ケント』は補給を始めておらず、『コーンウォール』と『ブリストル』の両艦は整備のために機関室を開けていた。八時四分前に『グラスゴー』が「敵発見」の旗を掲揚したとき、戦隊にはまだ準備ができていなかったのだった。

この警報は最初、サッパーヒルからもたらされた。これはポートスタンリーを取り巻く丘の一つであり、この六六年後の一九八二年に、イギリス軍任務部隊の兵士に攻撃された場所である。[*36] 哨戒当初は触接に絶対の自信があったフォン・シュペーは、数々の判断ミスに今や最後の致命的なミスを加えた。罠から逃れえたはずの速力を有する軽巡を前方に送って戦隊のほかの艦に警報を発することをせずに、『グナイゼナウ』を先導艦として使い、それより優速の『ニュルンベルク』を随伴艦としたのである。その結果、両艦はともに自衛することも追跡から逃れることもできず、破滅へと一直線に向かっていったのだった。

『シャルンホルスト』の艦尾つたいを重い足取りで歩いていたフォン・シュペーは、その日の早くも午前五時三〇分には戦闘に備えるよう麾下戦隊に命じていた。八時三〇分には、かなり前方を航行していた『グナイゼナウ』の艦長がポートスタンリー上空に煙が上がっているのを発見したが、これは備蓄石炭が燃やされているものと結論づけた。ちょうど三カ月前に彼らがタヒチを攻撃した際に、フランス軍がそうしたからである。同艦長はさらに、この植民地の無線マストも見つけた。九時になってようやく、フォアトップに配置された士官がポートスタンリー港に別のマスト、三脚マストが見えると報告した。三脚マストが意味するのはただ一つ、イギリスの巨砲艦だ。

『グナイゼナウ』艦長のメルカーは、南方水域のイギリス大型艦はドイツ軍部隊とボーア反乱軍が植民地戦争を行っているアフリカに向かっている、とのフォン・シュペーの確信をこれまで常に疑ってきた。その不信が今や裏づけられることになった。まず、『グナイゼナウ』が射程内に入るや、『カノープス』が泥錨地から旧式の一二インチ砲の火蓋を切った。一万一〇〇〇ヤード〔約一万メートル〕以上の距離で砲弾の破片が『グナイゼナウ』の後部煙突に命中した。同艦と『ニュルンベルク』はすでに反転離脱し、増速していた。しかし、『ニュルンベルク』が忠実にも『グナイゼナウ』を見捨てなかったため、両艦の速度は二〇ノットに制限されてしまった。じきに速力二三ノットの装甲巡洋艦『ケント』の追跡を受け、その後は『カーナーヴォン』と速力二五ノットの軽巡『グラスゴー』に追われた。姉妹艦『コーンウォール』は最後にポートスタンリーを離れ、すぐに二二ノットまで速力を上げた。それより前には二八ノットを出せる巡洋戦艦二隻がすでにその場を去っていた。

三脚マストの報を聞いたフォン・シュペーは、イギリスの戦艦『アイアンデューク』と『オリオン』級がいるものと推断したようだが、それらの速力はせいぜい二〇ノットから二一ノットと踏んだ。彼は到着を読み間違えた後になってすら、逃げおおせると計算していたのかもしれない。『グナイゼナウ』が性急に退いたことにより、半時間、ことによると丸一時間有利になっていたし、亜寒帯の緯度なら霧の中に逃げ隠れるチャンスは常にあった。東アジア巡洋戦隊は散開し、『シャルンホルスト』と『グナイゼナウ』は二〇ノット以上を出そうと奮闘した。

メルカーは実のところ戦いを望んでいたが、それは筋が通っていた。ドイツ装甲巡洋艦隊が最初に攻撃していれば、敵を無力化できるほどの損害を与えたかもしれない。錨地は込み合っており、イギリス艦のうちで蒸気を上げているものは明らかにほとんどなく、多くは軽装甲か装甲がまったく施されておらず、艦隊の最初の、したがって最古の巡洋戦艦である『インフレキシブル』と『インヴィンシブル』ですら、防御はせいぜい『グッドホープ』と『マンモス』程度だった。しかし、フォン・シュペーは、断固として前進すべきというメルカーの要請に対し、「交戦せずに全速で東進せよ」と信号で返答したのだった。[*37] イギリスの巡洋艦隊がポートスタンリーを出た九時四五分には、ドイツ戦隊は水平線を目指していた。

この日はコロネル海戦の夕方と同じく、晴天の日だった。しかし、時間はフォン・シュペーよりもクラドックに味方した。亜寒帯の夏季なら、日が出ている時間は八時間ある。一〇時二〇分、スターディーはネルソン時代の信号旗「戦列解いて追躡せよ」を掲揚した（実際はネルソンよりも古いものだったが）。時間に余裕があることを意識していたスターディーは、戦隊を分散させたくなかったこともあり、一〇時五〇分までに巡洋艦隊の速度を緩め、劣速の艦が遅れないよう取り計らった。それにもかかわらず、彼らは依然として敵との距離を縮めており、巡洋艦の巨砲がまもなく威力を発揮するであろうことは明らかだった。一二時五〇分、乗組員を昼食に行かせていたスターディーがこう命じた。「交戦せよ」

推定距離一万六五〇〇ヤード〔約一万五〇〇〇メートル〕で『インフレキシブル』と『インヴィンシブル』が砲門を開いた。『グラスゴー』はこの二艦に遅れを取らずに付いてきた唯一の艦だったが、射程が及ばなかった。距離が一万五五〇〇ヤード〔約一万四二〇〇メートル〕以下に縮まったとき、フォン・シュペーは軽巡に戦闘やめを下令し――クラドックがコロネル海戦時に『グラスゴー』に命令したのと同じ――そして反転し、南アフリカを目指した。『ケント』、『コーンウォール』、『グラスゴー』がその後を追った。『カーナーヴォン』は、今やこれら巡洋戦艦に何とか追いつきつつあった。

午後一時二〇分から二時の間は、ドイツ側が極めて効果的に応戦した。その八・二インチ砲の射程は、ほとんど損害を与えられなかったにせよ、実際は英側の一二インチ砲のそれを超えていた。フォン・シュペーの艦隊は煙突からの排煙にも利を得た。イギリス側の測距を妨げたからである。フォン・シュペーは、巧みな操艦によって副砲を使える距離にまで一時的に迫ることができたが、この虚勢行動がスターディーを警戒させた。彼らはドックヤードから遠く離れており、艦隊を損害の危険に曝すことはできなかったので、その場から離脱した。三時前にはスターディーの砲塔要員と砲術士官が敵との距離を把握し始めており、その距離をまたも縮めた。まもなく重量級の砲弾が命中し始めた。『シャルンホルスト』は四時になるまでに一二インチの命中弾を多数受けており、じきに沈むのは明らかだった。上部構造物は引き裂かれてねじ曲がり、船体内部に火の手が広がっていた。フォン・シュペーは敵に向針し、魚雷で最後の応戦をしようとした。しかし、四時一七分、波が甲板を洗う中、『シャルンホルスト』は転覆し、沈没した。

生存者はいなかった。これは『マンモス』と『グッドホープ』の生存者が皆無だったのと同じだった。『グナイゼナウ』は依然として精力的に交戦しており、イギリス軍はボートを降ろそうにも停船できなかったために航過し、火災と爆発を逃れた者は氷のような海で溺れるがままにされた。犠牲者の中にはフォン・シュペーとその息子もいた。

『グナイゼナウ』艦上のメルカーは、今や三隻の敵、すなわち二隻の巡洋戦艦と『カーナーヴォン』から自艦を守らなければならなかった。いかんともしがたい窮状だったが、勧降は拒絶した。新生ドイツ海軍は不撓不屈の名声を勝ち取ろうとしていたのであり、由緒ある海の覇者たるイギリスのそれと肩を並べようとしていたのだった。午前六時、八五〇人いた乗組員のうち、生存者二〇〇人がカイザーに万歳三唱する中、火になめつくされた甲板を波が覆い、『グナイゼナウ』は転覆した。イギリス軍は一九〇人を救助したが、メルカーはその中に入っていなかった。

『ケント』、『コーンウォール』、そして一九一四年の二度の南米沖海戦を戦った唯一の艦『グラスゴー』は、フォン・シュペーが自助を命じたドイツ軽巡に急速に迫った。『ライプツィヒ』は『グラスゴー』と『コーンウォール』に撃沈された。その戦闘旗は依然として翻っていたが、生存者は一八人しかいなかった。『ニュルンベルク』は『ケント』に沈められた。一二人の乗組員が救い上げられたが、凍てつく大西洋に曝され、生き残ったのはわずか七人だった。『シャルンホルスト』、『グナイゼナウ』、『ニュルンベルク』、『ライプツィヒ』に乗り組んだ二〇〇〇人以上の海軍将兵のほぼ全員が戦死した。コロネル海戦の借りはこれでほぼ返せた。

『ドレスデン』は差し当たって追っ手から逃れており、その後の三カ月にわたって敵の捜索範囲外にいた。最初はホープ岬北のチリ海岸に広がる迷路のような入江の中に潜み、給炭艦からの補給を無為に待っていた。やがて北上して太平洋に入り、そこでイギリス巡洋艦に追跡されたものの回避した。しかし一九一五年三月初旬、傍受されたドイツの電文がチリにいたエージェントから英海軍本部情報部へと送られ、これを解読したところ、『ドレスデン』がコロネル沖で石炭の補給を待っていることが判明した。『グラスゴー』と『ケント』は無線で行動を調整し合い、ついに三月一四日、マス・ア・ティーヴァン——マス・ア・フエラとともにファン・フェルナンデス群島を構成する島——に『ドレスデン』を発見し、これに接近した。同艦にはわずか八トンの石炭が残るのみで、しかも停泊中であり、逃亡の望みはなかった。チリ経由で転送されたベルリンからの最後の電文によれば、リューデッケ大佐には抑留を求める許可が与えられていた。イギリス軍はチリ当局が介入してくるのを待たなかった。『グラスゴー』が火蓋を切り、応戦されたものの数分内に致命傷を与えたため、リューデッケは白旗を揚げざるをえなかった。砲撃がやむと、彼は降伏交渉のためボートを一隻送り出した。その目的は自沈の時間をかせぐためだった。何たる偶然か、彼が選んだ士官は第二次世界大戦中にナチスドイツの軍情報部アプヴェアを率いることになるカナリス大尉だった。『グラスゴー』のルース艦長は交渉を拒んだが、カナリスは『ドレスデン』を沈没させるための注水と爆薬設置を可能にするだけの遅延時間を得た。彼と生き残りの乗組員は、後にチリ海軍によって抑留された。

遠方海域でのドイツ巡洋艦作戦は終わった——ただし、完結したわけではない。東アジア巡洋戦隊に一度も属さなかった『ケーニヒスベルク』は一九一五年七月まで生きながらえたが、結局のところは隠れていたドイツ領東アフリカのルフィジ川湿地デルタにおいて、観測機に導かれた浅喫のモニター艦『セヴァーン』と『マージー』によって撃沈された。これら戦力の全てが、多大の犠牲と困難をもって同年初頭にイギリスから送られてきたものだった。

この巡洋艦作戦がイギリスの制海権を脅かしたことは一度もなかった。イギリスの海上貿易に深刻なダメージすら与えなかった。最優秀の通商破壊艦『エムデン』と『カールスルーエ』が撃沈した船舶は計三二隻、一四万三六三〇総トンであり、一方、海を往来したイギリス船舶は計一九〇〇万総トンだった。ドイツの仮装巡洋艦になった二隻の定期船『クローンプリンツ・ヴィルヘルム』と『プリンツ・アイテル・フリードリヒ』も、ほぼ同様に九万三九四六総トンを撃沈した。東アジア巡洋戦隊それ自体は一隻の商船も沈めなかった。

とはいえ、ドイツの巡洋艦隊は英海軍本部に深刻な不安を与え、海軍にとって重大な対立海域である北海と地中海から遠方海域に非常に多数の軍艦を転用させた。『インフレキシブル』と『インヴィンシブル』がフォークランド諸島を目指して南進していた一一月一二日の状況について、ウィンストン・チャーチルはこう嘆いている。「遠洋における英海軍資産に対する負担は今や極限に達した――あらゆる級の艦艇計一〇二隻。現にわれわれは新たな艦を入手することができなかったのである」。実のところ、この総計には本国水域で戦うには不適格な、海軍革命以前の部隊が多数含まれていた。しかし、仏露艦と、太平洋海域に束縛されたとはいえ日本の艦艇も総計に加えなければならない。ドイツが遠洋に投入した巡洋艦の数を最大八隻と計算するなら、その戦略的見返りは比率の上では相当なものだったのである。

イギリス艦と外国艦は数隻が撃沈された。すなわち、『マンモス』、『グッドホープ』、『ジェムチューク』、『ムースケ』および『ゼレー』であり、これ以外に撃破されたものもあった。オーストラリア軍を始めとして、ニュージーランド軍、カナダ軍、インド軍をヨーロッパにもたらした帝国船団は出航が遅らされた上、重要補給物資を運んだ非常に多くのイギリス船と友好中立国船は、鹵獲や撃沈のおそれからサンフランシスコやラングーン、カルカッタのような遠く離れた港に封じ込められた。巡洋艦戦（クロイツァークリーク）は失敗したと、一笑に付すことなどできなかったのである。

しかし、結局は失敗したのだった。コロネル海戦によって汚された英海軍の名声は、フォークランド諸島沖海戦の勝利によって完全に回復した。一方、新生ドイツ海軍の名声は、コロネル海戦という輝かしい出来事や『エムデン』の颯爽（さっそう）とした軍功があったにせよ、決定的に損なわれたのだった。カイザーの海軍は創設時と同様、未だ名を成さざる軍として一九一四年に果てたのである。

クロイツァークリークはなぜ失敗したのだろうか。理由の一つとして挙げられるのは、石炭が常に必要とされたことによって巡洋艦の行動の自由が制限され、随伴する給炭艦が足手まといになったことである。しかし、『エムデン』が石炭を補給したのはわずか八回であり、石炭が不足したことは一度たりともなかった。実際には、ドイツの艦長たちにとっての真の困難は、石炭不足よりも弾薬不足だったと考えられるかもしれない。コロネル海戦の後、フォン・シュペーが率いる艦の弾薬庫は半分空だったのであり、もし彼がフォークランド諸島から逃げおおせたとしても、帰投途中の西方近接海域あるいは北海においてイギリス艦と交戦した場合、戦うのに十分な弾薬を持ち合わせていなかったであろう。給炭艦を配置したのに弾薬艦を配置しなかったのは、ドイツ海軍総司令部の基本的失策だったと考えられなくもない。

だが、巡洋艦戦が失敗したのは結局のところ、ドイツ側が艦の動きを隠せなかったからだった。絶え間なく流出する艦位に関する手がかりは、しばしば非常に迅速に、時にリアルタイムで傍受され、世界的規模の無線・ケーブル網によって英海軍本部と現地司令部、海軍追跡部隊との間で効率的に回覧された。ネルソンが苦しめられたような遅れはなく、遅れによって追跡が妨げられることも、失われた手がかりを得るために基地に戻らなければならないことも――ネルソンが第一次アレクサンドリア寄港後にそうしなければならなかったようなことも――なかったのである。

失策はどちらの側にもあった。当初、フォン・シュペーは自らの動きを隠すために極めて巧妙に無線封鎖を守り、沈黙を守らない連合国艦船の交信を聞いていた。『エムデン』は、ベンガル湾でＨＭＳ『ハンプシャー』のコールサイン（ＱＭＤ）から離れることによって、極めて巧みに同艦から逃れたのである。それが可能だったのは信号の弱化に耳を澄ましたためであり、これは当時の技術では不可能だった方位探知を先取りしたものだった。フォン・シュペーも同様に巧妙であり、コロネル海戦の前は電文のやり取りをするのに『ライプツィヒ』のみを使い、それによって戦力規模を欺くことができたのである。[*38]

クラドックにはそれを見破ることができなかった。他方、フォン・ミュラーはココス・キーリング諸島を攻撃するという無謀な決定をしたことで自らの破滅を招いたのであり、その不必要な行動によって無線局の直線視程の中にまっすぐ入り込んでしまい、電子工学時代のおそらく最初期のリアルタイム・インテリジェンスとなった「港口に国籍不明船」との送信を許してしまったのだった。これによって、優勢な六インチ砲を備えた『シドニー』が二時間足らずのうちにその港に赴いたのである。

クラドックもコロネル海戦の準備段階においては軽率だった。彼が艦艇間で信号を使ったことによって戦隊の存在が敵に知られるところとなってしまい、この生情報は陸上のドイツ人エージェントからの通信文によってさらに補強された。だが、クラドック以上に不注意だったのがフォン・シュペーだった。彼は、ポートスタンリー港は空だという不正確な報告を信じることにし、さほど重要でない無線局を破壊するというたった一つの目的のために、イギリス巡洋戦艦の巨砲に支配される場所へと自分の戦隊を向かわせたのである。イギリス巡洋戦艦は無線封鎖を徹底的に守ったおかげで探知されずに到着していたのであり、速力と火力に劣るフォン・シュペーの艦はそこから脱出することができなかったのだった。

戦略的観点から見れば、海戦としての第一次世界大戦は、無線という新発明に支配される運命にあった。

コロネル海戦とフォークランド諸島沖海戦は、一九一四年から一八年のほかのあらゆる海戦と違ってはいるが、出現しつつあった一つのパターンに属している。一九一四年以前の戦時の艦隊は、それ以前と同様に互いを求めて索敵を行ったのであり、それは直線視程と可視信号によって機能した。一九一四年以降になると、直線視程によって収集された情報が光の速さで無限の距離にまで伝達可能になった。無線という新技術の潜在力を理解し、それを実現することは海軍にとって時間がかかった。しかし、海戦の本質は無線によって永遠に変わってしまっていたのである。クラドックもフォン・シュペーも、新たな世界を理解できずにその犠牲となったのであり、図らずもスターディーがその受益者となったのかもしれない。それから三〇年も経たないうちに、電子工学の新たな要素であるレーダーによって直線視程の重要性がほぼ完全に消滅することになる。ネルソンの世界は永遠に過去のものとなるのである。

第五章　クレタ：役立たなかった事前情報

大西洋遠方と南太平洋で一九一四年八月から一二月まで行われた無線戦争は、インテリジェンスに関するエピソードとしては第一次世界大戦の中で最もドラマチックなものだった。東部戦線に関する後世の研究家は、一九一四年に東プロイセンのタンネンベルクでドイツ軍がロシア軍に圧勝したのは、ロシア軍の無線の保全が厳格ではなかったからだと示唆している。侵攻するロシアの第1軍、第2軍の司令官だったレンネンカンプとサムソノフが、翌日の部隊配置について互いに平文(ひらぶん)で（つまり、電文をコード化あるいはサイファー化せずに）通信のやり取りをしていたとして非難したのである。さらなる詳細な研究によれば、ドイツ軍も同様に放漫の誹(そし)りを免れえず、両軍の緩慢の原因は不注意ではなく、熟達したサイファー要員がいなかったためだという。*1

一九一四年の西部戦役の推移がインテリジェンスの機能不全に影響を受けたとは考えられない。なぜなら、無線で送られた重要な伝達事項はほとんどなかったからである。フランス軍はパリのエッフェル塔を送信機として使い、ドイツ軍の無線を徹底的に妨害したが、目に見える効果はなかった。その後に続いた膠着戦の期間中には、無線送信も無線妨害も大した役割を演じなかった。利用可能な装置が塹壕(ざんごう)の条件に適さなかったからであり、ほとんどの意思疎通は戦略的、戦術的を問わず、従前同様に手渡しの紙か電信あるいは電話によって行われた。不安定な地表伝播による偶然の傍受もいくらか可能だということが分かったが、それが利用できるのは時間的に短く、せいぜい戦術的なものでしかなかった。

海軍による無線傍受はより重要だったが、イギリスの大艦隊(グランドフリート)もドイツの大洋艦隊も、無線封鎖を守ることにかけては几帳面になっていた。北海にドイツ軍が「出てきた」という警報に絶えず警戒していたイギリス軍は、可能な限りの通信を収集した。しかし、事前の警戒が別の結果をもたらしえた唯一の事例においては、英海軍の伝統的士官階級の傲慢によって、艦隊の優位が失われてしまったのである。作戦課長だったトーマス・ジャクソン少将は一九一六年五月三一日、OB40（Old Admiralty Building Room 40）として知られる海軍本部情報課を訪れ、ドイツ大洋艦隊旗艦のコールサイン「DK」の信号は、方向探知器（方向探知技術は一九一四年から向上していた）によるとどこから発せられたのかと尋ねた。彼は、その場所はヴィルヘルムスハーフェンであるという正しい返答を受けると、質問した理由を説明することなく立ち去った。ジャクソンは航海を専門とする類いの士官であり、海軍学校の教官や言語学教授、数学者のような、さして重要でない職員からなる情報部スタッフの非戦闘員とは自分の考えを共有しなかった。もし彼が、DKがどこにいるかを知りたい理由を説明していれば、ドイツの旗艦は出撃する際、行動を偽るために本国ではそのコールサインを残し、その後は別のものを採用するということを教えてもらえたことだろう。ジャクソンは中途半端な質問に基づき、スカパフローの大艦隊司令長官ジェリコーに打電し、大洋艦隊はまだ港にいると断言したのである。結果的にジェリコーは、ほかの生情報に基づいて南に航行していた麾下のビーティ巡洋戦艦戦隊司令長官から、ドイツ軍は「出た」と聞かされたのだった。その際は彼自身が海上にいたが、燃料節約のため全速航行はしておらず、そのためにユトランド沖で敵戦艦と遭遇するのが遅れ、戦闘も遅れた上に、敵の退路を断つことも遅れたのである。ジャクソン提督が暗号解読官に胸襟を開こうとしなかったがために、ドイツ海軍を永久に沈める絶好の機会を大艦隊から奪ってしまったのだった。[*2]

ジャクソンは桁外れに傲慢だった。OB40に属したW・F・クラーク海軍義勇予備大尉が記したところによれば、彼は「［われわれの］仕事に対する軽蔑の態度をこれ以上ないほど表した。［私が］そこにいた間に彼が部屋に入ってきたことは二、三回しかなく、そのうちの一回は、生情報を彼に送るための施錠箱で手を切ったと文句を言いに来たとき、もう一回は、ドイツ軍が新しいコードブックを採用したときに『やれやれ、こんなクソ忌々しいものはこれ以上やめてくれ』と言うためだった」。[*3] だが、これほど理不尽ではないにせよ、ジャクソンのような人間は多くいたし、作戦担当将校が次のような事実を受け入れ始めるまでには、一世代ほどの時間がかかったのである。それはつまり、まったく「加工」されていない情報の価値はそれに加えられた解釈のみによって決まり、それを往々に最大限もたらしてくれるのが、日常ベースで情報を収集しているインテリジェンス・オフィサーである、ということだ。

ＯＢ40を賞賛する者もいたし、それはもっともだった。当部門はほとんど最初から重要な生情報の供給を始めたのであり、その中には、一九一四年一二月一六日にイギリス東海岸のスカーバラ、ハートルプール、ウィットビー各町に対して行われた急襲についての事前警報も含まれた。[*4] もしビーティの副官が視覚信号の間違いを犯さなければ――この士官は後にもミスを三回繰り返し、ユトランド沖海戦ではそれが破滅的な影響を及ぼした――スカーバラ急襲によってドイツ巡洋戦艦部隊は壊滅したであろう。[*5] ＯＢ40は一一月八日に設立されたばかりだったが、それが設立されたのは、予期せぬ情報を得たからだった。イギリス軍は一〇月下旬、ロシア軍からドイツ海軍のコードブック（ＳＫＭ）一部と、升目（ますめ）で海域を示す海図一式を授かっていた。これらは、八月二六日にバルト海で沈没したドイツ軽巡『マグデブルク』から回収されたものだった。ＯＢ40はその後、ドイツの商船と海軍艦艇の交信に使われるコードブック（ＨＶＢ）も入手した。これは、開戦当初にオーストラリアに抑留されたドイツの汽船内で見つかったものだった。彼らはついには、ドイツ軍上級将校が使用するコードブック（ＶＢ）も獲得した。伝えられるところによれば、これは一一月三〇日にオランダ沖でイギリスのトロール船の網にかかったものをさらい上げたものだという。その場所では、一〇月一七日にドイツの魚雷艇四隻が撃沈されていたのだった。[*6]

この文書と、あわただしく設立された一連の沿岸聴音哨によって収集された通信傍受内容こそ、OB40が最初に手がけたものだったのである。その際に役立ったのが、ドイツ軍が自由奔放に無線を使ったこと——そうせざるをえなかったのは、ドイツの海底ケーブルが一九一四年八月四日にイギリスのケーブル船『テルコニア』によって引き抜かれたことが一因——だが、中でも大いに役立ったのが、ドイツ軍が自らの信号を偽るために使った手段の性質だった。

暗号文には二つの形態があり、専門家はそれぞれをコードとサイファーと呼ぶ。サイファーは、「転字」(transposition)あるいは「換字」(substitution)によって言語形態を変えて意味を隠す方法である。「転字」は起源の記録がないほど古い手法であり、文字の配列を変えることで機能する。サイファーに関心のある学生にも馴染みのある最も単純な方法は、アルファベットの語順を一つずらすものであり、これだとAはBに、BはCになる。したがって、「猫がマットの上に座った」(The cat sat on the mat)は「UIF　DBU　TBU　PO　UIF　NBU」と記述される。だが、傍受者がいつまでもこれに戸惑うことはありそうにない。伝達文を複雑にする方法は転字サイファーには多くあるが、最も単純な方法の一つは文字群をつなげてしまう手法——UIFDBUTBUPOUIFNBU——であり、これだと単語の長さが分からなくなるが、防護にはほとんどならない。別のもっと洗練された方法は、アルファベットの語順を二文字か三文字、あるいは一〇文字ずらすものである。文字の正確な置き換えがサイファー化の基本だが、「頻度分析」の鉄則によって解読者には手がかりが与えられる。頻度の法則により、英語で最も使われる文字はEであり、次にAなどが続くことが判明している。暗号専門家が頻度表と称するものが暗号解読の手っ取り早い手段を与えてくれるのである。頻度は他言語では違う——英語で希なZはポーランド語では普通である——が、頻度表は無敵だ。

無敵とはつまり、複雑な方法が導入されない限りにおいてという意味である。暗号作成者——サイファーあるいはコードを書く者――は、これまで複雑な方法を数多く考案してきた。おそらく最も有名で難解なのは、アルファベットを升目（方陣）の中に入れたものであり、これはローマ字二六字を（IとJを一つにまとめて二五字に減らして）横五字、縦五字の升に並べ、それぞれの列に番号を付けたものである。Aが最上段の左隅にある最初の文字だとすると、これは一一の数字として表され、同様にしてZは五五として表記される。この方式の最も手の込んだものは、一六世紀のフランス人発明者にちなんでヴィジュネルとして知られるが、これにおいては升目は二六×二六となり、頻度の問題は非常に難しくなる。これを破るのは不可能ではないが、長年にわたって不可能だと信じられてきた。[*7]

暗号作成者が文字よりも数字を転字に使い始めている状況では、複雑な方法がさらに考案されるかもしれない。一七世紀には転字と換字（サイファーのもう一つの方法）との奇妙な折衷法が開発され、これにおいては、例えばルイ一四世の筆頭暗号作成者だったロシニョール家の父と息子は、単語全体を数字に変えたのだった。この手法はフランス語に一般的な「二重字」、つまりQU、OU、DEを数字化するものであり、予見されてきたものだったが、大暗号として知られるロシニョールのシステムは誰も解読できなかった。その「鍵が開けられた」のは、ようやく記述内容の重要性がなくなった一九世紀末になってからだった。

しかし、この頃になると暗号専門家は全体として新たなサイファー・システムの確立の一歩手前におり、文字に対して全面的な数理的「換字」を採用しつつあった。数理的換字によって、真の不可侵性が保証されるように見えた。数で示される伝達文は加算と減算によって多様に変化し、暗号解読者――暗号文を攻撃する者――は時間に簡単に負けてしまうのである。ただし、選択された数理的処理を理解する「鍵（キー）」を、意図された受け手が保有している限り、もう一方の側では読み取りが可能だった。

問題はキーだった。どうすれば送り手と受け手が同じキーを持つことができるだろうか。どうすれば敵にキーを使わせないようにできるだろうか。最も単純な解決法は、キーを論理的に配列した一覧表（ブック）にし、正当な当事者全員がそれを保有できるようにすることだった。コードブックは一八世紀に広く使われていたが、伝達文の中でほかの単語よりも重要な、例えば人物や場所、艦船といった固有名詞を隠すためだけに使われたのであり、残りの部分は平文のままにされた。ジョージ・ワシントンの情報部長を一七七八年以降に務めたベンジャミン・タルマッジ少佐はコードブックを一つ考案したが、それは『エンティック綴り字辞典』から使用頻度の最も高い単語を取り出してアルファベット順あるいは数値順に番号を振り、リストにないものには任意の語を加えたものだった。彼はまた、重要人物用に一六個の番号を選択し、都市や場所用にもう三六個を選択した。タルマッジは原本を手元に置き、二冊目をどこかに、三冊目をジョージ・ワシントンに送った。例として適正であるなら、一七七九年八月一五日付の書簡ではイギリス人に内容の多くを隠すことはできなかっただろう。「Ｄｑｐｅｕ［ジョナス］ｂｅｙｏｃｐｕ［ホーキング］は２８［約束］に従って７２７［ニューヨーク］から遠くない場所で７２３［カルパー・ジュニア］と会見し、３５６［書簡］を受け取った」[*8]

素人然としたこの例で分かるのは、コードブックの基本的な弱点である。傍受した伝達文の中で使われている単語を収集することで、コードブックのさまざまな部分が再現できる。十分な材料が敵の手を通れば、そっくりそのまま再現可能である。

アルファベットの使用を全面的に避け、数字を単一あるいは群としてのみ用いることは、一見、防護手段になるように思える。イギリスが一九世紀初頭に行っていたのがまさにこれだった。イギリスのデンマーク特使だったウィリアム・ドラモンドから外相のグレンヴィル卿宛てに一八〇一年のコペンハーゲン海戦の前日に送られた伝達文の最終行には、「３７４９、２２５３、５２９、２３６０、１２６８、２２０１、３３５６」と書かれており、これは「ベルンシュトルフ伯爵は内心の驚きや動揺を隠すふりしない」ということを意味する。[*9] しかし、元の暗号文では、文章の長さが分かることも、数の群で単語の長さが分かることもないが、防護は見た目ほど強力ではない。繰り返しになるが、反復に注意して辛抱強く蓄積を重ね、当て推量を行うことによってコードブックを復元しうるし、意味を推断しうるのである。

　数字だけを使ったコードは、技術的に「二重暗号化」として知られる、さらに安全なシステムの近道となった。これは二つの――あるいはそれ以上の――キー、つまりコードブックそれ自体と、加算あるいは減算による数値変化システムを採用したものだった。こうして変化した数の群はコードブックの中のそれらと一致せず、それ自体が明瞭に反復するわけはないので、意味の復元ははるかに困難となった。ただし、不可能ではなかった。第二のキーによって与えられる根本論理が数理的分析によって確証される可能性があったのである。第一次世界大戦中のドイツの外交電文は通常、二重暗号化されていた。奇妙なことに、一番有名なツィンメルマン電報はそうではなかった。ＯＢ40によって解読されたその内容――米国を攻撃するようメキシコにけしかけたもの――は、ウィルソン大統領がドイツに対して宣戦を布告するきっかけになったのだった。

　暗号文を複雑にする方法は一九世紀初頭までにほかにも多数考案されたが、その多くはヴィジュネル方陣が変化したものである。最も巧妙なものは、一九一八年に米陸軍ジョゼフ・モーボーン少佐によって発明された。それが「使い捨て乱数表方式（ワンタイム・パッド）」として知られるようになったものであり、これは実際に解読不能だった。一つのヴィジュネル方陣は二部で構成され、一部は送り手が保管、もう一部は受け手が保管した。サイファー化された伝達文にはキーが与えられるが、両者がそれを一回使うと破棄された。ワンタイム・パッドでは伝達文の防護が絶対だった。なぜなら、サイファーと平文との偶然の一致は完全に不規則となり、破棄によって反復がなくなることから、頻度分析その他の、暗号解読者が好む方法の勝算が全て封じられるからである。

しかし、ワンタイム・パッドには機能不全を起こす欠陥があった。使い勝手を良くするには乱数表を広範に配布せねばならず、送り手と受け手が取り組んでいるのは同じ文書だということを知るためには、乱数表の同一性を確認せねばならなかった。乱数を大量に生成するのも容易なことではないし、数を慎重に無作為に抽出しようとしても、数々のパターンにうっかり従ってしまい、それが顕著であればあるほどアウトプットの速さと量が大きくなる一方、リアルタイムで広範に配布することは、克服しがたいロジスティック上の難問となる。したがって、無作為抽出と配布の問題に対する説得力ある解決法があれば、それがどんなものであれ、どこの軍でも大歓迎だったのである。

エニグマ暗号機

その解決法を提供したのは、発明品を生産、販売する小さな技術会社を一九一八年に設立したドイツ人発明家のアルトゥール・シェルビウスだった。彼が取り掛かったアイデアの一つが、自動的に暗号化——復号も——できる機械だった。暗号機は新たなアイデアではなく、単純なものは昔からあった。一つは、博識家にして米国の第三代大統領トマス・ジェファーソンによって実際に発明されていた。これは、一本の軸を中心に別々に回転する三六枚のディスクからなっており、個々のディスクのリムにはアルファベット文字が不規則順に彫ってあった。送り手は平文を作るためのディスクを回転させて暗号化を行った（当然のことながら、平文は三七文字以上にはできなかったが、それ未満にすることはできた）。次に、意図した受け手に別の文字列を送る。受け手は自分のディスクを回転させて伝達文を復元するが、意味不明の場合はほかの文字列を全て調べてみる。その中の一つが平文である。ディスクを違う順番で軸に配列し、その順序変えを事前に決めておき、それを知っているのは送り手と受け手のみとすることで、安全性が得られた。もしディスクの順番を変えなければ、伝達文はかなり早く頻度分析に屈してしまっただろう。順番が変化すれば、三六とおりの順序が可能であることからすると、四八桁（三六×三五×三四×三三……）の数字となり、コンピューターのない時代には実質的に解読不能だった。[*10] 一九一〇年から二〇年にかけて、回転ディスクの原理を機械化しようという試みがいくつかなされたが、商業的成功を収めたものは一つもなかった。エニグマという商品名で一九二三年に売り出されたシェルビウスのディスクマシンも、当初は成功しなかった。しかし、二〇年代後半、シェルビウスはどうにかドイツ軍にエニグマに興味を持たせることができた。各種モデルが購入、採用され、ドイツ陸軍は一九二八年、傍受可能な全ての秘密通信、つまり実質的に電文用にそれを使い始めた。ドイツ海軍もそれを採用した。

ドイツ軍がエニグマに特に引きつけられたのが、シェルビウス方式独自の特徴である「反転」ディスクだった。これにより、本機には暗号化と復号の両方が可能になる機能が備わっていた。一台のエニグマで暗号化された伝達文を、同じようにセットアップされたもう一台のエニグマに暗号の形で入力すると、平文が自動的に出てくる仕組みになっていたのである。この機能によって、退屈で時間のかかる別の手順で復号する必要性がなくなった。その意味において、エニグマは「オンライン」マシンの先駆けだった（断じてコンピューターではないが、電気機械式の交換接続システムだった）。

エニグマには軍の通信部隊にとって魅力的な特徴がほかにもあった。小型で軽便だった点である。外見上はこの時代の携帯用タイプライターに似ており、タイプライター式のキーボードはQWERTY順ではなく、アルファベット順にそもそも配列された軍用版で、丈夫な携帯用ケースが備わっていた。また、数字キーがなかったため、数字はアルファベットでつづる必要があった。通常の動力源は乾電池だった。

だが、エニグマの最大の価値は、暗号化の可能性を一桁分倍増させ、現実的な時間枠内での解読を部外者に許さない能力にあった。数学者が計算のみによって一つのエニグマ暗号文を解読するのにどれほどの時間がかかるか、についての見積もりはさまざまあるが、ドイツ人自身は数千人の、おそらくは数百万人の数学者が不眠不休で生涯にわたたって計算を続けたとしても、たった一文を解読するのにもそれでは十分でないと信じていた。エニグマによって、暗号文を作るサイファー・システムの核心である「キー」の作成が、人間の知力では解けないほど複雑になったと考えられたのである。

キーの目的は、文字頻度を偽り、頻度表を作る際に必要な演算の回数をできるだけ無限大近くまで増やすことにある。ヴィジュネル方陣はキーを長くする方法の一つであり、ほかにも、送り手と受け手が一つの単語を共有するといった、共通の語句を使用する方法など、多数ある。ただし、その原理は変わらず、復号の利便性と調和しつつも、数理的処理ができないようにキーを長くすることである。完璧に隠しとおすことは、ワンタイム・パッドでもない限り絶対にできない。キーには論理性があり、推論による復元が可能である。したがって目標は、実時間内に、実際には人間の活動可能時間内にそれを打破するような人間の思考力に、過負荷を掛けることである。

エニグマによってなされたのは、まさにそれのように見えた。電気機械式交換接続プロセスは完全に論理的なものだった。とはいえ、それが機能するステップを理解せず、交換接続がスタートする基本を知らなければ、解読のための数学を運用することはできなかった。

ステップとスタートはそれぞれ別個のものだった。前者は本機に内在するものであり、限定的範囲内で変化し、後者は少なくとも理論上は無限であり、人間の判断によって選択されるものだった。

エニグマは、その内在的特徴によって五つの変数を生み出したのであり、その多くがディスクに依存した。すなわち、(一)ディスクの内部配線、(二)ディスクの選択、(三)選択したディスクを右から左へと並べる配列順序、(四)ディスクリムの変更、(五)一つのディスクから別のディスクへの「プラグ配線(Steckerung)」である。

エニグマのディスクはそれぞれが取り外し可能であり、両面にはアルファベット文字に対応する五二の接点があった。右面には二六の発信点があり、左面には二六の受信点がある。ディスク内部は発信点と受信点が人目につかないように配線されていた。

タイプライター式キーボード上のキーを押し下げると、電気パルスが右手の（固定された）ディスクを通って第一ローターの右面に送られる。内部配線によって、このローターはインパルスを、例えばAから当該ディスク左面のBに交換する（実際には配線の伸び方による。ドイツの敵方は、これよりはるかに複雑なものを想像した）。第二ディスクの右面はそのパルスを捕えて内部配線によって左面に伝え、今度は第三ローターが同様に機能する。パルスが第三ローターを出ると第四の（固定された）反転ディスクに捉えられ、受信したときと同じように同ルートで再び送り戻される。ただし、次のような違いがある。第一ローターはキーが押されるたびに一文字回転し、二六回押すと第二ローターを回転させるように刻み目が入れられており、第二ローターは六七六回（二六×二六）押すと第三を回転させるように刻み目が入れられているため、ルートはまったく同一ではない。ローターの内部配線のおかげで、ルートが指数関数的に変化するのである。

パルスが最終的に行きつく先は電球であり、それぞれが異なるアルファベット文字を表す。受信側のエニグマではそれぞれが順番に点灯し、伝達文を平文で示す。ただし、パルスが電球に届くまでには幾重もの過程を経るのであり、復路の最後には、手動電話交換で使われるものに似た「プラグ」ボードに移動し、ここで六文字が別の六文字（プラグの数は後に増大）に接続された。例えばAからEまで、GからTまでなどであり、プラグ配線は指示に従って毎月、毎週、毎日、最終的には毎日二回変更された。

以上がエニグマの内在的な複雑さである。それは、人為的な調整によってさらに増大した。エニグマの原型においては、ローターは三つしかなかった。[*11] エニグマ使用の手順は、頻繁に変更された指示書の中に定められていたが、その手順の一部が、ローターをスロットに配列する順番を変えることだった。最終的に、それぞれのローターのリムには回転可能なリング（しばしば「車輪のタイヤ」と称される）が付けられた。これは二六のアルファベットの位置のどこにでも動かすことができた。オペレーターは、エニグマを使うためのセットアップをする際に、指示書に規定されている位置にリムを動かす。暗号解読者が直面する変数の数は次のとおりである。

ディスクの位置（ディスク三枚）：二六×二六×二六　＝一万七五七六
ディスクの順序（ＡＢＣ、ＡＣＢ、ＢＣＡ、ＢＡＣ、ＣＡＢ、ＣＢＡ）＝六
プラグボードの接続　＝一〇〇〇〇億以上
総計　＝一〇兆[*12]

この数は三枚のディスクに付けられたリムを回転させることを考慮に入れていないものであり、それを入れれば一〇兆の一万七五七六倍になる。

エニグマ暗号文の傍受者が直面する課題は、かくして説明できよう。この傍受者が「一分ごとに一回の設定をチェックすることができるとすると、全ての設定をチェックするには宇宙の年齢以上の時間を必要とするだろう」。[*13] もしエニグマ暗号機を入手していたとしても、暗号化されたものが平文の変形になっているかを確かめるにはディスクの初期設定（一万七五七六とおり）を経る以外になく、昼夜を問わず作業し、全ての設定をチェックするのに一回につき一分かかるとしても、二週間を要した。[*14] わが社のマシンは「解読不能」なサイファーを作れるとシェルビウスが宣伝し、ドイツ人が自分たちのサイファーは解読不能だと信じたのも無理はなかったのである。

エニグマ解読

にもかかわらず、エニグマは破られることになる。しかも、それは使用を開始してほどなくしてのことだった。解決法をもたらしたのは、第一次世界大戦後のドイツが最も恨んだヴェルサイユ体制の守り手であるポーランド陸軍の暗号解読官だった。彼らは必然的にドイツ軍の暗号通信に非常な関心を持っていた。ポーランド人の取組みで特筆すべきは、実に知的で勇敢にも、当初は数学のみを使ってそれを行ったという点である。ブレッチリーパークにあったイギリス暗号解読センターの博識者ピーター・カルヴォコレッシは、簡潔にこう述べている。「（機械が作成した）サイファーを破るには二つのものが必要だ。数学理論と補助器具である」。[*15] ポーランド人は最終的に、ありとあらゆる補助器具を設計してしまった――その中にはイギリスに渡されたものも、イギリス人が独自に複製したものもあり、それ以外は自ら発明したものだった――が、彼らがエニグマの論理を理解するために着手したのは、そもそもは純粋に数理的な推論作業だった。それは、鉛筆と紙以外に近代的コンピューターもない中で行われたのであり、史上もっとも優れた数理的実践として見なされるべきものである。

そのために、ポーランド陸軍は一九二〇年代後半に民間の若手数学者を大学の数理学部から大量に採用した。その中にいたのがヘンリク・ズィガルスキ、イェズィ・ロズィスキ、マリアン・レイェフスキだった。マリアン・レイェフスキは後に、最も創意工夫に富む人間であることを実証することになる。彼はほかの人物と同様、ポーランド西部、正式にはドイツ領ポーランド出身であり、ドイツ語を流暢に話した。一九三二年六月一日にドイツ陸軍がエニグマ暗号機を主たる暗号機として採用し、レイェフスキ自身がゲッティンゲン大学研究科から戻ってからまもなくすると、彼はワルシャワのポーランド軍参謀本部ビルの中でドイツの暗号電文に取り掛かり始めた。それより前、ポーランド人はすでにドイツの二重暗号を解読する方法を習得していた。だが、一九二八年からは奇妙な電文に悩まされていた。それは明らかに暗号化されたものであり、彼らはそれを、おそらくは機械システムによる産物だろうと推論した。その秘密を学ぶことになったのが、前述の若き暗号解読者たちだったのである。

ポーランド人が傍受していたのは五字の文字群であり、出現頻度を明かすものは何もなかった。技術的には、この伝達文自体が一連のキーであり、非常に長い数理的間隔（既述したように数百万回に一回）で出現する以外、繰り返さないものだった。とはいえ、レイェフスキにも分かっていたように、これも数学の法則に従わざるをえない。彼はこのサイファーの数理的基礎を構築し始めた。

彼に与えられた伝達文は、今日のわれわれが知るところでは次のように生み出されていた。まず、送り手が指示書に従って暗号機のディスク（あるいはローター）の順番、リムの位置、プラグの配線を決めて暗号機をセットアップした後、最初のローターの設定を選択し、三文字をまとめてタイプしてこれを繰り返す。これによって受け手は、この特定の送信に対して自分の暗号機をどのようにセットアップすればよいのかが分かる（そしてこれにより、特にブレッチリーパークにとって非常に有益な解読の糸口が暴かれてしまったのだった）。次に、左手で伝達文を打ち込んでいき、片や右手で、ランプボード上に一つひとつ点灯して表れる文字を書き留める。続いて、書き留めたものを電信員に手渡し、さらに電信員がこれを受信局に送信したのである。この過程によってこそ、エニグマはオンラインシステムの地位を得られなかったわけだが、もしエニグマが送信機に直接接続されるものであったなら、容易にその地位を得たことだろう。受信側は、受け取った文字を打ち込み、ランプボードに点灯した文字を書き留める。それが、復号された意味を表す。

レイェフスキが得たのは暗号文のみだった。だが、彼はかなり早い段階で、最初の三文字は伝達文本体とは別個のものと識別し、第二の三文字は最初の三文字が暗号化されたものと見分けたのである。これらの二つの三文字群は要するに、はるかに大きなキーである伝達文そのものに対するキーをもたらすのである。これら最初の三文字群を破ることができれば、二つの結果が得られるはずだった。第一に、エニグマの電気的機構自体を少なくとも一部、再現しうる。第二に、傍受した伝達文のいくつかを解読できる。

レイェフスキは、暗号化された最初の六文字に対応する本当のアルファベット値を解明すべく、一連の方程式を考案した。彼が推論できたのは次のようなことだった。すなわち、ある語群において、例えばＡＢＣの次にＤＥＦが続けば、Ｄはおそらくの暗号化文字であり（電気式機械の置換による）、ＥはＢの暗号化文字、ＦはＣの暗号化文字になるだろう、と。さらに、第一の（固定された）ディスクによる置換をＳ、ローターによるものをＬ、Ｍ、Ｎ、そして反転ディスクによるものをＲと称することとした。その結果、彼は三つの方程式を記し、その最初のものを次のように表した。

$AD=SPNP^{-1}MLRL^{-1}M^{-1}PN^{-1}p^{-3}NP^{-4}MLRL^{-1}M^{-1}p^{4}N^{-1}p^{-4}S^{-1}$

これ以外の二つも同様に複雑であり、それについて彼はこう記している。「われわれの最初の課題の一つは、実質的にこの方程式群を解くことだった。右辺は置換Ｐと冪（べき）のみが既知である一方、左辺は置換Ｓ、Ｌ、Ｍ、Ｎ、Ｒが未知だった。この形式では方程式群が解けないのは確実だった」[*16]「したがって」とレイェフスキは続ける。「単純化を目指すのである。最初のステップは純粋に型どおりのものであり、反復する $MLRL^{-1}$？M^{-1}……をＱの一文字に置き換えることだ。これによって当面は未知数を三つに減らせる。それぞれＳ、Ｎ、Ｑである」

数学の心得がない者には、レイェフスキの方程式に関するこれ以降の内容を理解することは無理だろう。とまれ、それは次のように結ばれている。「Ｎを［復元する］上記の方法は、それぞれのローターの回転によって応用可能だったのであり、かくしてエニグマ暗号機の内部機構が完全に再現しえたのである」[*17]

これはポーランド人の勝利だった。エニグマの秘密を純粋に数学の推論のみで破ったのである。ポーランド人は一九三〇年代、ドイツ人が続けて行ったエニグマの電気機械的、手続的更新にも辛うじて遅れを取ることがなく、エニグマの複製にも成功した。電信文を解読するのがさらに困難になるにつれ、彼らは電気機械式装置も考案し（「ボンブ〔ポーランド人が開発した装置は「ボンバ」と呼ばれる〕」という名称は、チッ、チッ、チッという時限爆弾の音に似ていると思われたことから付けられたようだ）、これは紙上で解く方法よりも暗号文の解を素早くテストした。一方、彼らはポーランドの筆頭同盟国フランスの暗号解読機関とも知識を共有していた。フランス人は、金銭で買収されたドイツ人の情報提供者「アッシュ」（同人の偽名のイニシャルＨＥのフランス語発音）をつうじて秘密文書を獲得しており、それによってエニグマの機能の多くが明らかになった。アッシュは某将軍と兄弟の関係にあったが、結局は正体が暴露され、一九四三年に反逆罪で銃殺された模様である。[*18] ポーランド人とフランス人が一九三〇年代を通じてドイツのサイファーに関して緊密に協力していたことは間違いない。フランス人は後に、ブレッチリーパーク所在の英政府暗号学校（ＧＣＣＳ）とも協同している。ドイツのポーランド侵攻直前の一九三九年七月二四日から二五日にかけ、英仏の当局者がワルシャワを訪れた。ポーランド側はそこで、両国政府関係者それぞれにエニグマ暗号機の復元モデルを手渡したのだった。

エニグマ再解読

その頃になると、ポーランド人はもはや傍受されたエニグマ電文を読むことができなかった。それは、機構的な複雑さ――特に、ディスクがもう二枚採用されたことにより、ディスクの配列順序の可能性が六とおりから六〇とおりに増加したこと――と、手順が変更されたためである。それにもかかわらず、彼らはディスクの内部配線を復元した再現機をイギリス人に手渡すことができたのだった。イギリス人が驚愕したことに、その配線はＡがＢに接続されるといった具合に、愚かしいほど単純だった。ポーランド人がさらにイギリス人に紹介したのは――イギリス人自身も思いついてはいたが――傍受した暗号電文を穿孔（せんこう）シートによって処理するという発想だった。生粋の数学者であると同時に実務家肌のところもあったレイエフスキは、エニグマがどのように動くのか理論的に理解したことを踏まえ、置換にも反復が生じるだろうし、暗号化された文字を大きな紙の中で穿孔として表すことによって反復が識別可能だとかねてから把握していた。暗号電文が十分あるとして、シートを重ねてライトテーブルの上に並べ、反復が生じれば、通過した光によってそれが分かる仕組みである。反復はディスク設定の助けにはなろうが、証明されるわけではない。反復を証明するには後続の作業が必要とされただろう。

イギリスの暗号解読活動は、最終的にはポーランドのそれよりもはるかに拡大したが、全体的に別の手法によって進捗した。カルヴォコレッシの区分でいえば、数理的な理論よりも機械的な助力に依存したということである。ただし、ブレッチリーでは大勢の数学者が働いており、それが活動を始動できたのはポーランド人の数理的取組みのおかげである。ブレッチリーの数学者の中で最も天賦の才に恵まれたゴードン・ウェルシュマンは、まさに戦争勃発時にケンブリッジのフェローシップからブレッチリーパークにやって来た人物であり、その創生期を四つの期間に分類している。（一）準備期：一九四〇年初頭に穿孔シート一式の完成をもって終了。（二）穿孔シート依存期：設定を伝達する第二の三文字群の暗号化をドイツが停止した一九四〇年五月一〇日に終了。（三）その後続期：暗号解読官がドイツ人オペレーターの手続き上の不注意を大いに活用した時期。（四）ポーランド人が三〇年代に開発した機器に原理的に類似する独自のボンブを、ブレッチリーが習得し始めた一九四〇年九月以降。[*19]

ウェルシュマンは、エニグマ暗号の解読法に関する彼自身の思考発展を、数カ月スパンの一〇のステップに分けている。エニグマ解読は公には彼の関心事ではなかった。なぜなら、彼はドイツの無線コールサインを調査することになっていたからである。それは必要な仕事ながら型にはまった作業であり、数学に関する鋭い知性を持つウェルシュマンは、手渡された暗号電文の文字群にほとんど無意識のうちに関与し始めたのだった。彼の説明では、最初の三ステップが関係するのは次の点に関する推測だった。すなわち、準備段階における二つの三文字群は、（ローターが回転するにつれて）位置が三つ離れた同じ文字の対となる暗号化文字を常に含むのか否かということである。彼はそうなると判断し、対になる文字が現れる頻度の計算に取りかかり、処理しうると思われる数を確立した（第四ステップ）。次に、プラグボードは、実際にはテストすべき置換の数を増やすものではないため、ドイツの軍用エニグマはドイツ人――そしてイギリス人――が考えるほど複雑なものではないと結論づけた。「心配しなくてはならないホイール（ローター）の順序は六〇とおり、リング（リム）の設定は一万七五六とおりしかないので、可能性は一〇〇万とおりにまで減った。実際われわれは、不利な条件を約二〇〇兆分の一にしたのである。これが第五ステップであり、得るところがかなり大きかった！」[20]。第六ステップは可能性に関する計算を押し進めた段階で、さらに第七ステップは、穿孔シートが無意味な可能性をいかに多く排除するかという彼自身の認識に関するものである。第八、九、一〇ステップは、シートをいかに使うべきかについての考察であり、「特定の日に、赤（戦争）と青（演習）キーに関する一二の雌（意味のある組合せ）を見つけることができれば、平均して七八〇回の積重ね（ライトテーブルに穿孔シートを重ねること）の後に、そのキーを発見できると自信を持って予想できた。（中略）私は大興奮しながらそれをディリーに（中略）伝えようと急いだ。ディリーは狂喜乱舞した」[21]

マンチェスター大主教の息子であるディリー・ノックスは、「パンチ」誌編集長E・V（エヴォ）・ノックスとローマカトリックに改宗した有名な司祭ロニー・ノックスと兄弟の関係にあったが、かつてはケンブリッジ・キングズ・カレッジの特別研究員（フェロー）でOB40の古参であり、その後の人生の全てを政府の暗号解読官として過ごしていた。一九三九年八月にブレッチリーパークに政府暗号学校（GCCS）が設立されると、彼はアレステア・デニストン中佐の筆頭補佐になった。デニストンもOB40の古参であり、今やGCCS所長だった。[*22]ノックスは変人で孤独好きだったため、その任務にあまり向いていなかった。ウェルシュマンに言わせれば「ノックスは組織人でもなければ職人でもなかった」のであり、厳密な分析よりも一瞬の閃きでパズルを解こうとする、暗号解読においては前時代的な人間だった。彼は実際にエニグマを手がけようとしたこともあったが、「同時に解くべき未知の要素が多すぎる」と結論づけ、「日々の設定を復元するために数理的手順を踏んだこともあったが、それは第一に内部ローターの配線を知ることにかかっていたのであり、方程式のその部分について解く方法は皆無に思えたのだった」。[*23]要するに、レイェフスキにできたことがノックスにはできなかったのである。率直に言って彼は数学者としては力不足だった。彼の内向的な性格からすれば、自分の解けなかった問題の解を見つけることができると有能な部下ウェルシュマンが言いに来たときに、怒り心頭に発したのも不思議ではない。

もしウェルシュマンが安易につけ込まれていたら、そこで万事休してしまっていたかもしれず、エニグマを破るのにはもっと長い歳月がかかったであろうし、英本土航空決戦も大西洋の戦いも、克服するのがもっと難しくなったであろう。幸いなことに、ウェルシュマンは脅しに屈しなかった。彼は、仕事に戻ってコールサインの蓄積を進めろと命じられたにもかかわらず、副所長のエドワード・トラヴィス中佐のところに赴き、単に不平を述べたのみならず、組織・行動計画を賢くも提示したのである。ウェルシュマンは官僚主義的な戦いに勝つための課程第一を理解していた。つまり、代替策を提示しろということだ。彼はまず、いったん「まやかしの戦争」が熱い戦争に発展すれば、判読不能な重要通信の量にブレッチリーパークが圧倒されてしまうのではないかという懸念について述べた。そして、来たるべき大需要に対処するために、ブレッチリーパークの増大するスタッフを五部門に分け、一日二四時間シフトにすることを提案した。すなわち、登録室は通信量の分析に当たり、傍受管理室は傍受局を最も有望な発信局に向けさせ、機械室は最初の二つの業務を調整し、その下に穿孔シート堆積室を置き、解読室は解読に導くあらゆる電文を取り扱うこととしたのである。ウェルシュマンはさらに、傍受センターの数を増やすよう提案し、その中には、ドイツ空軍の電文を傍受することになる空軍運営のセンターも含まれるとした。昔のチャタム要塞の中の主たる傍受局は非常に効率的だったが、陸軍が運営していた。*24

トラヴィスはウェルシュマンの計画を受け入れたばかりか、デニストン所長を説得してそれを推進すらした。その結果、ブレッチリーはドイツのオランダ・ベルギー侵攻という嵐が起きた一九四〇年五月一〇日には、間一髪ながらすでに効率的に機能していたのである。もう一つ偶発的な出来事があった。ブレッチリーはすでにポーランド人からボンブについて聞き及んでいた。彼らは今や独自のボンブを獲得したのである。その原型となったのはアラン・チューリングによるものだった。彼はウェルシュマンと同時期にブレッチリーに採用された、ケンブリッジ大学出身のもう一人の大物数学者だった。チューリングは知能的にはウェルシュマンを上回っていた。事実、彼は世界有数の数学者の一人であり、一九三六年にプリンストン大学の客員フェローとしてデジタルコンピューター理論について記していた。これは万能計算機であり、未だ存在していないものだった。コンピューターには「チューリングマシン」という代替名があるほどだ。*25 ボンブのためにチューリングが行った設計は、英タビュレーティングマシン社によって発展途上にあった。同社の製品は大部分がパンチカード装置だった。チューリングのものは電気機械式であり、もっと素早く高出力だったが、ウェルシュマンは設計の変更を提案した。それは、ありうる設定ながらも誤ったエニグマの設定をより早く除外することができるものだった。

当然のことながら、ボンブはエニグマのありうる設定を全てテストできたわけではなかった。それをなすには、現代の大型コンピューターの計算スピードが必要とされたことだろう。しかし、ウェルシュマンやチューリングその他の数学者は、多数傍受されたエニグマ電文の各部分は型にはまったもので、反復するものだと理解していた。それは例えば、受信者のフルネームと階級、あるいは発信した司令部の名称などである。これらは推測可能な場合もあり、やがて「クリブ」と呼ばれるようになった（イギリスのパブリックスクール用語で、ラテン語やギリシャ語の翻訳テストに用いられたカンニングペーパーのこと）。ボンブの方法は、クリブを推測し、ローターが設定される一万七五七六の位置のサイクル内で数理的な手順を繰り返すことによって、置換文字をテストすることに依拠していた。これは極めて実りあるものであることが判明した。

ただし、クリブ法はドイツ人オペレーターが不注意や怠慢、ミスによって設定の糸口を与えてくれなければ、機能しなかっただろう。ウェルシュマンも「然るべく使われていれば、この暗号機は解読不能だっただろう」と述べている。[*26] ドイツ軍や政府機関の数ある下部機構のオペレーターは適切にこれを使った。海軍用エニグマの三つのキーが破られたことは一度たりともなかった。その中には、ブレッチリーからバラクーダと呼ばれ、艦隊行動中の高レベルの重要信号用に使われたものもあった。ピンクはドイツ空軍の高レベルのキーであり、使用後わずか一年後に破られたが、その後は解読できるものは希になった。グリーンはドイツ陸軍の本土運用管理のためのものであり、戦争中に一三回しか破られなかった。その際は、ある捕虜が手助けしてくれたのだった（「然るべく使ったときのエニグマのセキュリティーは、それほどのものだった」）。大西洋のUボート用キーはシャークと呼ばれ、一九四二年二月から一二月まで解読不能だった。これは大西洋の戦いが危機的になった時期である。ゲシュタポ用キーは一九三九年から一九四五年まで使われたが、一度も破られなかった。[*27]

解読のパターンはランダムではなかった。ゲシュタポは当然のことながら細心の注意を払っていたようである。ドイツ陸軍と海軍は由緒ある通信部隊を有しており、経験豊富な熟練オペレーターを使っていた。一九三五年に新設されたばかりの空軍に弱点があることは、火を見るより明らかだった。空軍のオペレーターは陸海軍のオペレーターよりも若くて未熟だったのだろう。ブレッチリーが最初に破ったのは空軍用のキーであり、後には傍受した空軍用キーをほぼ全て破り、識別された初日に破ったこともあった。

　ブレッチリーは、ドイツ人オペレーターが犯す二つの形態のミス――それぞれが怠慢の産物――を「ヘリヴェルのヒント」と「シリー」と呼んだ。ジョン・ヘリヴェルのヒントは閃きの賜物だった。彼は、オペレーターはローターのリムを設定した後、選択した文字を一番上にしてスロットにリムを設置するだろうと推測した。これらの文字が暗号文の最初の三文字を表すのであれば、ローターの設定が分かる。ローター設定は、戦争勃発後の数年間は一日中変化しないものだった。「ヘリヴェルのヒント」はしばしば有益な結果を生み、解読を大いに短縮したのである。[*28]

「シリー」は怠慢のもう一つの形態であり、キーボードの配列を原因とする軽率なオペレーターを意味するものだった。オペレーターは最初の文字群用に三文字を選ばなければならないが、その際にキーをランダムに叩かずに、ＱＷＥＲＴＺ（後期のドイツ式配列）のキーボード上で指を斜めに一回動かし、もう一度斜めに動かしてＱＡＹとＷＳＸとすることがあった。これは間の抜けた（シリー）行動だったため、ブレッチリーの暗号解読官はこうしてもたらされるクリブを「シリー」と呼んだ。ほかのシリーとしてはＥＶＡやＫＡＴなど、ドイツ人女性の名前の短縮形があり、これらはおそらくオペレーターの恋人の名前だったのであろう。怠慢も甚だしいシリーとしては、ＡＢＣやＤＤＤなど、本当に間抜けなものもあり、これらは上層部によってすぐさま禁止された。しかし、その慣習はなかなか廃れず、それによって多くの解読がなされたのである。

　ブレッチリーが最初に破ったエニグマのキーはレッドであり、その名称はウェルシュマンがコールサインの識別――前述したようにこれが彼の本来業務――を行っている最中にほかのものと区別するために、赤鉛筆を使ったことにちなんでいた。ドイツ空軍の多目的キーは対仏戦が始まる五カ月前の一九四〇年一月六日に初めて破られ、これ以降、終戦まで継続的に破られた。これは、使われた日に素早く解読されるようになり、その後はリアルタイムで解読された。つまり、ドイツ側の正規の受け手が復号するのと同じ早さで解読されたのである。[*29] レッドの傍受とその解読は、英本土航空決戦とその後に続いた本土爆撃の期間中は死活的に重要だった。イギリスの傍受局とその担当官は、空電や妨害電波に対して全力を尽くしたが、傍受報告の中では文字化けや識別不能な文字群を表示せざるをえないことも往々にしてあった。なぜなら、国際モールス信号は混乱しやすく、特にUとV（トン・トン・ツーとトン・トン・トン・ツー）の混乱はドイツ語では頻繁に生じたからである。彼らは、しまいにはロシアや北アフリカほどの遠方からの送信を傍受しようとしていた。信号は、ドイツ軍が進軍して距離が増大するにつれて弱くなった。一九四一年四月、傍受局はギリシャ本土からの微弱なモールス送信を捉えようと苦闘していた。

ドイツ軍のクレタ空挺降下

ヒトラーには当初、ギリシャを侵攻するつもりはなかった。彼は西方で大勝利を収め、イギリスが敗北を認めずに和平を拒否してからは、矛先をロシアに向けた。これは長年の計画だった。ヒトラーは侵攻――バルバロッサ作戦――の前に、外交基盤を固める必要性があると判断し、ソ連南東の欧州近隣諸国ハンガリー、ルーマニア、ブルガリア、ユーゴスラヴィアを三国同盟に加盟させるべく説得あるいは強要しようとした。彼はすでにロシア国境地帯のほとんどを支配下に置いていた。一九三八年にオーストリアを併合して以来、同年にチェコスロヴァキアを占領、一九三九年にはポーランドを征服した。ハンガリーとルーマニア、ブルガリアは難なく三国同盟に加盟した。ブルガリアは旧同盟国だったし、ハンガリーはオーストリア＝ハンガリー帝国の一部であり、ルーマニアはロシアの力を恐れていた。ユーゴスラヴィアの場合はもっと難しかった。摂政パヴレ王子は同盟への調印に同意した。加盟した翌日、愛国将校連がクーデターを起こし、協定を破棄した。ヒトラーは激怒した。バルバロッサ作戦用に展開していた部隊を直ちに転用し、四月六日、つまり反革命の九日後、オーストリア、ハンガリー、ルーマニア、ブルガリアからユーゴスラヴィアに侵攻した。また、ブルガリアからギリシャにも同時に侵攻した。同国は頑強にも反ナチに留まっており、イギリス軍部隊の国内配置を以前からイギリスに認めていたのだった。

チャーチルは直ちに北アフリカから部隊を送った。ヒトラーはすでにロンメルと、後にアフリカ軍団と呼ばれるようになる部隊の前衛を北アフリカに派遣していたが、これはリビアで失敗した同盟国イタリアにテコ入れするためだった。イギリス遠征軍はギリシャのはるか北方のブルガリア国境でドイツ侵攻軍と会敵したが、すぐに南に押され、ギリシャ陸軍も西翼から南へと退いた。四月二六日、イギリス残存部隊は重装備のほとんどを放棄せざるをえず、ギリシャ南部から離れた。北アフリカに直接撤退した部隊もあったほか、オーストラリアとニュージーランドの兵員多数を含む部隊の中には、イギリス軍がすでに基地を築いていたギリシャのクレタ島に上陸したものもあった。

地中海で四番目に大きな島であるクレタは、小さな島からなる多くの諸島とともどもエーゲ海からの南の出入口を塞いでいる。その島民は好戦的で有名である。トルコから自由を勝ち取った最後の多数派ギリシャ系住民である彼らは、ギリシャ人の中でも戦闘能力と旺盛な独立精神を讃えられている。一九四〇年には、第5クレタ師団がイタリア軍と戦うべく本土へと進発していた。ムッソリーニはこの少し前にアルバニアを征服しており、そこから愚かにもギリシャに侵攻しようとした。イタリア軍は撃退され、後退していた。しかし、一九四一年四月の時点でクレタ師団は依然としてはるか遠くのギリシャ北部国境におり、クレタ本島は編制の乱れたイギリス軍、オーストラリア軍、ニュージーランド軍の寄せ集め部隊による以外に防衛がなされていなかった。これらは北アフリカから来たか、ギリシャ本土へのイギリスの干渉が失敗して逃れてきた部隊だった。

ヒトラーはクレタを無視してもよかったのかもしれない。クレタは対ソ戦略にも北アフリカにおいても本質的なものではなかった。一方、クレタは地中海東部の海路の支配権を握っており、したがって、そこに留まろうとするイギリスにとっては重要だった。ヒトラーは周辺戦略に懐疑的で、そんなものは戦力の無駄だといみじくも見なしており、ソ連侵攻間際にはなおさらそう考えていた。ゲーリングは、クレタをキプロスとマルタともども奪取すれば、中東と中近東への足がかりになるとヒトラーに進言したが、当初は反対されていた。しかし、粘り強く説得したため、結局はヒトラーが折れたのだった。その理由の一つは、バルバロッサ作戦で二次的な役割を演じることになる空軍の総司令官に、埋め合わせをしてやりたいということだったのかもしれない。ゲーリングにしてみれば、戦術的な参加以上に戦略的な結果に関心があったわけではなかった。彼は兵員定数を満たした空挺師団を一つ有していたが、それが独自の作戦に使われたことは一度もなかったため、その実力を見せつけてやりたかったのだ。

第7空挺師団は紆余曲折を経て編成された。一九三五年に部隊数を増加させるためにドイツ警察の軍事部門が陸軍に統合された際、プロイセン首相だったゲーリングにプロイセン地方警察の一連隊の指揮を保持することが認められた。彼はこれをヘルマン・ゲーリング連隊として空軍に組み入れ、後の第二次世界大戦中にこの中核が恐るべきヘルマン・ゲーリング戦車師団を形成することになる。[*30] しかし、一九三六年、連隊の一部が分離されて降下訓練を受けることになった。これは赤軍における新たな進展を真似たものだった。陸軍も同時に空挺部隊を編成したが、そのいずれもが活躍しないうちに、突如としてこれらが有用だと考えられるようになった。それは一九三八年のことであり、その際ヒトラーは、チェコスロヴァキアの頭越しに英仏を脅してズデーテン地方割譲の譲歩を引き出そうとし、それに失敗した場合はチェコスロヴァキアを攻撃しようと決意した。英仏は脅しに屈したが、この頃すでに、特殊作戦に使用する完全なパラシュート師団を編成するという構想が生まれていた。これは第一次世界大戦中のエース戦闘機パイロット、クルト・シュトゥデント将軍の指揮に委ねられ、その能力はすぐに高水準に高められた。同師団の部隊は一九四〇年四月のデンマークとノルウェー侵攻に、さらに五月のベルギーとオランダ侵攻に参加した。

ベルギーでは、同師団のクライダー降下部隊がエバン・エマール要塞を攻略し、ムース川に架かる重要な橋をほぼ損失なしで守り、華々しい成功を収めた。オランダでは事はさほどうまく進まなかった。ロッテルダムとドルドレヒトでは、空挺部隊が二つの重要な橋の奪取、確保に成功した。ハーグでは、空挺部隊も空輸された部隊も地上で大損害を被った。将校の損失は四〇パーセントであり、兵は二八パーセント、一方、航空機の損害は六六パーセント超だった。オランダの抵抗は総じてすぐに鎮圧されたものの、空挺作戦の失敗は、もし聞く耳があったなら、一つの警鐘となった。つまり、この新たな戦争遂行手段には危険が付きまとうということである。

この警鐘は無視された。一九四一年四月二四日、ヒトラーは総統令第二八号を記し、メルクール（マーキュリー）作戦の目標と目的を次のように定めた。「地中海における対英航空戦の基盤として、クレタ島を占領すべく準備せねばならない。（中略）同作戦の指揮は空軍総司令官に委ねられ、この目的のため、同総司令官は地中海に配置された空挺部隊と航空戦力を主として利用するものとする。陸軍は（中略）ギリシャにおいて然るべき増援を供給可能とし、（中略）これらを海路クレタに移動させうるものとする」[*31]

ヒトラーはもともと、空挺部隊用の任務が求められた場合（陸軍はこの頃までに第22師団を空輸師団として訓練していた）、目標はマルタにすべきだと提案していた。これは指令第二八号に定められた計画よりもはるかにましだったが、シュトゥデントと、さらに重要なことに、ヒトラーの作戦担当官であるヨードル大将から反対された。二人が主張するに、マルタは小規模で小ぢんまりした形をしているため、イギリス軍の防衛部隊は空からの侵攻部隊に対して迅速かつ圧倒的に戦力を集中させることができるとのことだった。これに対してクレタの細長い形は、防御側の戦力を分散させ、奮闘しても無駄になるため、攻撃側に有利な結果となりやすいというのが二人の見解だった。ヒトラーはこれに同意した。彼が指令第二八号を書き上げるや、賽（さい）は投げられた。

五月初旬、第7空挺（正式には航空（フリーガー））師団は北ドイツの訓練区域を離れ、鉄路で移動を開始し、一三日かけてギリシャ南部に到着した。同師団第2連隊はすでに三月二六日にブルガリアに向けて進発しており、コリントス運河の奪取に参加していた。この師団は変わった組織を擁していた。その三個のパラシュート連隊は、通常どおり三個大隊からなっていたが、それらは規模が小さく、それぞれ五五〇人しか兵員がいなかった。工兵大隊もあり、ドイツ軍の慣例で歩兵として戦闘を行うように訓練されていた。加えて、第四の連隊もあった。これは突撃（シュトゥルム）連隊で四個大隊からなり、グライダーによる着陸・強襲訓練を受けていた。師団には砲兵部隊は一個もなく、支援部隊もほとんどなかった。パラシュート兵は、低速ながらも信頼性のあるユンカース52型輸送機に一二人ずつ乗せられ、低高度（四〇〇フィート〔約一二〇メートル〕）から降下、そのパラシュートは自動開傘索によって開くようになっていた。彼らが携行していたのは拳銃だけであり、小銃と機関銃はキャニスターに入れられて別途投下されたため、後ほど回収する必要があった。グライダー部隊は小銃と重装備を機内に収納していたが、未整備地に硬着陸し、これに生き残る危険を冒さなければならなかった。[*32]

第7師団を支援するのは第5山岳師団だった。これは、バルバロッサ作戦に使用すべくルーマニアに残留することになった第22空輸師団の代わりとして選ばれたものだった。第5山岳師団はギリシャで大損害を受けており、第6師団の第141山岳連隊から補充を受けていた。第85、第95、第100山岳連隊は全てエリート部隊であり、そもそもはオーストリア陸軍に属していたが、一九三八年のオーストリア併合（アンシュルス）によってドイツ軍に編入されたものである。第100連隊の二人の兵士、クルツと（ヒンターシュトイサー・トラバースの）ヒンターシュトイサーが、同年にアイガー北壁を登ってこれに失敗し、死亡したのは有名である

〔死亡したのは一九三六年〕。同山岳師団はグライダー部隊とパラシュート部隊に後続する予定であり、空挺強襲によってクレタの飛行場が奪取された後にユンカース52型輸送機でそこに強行着陸することになっていた。

クレタのイギリス軍防衛部隊は、本島に派遣された地上部隊にはるかに先立つこと四月には先遣隊を到着させており、ドイツ軍が空挺降下してくる危険性を早々に認識していた。一九四〇年一一月三日にクレタ英軍部隊司令官に任命されたティドベリー准将は、ドイツ軍が五月に使うことになる空挺降下地域（DZ）を早くもこの年の一二月には特定した。*33 これら全てがマレメ、レティムノン、イラクリオンにある小さな飛行場に近いか、あるいは首都カニア近郊の海岸地帯の平野にあった。クレタの地形からすると、どんな軍事作戦も北部に限定せざるをえない。島は東西に一六〇マイル〔約二六〇キロメートル〕延び、最大幅も四〇マイル〔約六五キロメートル〕しかなく、険しい山の尾根に岩の峡谷が横切り、南へは容易に近づけない。荒れた地にオリーヴの木立が点在し、小さな草原もまばらにある上、住民は日常の習慣で忍耐強くてつましく、自立心が猛烈に強かった。高原地方は内紛のように常に無秩序で騒然としていた。

もし一九四〇年の時点で第5クレタ師団が遠く離れたギリシャ本島にいなければ、ドイツ軍は島を占拠できなかったであろう。「第5師団がここにいてさえくれれば」とは、戦いの最中にクレタ住民が異口同音に唱えた言葉だった。クレタの若者は本来的に戦士であったにせよ、訓練を受けた若者が一万人いれば、侵略者に確実に打ち勝っていたことだろう。実際のところ、クレタ防衛隊の大部分は本島から潰走してきた非クレタ人難民からなっていた。地元民の中には正規の軍務には高齢すぎるか若すぎる者もおり、総計約九〇〇〇人が慌ただしく八個連隊に編入された。彼らは軍服にも事欠くことが多々あり、多くが非合法の不正規兵としてドイツ軍に射殺された。イギリス軍守備隊はドイツがバルカン戦役を始める前から配置に就いており、第14歩兵旅団からなっていた。これは正規の戦前型大隊を三個、すなわちウェルチ連隊第1大隊、ブラックウォッチ連隊第2大隊、そしてヨーク・アンド・ランカスター連隊第2大隊を有していた。これらは後に、エジプトから来るレスター第2大隊およびアーガイル・アンド・サザーンランド・ハイランダー第2大隊と合流することになっていた。ギリシャからの撤退の余波を受け、数多くのオーストラリア軍部隊やニュージーランド軍部隊もクレタ島にやって来たが、大半が重装備を欠き、ギリシャ北部戦線からの撤退という苦い体験をしたことによって、編制が非常に乱れていた。これらは第2ニュージーランド師団と第6オーストラリア師団に属していた。ギリシャから逃れてきたイギリス軍部隊は、正規の騎兵、義勇予備兵、国防義勇軍歩兵、海兵隊、砲兵の混成であり、戦車と大砲はほとんど持っていなかった。英空軍が保有していた飛行機はわずか五機だった。計二万七〇〇〇人を数えた生存者の大半はニュージーランド兵であり、第一次世界大戦時にニュージーランド・ヴィクトリア十字章を受章したバーナード・フライバーグ将軍の指揮のもとで能力を発揮したことで有名である。彼はギリシャ本土からの到着をもって、クレタの全戦力の指揮を継ぐことになった。[*34]

五月初旬に諸部隊がギリシャから混乱を極めながら到着している間、これを使用できるようになったフライバーグは、それらを次のように分散させた。すなわち、九個大隊からなる第2ニュージーランド師団をギリシャ軍の三個連隊、イギリス第3軽騎兵連隊（戦車七輌）、第2王立戦車連隊（戦車二輌）とともにマレメ飛行場周辺と島の西端に配置し、北部の主要港スダ周辺にはオーストラリア軍の四個大隊、第7王立戦車連隊（戦車二輌）、ギリシャ軍の連隊二個、クレタ憲兵部隊一個を配置、ヘラクリオン周辺の島の東端には正規のイギリス歩兵大隊四個、ブラックウォッチ、レスター、ヨーク・アンド・ランカスター、アーガイル、オーストラリア軍大隊一個、第2王立戦車連隊と第3軽騎兵連隊の戦車一〇輌、若干の砲兵隊とギリシャ軍二個連隊を配した。

フライバーグは四月二九日にギリシャからクレタに到着したばかりであり、そこに留まるとは思っていなかった。そこからエジプトに向かい、ニュージーランド遠征軍団を立て直したいと考えていたのである。

しかしチャーチルは、断固確保しようとしていたクレタで彼に指揮を執らせることにしたのだった。チャーチルはフライバーグのことを気に入っていた。チャーチルは勇敢な男を過度に称賛した。旧知のフライバーグは抜群に勇敢だった。その身体には戦傷の跡が二七あった。フライバーグはソンムでヴィクトリア十字章を獲得する前から陸軍内で名声を博していた。ガリポリ上陸作戦の前に、誘導灯を海岸に設置すべくレスポント海峡を泳いで渡ったからである。フライバーグには親しみやすさもあった。兵卒も、イギリス軍もオーストラリア軍も、皆一様に彼を称えた。出身国であるニュージーランドの兵士にとっては当然のことながら国民的英雄だった。大きな身体に社交的な物腰、しかも尊大なところがまったくないフライバーグは、兵に好かれた将だった。兵士たちには彼の考えが分かった。フライバーグが「銃剣で突っ込め」と言えば、機会到来に当たって彼がそのとおりにすることが彼らには分かっていた。

フライバーグは在クレタ連合軍の指揮官に任命されるや、カニア近郊のスダ湾上の採石場に司令部を設営した。その採石場の洞窟の中で、臨時の情報担当官であるサンドーヴァー大佐は、傍受したエニグマ電文――伝説のエージェントにちなんでOL（オレンジ・レオナルド）と呼称された――を解読し、それをフライバーグに見せた後に焼却処分とした。*35 サンドーヴァーはわずかな参謀の一人だった。英海兵隊のウェストン将軍は、頭越しにフライバーグが任命されて自分が更迭されたことに立腹し、部下を自分の手元に残したのだった。結果として、フライバーグは人員を探し回らなければならなかった。いずれにせよ、彼には熟練の参謀も通信員も無線機までもが甚だしく不足していた。クレタのような島で軍事目標を効率的に達成するには、良好な島内通信と電信が必要とされるにもかかわらず、クレタ島ではその両者が不足していたのであり、在クレタ連合軍は初めから身動きが取れなかったのである。

だが同時に、あり余るほどの情報を享受することもできた。なぜなら、メルクール作戦はドイツ空軍に限定されており、責務の序列が第Ⅳ航空艦隊、第Ⅶおよび第XI航空軍団、第7空挺師団へと下がっていったからであり、さらにまた、ブレッチリーは依然としてドイツ陸海軍のエニグマ通信には四苦八苦していたものの、ドイツ空軍の交信についてはリアルタイムで読むことができ、ドイツ軍の計画に関する非常に正確な警報を作戦開始のかなり前に在クレタ連合軍に発することができたからである。

来るべきクレタ空挺降下に関する警報は、早くも五月一日にはカイロ経由でフライバーグに送られた。同作戦に関する詳細な記述は五月五日に送られた。それによると、ドイツ軍の準備は一七日に完了し、第7航空（空挺）師団と第XI航空（グライダー）軍団の部隊が降下、その矛先はマレメ、カンディア（イラクリオン）、レティモ（レティムノン）に向けられることになっていた。これに続いて爆撃部隊と戦闘機部隊がマレメとカンディアを攻撃する。ほかの陸軍部隊は海上輸送によって陸揚げされる模様だった。五月七日には、一件のエニグマ解読によってそれ以前の信号の内容がはっきりし、「第3山岳連隊というよりも三個山岳連隊であろう」ことが示された。今だからこそ分かるが、これは第6山岳師団の一連隊を第5山岳師団に配属する決定に言及したものである。これらは全て空輸されることになっていた。これに同行する陸軍師団には第22空輸師団がもともと選ばれており、フライバーグの参謀は、第5山岳師団は輸送機ではなく海路でやって来るものと判断した。

解読されたエニグマ暗号はドイツ軍の意図を正確に伝えていた。すなわち、クレタを攻撃するのは一個空挺師団（第7航空師団）、第XI航空軍団のグライダー部隊（空挺突撃連隊）および陸軍の一個師団、つまり、当初の第22師団に取って代わり、後に第6山岳師団の一連隊で増強されることになった第5山岳師団である。これらは輸送機で運ばれて来る予定だった。第22師団が第5師団に代わったことと、海上輸送について言及されたことにより、フライバーグは直面している脅威を評価する際に戸惑ってしまったのだった。

鍵となったエニグマ暗号は解読され、その決定的な要約（ＯＬ２／３０２）が五月一三日午後五時四五分にフライバーグの司令部に送られた。これによって示された作戦の全体像は次のとおりである。すなわち、作戦は五月一七日（後に二〇日に変更）に発動され、作戦初日に空挺師団がマレメ、カンディア、レティモを奪取、続いて戦闘機部隊と爆撃機部隊がクレタの飛行場に到着し、その後にグライダー部隊と輸送機によって運ばれた陸軍部隊が着陸、最後に、さらなる部隊と補給物資のほかに対空砲部隊からなる上陸部隊が海から到着することになっていた。

加えて、第12軍は指示どおり三個山岳連隊を供出する。さらなる部隊構成要素として、オートバイ兵、装甲部隊、対戦車部隊、対空部隊も充当される。（中略）輸送機は十分な数――約六〇〇機――が本作戦に割り当てられ、アテネ地域の飛行場に集結する。最初の出撃では、おそらくパラシュート部隊のみが輸送される。後続の出撃は、グライダー空輸隊、装備および物資の輸送に関するものであり、おそらくグライダーを牽引する航空機が含まれる。（中略）侵攻軍は三万人から三万五〇〇〇人で構成され、そのうちの約一万二〇〇〇人はパラシュート降下部隊であり、一万人は海上輸送される。（中略）企図した作戦の妨げにならぬよう、スダ湾には機雷を敷設せず、クレタ島の飛行場は破壊しない旨の指令がすでに発せられている。[*36]

ＯＬ２／３０２はメルクール作戦のほぼ包括的な指針であり、敵の手に落ちたタイムリーな情報としては最も完全な部類だった。それによって攻撃の時期と攻撃部隊の目的、戦力、構成が明らかになった。しかも、メルクールの成功は奇襲に依存していた――あらゆる空挺作戦に必須である――ことからすれば、作戦指令がフライバーグに筒抜けになったことは著しく不利なことだった。

だが、ＯＬ２／３０２は必ずしも作戦構想の全体を示すものではなかった。どの部隊がどこに降下するのかが特定されていなかったし、これが欠落していたことは重大だった。今だからこそ分かるが、第1空挺連隊は島の東に空挺降下し、第2は中央に、空挺突撃連隊は西端のマレメ空港が第3空挺連隊に占拠されてから同空港に降下した。これは死活的に重要な生情報だったが、傍受したエニグマ暗号にもともとなかったか、あるいは傍受したものから省かれてクレタに送られたかのいずれかだった。ブレッチリーの方針では、生の解読文を外部に出すことはなかった。理解できないことが多いから、というのがその理由である。ウィンストン・チャーチルは当初、解読されたままの信号を見せろと言い張ったが、チャーチルですら、ブレッチリーの方がよく分かっていると認めざるをえなかった。

仮にその生の解読文に、どの部隊がどこに降下するのかが明示されていたなら、フライバーグの戦いぶりは変っていたことだろう。手持ちの戦力をもっとマレメに集中させ、これによってドイツ軍は飛行場を使えず、確実にクレタの戦いに負けていただろう。一方、フライバーグは負けなかったかもしれない。彼にはエニグマ――厳密に言えばウルトラ――の機密情報が全て知らされたわけではなかった。全てを知らされた司令官などほとんどいなかった。ドイツ軍の信号がリアルタイムで解読されている旨をウルトラ情報機構が知ることを許していたのは、たいていは戦域司令官といった本当の高官のみであり、今回の場合はカイロにいたウェイヴェル将軍だった。彼らは特定の情報――「特殊情報」と「極特殊情報」――は非常に信用がおけると部下に告げるよう命じられていたが、その価値を説明する際には、敵の司令部内にエージェントがいると架空の話をするよう指示されてもいた。ウルトラ情報に接することが認められた将校の小集団は作戦区域で資料を取り扱ったが、秘密厳守を誓わされた。そうした秘密を知らないフライバーグは、単に架空のエージェントの話を聞かされたのみであり、OL資料についてほかの誰かと話し合うことは禁じられたのだった。これは、知力に自信のない男だった彼にとっては内心穏やかならぬ制限だった。自分の関心事を側近と話し合うという、いつものやり方ができず、ウルトラに関する知識を封印せざるをえなかったのである。

さらに悪いことに、伝えられていた内容を彼が誤解していたことは疑いない。五月六日付ＯＬ２１６６と五月七日付ＯＬ２１６８の電文中にあった第22空輸師団、第５山岳師団および第６山岳師団の付属連隊についての言及によって生じた混乱により、彼はパラシュート部隊以外の戦力の方がパラシュート部隊よりもはるかに大きいと信じてしまったのである。さらにまた、海上輸送に関する言及によって、空挺降下と同様に海からの上陸にも直面すると思ってしまった。そして、その上陸はおそらく同時進行的に行われ、空挺部隊の数を上回る上陸部隊が参加するだろうと考えたのだった。フライバーグの息子が回想の中で誠実に論じているように、彼は許されて然るべきだろう。*37

ウルトラ情報機構に関する権威ある歴史家にしてブレッチリーの解読官であったラルフ・ベネットは、説得力をもってこう記している。

> ［フライバーグ］は、ウェイヴェルからクレタ司令官に任ぜられるまで［戦闘が始まるちょうど三週間前の四月二九日まで］、ウルトラについては何も知らなかったのであり、それを解釈した経験が皆無だった。にもかかわらず、そうしたことに鑑みると、彼はさまざまな出来事によってほぼ同時に作戦の決定をなすことを余儀なくされたのであり、第三者の意見やアドバイスなど、何であれ助けになるものがなかったのである［クレタにおけるウルトラの中継者であるビーミッシュ空軍大佐は指揮系統内にいなかった］。［さらに］島が海以外から占領されたことは、史上かつてなかった。新たに生まれた空挺部隊が地上の防御を凌駕しえた唯一の証拠は、［エバン・エマールとその関連の小規模作戦による裏づけ］からなっていた。イギリス陸軍では、パラシュート大隊はその後の六カ月にわたって編成されることがなかった。最後に、一七九八年にアブキールでネルソンがフランス軍に勝利して以来、地中海における英海軍の制海権が初の本格的な挑戦を受けたという事実は、（中略）ウルトラがあったにせよ、それ自体が在来手段による

攻撃への恐怖を増幅させるに十分だったのであり、海からの危機に関する〔フライバーグの〕評価を批判することは、後知恵の乱用によってのみ可能なのである。[*38]

とはいえ、あらゆることを考慮に入れても、ウルトラはドイツ軍が何千人もの空挺部隊をもってクレタを急襲しようとしている旨の警報を発していたのであり、在クレタ連合軍はギリシャでの敗北によって混乱していたとはいえ、数の上では不利ではなかったのである（イギリス連邦軍の四万二四六〇人に対してドイツ軍は二万二〇四〇人）[*39]。海からの上陸が行われることはなかったにもかかわらず、クレタは失われた。何が悪かったのだろうか。

クレタの戦い

五月二〇日は、地中海の麗しい初夏の日だった。マレメに配置されていた第22ニュージーランド大隊の日誌にはこう記録されている。「空に雲なく、風もなし。視程は最高で、南東二〇マイル〔約三〇キロメートル〕の山々が細部まで容易に識別可能」[*40]。それまでの二週間、ドイツ軍の空襲が毎朝あったように、この日も早くからイギリス軍陣地のほとんどが空爆された。その後、つかの間の静寂が戻ったが、八時になると前より激しい爆撃が再開された。マレメでは多数の死傷者が出た。彼らが手当を受けている最中、第二波のドイツ軍機の音が乱入してきた。これらは突撃連隊のグライダーを曳航してきたJu52であり、マレメ飛行場の西に向かって流れるタヴロニティス川の干からびた河床に着陸し始めたところだった。数分すると、一〇人が一グループとなった約四〇機のグライダーが強行着陸し、コッホ少佐に率いられた第Ⅰ大隊、第Ⅲ大隊の一部および連隊本部を運んできた。コッホ少佐はこの前年、ベルギーにおけるエバン・エマール急襲を率いていた。グライダーは着陸する際に、空港とそれを見下ろす一〇七高地の塹壕にいたニュージーランド軍歩兵からの集中銃火に曝された。

　多くの戦場と同じように、マレメの戦場は実際に訪れてみると地図で示されているよりもはるかに小さい。飛行場は一〇七高地（現在ではドイツ侵攻軍の墓地となっている）の縁の下にあるように見えるし、その向こうには海がはっきりと見えるが、タヴロニティス川流域だけが地形のトリックによって視界から隠れている。第一次世界大戦でヴィクトリア勲章を受章したニュージーランド軍第22大隊長レスリー・アンドリュー中佐は、直線視程の欠点を考慮に入れてD中隊を河床の土手に配置した。また、A中隊とB中隊は一〇七高地とその斜面におり、C中隊は実際には飛行場にいた。中佐が保有していたのは戦車七輛、固定四インチ砲二門、ボフォース対空砲数門だった。これに歩兵の小銃と軽・重機関銃を加え、恐るべき火力を布陣したのである。

　これによって、パラシュート降下した突撃連隊の第Ⅱおよび第Ⅳ大隊に大きな犠牲が生じ、第Ⅲ大隊の一部も同様だった。損耗は特に将校に多く、第Ⅱ大隊では一六人が戦死し、七人が負傷した。これらの多くは緒戦において発生したものだった。だが、マレメではいたる所で大きな損耗が出た。空挺兵は、クレタ守備隊はわずか一万二〇〇〇人しかいないと伝えられていたが、これでは全体の約四分の一にしか相当しない過小評価だった。また、抵抗は微弱であろうし、クレタ住民からは友好的に迎えられるだろうとも告げられていた。これら三つの予言の全てが事実に反していることが判明した。クレタ住民は空挺降下が始まるや、あらゆる種類の武器を手にして繰り出した。これは共同体の勇気を示す行為だったが、ドイツ軍が大量虐殺や個々の報復の機会を得るや否や、恐るべき代償を支払ったのだった。防御側のイギリス軍、ニュージーランド軍、オーストラリア軍は獰猛（どうもう）に戦い、実際にパラシュート降下段階の間は、浮かれ騒ぎそのものだった。朝食の席に座っている兵士がパラシュート兵を撃ち、朝の鴨狩（かもがり）よろしく得点を付けることもあった。パラシュート降下がもたらす不死身の感覚は、ハーネスの末端にいくつも死体がぶら下がる

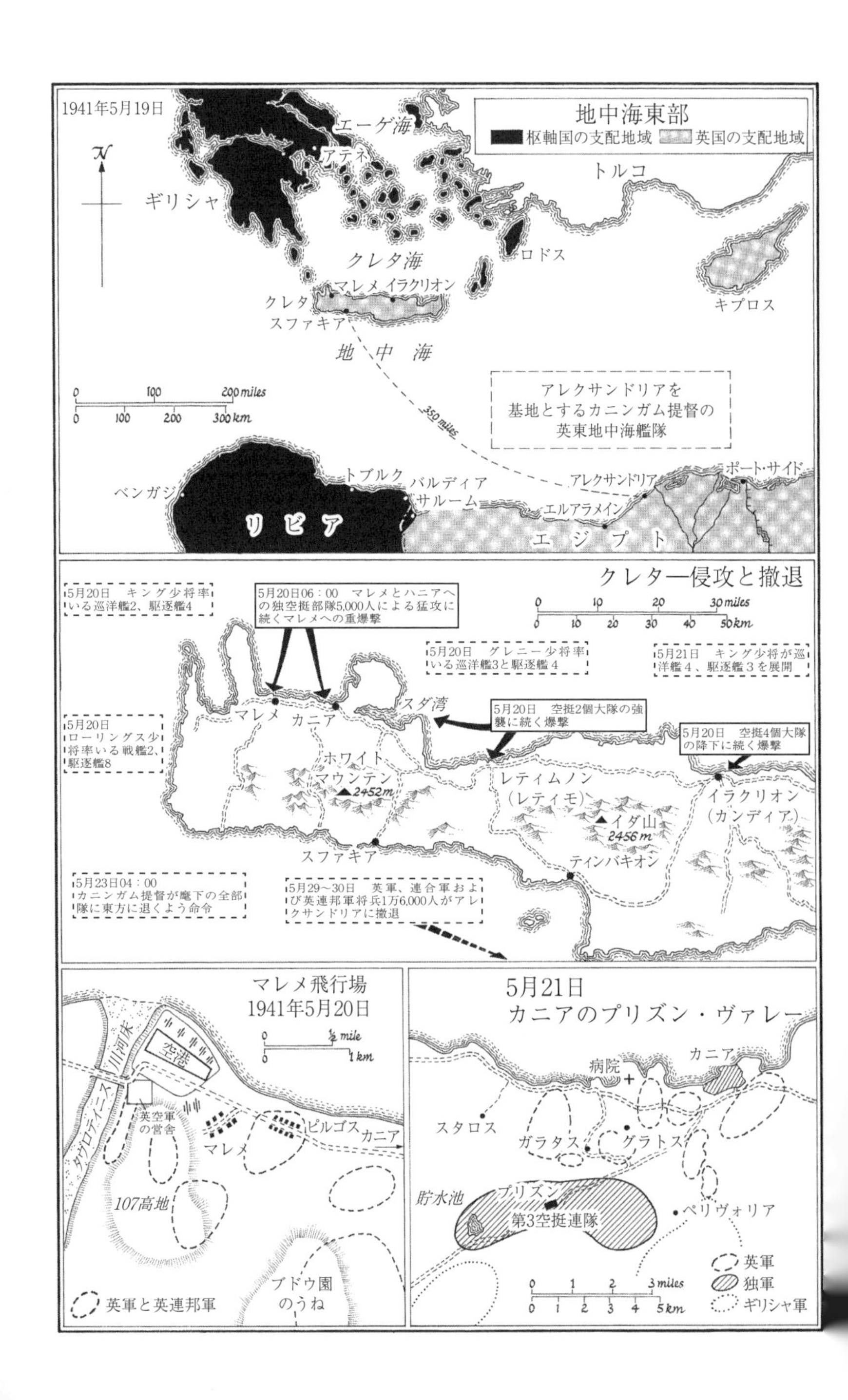

1941年5月19日
地中海東部
枢軸国の支配地域
英国の支配地域
エーゲ海
アテネ
ギリシャ
トルコ
ロドス
クレタ海
マレメ
イラクリオン
クレタ
スファキア
キプロス
地中海
0 100 200 miles
0 100 200 300 km
350 miles
アレクサンドリアを
基地とするカニンガム提督の
英東地中海艦隊
ベンガジ
トブルク
バルディア
サルーム
アレクサンドリア
ポート・サイド
エルアラメイン
リビア
エジプト
クレタ―侵攻と撤退
5月20日　キング少将率いる巡洋艦2、駆逐艦4
5月20日06：00　マレメとハニアへの独空挺部隊5,000人による猛攻に続くマレメへの重爆撃
0 10 20 30 miles
0 10 20 30 40 50 km
5月20日　グレニー少将率いる巡洋艦3と駆逐艦4
5月21日　キング少将が巡洋艦4、駆逐艦3を展開
スダ湾
5月20日　空挺2個大隊の強襲に続く爆撃
5月20日　空挺4個大隊の降下に続く爆撃
5月20日
ローリングス少将率いる戦艦2、駆逐艦8
マレメ
カニア
ホワイトマウンテン
2452m
レティムノン（レティモ）
イラクリオン（カンディア）
イダ山
2456 m
スファキア
ティンバキオン
5月23日04：00
カニンガム提督が麾下の全部隊に東方に退くよう命令
5月29～30日　英軍、連合軍および英連邦軍将兵1万6,000人がアレクサンドリアに撤退
マレメ飛行場
1941年5月20日
0 ½ mile
0 1 km
空港
川河床
タヴロニティス
英空軍の営舎
マレメ
ピルゴス
カニア
107高地
ブドウ園のうね
英軍と英連邦軍
5月21日
カニアのプリズン・ヴァレー
病院
カニア
スタロス
ガラタス
グラトス
貯水池
プリズン
第3空挺連隊
ペリヴォリア
0 1 2 3 miles
0 1 2 3 4 5 km
英軍
独軍
ギリシャ軍

につれてすぐさま消えた。すぐには撃たれなかった者の中には、やられ放題であることに怒り狂った者もいた。その他は空中で降伏して手を上げたが、目的は達せられなかった。木々が立っている場所では、すぐにパラシュートにまとわりつかれ、死体となってぶら下がった。

無傷で着地したパラシュート兵は——空挺工兵大隊ともどもマレメとカニアの中間に同じように無傷で降下した第3連隊の第Ⅰ大隊と第Ⅱ大隊のほとんども——武器の入ったキャニスターを見つけるだけでよく、いつでも戦闘可能だった。これらの集団はすぐにまとまり、隊列を組んで戦い始めた。マレメそれ自体の周辺では、降下の際に受けた反撃の大混乱から立ち直った後も、第Ⅲ大隊とグライダー部隊の生存者は依然として絶望的な苦境に立たされていた。ニュージーランド軍には、マレメの東に延びる土地を確保している第23大隊と第21大隊が含まれており、塹壕の中で闘志をみなぎらせていた。ドイツ軍は「ブドウ園や麦畑に無事に着地したり、隠れたりしても、武器を見つけるまでは実質的に戦うことができなかった。開けた場所に格納筒が落ちたら、それを回収するのは『だるまさんが転んだ』の殺人ゲーム版になった」[41]。第Ⅲ大隊はあっという間にほぼ全滅した。大隊長とその副官、四人の中隊長のうちの三人、そして四〇〇人から五〇〇人余の兵が即死したか、あるいは一〇七高地のオリーヴ樹木や雑木の中で負傷したまま放置されて死亡した。

カニア近郊の採石場に設置された司令部の中で朝食を取っていたフライバーグ将軍は、八時ちょうどに到着したドイツ軍を迎えると、「ヤツらは時間どおりだな！」と言った。これは、彼がウルトラ情報に接することができることを公に認めた、知られている限り唯一の発言である[42]。「彼の態度は」と、後にギリシャで特殊作戦執行部の指揮官となったウッドハウス卿は記している。「手持ちの生情報に基づいて必要な配置は全て行ったし、自分には今や部下に戦いを任せること以外に何もできない、というものだった」[43]

フライバーグは海からの危険についての判断ミスを重ねたにもかかわらず、レティムノン周辺地区の中央部と東のイラクリオンでは実際に能力を発揮した。オーストラリア軍の二個大隊、すなわち第2／11大隊と第2／1大隊は、ギリシャ軍二個連隊の支援を受けながらレティムノン飛行場を守っていた。オーストラリア兵は塹壕に完全に身を隠しており、射界も十分だった。この地域には植生がほとんどなかったためである。彼らはまた、十分な警戒態勢を取れる利点も享受できた。ドイツ空挺部隊はアテネで遅れたため、午後になるまで到着しなかったのである。それは、マレメとカニアで行われた降下の数時間後のことだった。第2空挺連隊の第Ⅰ大隊と第Ⅲ大隊も海岸沿いに飛んだが、彼らの飛行機とパラシュート兵は最後の接近段階で絶好の標的となってしまった。その中には、沿岸の丘陵地に隠れたオーストラリア兵の陣地の下を飛んだものも実際にあった。オーストラリア兵が火蓋を切ると修羅場となった。数機が撃墜され、ほかの機はパラシュート兵を海に落とした。彼らは装備の重みですぐに海底に沈んでいった。生き残った者も、銃火や視界から隠れられるものをほとんど見つけられなかった。彼らの多くがクレタ不正規部隊のいる場所に落ち、大多数が撃たれたのだった。

防衛に成功したのは二人の大隊長、キャンプベルとサンドーヴァーの資質によるところが大きい。彼らは部下を掌握して効果的な射撃態勢を構築し、残っていたあらゆる抵抗を排除すべく反撃を指揮した。第2空挺連隊はレティムノンで決定的な打撃を受けた。損耗は非常に甚大で、大隊長のシュトゥルム大佐は五月二一日の朝、サンドーヴァーの捕虜になった。

イラクリオンに降下した第1空挺連隊はさらに不運に見舞われた。その第Ⅰ、第Ⅲ大隊は、クレタの防衛部隊の中でも最高の錬度にあった第2ランカスター、第2ブラックウォッチ、第2ヨーク・アンド・ランカスターの手中に落ちた。これらの兵員は戦前の正規兵であり、なすべきことを知っていた。彼らには十数余の軽対空砲の支援もあり、これら対空砲はドイツ軍の事前空襲時に発砲を控えていたため、敵に陣地が知られていなかった。兵員輸送機のＪｕ52が現れたのはレティムノンよりも遅く、夕方の七時になっても数機が現れた。二時間続いたパラシュート降下行程の間に一五機が撃墜された。機を離れた空挺兵は大多数がイギリス軍に撃たれた。ある者はハーネスに吊されている最中に、ある者は着地した瞬間に、またある者は遮蔽物と地面に落ちた武器の格納筒を見つけようと急いでいる最中に。全中隊が壊滅した――ある中隊は生存者が五人しかいなかった。第1空挺連隊の第Ⅲ大隊は、兵力五五〇人のうち三〇〇人が戦死し、一〇〇人が負傷した。イラクリオンでの損耗の中には、ワーテルローの戦いでウェリントンの同僚指揮官を務めた有名なブリュッヒャーの親族である三人の兄弟もおり、それぞれ中尉、伍長、二等兵として軍務に就いていた。[*44]

戦闘二日目の五月二一日までは、イラクリオンとレティムノンにおけるフライバーグの優位は決定的だった。飛行場は二カ所ともイギリス軍の手中に残っていた上、都市周辺とイラクリオンのヴェネツィア防壁では依然として戦っているドイツ軍の小部隊があったものの、それらは単に持ちこたえているだけだった。彼らが蹂躙されるか、あるいは降伏を余儀なくされるかは単に時間の問題だった――ただし、島のどこかで戦闘がイギリス軍に不利になっていなければという条件付きである。そして、すでに不利になり始めていたのだった。

クレタの部隊には無線機がなく、したがって、フライバーグの作戦区域間の交信はせいぜい断続的なものであり、交信がないこともしばしばだった。五月二〇日の夜にカイロのウェイヴェルに宛てた電文の中で、フライバーグはこう報告している。「われわれは窮地に立たされております。今のところはマレメとイラクリオン、レティモの飛行場と二つの港を確保しておるものと思います。それらを確保しておける余裕はほんのわずかしかなく、楽観的な見方をするのは良くないことでしょう。戦闘は激しく、多くのドイツ兵が戦死しております。（中略）空襲は猛烈な規模です。ここにいる誰もがこの死活的問題をはっきりと認識し、最後まで戦う所存でおります」。フライバーグは、実際には形勢が逆転したと思っていた。彼が知らなかったのは、送信文の第二文の内容が決定的に間違っていたことだった。マレメ飛行場の守備隊は夜陰に紛れてそれを放棄しつつあったのである。ドイツ軍はそれを使って第5山岳師団の歩兵を空輸し、かくして優位が決定的になった。クレタの戦いは負けつつあったのである。

勇気に欠けていたわけではなかった。ヴィクトリア十字章を受章した第22ニュージーランド大隊長のアンドリューも、その上官の第5ニュージーランド旅団長のハーゲストも勇敢な男だったし、二人とも第一次世界大戦に参戦した古参だった。部下将兵も勇敢で百戦錬磨だった。だが、空挺戦の予想外の特質によって気力が失われてしまっていたのと同時に、彼らの相互連絡手段は不安定なものでしかなく、その上さらに、特にハーゲストは海からの上陸をフライバーグと同様に懸念していたのだった。アンドリューは午後遅くになってドイツ軍を空港から駆逐しようと協働し、指揮下にあるマチルダ戦車二輛を出撃させた。そのいずれもが適切な稼働状態になく、一輛は戻ってきてしまった。もう一輛は、戦車を恐れる空挺兵を空港から放逐することもできたかもしれないが、なぜかそこを通り過ぎ、タヴロニティス川の河床の中へと下っていき、そこですぐに擱座（かくざ）してしまったのだった。

五月二〇日の夜の帳が降りてまもなく、アンドリューは破滅的な結論に達した。すなわち、前方配置した自分の中隊はすでに蹂躙され、かくなる上はほかの二個中隊を東にいるハーゲストの別の大隊まで引き戻すのが最善の措置であり、そうすれば翌払暁時に反撃を開始できるだろうと考えたのである。両者の無線連絡は数少なかったが、アンドリューからするとそのうちの一回の交信の中で、ハーゲストが自分に同意してくれたか、あるいは現場にいる人間の判断をせめて受け入れてくれたように思えたのだった。双方とも完全に間違っていた。アンドリューが分断されたと思っていた二個中隊は、打撃を受けていたものの陣地を保持し、依然として敵を威圧しており、その敵は伏せている場所で眠ってしまうほど今や極度に疲弊していた。ハーゲストには予備部隊が多くあり、戦闘に参加していない大隊も丸々一個あったが、飛行場や一〇七高地への全面的な増援部隊の編成は辞退した。その夜、前進陣地にいたニュージーランド軍は、自分たちが見捨てられたということを偶然にも知ると、陣地を離れて東に移動した。重要地が戦わずして落ちつつあったのである。

アテネでは、五月二〇日から二一日にかけての夜に、ドイツ軍上層部がこの戦闘には負けたと判断しつつあった。シュトゥデントは、麾下師団の全滅のみならず、自分の名声と経歴も汚されつつあることを悟った。彼は慌てて会議を招集し、新たな計画を立てた。これにより、残りの空挺兵がラムケ大佐の指揮のもとに戦闘団を編成し、飛行場周辺に直接降下する一方、抜群に大胆不敵なパイロットであるクライエ大尉が、夜明けに飛行場への着陸を試みることになった。後者の目的は、大いに必要とされる弾薬を運搬するだけでなく、敵の防御を試すことでもあった。*45

クライエは五月二一日の朝、着陸と離陸を見事にやってのけた。彼がアテネに帰還するや、新たな攻撃に向かうユンカース52の一団の準備を手すきの兵士が総がかりで開始した。これには一日かかり、その間、ハーゲスト旅団長が部分的ながら立て直したニュージーランド軍が、前夜に放棄した土地を奪還すべく突進した。彼らは激しい空襲のもと、ブドウ園やオリーヴの木立の中に隠れているドイツ軍敗残兵の銃火に抗いながら前進した。ニュージーランドの生粋の戦士種族マオリ人からなる第28大隊は、実際に飛行場に戻ったが、援護がないと見るや引き返してしまった。その後、午後遅くになってラムケの空挺団が第5旅団地区に降下すると、ニュージーランド軍は空から降りてくるパラシュート兵に対する銃撃と、どうにか無傷で着地した集団に対する掃討という、前日に行ったのと同じ行動を再開せざるをえなかった。

仮に第5山岳師団がラムケと同時にマレメ飛行場に大挙して到着し始めなかったとしたら、ラムケの降下は空挺作戦の大失敗に単に輪をかけただけとなっていたことだろう。第5山岳師団は整然と到着したわけではなかった。射程内にいたニュージーランド軍は猛烈な銃砲撃を開始し、鹵獲したイタリア軍野砲からイギリス軍砲兵が発射した砲弾によって弾幕がより厚くなった。二二機のユンカース52が地上で、あるいは着陸前に命中弾を受け、すでに前日の戦闘で激減していた輸送部隊にとっては甚大な損失となった。だが、ドイツ軍は毅然としており、鹵獲したブレンガンキャリアを使って滑走路の残骸を押しのけ、七〇秒で機体の向きを変えた。五月二一日には第100山岳連隊の一個大隊が空輸され、二四日までに師団全体が着陸し、兵員空輸部隊によって運ばれた数は一万四〇〇〇人近くになった。山岳師団が到着する中、オーストラリア軍の第2／7連隊と第1ウェルチ連隊の増援を受けたニュージーランド軍は、マレメとカニア周辺の空挺堡に対する戦闘を継続しており、戦果を上げることもままあった。ニュージーランド軍第20大隊のチャールズ・アパム中尉がヴィクトリア十字章を受章したのは、戦闘のこの段階でのことだった。アパムは戦争後期に再び同章を受章しており、二度受章した史上わずか三人のうちの一人で、歩兵としてはただ一人の受章者である。

クレタ西部の守備隊は勇敢であり、混迷を深める激戦の中に戻る意志もあったが、その決定権は五月二二日にはすでに彼らの手を離れていた。降下当日とその直後の期間に驚嘆すべき損失を空挺・グライダー部隊に与えたにもかかわらず、五月二一日までにマレメ飛行場が失われたことで決定的な打撃を受けた。これ以降、ドイツ軍は完全な航空優勢を享受し、意のままに島を強化できた一方、在クレタ連合軍には航空支援がなく、海軍の支援もほとんどない状況の中で、兵力が減り始めていた。最終的に、隊列を組みながら集団で逃げたり、落伍したりした戦闘の生き残り二万人が、ホワイトマウンテンを横断して苦難の脱出を行い、南部のスファキア港から海軍に救い出されたのだった。これ以外は、北部の海岸から部隊ごとに船出した。多くは残留し、占領に屈することを拒んだクレタ人とともに抵抗運動を行った。彼らは結局、ゲリラ部隊に送り込まれたイギリス軍連絡将校から、島の村落に対する恐ろしい報復を避けるため、ドイツ軍への攻撃をやめさせられたのである。

この戦闘で三五〇〇人近くの英豪ニュージーランド兵が戦死し、約一万二〇〇〇人が捕虜となった。フライバーグ将軍が非常に警戒した海からの侵攻を撃破あるいは押し戻すために戦った英海軍将兵も、二〇〇〇人近くが失われた。ドイツ兵の損耗は同等にすぎなかったが、大きく感じられた。損耗数については意見の一致をみることがほとんどなく、五月二〇日から六月一日までのクレタの戦いにおけるドイツ軍戦死者数に関する見積もりは、一〇七高地の墓地に追悼されている三三五二人から、アントニー・ビーヴァーの計算による三九九四人（航空兵を含む）までさまざまである。ドイツ兵の損耗で恐ろしいのは、大部分が第7空挺師団のものであり、五月二〇日の一日だけでそれが生じた点だ。総兵力——目下の空挺連隊三個と突撃連隊の総兵力——約八〇〇〇人のうち、二〇〇〇人以上も戦死したのだった。数はもっと多いかもしれないが、信頼できるものは皆無である。[*46]

したがって、クレタ作戦はドイツにとって大失敗だった。ヒトラーの陸軍の中で最も優れた戦闘組織の一つが実質的に壊滅したのである。彼は二度と空挺作戦のリスクを冒すまいと決意し、総じてそれを堅持した。とはいえ、クレタの戦いはイギリス軍が負けた戦いでもあった。戦死傷者や捕虜になった将兵の多くは精鋭だった。区別するのは不当ではあるが、アフリカ軍団長としてサハラ砂漠西部で頻繁に彼らに遭遇したエルヴィン・ロンメル元帥は、自分の知る限りニュージーランド兵は最高の兵士であると評している。しかもその評価は麾下のドイツ兵も考慮に入れてのものだった。オーストラリア兵は錬度においては劣ったものの、ニュージーランド兵と同じく自信にあふれ、有能だった。イギリス軍の五個の正規大隊、つまりヨーク・アンド・ランカスター、ウェルチ、レスター、ブラックウォッチ、アーガイルの将兵も同様だった。部隊単位で海軍に救い出された者以外は、やみくもに撤退した。在クレタ連合軍は組織立って撤退しなかった。生存兵は、敗走は敗北よりも恥とする考えに固執したが、結局はエジプトへの退路を見つけたのだった。

海軍も陸軍と同じように損害を被った。カニンガム提督は、フライバーグが非常に恐れた海からの侵攻――実際は、護衛も付けずに無防備のドイツ兵を満載していたギリシャの一握りの漁船団――を阻止しようとして、ドイツ空軍の攻撃に対して巡洋艦『グロスター』、『フィジィ』、『カルカッタ』の三隻と、駆逐艦『ジュノー』、『グレーハウンド』、『ケリー』、『カシミール』、『インペリアル』、『ヒアワード』の六隻を犠牲にした。さらに、戦艦四隻、巡洋艦六隻と駆逐艦七隻が撃破された。軍艦の多くは逃げてきた兵士を乗せており、艦上での損耗は甚大だった。クレタの海の戦いは陸の戦いと同じくイギリス軍の敗北であり、海軍要員と艦上の兵士、英空軍地上要員の生命の損失は目に余るものだった。

敗北はいかに生じたのだろうか。ブレッチリーとその業績の記録者として最適任であるラルフ・ベネットは、秘密を知る専門家にして歴史学者でもあるが、「戦闘に勝つには事前の知識はもちろん、力も必要であるという真理［の好例］がクレタである」と記している。彼の見解はこう言い換えられるだろう。イギリス軍は、戦闘中に然るべく戦力を配置・派遣していれば、クレタの戦いに勝つのに十分な戦力を有していた、と。彼らはほとんど完全な事前情報を享受していたが、もし、それ以上の生情報、すなわち、攻撃戦力の個々の部隊の目標に関し、ドイツ軍がマレメを最重要視していることを示すような生情報があったなら、フライバーグの優先順位づけは変わっていたかもしれない。とはいえ、海からの上陸の危険性に彼が取りつかれていたことからすれば、それすら怪しい。

五月二〇日から二一日にかけてクレタで生じた出来事で明らかなのは、差し迫った危機にいかに対応すべきかを正確に認識していない防御部隊というものは、リスク一般についていかに知識があろうとも、明確な目的意識を持つ敵に対しては不利だということである。フライバーグはドイツ軍がいつ現れるかを知っていた。敵の目標が三つの飛行場であることを知っていた。その戦力が一個空挺師団とそれを補う山岳部隊であることを知っていた。だが、攻撃部隊の構成バランスについては分からず、脅威度がはるかに低い海路侵攻と空挺侵攻とを混同してしまった。ドイツ軍はこれとは対照的に、自らがなすべきことをはっきりと認識していた。すなわち、三カ所の飛行場をパラシュート兵とグライダー歩兵の前衛によって奪取し、その後に成功を確たるものにすることである。彼らの二つの目標であるイラクリオンとレティムノンについては惨敗を喫した。マレメについては当初に部分的成功を収めたが、これはドイツ軍が作戦上のリスクを冒して達成したものであり、一方のフライバーグとその部下には、それに見合う準備ができていなかったのである。

この戦いはターニングポイントの連続だった。もしアンドリューが、さほど戦闘を行っていない二個中隊を五月二〇日から二一日にかけて一〇七高地から移動させなければ、マレメ飛行場周辺で交戦しながら自軍の飛行場を確保していた二個中隊を翌日に支援することができたであろう。この決定は上官の反対がなかったにせよ、アンドリューが単独で行ったものであり、最初にして最大のミスだった。ただし、致命的ではなかった。翌日になってもマレメをめぐる戦闘は続いていたし、イギリス軍は敗れてはいなかった。アテネのドイツ軍司令部が「西部集団［突撃連隊と第3空挺連隊］が飛行場の東南端と一キロメートル南方の高地［一〇七高地］を奪取した」という報を得たのは、ようやく五月二一日午前七時一五分になってからだった。[*47] それまで空挺部隊の指揮官たちは、この戦いには負けたと考えていたのである。彼らが第5山岳師団を空輸してマレメ飛行場に大挙降下させる危険を冒すことを決断したのは、一〇七高地確保とクライエ大尉のマレメ飛行場着陸の報にようやく接した時だった。山岳部隊は午後遅くになって到着し始めた。その間、ニュージーランド軍は何回か反撃し、失地をほぼ奪還してもいた。また、マレメの東に降下した第二波のパラシュート兵を大量に殺害してもいた。

五月二一日の反撃はそうした状況を打開しえたかもしれないが、さまざまな理由によって失敗した。メッサーシュミット109戦闘機による機銃掃射とシュトゥーカによる急降下爆撃からなるドイツの近接航空支援は、ともに恐るべき破壊力だった。フライバーグは十分な部隊を送らなかったが、そうしなかったのは海からの上陸を憂慮し続けていたからだった。その懸念は五月二一日午後四時頃に受け取ったウルトラ通信によって最高潮に達した。「五月二一日に計画されている作戦には二個山岳大隊の空挺降下とカニア攻撃が含まれる。小型船団からの上陸は海の状態による」。[*48]この伝達文によって、フライバーグの攻撃が抑えられてしまったのである。押し寄せる山岳兵の波にマレメ飛行場がついに落ちたとき、彼は未派遣の大隊を少なくとも三個、カニア近郊に依然として保持していた。

ドイツ軍は運良くクレタの戦いに勝ち、イギリス軍は負ける必要のない戦いに負けたのである。数日前からドイツ軍の計画が分かっていたことを考えると、なぜ敗北に至ったのかを説明するのは確かに難しい。フライバーグは事前情報はおろか、戦力も擁していた。その運用を誤ったのはなぜなのだろうか。

彼が海からの脅威を過剰に懸念したことについては、これまで何度も指摘されてきたところであるが、彼に与えられたウルトラ情報の質については何ら言及されていない。彼が判断を誤った謎に対する答えは、そこにあるのかもしれない。留意すべきは、彼には生の解読文が提供されなかったということだ。それらを提供することは首相にすらないということをブレッチリーが決めていたからである。その決定は確かに正しかった。解読文は文字どおり不可解（エニグマ）、つまりドイツ軍の術語や略語に満ちていることが多く、そのほとんどが「秘密通信の脈絡のない断片であり、難解な言及の背景や文脈なしに読まねばならないもの」だった。[*49]しかし、ベネットが認めているように、ドイツ陸空軍のあらゆる暗号解読文の翻訳を担当する（解読は担当しない）ハット3には、解読文の翻訳を迅速かつ正確に行えるドイツ語学者は大勢いたものの、熟練のインテリジェンス・オフィサーは依然として（一九四〇から四一年には）ほとんどいなかったのである。興味深いことに、ウェルシュマンによると、解読を担当するハット6にはドイツ語をかじった程度以上の者はほとんどいなかったという。その結果について、ベネットはしぶしぶ次のように認めている。

「一九四一年初頭には、いったん地上戦が再び拡大したときに、この新たな情報源がどれだけ参考になるのか、あるいはそれをどのように使うのがベストなのかについて、想像する以上のことができるほどの根拠を持っている者は、一人もいなかった」。さらにこう続く。「そこから得られた個別項目をまとめ上げ、それを野戦指揮官に理解できるような様式にし、その上さらに戦闘計画を立てられるような様式にすることができるほどの経験に富む者も、一人もいなかった」。[*50] ハット3でベネットが経験したことについては、こう述べている。「暗号解読官の業績が［翻訳官側の］能力に見合うようになるまでには、実際には相当な時間がかかった。その能力とはつまり、自らの技能の産物を正確な軍事情報に転換し、それを正確に評価し、現場で正しく応用するという能力のことである」

ハット3の初期――まさにクレタの戦いの時期――の業績に関するベネットの意見は、フライバーグの戦い振りを理解するのに最適である。なぜなら、彼に送られたウルトラ電文の深刻な欠点がそれによって分かるからである。これらの伝達文は、切迫する空挺侵攻作戦の全容を明示しているように見える。肝心な点は、どの部隊がどこに降下するのか、それでは分からないということである。目標――マレメ、レティムノン、イラクリオン――は示されている。戦力規模も同様である。つまり、第7空挺師団と増援の第5山岳師団である。だが、それら部隊と目標区域との組合わせが示されていない。一九四一年五月一三日付のドイツ軍作戦指令ＯＬ２／３０２の取りまとめは極めて重要なものだったが、これは傍受したドイツ語の暗号自体の翻訳ではなく、ブレッチリーの翻訳官が整理合成したものであり、第1、第2、第3空挺連隊の九個大隊と突撃連隊に目標がどのように割り当てられているのかについては、明記されていないのである。

傍受した内容がさほど明示的ではなかったのかもしれないが、われわれには知りえない。「解読文の翻訳版を（中略）［公文書館に］譲渡したことはこれまでにない」。[*51] しかし、傍受内容に明記されていなかったなどということは最もありそうにない。作戦令というものは、いかなる軍隊においても標準的な様式に従うものであり、中でも目的や時期、目標、目標に割り当てられる部隊を常に事細かく記すものである。傍受して解読したエニグマ通信の中に、五月二〇日の第一波攻撃部隊である突撃連隊と第3空挺連隊の目標がマレメであることを示す証拠がなかった、などということは最もありえないことなのである。

もしフライバーグが、ドイツ軍の主目標はマレメであることを特定したであろうその電文を知っていたなら、考えが極めて明瞭になったことだろう。守備隊をレティムノンとイラクリオンに残して自立行動を取らせることができたであろうし、実際に彼らはそれを非常にうまくやってのけた。また、海からの上陸をさほど憂慮しなくてもよくなっただろうし、最初の降下を挫き、飛行場を後続部隊に使わせないよう、マレメに迅速かつ精力的に集中できたであろう。彼の手元には十分な戦力があった。突撃連隊は、全兵員を運搬できるだけのグライダーがあったとしても、せいぜい二四〇〇人程度だったし、第3空挺連隊はわずか一六五〇人しかいなかった。ニュージーランド師団は、英豪の付随部隊を含めるとドイツ軍の合計四〇〇〇人を上回り、十分な余裕があった。両軍の総数はドイツ軍の大隊七個に対してイギリス軍は一七個であり、しかもイギリス軍にはドイツ軍にはなかった戦車部隊と砲兵部隊もあった。

フライバーグは勝利できて然るべきだった。そうでなかったとしたら、インテリジェンスがさほど役立たなかったことがその理由の一端である。情報はあるにはあったが、それらはブレッチリーのハット3で多数を占めた経験の浅い若輩文官による解釈――「ふるい」あるいは「フィルター」として今日のインテリジェンス業界で知られる手順――を通じてフライバーグにもたらされたのだった。多くが言語学者だった彼らは、鍛え上げられた作戦情報分析官なら作成したはずの、敵の目標と能力に関する鋭い分析よりも、オックスブリッジ式の小論様式に基づいた、流麗な解説文を提供することに拘(こだわ)っていたように思える。インテリジェンスというものは所詮、使い方次第である。これこそ、「インテリジェンスの単純明快な実例」であるクレタの戦いの厳然たる教訓だ。本件の真相は今では明確になっているが、より優れた解釈が当時になされていれば、今日と同様に事の真相がはっきりしていたことだろう。

フォン・シュペー提督の東アジア巡洋戦隊が一九一四年に敗北したことにより、一九四一年から四二年にかけて日本が大東亜共栄圏の防御海域を征服するための礎が敷かれた。フォン・シュペーが太平洋から撤退する際に放棄した諸島植民地は、日本の海軍派遣隊に直ちに占領された。日本が大英帝国の同盟国として第一次世界大戦に参戦したのは、ドイツの仮装巡洋艦を撃滅して海軍を支援してほしいとの要請に応えたものだった。しかし、日本がイギリスの要請に応じたのは外交上の善意が動機となったからではなく、あくまで国益のためだった。数世紀におよぶ鎖国が一八五四年に解かれて国際社会に復帰した日本は、特に一九世紀末の十数年間に近代陸海軍を創設して以来、太平洋の強国になることを目指していた。長期的な野心は中国の支配だったが、支配階級の認識では既存の大国、特に中国に対して自らも下心を持つ英露が、大規模な併合にはいかなる試みであれ反対してくるはずだった。米国の政策はさらに重要な障害だった。アメリカは慈悲深く、おおむね公平だったからである。アメリカは商業的には中国に市場を創設してこれを守ろうとする一方、政治的には民主国を、宗教的にはキリスト教国を樹立することを目指していた。アメリカは太平洋の強国だったため、その態度は日本の国策を決める主要因となった。日本海軍は、太平洋海域における米海軍との戦いに関する問題を一九〇八年頃に検討しており、一九一〇年には、米国が一八九八年の米西戦争の末期に保護領を拡大したフィリピンへの攻撃に関する問題を研究していた。[*1]

日本海軍は、理論演習としても太平洋で対米海戦を行うには外地に根拠地が必要と認識していた。日本は一九一四年にはすでに版図をかなり拡大していた。一八九四年から九五年にかけての日清戦争で勝利した結果、日本は海外にフォルモサ（台湾）という大きな島とその近隣の澎湖諸島を獲得した。また、朝鮮に保護領を実質的に樹立し、一九一〇年にはこれを植民地とした上、黄海を囲む戦略的な岬である遼東半島には租借地を確保した。さらに、生産地である関東州に対する「租借権」も得た。日本が獲得した領土を自らも欲する列強は、日清戦争に介入して遼東半島を返還するよう日本に強要し、英独露は自らの沿岸租界を同半島に樹立、ロシアは旅順港の停泊地にそれを構えた。

日本は一九〇四年に報復を行い、ロシアに対して戦端を開いた結果、満州で大勝利した上にロシアの海軍力をほぼ殲滅した。だが、日本は次のような教訓を得た。すなわち、白人の帝国主義国——一時的に帝国主義段階にあったアメリカを含む——は、アジア国家が実際に欲するか潜在的に欲するかを問わず、自ら欲する植民地をこれら国家が獲得することは認めようとしないということである。

ドイツが太平洋の植民地を放棄し、イギリスが一九一四年八月に海軍の支援を要請したことは、かくして日本にとって千載一遇のチャンスだったのである。自らの権利を主張する方向に活発に動いていたオーストラリアとニュージーランドは、最高の価値があるように見えたドイツ領地を獲得した。すなわち、オーストラリアはニューギニアとパプア・ニューギニア、ソロモン諸島、戦略的投錨地ラバウルを含むビスマーク諸島を占領し、ニュージーランドはサモアを支配した。日本は直ちに南洋戦隊を二個編成し、一〇月初旬までにマリアナ、カロリン、マーシャル各諸島を含むミクロネシアの大部分を辛うじて手中にした。赤道は、拡大した南洋州と日本の中部太平洋の新版図との間の、実質的な海の境界線となった。日英外相は一九一四年一一月までに、日本は赤道以北の全ドイツ領諸島を平和裏に保有するものと非公式に合意していた。

ミクロネシアは経済的にはわずかな価値しかなかった。しかし、地勢学的に言えば、一九一九年に日本が国際連盟からミクロネシアの委任統治を任されて所有権が変わったことにより、太平洋の戦略情勢が変わったのである。日本は一九一四年以前は地域大国にすぎなかったが、一九一九年以降は日付変更線にまで及ぶ広大な潜在的攻撃拠点の所有国となったのであり、アメリカ領のグアム、ウェーク、ミッドウェーはおろか、遠く離れた中部太平洋のハワイまで脅かし、オランダ領東インド諸島、アメリカ植民地のフィリピン、中部太平洋のイギリスの諸島一群、すなわちソロモンからギルバートとそのかなたに至る一帯は言わずもがなだった。そのかなたとはオーストラリアとニュージーランドのことであり、その安全保障は結局のところ、イギリスの海軍力に依存していた。

日本は第一次世界大戦の結果として太平洋の海洋国家となったが、一九一九年から三〇年代後半まで、その内外問題はほぼ例外なく中国に関連していた。数世紀どころか一千年間も中国文化に従属していた日本は、早くも二〇世紀には、帝国の需要に応えるには経済のみならず政治的にも軍事的にも中国との従属関係を逆転することに国の将来がかかっていると判断していた。一九一五年、日本は中国に自らの主権と特権を認めるよう迫る一連の「二一カ条要求」を発表し、領主の地位を認めさせようとした。中国は態度を曖昧にし、あらんかぎりの抵抗を行った。しかし、一九三一年には日本の実質的な満州併合に屈せざるをえず、一九三七年には日本の全面的華南侵攻に屈した。蔣介石の国民政府はまず南京市に、次に重慶へと退いた。彼らの抵抗力は、毛沢東の中国共産党軍の攻撃によって阻害された。

日本の帝国政策は、一九三〇年代に軍人階層内、特に陸軍内で熱狂的な国粋精神が高まったことによって強化、推進された。一九三一年の「満州事変」は、概して満州駐屯軍の国粋主義に染まった将校らの所行だった。アメリカの監視団が「中華事変」と称した一九三七年の上海事変も、統制のきかない日本駐屯軍による暴発だった。しかし、その頃には軍が政府を指導しており、国政議員の統制が及ばなくなっていた。日本は第二次世界大戦が勃発する頃には独伊と同盟関係にあった全体主義国であり、全面戦争を行っていた中国を始めとして、英蘭を主とする欧州帝国と米国のアジア領に対して版図を拡大するという、帝国主義的計画に専心していた。

約二五個師団を動員していた日本陸軍は、中国本土での戦争によって戦力の大部分を消耗した。日本陸軍は軍事的には中華民国のそれよりもはるかに勝っており、後者は空間を防御手段として活用することによってのみ、完敗を免れた。日本軍は、中国の大都市やコメの主要産地を擁する沿岸地方よりも奥へ進出することができなかったが、さらなる奥地に攻撃を行う戦略上の理由はほとんどなかったのだった。

日本海軍は、海洋空間のない中国との戦争にほとんど関与しなかった。とはいえ、戦略的には将来を大いに懸念していた。なぜなら、対中攻撃は米国を激怒させており、締めつけが増す一連の禁輸措置にそれが表れていたからである。日本はイギリスと同様、帝国政策を支えるのに必要な国内資源を欠いていた。輸入米に大きく依存する人口を支えるには、本国だけでは十分な食料を生産できない一方、産業とインフラは金属鉱物や屑鉄、石油の大規模輸入を必要とした。一九四一年になると、敗北したヴィシー政府の仏印に部隊を展開し、この先制行動がイギリス領マラヤを直接脅かすようになると、日本の生産維持能力はアメリカによる石油・金属禁輸によって深刻なまでに阻害された。アメリカの意図は日本の軍事的野心を抑えることだった。その結果、日本は侵略戦争に突き進むことになったのである。

日本の陸海軍は、陸軍と海軍の競争の領域においてすら、異常なまでに別個の実体として行動した。政府を牛耳っていた陸軍は、戦略に関する海軍の発言権をしぶしぶ認めていたにすぎなかった。一方で海軍は、米国が太平洋を支配していることからして、国家戦略の成否はアメリカの海軍力に打ち勝つための計画に依拠すると、当然のごとく主張した。一九三六年、陸海軍は国策大綱について合意した。これにより、陸軍はソ連――往年の敵ロシア――を封じ込めるのに十分な戦力を極東で確立することになり、海軍は英蘭が保有する諸島や半島のある南方海洋での支配権、さらには「米海軍に対して西部太平洋の支配権を確保」するための能力を得ることとなった。[*2]

日本は一九四一年夏頃になると、戦略的窮地にあった。陸軍は一九三六年と三九年の対ソ国境紛争で損害を被っていたが、中国では優勢であり、満州を統治し、仏印では前進拠点を引き継いでもいた。しかし、陸軍上層部は、積極戦略を維持する能力がアメリカの禁輸政策によって一、二年のうちに枯れるおそれがあると認識していた。海軍はさらなる危急の脅威に曝されていた。アメリカが航空燃料の輸出制限をすることにより、空母運用能力が一、二年どころか、もっと早く失われることが確実だったからである。陸軍と同格の地位を維持するには、アメリカの統制が及ばない石油供給手段を入手する必要があった。だが、海軍の戦略区域内で入手可能な資源は、ビルマと蘭印にしかなかった。日本海軍は一九四一年半ばには、心理的に太平洋征服戦争に傾倒していたのである。

日本は、ドイツ領南洋諸島の獲得に関する一九一九年の講話会議から実利を得ていたが、戦後の軍縮条約のもとでは損害を被った。一九二二年のワシントン海軍条約は、第一次世界大戦の勃発を助長したと考えられた英独の建艦競争と同じ軍拡競争の再来を防ぐことを目的としており、日本に対しては海軍に従属的な地位を強いるものだった。米英は、太平洋と大西洋という二つの大洋に責を負っているのは両国海軍だと主張し、戦時中の同盟国日本に対しては、同国が太平洋の一国にすぎないことからして、その海軍力が必要とするのは米英の六〇パーセントのみだということを受諾させることに成功したのである。五・五・三として知られるようになったこの比率は、戦艦、巡洋艦、駆逐艦、空母に適用されるものだった。調印国――仏伊を含む――はその結果、大規模な海軍部隊のいくつかを解隊することや、計画中あるいは建造中の軍艦の規模を制限することを求められた。

日本はこれを、世界的な海軍国家に対するアングロ・アメリカの傲慢と見なして憤激したが、合意するほかなかった。にもかかわらず、条約の抜け穴を悪用し始めた。米英も同じことを行い、完成半ばの弩級（ドレッドノート）戦艦を大型空母に転換した。日本はその上を行った。一九四一年には空母七隻を完成させており、英米よりも大規模な海軍航空隊を保有していた。それ以上に重要な点は、日本の空母航空隊は、米英の空母に搭載されたものよりも各々が非常に勝る航空機を備えていたことだった。アメリカのコードネームでケイト〔九七式艦上攻撃機〕と呼ばれる雷撃機はアヴェンジャーよりも優秀な飛行機であり、零戦は一九四二年にアメリカのヘルキャットが出現するまでは世界最高の無敵の艦載機だった。日本の海軍航空隊のパイロットも一流だった。真珠湾攻撃に参加したパイロットは八〇〇時間の飛行経験を有していた。しかし、日本の海軍航空システムには弱点があった。零戦は本来的には競技用のスポーツ機であり、同時期のアメリカの戦闘機よりも最高速度と反転時の速度が勝っていたものの、もろく燃えやすかった。日本の飛行学校はパイロットの大量養成に適しておらず、熟練飛行士の大量損失は空母航空隊の能力を脅かした。日本が緒戦で大勝利した後は、航空機設計とパイロット養成における弱点のため、米国と互角の空母戦を行う能力に急速に陰りが見え始めたのだった。*3

一九四一年夏になると、日本陸海軍は開戦の必要性に直面しており、最初の一撃をいかにするのが最善かを考慮していた。経済目標の設定は容易だった。蘭印とビルマの油田、イギリス領マラヤの錫鉱床とゴム農園である。この作戦にまつわる政治的駆引きはもっと複雑だった。まず、イギリスとの戦争は避けえなかった。イギリスの植民地が直接に攻撃されることになるからである。しかし、その戦力は対ヒトラー戦においてすでに過剰散開していたため、そこから生じる結果は御しやすかった。米国との戦争も避けえなかったが、問題は開戦をどれだけ長引かせることができるか、どれだけ長引かせるべきか、だった。そのため、四つの実施計画案が考えられた。まず、蘭印を確保した後にフィリピンとイギリス領マラヤを押さえる計画である。この順序だと、米国と早期に干戈（かんか）を交えることになるため、米国にフィリピン内の拠点を確保させてはならなかった。第二に、フィリピンを直ちに攻撃し、次にオランダ領の島々、その次にイギリス領マラヤを攻撃する計画であり、第三に、イギリス領マラヤを手始めとして、フィリピンまで徐々に戻り、米国との衝突を遅らせる計画、そして第四に、イギリス領マラヤとフィリピンを同時に攻撃し、次に蘭印を攻撃する計画である。

陸海軍が合意できたのは最後の攻撃順序のみだったため、それが採択された。しかし、当初から米国との戦争を誘発することを伴うため、太平洋の米海軍力をいかに無力化するかに関する付随的計画の策定が必要とされた。日本海軍は二〇世紀初頭から米太平洋艦隊を破る計画を立てており、敵を本国水域に引き込みながらその戦力を漸減し、太平洋を横断する長距離航海中に消耗戦をしかける予定だった。この戦略論法は、ドイツによって築かれた中部太平洋の障害を日本が獲得した一九一九年以降に強化された。だが、米国と早期に開戦するのであれば、米海軍力を弱めるための一段と迅速な方法が必要とされた。

山本五十六提督は、主力の空母機動部隊などからなる連合艦隊の司令長官職にあり、一九四一年初頭からこの問題を検討していた。山本は基本的に米国との戦争に反対だった。彼はハーバード大学に語学留学した後に駐ワシントン海軍武官を務めたこともあり、米国のことを知悉していたため、日本の小規模な産業基盤では、米国の巨大経済に対する戦争を下支えするのは実質的に無理と考えていた。彼のこうした見解はよく知られており、国粋主義政治家とその支持者、軍内では人望がなかった。一九三九年には海上勤務に出されたが、これによって暗殺から大いに守られたのだった。脅迫はやまず、一九三六年には超国家主義の陸軍将校団が蔵相〔高橋是清〕と元首相〔斎藤実〕など穏健政治家数人を殺害、東京の中心部を占拠し、三日間の市街戦の後に鎮圧された。ほかの海軍士官が考えたように、山本に理があったことは間違いない。しかし、陸軍が牛耳る政府の判断、すなわち、日本の経済問題は積極的手段によって解決すべしという現実に直面した山本は、自らの反対意見を抑えて代替的な攻撃戦略を提案した。中部太平洋のハワイ真珠湾に停泊中の米太平洋艦隊を、空母戦力を使って撃滅しようというのである。

山本の構想は、イギリスが一九四〇年一一月一一日にタラント港のイタリア戦艦艦隊を攻撃した際の成果に多大な影響を受けていた。空母『イラストリアス』から発進した航空機が魚雷で戦艦三隻を撃沈し、これに参加した航空機二一機のうち二機しか失わなかったのである。日本海軍航空隊は、浅海を水平に駆走するように改造した魚雷で実験を行った――日本の主力魚雷は他国海軍が使っていたどの魚雷よりも優速で航続距離が長く、弾頭も大きかった――一方、山本とその幕僚は、連合艦隊をいかに探知されずに真珠湾の攻撃可能距離内にまで進出させるかを検討していた。一九四一年一〇月までに立案者――その一人が真珠湾攻撃で第一航空艦隊の大部分を指揮することになる源田実（げんだみのる）中佐――が考案した計画の概要は、次のようなものだった。すなわち、連合艦隊を北クリル諸島の暴風海域からアメリカ領の孤島ミッドウェーの北に向かわせた後に真南に向針させ、頻繁な船舶航路から離れてハワイの二〇〇海里以内に迫らせようとするものだった。艦隊は無線封鎖を厳にし、もし可能であれば、北太平洋でありがちな暴風雨前線の前縁内で移動することになっていた。荒天であれば目視偵察ができない上に無線が混信するからである。一〇月に定期船『大洋丸』がこの選択ルートを航行したところ、一隻の船も見かけることがなかった。

日米政府はこの間も理性的な外交交渉を継続していた。日本はアメリカの貿易禁止の緩和を求めた――陸海軍合同委員会が一九四一年六月に見積もったところ、石油備蓄は補充される量の一・三倍の割合で激減していた。これは破滅的な状況だった。なぜなら、一九四二年から四三年中に石油（備蓄と補充合わせて三三万バレル、消費が四一万バレル）を使い果たすということを無情にも意味していたからである。[*4] 日本はアメリカが貿易禁止を緩和した場合の見返りとして、東南アジアへの軍事侵攻をやめ、ひいては仏印から撤兵するとした。米国はこれに異議を唱え、アジア全域の問題に決着をつけるべく代替案を提唱した。それによれば、日本はインドシナはもちろん中国からも撤退し、満州からも去ることを要求された。予想どおり、日本はこの提案を拒否した。一二月四日、御前会議は対米戦を決定し、真珠湾への攻撃をもって七日に開始することになった。連合艦隊はすでにその途上にあった。

アメリカによる日本の暗号解読

一二月七日〔日本時間八日〕の真珠湾攻撃により、史上最大の陰謀説の一つが生まれた。それには多くのバージョンがあるが、アメリカが事前に攻撃を知っていたというものがほとんどであり、内容的に一致するものはほとんどない。非難されるべき無策についての訴えは注目に値するものの、それは別として、陰謀説で重要なものは二つある。第一は、イギリスは日本の意図に関する事前情報を得ていたが、アメリカを戦争に引き込むために米国にその内容を隠すことにしたというものであり、第二は、ローズヴェルト大統領は日本が意図するところを独自に知っていたものの、自国を戦争に引き込んでイギリス側に立つ口実を探していたため、何らの予防措置も講じなかったというものである。二つの説は、バージョンによっては重複しているものもある。

これは非常に大きなテーマであるため、関連文献の出版を刺激してきたところである。それらが一致するほぼ唯一の点は、英ブレッチリーの暗号解読官と同様、アメリカの暗号解読官も一九四一年より前に日本の暗号を自由に読み取っていたということである。実際には何がいつ読まれていたのか、解読した暗号文からは何が作成されたのか、ローズヴェルト大統領やその閣僚、参謀本部、作戦区域の指揮官にそれがどのような影響を与えたのかが、真珠湾ミステリーという大きな物語の本質なのである。

これは、このわずか六カ月後に繙（ひもと）かれ始めるミッドウェーの物語とは関連がない。ただし、これには次のような留意事項がある。すなわち、真珠湾の前には機能しなかったともいえる暗号解読機関が、ミッドウェーの勝利をもたらす手助けをした機関でもあったということである。かくしてそれは機能したわけだ。

アメリカの暗号解読機関は、イギリスのそれとは機構、人材採用、組織風土において違っていた。ブレッチリーは軍民合同の組織であり、階級の差別はほとんど見られず、一九三九年の戦争勃発直前の期間に口頭ベースで設立されたものであり、主にオックスフォードとケンブリッジの若い特別研究員の中から人員が採用されていた。第一の資格は数学の能力に折り紙が付けられていることだった。ブレッチリーの雰囲気は、素人然としながらも創造的で、形式ばることなく活発だった。職員に占める女性の割合は大きく、高位にある者もおり、しかも恋愛が盛んだった。ブレッチリーで夫婦になった職員も多かった。

　アメリカの暗号解読機関はこれとは対照的で、陸海軍部門にはっきりと分離されており、協力もぎこちなく、非常に官僚主義的で、ほぼ完全な男性優位組織だった。暗号解読の人員は制服を着用した軍人がほとんどであり、人選の第一条件は特に日本語技能だった。ブレッチリーが自らを高く評価し、和気あいあいとした大学の談話室のような環境を育んだのとは違い、アメリカの情報部門はほかの陸海軍部門の吹き溜まりとして見なされ、作戦任用に不適格な将校が配置されており、こうした評判については構成員たちも承知していた。そんな状況の中で、よくも彼らが士気を維持したものだと驚きを禁じえない。英米のシステム上の違いに関する指摘で重要なのは、ブレッチリーがイギリスの国民的伝説の域に入っており、小説や映画で人気ある地位を得ているのに対し、アメリカの機関がそのような喝采を受けることはないということである。アメリカ人が達成したことも同様に特筆すべきもの、実際にはそれ以上のものだったかもしれないことからすれば、それは極めて不当なことだ。そして、それを示すのがミッドウェーの物語なのである。

　アメリカの暗号解読機関の起源はイギリスのそれと同様、第一次世界大戦にある。一九一八年に陸軍暗号調査課長だったジョセフ・モーボーン少佐は、当時としては暗号作成の先駆者だった。彼はランダムキー――頻度分析どころか数学論理や言語論理でも検索不能なもの――の概念を理解しており、本来的に解読不能な唯一のサイファーであるワンタイム・パッドを発明した。最終的に彼は将官にして米陸軍通信部長になった。[*5] 同時代人ながら、アメリカの暗号解読活動の中でさらに重要なのが、文官のウィリアム・フリードマン（「暗号解読（クリプトアナリシス）」という用語の造語者）である。ユダヤ系ロシア人の移民の息子で、一歳のときに米国に入国したフリードマンは、性格的にディリー・ノックスとアラン・チューリングに似ていた。二人と同じように奇矯（ききょう）だった彼は、チューリングとほぼ同等の数学能力を発揮したが、不幸にも、心理的にもろいところはノックスと同じだった。自殺願望の傾向にあり、太平洋戦争の勃発直前には過労による神経衰弱に悩んでいた。[*6]

しかし、フリードマンはアメリカの暗号解読の中でも最も重要な成果、すなわちパープル暗号の解読に大きな功績があった。一九四〇年一〇月、陸海軍は分業を行うことで合意したが、これは友愛的な協力精神によるものではなく、どちらの軍も一つの任務に集中する以上のことを行う人員を欠いていたからだった。一九三八年にフリードマンが信号情報部（ＳＩＳ）に擁していたスタッフはわずか八人にすぎず、その海軍省版である在ワシントンＯＰ―20―Ｇには、一九四〇年一二月の時点で三六人しかいなかった。米本土内や太平洋内にあった外部部署にはほかの人員もいたものの、それらは通信傍受のオペレーターや技術者がほとんどだった。[*7] 陸海軍が行った調整とは、陸軍が月の偶数日に外国外交通信の傍受を行い、海軍は奇数日に行うというものである。海軍はその一方、当然のことながら、日本海軍の暗号電文の傍受にも取り組んでいたが、陸軍は外国陸軍の通信傍受に特段の関心がなかった。信号が微弱すぎて文章にならなかったからである。

アメリカの機関は人員数が少なかったものの、日本の海軍通信と外交通信の両方の解読を一九三〇年代にかなり成功させていた。これは、在ニューヨーク日本領事館に連続して夜間に盗みに入ったことが一助になった。一九三三年には、海軍暗号解読官は日本海軍の主たるブルーコードを解明していた。これはサイファー乱数が記載されているブックコードだった。それがさらに複雑な乱数を備えたブックコードＪＮ―25（アメリカ側の呼称で「日本海軍コード25」の略）に一九三九年六月に交換されると、それによる後退から立ち直るのに時間を要したが、一九四〇年一二月には、入手したばかりのIBMのカードソーティング機の助けもあって、乱数システムと最初の数千のコード群、そしてそのシステムを機能させるのに使われる二つのキーを再現した。

彼らは一九四一年にはこのシステムを完全に破るものと見越していた。ところがその頃ワシントンでは、暗号解読に動員される余剰の人的労働力が全て新たな任務に転換されているところだった。すなわち、パープルとしてアメリカ人に知られる新たな暗号機を使って暗号化された日本の外交暗号通信を解読することだった。パープル暗号機（日本人には九七式として知られる）は、エニグマと同じ効果が得られるように設計された――ほぼ無限大に可変のサイファーを自動生成した――が、構造が違っていた。エニグマよりも機械化されておらず、ローターもなかったが、その代わりテレフォンスイッチが一組あり、二台のタイプライターに接続されていた。一台は原文を入力するためのものであり、もう一台は送信用に暗号化した文を印字するためのものだった。その間では、スイッチが入力電流を伝えてアルファベットの置換を行った。しかし、日本語はアルファベット言語ではなく音節言語であるため、最初は相当語句をアルファベットで表す必要があった。どういうわけか、送信の初めにオペレーターが選択した指示文字を二回暗号化したドイツの方法と同じように、パープル暗号機のスイッチは母音と子音を別々に暗号化した。母音の置換数は子音のそれよりもかなり小さく、いったんそれが識別されると、パープルに侵入する道筋が見つかったのだった。[*8]

パープルが解読されたこと――その産物はマジックと呼ばれ、イギリスのウルトラに相当する――により、アメリカは非常な情報優位に立つことになる。これは主に、駐ベルリン大使だった大島男爵から終戦まで東京に送られた送信を解読することによってもたらされ、ヒトラーの能力と意図を細部まで詳細に暴くものだった。しかし、一九四一年一二月に日本がアメリカを奇襲する前の重大期間中にパープルから漏れたものはほとんどなかった。一方、それと関連する日本海軍コードＪＮ—25は二つの理由から役立たなかった。それはまず、帝国海軍が真珠湾攻撃の準備期間中はできるだけ無線を封鎖しようとしたためであり、次に、傍受した通信の量を処理できるだけの人員がＯＰ—20—Ｇになかったためだった。米海軍歴史センターは現在〔著者が本書を執筆中の二〇〇三年当時〕、事前情報があったかどうかの問題に関連する真珠湾攻撃前の数週間に傍受された重要電文——ただし未解読——のリストを作成中である。その中には、もしリアルタイムに読まれていれば、危機に曝される艦隊の司令官に注意を促したものもあったに違いないが、実際には、対日戦が終わって一カ月経った一九四五年九月まで束にされたまま、解読も翻訳もされなかったのだった。[*9]

真珠湾攻撃により、米海軍太平洋艦隊のみならずＯＰ—20—Ｇの太平洋支局も壊滅した。そのハワイ局（ＨＹＰＯ）は機能を継続する一方、フィリピン局（ＣＡＳＴ）はまずコレヒドールのトンネルの中に退き、次にオーストラリアに避難した。太平洋における米海軍のインテリジェンスは、かくしてＨＹＰＯとオーストラリアの合同局、そしてセイロンにおける英統合局の一支局にまで減少した。イギリスは戦間期に日本海軍コードへの攻撃にいくらか成功していたが、当時の環境においては、対日報復に燃えるアメリカ軍と世論もあり、日本海軍の通信を解読する主たる責はＯＰ—20—Ｇにあった。太平洋艦隊司令長官ニミッツ提督は日本海軍の新たな攻撃にやきもきしていた。彼は日本のミスを役立てようとしたであろうが、願わくはインテリジェンスの一撃から益を得ようとし、敵を撃ち破ろうと考えていた。

日本の征服過程

日本の征服の勢いがやむような様子は、一九四一年一二月の最後の数週間と一九四二年の最初の三カ月間にはほとんどなかった。日本軍の前進は止められないように見えた。タイからの攻撃により、マラヤ北部のイギリス軍防衛線はすぐに崩壊した。日本軍の上陸を阻止すべく上空掩護を付けずに行動していた新造戦艦『プリンス・オブ・ウェールズ』と巡洋戦艦『レパルス』は、一二月一〇日に仏印から発進した爆撃機によって撃沈された。マレー半島先端に位置する大貿易都市シンガポールは二月一五日、不名誉にも劣勢の日本軍部隊に降伏した。イギリス領香港とアメリカ領ウェークおよびグアムは全て無防備島であり、それぞれ一二月二五日、一二月二三日、一二月一〇日に奪われた。香港とウェークの守備隊は、英雄的ながらも絶望的な抵抗を行った。ビルマは一月に侵攻され、五月までに征服された。蘭印への侵攻も一月に始まり、三月には完了した。日本軍の上陸作戦を阻止するための豪英蘭米（ＡＢＤＡ）連合艦隊による試みもいくつかあった。その最高潮が二月二七日のジャワ沖海戦だった。種々雑多な艦艇の寄せ集めである連合軍艦隊は、オランダのカレル・ドールマン提督の指揮下に勇敢に戦うも、数的に劣勢で互いに交信もできずに壊滅した。その間、ダグラス・マッカーサー将軍はフィリピン防衛を指揮していた。同国への攻撃は、大成功を収めた一二月八日の日本軍による空爆をもって始まった。アメリカとフィリピンの守備隊は日本軍の上陸が始まるや後退を余儀なくされたが、一月にはバターン半島を横断する防衛線の確立に成功した。彼らはその後の三カ月にわたってそこで勇敢に防御戦を行い、日本軍が占領のための作戦行動を大規模に展開している最中、陸でこれに大打撃を与えた。しかしながら、結局は食料と補給が不足したため四月に降伏せざるをえず、五月には沖合のコレヒドール島の陥落も余儀なくされた。

もともとフィリピンを拠点にしていたアメリカのアジア艦隊は、ジャワ沖海戦に敗北してすでに壊滅しており、残ったのは潜水艦部隊だけだった。真珠湾を基地とする太平洋艦隊は行動可能にあったものの、八隻の戦艦を喪失したことによって戦力構造が変化した。大艦巨砲部隊から、必然的に空母艦隊になっていたのである。真珠湾を拠点とする三隻の空母――『エンタープライズ』、『レキシントン』、『サラトガ』――は、一二月七日は不在だった。ほかの三隻、すなわち『ワスプ』、『ホーネット』、『レンジャー』は別の場所にいた。まさにこれら六隻を中心として、太平洋艦隊は残余の戦力を集中して新たな攻勢戦略を立案し、輝かしい連勝でもって太平洋における日本の猛攻を停止、逆転させることになるのである。

一九四二年春、日本の楽観的戦略家の期待がおおむね実現し、悲観的戦略家の懸念が誤っていたことが証明された。アメリカを熟知する日本の唯一の提督である山本は、「半年か一年の間はずいぶん暴れて」みせると予言したが、これ以降はアメリカの工業力が増大していくのを予見するしかなかった。だが、日本が大勝利したことにより、経済的不均衡などどうでもよくなってしまったように見えた。アメリカは欧州の同盟国とともに敗北を喫しており、これ以降、日本にとってはこの成功に乗じて次にどこを叩くべきかが唯一の問題になった。

日本の国策立案者の考えには二つの派閥があった。「南方」派と「中部太平洋」派である。中部太平洋派は完全に海軍の派閥であり、南方派は陸軍も巻き込むものだった。中部太平洋派は、空母機動部隊にハワイへの攻撃を再開させるべきと考え、太平洋における大戦略に干渉する米艦隊の能力を永久に削ぐことを目的としていた。南方派はもっと間接的な見方をし、オーストラリアをアングロ・アメリカの反撃にとっての潜在的拠点と見なしつつ、インド洋におけるイギリスの海運力を根絶することを欲し、もって中国の能力はおろかビルマで戦うイギリスの能力をも弱め、かくして英領インド帝国自体に対する攻勢の拠点を築こうとするものだった。

海軍は、論戦の最初の頃に中部太平洋構想に対する反対意見を受け入れたように見え、三月には空母機動部隊二個をインド洋に展開した。一つは、真珠湾攻撃を指揮した南雲提督に率いられるものであり、セイロン島のイギリス軍拠点を叩いて英空母『ハーミーズ』と重巡『ドーセットシャー』および『コーンウォール』を撃沈したほか、旧式のR級戦艦戦隊を東アフリカまで駆逐した。その一方、南雲よりも小さな機動部隊を率いる小澤提督は、ベンガル湾を遊弋（ゆうよく）しながら五日間で商船一〇万トンを撃沈した。遠い昔のことを覚えている者なら『エムデン』の巡洋航海を思い出すであろうが、小澤の破壊行為はそれよりはるかに残虐だった。

片や、アメリカ軍は全面的に休眠状態にあったわけではなかった。二月二〇日には、『レキシントン』を中心として編成された任務部隊がビスマーク諸島の旧ドイツ拠点であるラバウルを攻撃し、これを駆逐しようと送り込まれた爆撃機部隊に大損害を与えていた。この際の損失は日本軍の一八機に対し、アメリカ軍は二機だった。四月になると、一段と大胆な爆撃が実施された。ローズヴェルト大統領はかねてから日本の本州に対する攻撃を迫っていた。この任務は実行不能に思われた。なぜなら、太平洋艦隊の数少ない空母を日本の本国水域で危険に曝すのはあまりに危うかったし、他方、アメリカに残された島の飛行場は、陸上爆撃機の基地に供するにはあまりに遠かったからである。しかし一月中旬、海軍作戦部長アーネスト・キング提督の作戦参謀フランシス・ロウ大佐が、洋上爆撃機の航続距離を超える陸上爆撃機を空母に搭載し、東京を攻撃できる距離内でこれを航行させる提案をしたのだった。

この構想は突拍子もなく見えたが、戦間期における陸軍航空隊爆撃機の先駆者の一人にして本任務の責任者となったジェームズ・ドゥーリトル中佐は、難問を解消すべく意を決した。彼はB25中型爆撃機を最適任として選び、搭乗員一六組にフロリダで極短距離離陸の技術習得訓練を行わせた。彼らは一カ月間の訓練の後、愛機B25がカリフォルニアのアラメダ海軍航空基地でクレーンによって新型空母『ホーネット』に搭載されるのを見守り、未知の任務に向かった。目的地は告げられていなかった。『ホーネット』と護衛艦は四月一三日、北太平洋におけるアメリカの唯一の前哨島ミッドウェー沖で『エンタープライズ』と合流し、日本に向針した。搭乗員たちには計画が知らされたばかりだった。それによれば、日本の首都から五〇〇海里以内に入るや爆撃機を発艦させ、夜陰に乗じて爆弾を投下、日本に占領されていない中国のどこかに不時着せよとのことだった。

発艦位置に迫ると、計画が失敗に終わったように思えた。まさにこのような報復爆撃を予期していた山本は、日本本土の東六〇〇海里から七〇〇海里に監視線を張っていたのである。アメリカ軍はレーダーとその後の視認偵察により、一隻目、二隻目、三隻目の監視艇を次々と認めた。合同任務部隊を指揮していたウィリアム・ハルゼー提督は、これ以上変針しても迎撃を避けえないと認めた。直ちにドゥーリトル隊を発艦させる決断がなされた。ここで発艦させれば目標到達までの飛行距離が五〇〇海里から六五〇海里になり、夜間ではなく昼間に爆撃を行わざるをえなくなるにもかかわらず、である。艦首の上で波が砕ける困難極まる中、ドゥーリトルの爆撃機全一六機が無事に発艦し、東京に到達した後に爆弾を投下、中国まで飛行を続けた。不時着した者もいれば脱出した者もおり、搭乗員八〇人のうち、生き残ったのは七一人だった。[*10]

ドゥーリトル空襲の物的効果は取るに足りず、空襲にあったことに気づいた東京市民はほとんどいなかった。だが、日本の最高指導部に対する心理的効果は絶大だった。軍人信条の至高価値としての天皇の身体を守ることを委ねられていた日本の提督たちは、この攻撃によって面目を失ったと感じた。彼らは最優先の任務に失敗したのだ。オーストラリア侵攻計画は直ちに延期され、中部太平洋に再び全神経が注がた。そして、日本本土を攻撃できる米太平洋艦隊の息の根を永久に止めようと考えたのである。ハワイは帝国海軍の戦力中枢から依然として遠すぎ、防御も厳重であるため、直ちに攻撃することはできなかった。しかし、そこから離れた小島ミッドウェーなら、誘き寄せの場所として使えそうに見えた。つまり、侵攻の脅威を餌にして生き残った米空母を誘出し、圧倒的兵力を集中することによってこれを撃滅できると考えたのである。

一九四二年四月時点における日本の地位は、戦略的に極めて優位にあった。日本が戦争に訴える主目的は、中部・南太平洋の列島によって線引きされる外辺部を獲得することであり、これによって米英蘭の海軍力の支配を排除し、中国を支援から分断するとともに、カリフォルニアからオーストラリアまでの長い海上ルートを支配することができるはずだった。アメリカは反撃の際にオーストラリアを拠点として使うだろうと、日本は正確に見ていた。外辺部の大部分は、旧ドイツ領の諸島が日本の委任統治領となったことで、戦前に日本の領有地となっていた。それ以外は、ウェーク、グアム、仏印を奪取することで補われたが、外辺内の重要地の大部分、すなわちフィリピン、マラヤ、ビルマは二次攻撃によって獲得された。

日本は征服作戦の緒戦において圧勝したものの、一九四二年四月になっても戦略的外辺部には空所があった。支配下にあったのはニューギニアの北半分のみであり、ビスマーク諸島以東のソロモン諸島は依然として紛争中だった。アメリカは従前と同様、鳥のような形をしたニューギニア島の「尾」を迂回してオーストラリアの港につながる航路を潜在的に利用できた。だからこそ、日本はミッドウェー作戦の準備期間中にすら、ニューギニア本島とオーストラリア北岸の間の珊瑚海(さんごかい)に機動部隊一個を送り込み、ニューギニアの征服を完了しようと決意したのである。この部隊の目的は、陸軍部隊がニューギニア島の背骨オーウェンスタンリー山脈を横断しやすくなるよう、同島南岸のポートモレスビーを奪取することだった。

日本はすでに珊瑚海で活動しており、一九四二年二月のジャワ海海戦の一週間前にはオーストラリアの北部領域にあるダーウィンを爆撃していた。今や日本は三つの海軍部隊を送り出すことを計画していた。一つはポートモレスビーに戦力を陸揚げする部隊、二つ目はソロモン諸島のトゥラギを攻略する部隊、三つ目はこれら二つの作戦を援護する大型空母『翔鶴(しょうかく)』と『瑞鶴(ずいかく)』からなる攻撃部隊である。アメリカの暗号解読官は日本の意図をすでに特定し、方向探知機によって日本の主隊の位置も突き止めていたことから、ニミッツ提督はこれら侵攻部隊に対処すべく、貴重な空母『レキシントン』と『ヨークタウン』を派遣した。

その後、珊瑚海海戦と呼ばれる非常な混戦が生じた。日本軍機はアメリカの給油艦『ネオショ』と駆逐艦『シムス』を発見し、前者を空母、後者を巡洋艦と誤認したものの、『シムス』を撃沈、『ネオショ』を撃破して母艦に意気揚々として帰還した。アメリカ軍機は一方、ポートモレスビー上陸用の舟艇を援護する部隊を発見し、日本の小型空母『翔鳳（しょうほう）』を撃沈した後、同様に意気揚々と帰還した。翌日、主力部隊が互いを発見し、『レキシントン』が撃沈されたほか、『ヨークタウン』と『翔鶴』は破損したものの、修理のため戦列を離れた。『瑞鶴』は無傷だった。アメリカ軍は珊瑚海海戦を勝利と見なした。ポートモレスビー攻略を阻止したからである。艦船の損失という点からすれば、日本がこの戦いに勝ったと見なしたのにも一理あった。

珊瑚海海戦によって、太平洋の二つの海軍の空母バランスは次のようになった。すなわち、日本が保有するのは『瑞鶴』、『翔鶴』、『飛龍』、『加賀』、『赤城』と小型空母『龍驤（りゅうじょう）』、『瑞鳳（ずいほう）』であり、米国が保有するのは『サラトガ』、『ワスプ』、『レンジャー』、『エンタープライズ』、『ヨークタウン』および『ホーネット』である。実際の数はペーパー上の戦力よりも小さかった。日本の空母のうち、『翔鶴』は修理のためカロリン諸島のトゥルクまで後退した。『瑞鶴』は珊瑚海海戦であまりに多くの艦載機を失ったため、再装備のため退いた。『龍驤』と『瑞鳳』は大きな艦隊行動に参加するには小さすぎると判断された。アメリカ側は、『ワスプ』と『レンジャー』が地中海にいて不在だった。これらは、包囲されたマルタ島に戦闘機を運搬するため、ローズヴェルト大統領が気前よく貸し出したものだった。その一方、『ヨークタウン』は真珠湾にドック入りしていた。同艦は珊瑚海海戦で八〇〇ポンド〔約三六〇キログラム〕爆弾一発を被弾し〔原文ママ。被弾したのは二五〇キロ爆弾といわれる〕、これが第四甲板まで貫通して死者六〇人を出して激しく炎上、複数の破孔からも浸水した。ドックヤードの見積もりによれば、修理に九〇日が必要とのことだった。ニミッツ提督は、三日で航行可能にする必要があると言い放った。『ヨークタウン』は五月二七日に乾ドックに入り、一四〇〇人の工員が二日間夜通しで作業を行った結果、二九日朝にドックを出た。同艦はこの日の午後、珊瑚海で失われた艦載機の代わりを新たに搭載し、五月三〇日午前九時、艦隊に合流すべく出航した。ニミッツは麾下の空母を二つの任務部隊に編成した。すなわち、入院中のハルゼーの臨時代役を務めるレイモンド・スプルーアンス提督指揮下の『ホーネット』と『エンタープライズ』からなる第16任務部隊と、ジャック・フレッチャー提督指揮下の『ヨークタウン』と護衛艦によって編成される第17任務部隊である。これらの役割は、日本の主艦隊を発見、撃滅することだった。

アメリカの暗号解読官は、かねてから太平洋艦隊総司令部に対し、来るべき日本の軍事行動への注意を促していた。インド洋でイギリス軍を襲撃し、珊瑚海での攻撃が頓挫した後に、日本の空母が再び攻撃を行うことは明白だった。問題はその場所だった。ドゥーリトルが日本人の自尊心に与えた影響については、アメリカ人には皆目分からなかった。しかし、傍受した日本の電信から、次の攻勢は中部太平洋で行われることを示す証拠が得られた。これはまさに第16任務部隊と第17任務部隊が向かっている方向にあった。

マジックとミッドウェー

日本の連合艦隊が中部太平洋に戻る可能性を示す最初の兆候は、一二月から二月にかけてフィリピン、マラヤ、オランダ領東インド諸島周辺で行われた作戦を連合艦隊が支援した後の三月五日に現れた。これは信号情報によってもたらされたものではなく、ハワイに対して小規模な爆撃が行われたことによるものだった。アメリカ軍は、この攻撃はマーシャル諸島から、フレンチフリゲート環礁という孤立錨地の燃料補給点を経由して行われたものと正確に判断した。三月五日の空爆が将来的に重要だったのは、アメリカの傍受局が日本のコード中にK作戦と示された何かとその空爆を同一のものと見なしたことだった。Kの重要性は五月六日にさらにはっきりした。この日、米暗号解読インテリジェンスのハワイ支局HYPOが、Kとはハワイを意味する地理的符号の一部だと推断したのである。アメリカの暗号解読官は日本が三つ（後に二つ）の文字群を用いて地理目標を示していることに気づき、作戦上のアメリカ区域はAから始まり（したがってハワイはＡＫ）、イギリス区域はＤから、オーストラリア区域はＲから始まると認識し始めていた。[*11]

これは重要な突破口となったが、日本艦隊が新たな保全措置を導入したため、価値が低減してしまった。この措置は主に、艦船間コールサインのみならず艦船と陸上のコールサインをも変更したものだった。この変更により、暗号解読官が個艦の位置と艦隊の構成を特定することが非常に困難となった。[*12] しかも、日本海軍の主力部隊が真珠湾攻撃前と同様に無線を封鎖するようになったため、さらに困難が増した。三月一三日、アメリカの暗号解読官は主たる海軍コードＪＮ―25を破ったが、日本がコード群に新たなサイファー乱数システムを採用したため、つかの間の成功に終わった。アメリカ側は、この変更の直前に日本の未確認船が海図をよこすよう要請したことから、日本側の意図を極めて明確に見抜いた。これは、日本艦隊がハワイ諸島とミッドウェーを含むハワイ西側の離島に関心があることを明示するものだった。そこでニミッツ米太平洋艦隊司令長官は、直面する可能性のある日本の作戦行動は四つあると推測した。まずはミッドウェーとハワイの間への攻撃、第二にアラスカ州の離島であるアリューシャン列島への攻撃、第三に中部太平洋諸島への攻撃、そして第四にニューギニア諸島への新たな攻撃であり、これらのいずれも五月二五日から六月一五日に開始されるものと推測された。[*13]

アメリカ側は、日本側が基本コードＪＮ―25に新たなサイファー乱数を採用したものをＪＮ―25Ｂあるいはベーカーと呼んだが、この新採用の結果、五月中は日本の交信への侵入路を見失ってしまったか、見失ったはずである。しかし、新しい乱数表を広大な占領地にあまねく配布することは困難であったことから、個々の通信員は典型的ともいえる過ちを犯した。それは、往々にして暗号作成者の期待に背いてきたものだった。受信が正確に行われるように、新旧両方のコードで送信してしまったのである。旧コードが読めたアメリカ側は新コードのいくらかを読むことができ、五月下旬には敵の作成途上の計画の概略を把握していた〔ＪＮ―25Ｂが使用されたのは一九四〇年一二月一日から一九四二年五月二七日までであり、同年五月二八日からはＪＮ―25Ｃが使用された〕。
攻撃部隊の構成は発見すべき第一の最重要事項だったが、大部分が交信分析によるもの――個艦のコールサインの特定や艦位の探知――であり、暗号解読によるものではなかった。キング提督は五月一七日には、敵戦力に関する評価を限られたメンバーに提示することができた。それは、確認はされていないものの、今のところ考えられているミッドウェーとアリューシャン列島への攻撃に利用可能な戦力についてだった。ミッドウェーの戦力については、高速戦艦四隻、巡洋艦戦隊二個、五隻目の空母一隻を伴う航空戦隊二個、水雷戦隊二個および上陸部隊一個であり、アリューシャン列島については巡洋艦戦隊一個、旧式小型空母『龍驤』と『瑞鳳』からなる航空戦隊一個、水雷戦隊二個および上陸部隊一個だった。
翌五月一八日、キングは地理的な枠を狭めることができた。南雲艦隊司令長官からの電文が傍受され、それには「Ｎマイナス二日からＮ日までにおおむね北西から攻撃する予定であるため、当日の発艦時間の三時間前に気象報告を提供されたい」とあった。メルボルンの暗号解読センター（ＣＡＳＴ）とハワイが傍受した同時並行的な電文からは、天気予報を行う目的は日本の艦載機のためであり、これらの発艦は「ＡＦの北西五〇海里」にて行われる予定であることが判明した。[*14]
ＡＦは日本の暗号電文の中で特定位置を示すために使われた記号の一つだった。アメリカの暗号分析官の中にはそのように考えた者もいたが、あいにくそれ以外の者はそうは考えなかった。抜群に優秀な太平洋艦隊付情報士官であるエドウィン・レイトン中佐は、ＡＦは位置を示す記号という見解であり、ワシントンにいるキング提督にその旨を知らせた。彼は、ミッドウェーとハワイが来たるべき日本の攻撃目標であり、サイゴンと大湊が攻撃部隊の出撃地だと特定した。この評価は、ＮＥＧＡＴ（ネガト）（ＯＰ―20―Ｇの暗号名）のさまざまな士官がリチャード・ターナー提督の戦争計画部とともに、太平洋で何が起きつつあるかをめぐる議論を深めていた最中に届いた。この議論は官僚制度にありがちなように、それ自体が独り歩きし、外界の現実とは隔絶されたものだった。ＯＰ―20―Ｇは三つの下部組織にすでに分割されていた。すなわち、ＯＰ―20―Ｇ1（戦闘情報）、ＯＰ―20―ＧＺ（翻訳）、そしてＯＰ―20―ＧＹ（暗号解読）である。これら組織に対応する戦争計画部の担当部門は、情報専門家と細部をめぐって別の見解を唱え始めており、組織間の全面戦争に発展するまでそれが続いた。ついには、ターナー戦争計画部長と海軍のインテリジェンスに責のあるレッドマン海軍通信部長が、日本の第五艦隊司令長官が「帝国の北部水域に今や集結しているいかなる部隊も指揮することになる」のか否かの問題をめぐって衝突するに至った。ターナーはレッドマンよりも階級が上であり、レッドマンに対して「ターナー提督の見解は正しいと推定する」よう指示した。ターナーは、日本の攻撃は珊瑚海海戦の継続となるという見解（これは誤り）だったが、一方のレッドマンは、日本の攻撃はＡＦに向けられており、それがニューギニアであることはありえないという考えだった。

強大な日本艦隊が集結し、太平洋における米軍事力の最後の拠点であるハワイとその近隣諸島を脅かし、壊滅的な攻撃を仕掛けかねないというときに、この有様だった。その後どうなったかについては、証拠がないため詳細は不明である。とはいえ、現地レベルではＨＹＰＯ（ハワイ）がこの問題を議論の余地なく解決するための措置を講じたようだ。日本側が盗聴不能な海底ケーブルリンクは、依然としてハワイと一三〇〇海里西にあるミッドウェーの間で運用されていた。敵を欺くためにこれを利用するという考えは、精力的なＨＹＰＯ支局長ジョセフ・ロシュフォート中佐に端を発するものであるとされている。これによると、ニミッツ提督の許可をもって五月一八日あるいは一九日に真珠湾からミッドウェーにケーブル電文が送られ、この小島の守備隊に対し、水不足を平文で無線報告せよと指示した。五月二二日、メルボルンのＣＡＳＴは東京の日本海軍情報部（ＫＩＭＩＨＩ）から次のような電文を傍受したと報告した。「ＡＦ航空部隊は次の電文を［五月］二〇日に［真珠湾に］送信した。『本部隊の一九日付報告に関し、現時点では二週間分の水しか有せず。至急、給水を要請す』」。CASTはこう付記した。「[真珠湾」に本電文を調べるよう要請ずみ――仮に真正であれば、『AF』の正体はミッドウェーであることが確認される」[15]日本の来たるべき攻撃目標が今や判明した。ミッドウェーだ。副次的な暗号解読により、アリューシャン列島は第二目標であることが特定された。ここはアメリカ領ではあったが、守備隊がおらず、脅威は無視しえた。

五月二五日、HYPOはついに日本海軍の当日のサイファーを破った。ハワイのロシュフォートは、解読した内容を古い傍受通信に当てはめることにより、アリューシャン列島への攻撃は六月三日、ミッドウェーに対しては四日に開始されることが確証できた。ニミッツは部下の暗号情報解読官と分析官に絶大な信頼を置いており、脅威に立ち向かうべく麾下部隊に呼び掛けた。第16任務部隊（『ホーネット』と『エンタープライズ』）は、戦闘に備えるべく五月二六日に真珠湾に呼び戻された。第17任務部隊（『ヨークタウン』）はすでに到着しており、珊瑚海海戦で受けた損傷を修理していた。ニミッツはさらに、日本の打撃部隊の接近を探るため、ミッドウェーの北西に潜水艦による警戒網を張った。[16]

この時点で、南西太平洋軍最高司令官マッカーサー将軍はニミッツの対抗手段にとって重要な支援を行った。無線で欺瞞手段を講じ、空母群は依然として珊瑚海にいるものと日本軍にほのめかすよう勧めたのである。ニミッツはこれに同意し、巡洋艦『ソルトレイクシティー』と水上機母艦『タンジール』をニューギニアの真南に向かわせ、空母の送信に似せた無線交信を行わせた。

しかし、OP―20―Gとその外部支局がいかなる手段を使ったにせよ、五月下旬に日本の意図について確証を得たのは幸運だった。なぜなら、この頃の情報環境はアメリカ軍に不利に転じていたからである。日本軍は真珠湾攻撃の前に行ったのと同様にまたも無線を封鎖し、その傍ら、日本の傍受部隊は瀬戸内海から派遣されるミッドウェー攻略部隊に対するアメリカ軍の反応を警戒しており、真珠湾から「至急」電なるものの発信が著しく増加していることを報告し始めていた。さらに日本のインテリジェンスは、ミッドウェーのはるか西でアメリカ軍哨戒機が視認されたことと、ミッドウェー上陸部隊の進路上を哨戒しているアメリカ軍潜水艦にも注目していた。山本提督は、何らかの理由によってミッドウェー攻略部隊からのこの生情報を保留してしまった。おそらく、確認を要請することによって、部隊に課している無線封鎖を破らせるようなことはしたくなかったのであろう。どんな動機であれ、その結果、南雲中将とその空母は、集結しつつあるアメリカの反撃部隊のことを知らずにミッドウェーへと向かったのだった。[*17]

六月初旬の情報関連事象の複雑さを説明するのは容易なことではない。日本は、広大な太平洋とそれを囲む沿岸地帯のいたる所で議論の余地がないほど優勢に見えた。インドシナは仏ヴィシー政府の好意のおかげで日本の勢力下にあった。中国の沿海部は日本の占領下にあった。イギリス領マラヤとビルマは日本軍の手中に落ちたばかりだった。インド洋に囲まれたイギリス領インドとセイロンは、海軍による海上からの激しい攻撃に引き続き、侵攻の脅威に曝されていた。蘭印は、オーストラリア領ニューギニアとその離島ともども占領されていた。中部太平洋諸島は一九一八年以降に日本に委任され、第二次世界大戦の最初の数カ月間に米英から奪ったものであり、日本の洋上拠点となっていた。オーストラリアは北部領域がすでに日本軍に爆撃されており、侵攻に対して防衛態勢にあった。アメリカ保護領のフィリピンは降伏したばかりだった。日本の敵アメリカにとって、頑として太平洋征服に邁進しているように見える日本に対し、抵抗拠点として残っているのはハワイ諸島とその離島ミッドウェーしかなかったのである。

ミッドウェーの戦い

しかし、ミッドウェーが残っていたことにより、来たるべき作戦と戦闘が大いにアメリカに有利となった。日本軍がハワイに直接攻撃を仕掛けようとすることは最もありそうになく、そうである限り、ミッドウェーが赤道以北で――大部分が無人で荒地のアリューシャン列島を除き――日本軍の注目に値する唯一の場所だった。しかも、暗号解読や通信分析、目視観測など、直近のあらゆる形態の情報によって、日本海軍の主力は本国内あるいはその近傍にいると評価されるのであり、作戦行動がすぐにでも実施されるとしても、赤道以北で発動されるはずだった。それゆえにミッドウェーが目標に違いないというのがOP―20―G、HYPOおよびCASTの労力に支えられた結論だった。そして、これによってキングとニミッツは自信を持って太平洋艦隊の残存戦力をハワイの西に集結させることができたのである。

山本の計画は問題を複雑にするよう企図されていた。麾下艦隊は五分割され、それぞれが違う地理目標や作戦目標を委ねられていた。日本海軍は西洋の手本を基に、特にイギリス人顧問の指導のもとに創設されたものだが、運用は本質的に東洋的手法の域を出るものではなかった。海軍指導部は、単一目標と戦力集中という西洋の教えについて熟知していた。それにもかかわらず、複雑と散漫という古いアジア的価値観から抜け出ることができなかったのだった。それゆえ山本は、第一グループとして、ミッドウェー海域を哨戒する潜水艦一〇隻からなる部隊を事前に進出させ、第二グループとして、上陸部隊を乗せた輸送部隊からなるミッドウェー島占領部隊と、この輸送部隊を守る直衛部隊、さらにそれを守る戦艦二と巡洋艦四を編成し、第三グループとして、南雲率いる大型空母四隻、すなわち『赤城』、『加賀』、『飛龍』、『蒼龍』からなる空母打撃部隊に加え、軽巡一、軽空母一、戦艦三（排水量七万トン、一八インチ〔四六センチ〕砲を備えた山本直属の世界最強・最新の戦艦『大和』を含む）からなる主隊、さらに、戦艦四と軽巡二を含む北方部隊を編成した。下位区分を数えると複雑さはさらに増したのであり、総計「一六個のさまざまな軍艦集団の全てが、山本の首席参謀である黒島亀人（くろしまかめひと）大佐が考案した複雑な計画に従って行動していた」ものと推定されている。[*18]

この複雑さは取るに足りなかった。米太平洋艦隊の指揮官らには、陽動作戦に手を出す余力などまったくなかった。真珠湾で大打撃を被り、フィリピンで航空戦力が壊滅し、ジャワ海で敗北を喫し、珊瑚海海戦では引き分けとなった後、ニミッツは賭博師の最後の一振りよろしく、ミッドウェーに敵が現れることに全てを賭ける以外なかったのである。これは向こうみずなギャンブルではなかった。アメリカの情報機関は手持ちのカードをすでに数えていた。五月末までにカードは切られた。あとはいかにそれを有効に使うかだった。

アメリカの空母任務部隊二個は、五月末にハワイを出撃してミッドウェーに向かった。すなわち、『エンタープライズ』と『ホーネット』（第16任務部隊）は五月二八日に出港、大急ぎで修理された『ヨークタウン』（第17任務部隊）は三〇日に出撃した。日本のカウンター・インテリジェンス機関はおそらくアメリカ軍の動向を知っていたものと思われる。なぜなら、真珠湾から発せられたアメリカ軍の電文一八〇通のうち、七二通に「至急」が文頭に付けられていることを通信分析官がすでに五月末に報告しており、しかも、少し前に攻略されたウェーク島に駐屯する情報派遣隊が、アメリカ軍の哨戒機が同島区域で活動している旨を報告し、さらには、五月二八日にサイパンを立っていたミッドウェー上陸部隊が、自らを追跡していると見える米潜水艦からの至急電を探知したからである。[*19] したがって、日本軍はある程度のことを知っていた。だが、アメリカ軍はそれ以上のことを知っていた。つまり、戦力、場所、時期である。最も重要なことは、ＨＹＰＯがミッドウェー攻略部隊（ＭＩ）の一部と思われる日本の油槽艦の出港日に関する信号を傍受し、判明している速力からミッドウェー付近への到着日が五月三〇日と暗に分かったことだった。

ＭＩ艦隊の動向と目的を裏づける情報は、不正確ながら同時並行的にほかにも多数あった。それらは六月初頭の三日間に傍受された電文数通から得られたものだった。そしてミッドウェー現地時間の六月三日午前六時四分、ミッドウェーから哨戒に立った一機のカタリナ索敵飛行艇が「飛行機多数がミッドウェーに向かいつつあり。方位三二〇〔度〕、距離一五〇海里」との報告を打電した。[*20] この機長はジャック・リード少尉であり、索敵時間を数分だけ延長することにしていたのだった〔この打電内容は六月四日に友永大尉の第一次攻撃隊を発見した別のカタリナ機に搭乗していたウィリアム・チェイス大尉のもの〕。彼は副操縦士にこう言った。「俺が見ているものが君にも見えるか」。副操縦士はこう答えた。「もちろん見えますよ」。視界の限られた彼らの眼前に広がるのは、軍艦の大群だった。二人はミッドウェー攻略艦隊の一部を発見したのだと即座に悟った。

リードと部下の飛行士が見たものは、実際にはミッドウェー占領部隊の先遣隊だった。この視認報告を受け、ミッドウェー島の守備隊長シリル・シマード大佐は、島の飛行場に駐機中の『空飛ぶ要塞』〔B17爆撃機〕一五機のうちの九機を攻撃に向かわせた。米陸軍航空軍の四発機である同機は、高高度を飛行して目標を正確に攻撃できたが、陸軍のパイロットは洋上での爆撃は難しいと常日頃から思っており、それは六月三日も例外ではなかった。彼らは帰投の途中で、戦艦あるいは巡洋艦二隻――実際には一隻もいなかった――と輸送艦二隻に命中弾ありと報告した。実際には命中弾などなかった。翌朝に、レーダーと魚雷を装備して低空を飛んだ四機のカタリナ飛行艇の方がましだった。油槽艦一隻を撃破したのである。とはいえ、この攻撃によってミッドウェー占領部隊の進出が遅れることはなかった。

しかし、艦載機をもってミッドウェー自体を攻撃するという南雲の意図はこれで確認されたのかもしれない。南雲忠一は飾り気のない老練な船乗りであり、日本海軍の中では遠慮のない物腰と好戦的な性格で絶賛されていた。また、勇み肌の駆逐艦艦長上がりであり、アメリカの海軍力など眼中になかった。これが山本と意見の相違を生んだ。しかも、真珠湾を攻撃した空母機動部隊を指揮したにもかかわらず、本人は空母の専門家ではなかった。彼が海軍航空部隊のことを熟知していたようにも見えない。さらに、「戦時の艦隊指揮官として常に二の足を踏んでいたし、なすべきことをきちんと自覚したためしもなかった」[*21]。真珠湾攻撃後、航空攻撃隊の指揮官である源田に第二次攻撃を急かされた際、南雲は現状に満足し、空母部隊を安全な距離まで退避させる準備をしたが、損害を受けずに再攻撃できたはずであることは今日では周知のとおりだ。来たるべきミッドウェー海戦の最中に彼が優柔不断で判断を誤ったことにより、日本の勝利が失われてしまうことになるのである。

六月四日午前四時三〇分、三六機の零戦に守られた七二機のヴァル〔九九式艦上爆撃機の米軍コードネーム〕とケイト〔九七式艦上攻撃機の米軍コードネーム〕がミッドウェーを攻撃すべく、南雲の空母四隻から発進した。ヴァルは急降下爆撃機にして高高度爆撃機でもある汎用爆撃機で、速力二〇〇マイル〔約三二〇キロメートル〕、航続距離八〇〇マイル〔約一三〇〇キロメートル〕を誇り、アメリカの同機種であるダグラス・ドーントレスに勝っていた。雷撃機のケイトも爆弾投下が可能であり、速力はヴァルと同等ながら航続距離が若干劣っていたものの、これもアメリカの同機種ダグラス・デヴァステイターよりも勝っていた。友永丈市（ともながじょういち）大尉に率いられた南雲の航空部隊は目標まで二七六海里を飛ばねばならず、優に作戦範囲内にあったとはいえ、現代の艦載機と違ってレーダーがなく、母艦までの帰投飛行は運任せだった。当時と今とでは、重要な違いがほかにもあった。現代の空母は着艦用として艦首方向に斜めに配置された甲板を有し、着艦した艦載機を発艦機の滑走路の外に駐機しておくことができるが、第二次世界大戦中の空母は「一直線の甲板」だった。着艦機の眼前には直前に着艦した機がいたのである。昇降機を使って着艦機を次の甲板の格納庫に下ろすことができたのは、「樽詰めにする」時間があるときだけだった。したがって、着艦は常に危険に満ちた作業だった。着艦しようとしている機が拘束ワイヤにフックを掛けられない場合、駐機場所に突っ込むおそれがあったし、艦載機が甲板上で群れを成して格納庫への収納を待っている傍らで着艦が行われている空母が、敵機に捕捉されるおそれもあった。

空母部隊にとって本当に安全なのは、敵に発見されないことだった。しかし、ジョセフ・ロシュフォートとHYPO支局員の暗号解読活動のおかげで、南雲空母艦隊の位置は六月三日にミッドウェー島所属の

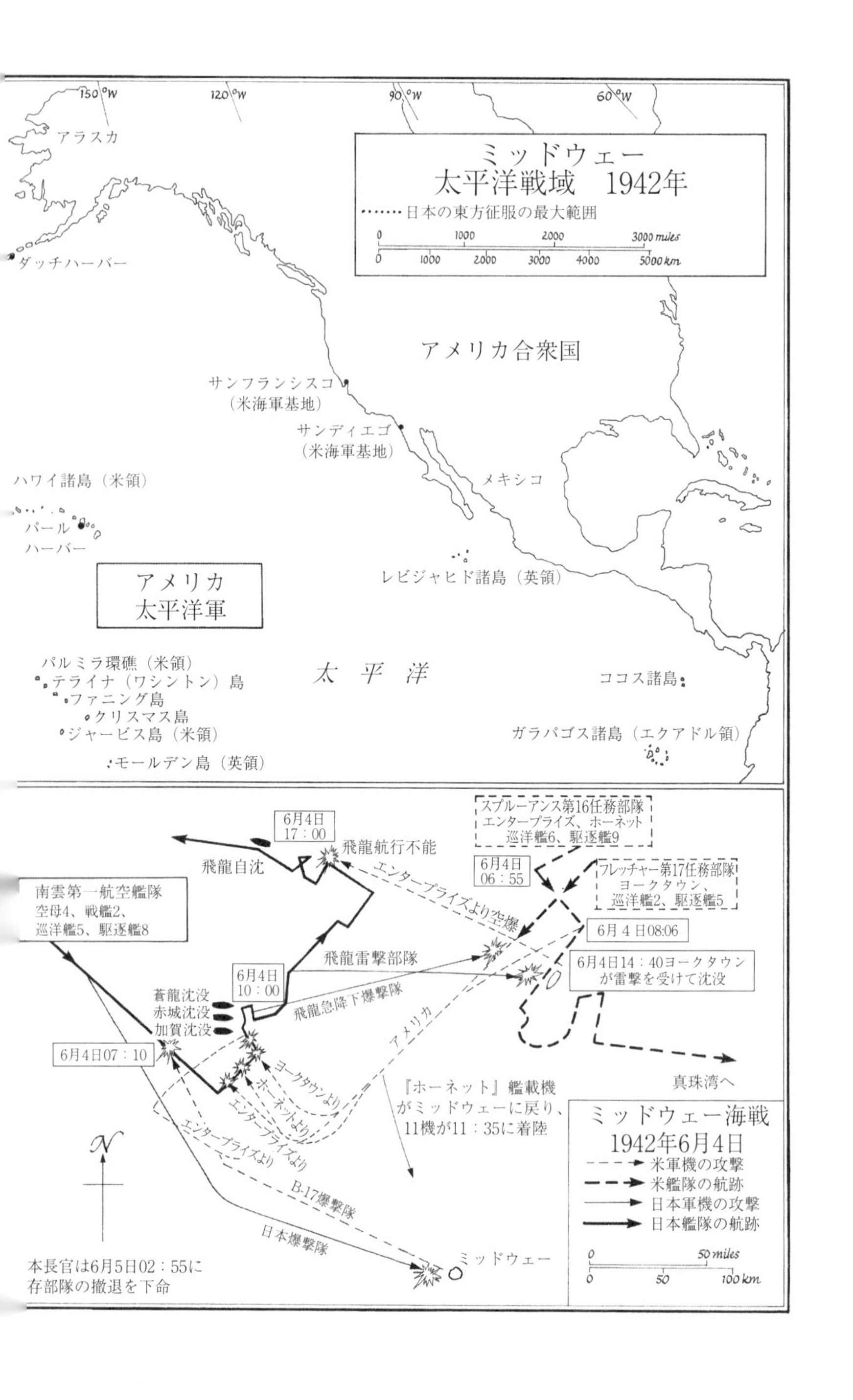

150°W
120°W
90°W
60°W
ミッドウェー
太平洋戦域　1942年
日本の東方征服の最大範囲
0 1000 2000 3000 miles
0 1000 2000 3000 4000 5000 km
アラスカ
ダッチハーバー
アメリカ合衆国
サンフランシスコ
（米海軍基地）
サンディエゴ
（米海軍基地）
メキシコ
ハワイ諸島（米領）
パール
ハーバー
レビジャヒド諸島（英領）
アメリカ
太平洋軍
パルミラ環礁（米領）
テライナ（ワシントン）島
ファニング島
クリスマス島
ジャービス島（米領）
モールデン島（英領）
太　平　洋
ココス諸島
ガラパゴス諸島（エクアドル領）
スプルーアンス第16任務部隊
エンタープライズ、ホーネット
巡洋艦6、駆逐艦9
6月4日
17：00
飛龍航行不能
飛龍自沈
6月4日
06：55
フレッチャー第17任務部隊
ヨークタウン、
巡洋艦2、駆逐艦5
エンタープライズより空爆
南雲第一航空艦隊
空母4、戦艦2、
巡洋艦5、駆逐艦8
6月４日08:06
飛龍雷撃部隊
6月4日14：40ヨークタウン
が雷撃を受けて沈没
6月4日
10：00
飛龍急降下爆撃隊
蒼龍沈没
赤城沈没
加賀沈没
アメリカ
6月4日07：10
ヨークタウンより
ホーネットより
エンタープライズより
エンタープライズより
『ホーネット』艦載機
がミッドウェーに戻り、
11機が11：35に着陸
真珠湾へ
ミッドウェー海戦
1942年6月4日
米軍機の攻撃
米艦隊の航跡
日本軍機の攻撃
日本艦隊の航跡
N
B-17爆撃隊
日本爆撃隊
ミッドウェー
0 50 miles
0 50 100 km
本長官は6月5日02：55に
存部隊の撤退を下命

90°E
120°E
150°E
180°
ソビエト社会主義共和国連邦
60°N
アリューシャン列島
満州国
50°N
北京
千島列島
朝鮮
日本
40°N
中華民国
東京
上海
太 平 洋
広東
30°N
ハワイ
小笠原群島（日領）
台湾
ミッドウェー諸島
香港
硫黄島
火山列島（日領）
仏領
インド
シナ
ウェーク島
（米領）
20°N
フィリピン諸島
マリアナ諸島
ジョンストン島
（米領）
サイパン
ボカック環礁
グアム（米領）
マーシャル
ヤップ島
チューク
10°N
諸島
諸島
パラオ
ポナペ
カロリン諸島
ギルバート
諸島
ハウランド島
ボルネオ
アドミラル諸島（豪領）
ナウル
（英領）
（英領）
ベーカー
フェニックス諸島
（米英共同統治）
ニューギニア
ソロモン諸島
蘭領東インド
エリス諸島
ガダルカナル
10°S
サンタクルーズ
諸島（英領）
日本軍によるミッドウェー攻撃の状況図
1942年5～6月のアリューシャン列島陽動作戦の支援を受けた山本長官のミッドウェー基地奪取計画
ダッチ
ハーバー
アッツ
幌筵
キスカ
細萱第五艦隊
大湊
角田第二機動部隊
広島
赤城
加賀
蒼龍
飛龍
米軍の空中哨戒の限界
フレッチャー
第17任務部隊
スプルーアンス
第16任務部隊
ヨークタウン
南雲第一航空艦隊
米軍潜水艦隊
山本長官の主隊
近藤第二艦隊
ミッドウェー
パールハーバー
エンタープライズ
ホーネット
田中輸送船団
栗田支援隊
ウェーク島
日本の潜水艦
先遣隊
サイパン
グアム
ポカック環礁

カタリナ飛行艇に発見される前にすでにニミッツと麾下の任務部隊二個に知られていた。ニミッツは、集結しつつある日本攻略部隊が一九四二年六月四日現地時間午前七時にミッドウェーから一七五海里離れた方位三二五度に認められるはずと、とうに予測していた。「この予測は海軍史上、最も驚嘆すべき情報活動の大手柄だった」[*22]

その後、戦術情報がこの予測を裏づけた。友永の一〇八機の艦載機がミッドウェーに向かう中、同島のレーダー局が午前五時三〇分にこれを探知し、後に失探したものの、再び海上レーダーがこれを捉えた。ミッドウェーは、「方位三二〇度、距離九三［海里］に敵機多数」との報を受けた。ミッドウェーは直ちに戦闘機全機、ワイルドキャット六機、バッファロー二〇機を侵入者の迎撃に発進させた。

米海兵隊に所属するワイルドキャットとバッファローは、零戦よりも数において劣勢だったのはもちろんのこと、性能的にも旧式で劣っていた。生き残ったのは九機しかなかった。友永の航空部隊はかすり傷程度の打撃を大いに加えたものの、対空砲によって大損害を受けており、ミッドウェー基地の戦闘力を奪うことはできなかった。彼は『飛龍』への帰投を始める途中で南雲に第二次攻撃を上申した。一方、友永部隊が攻撃する一時間以上前に、リードのカタリナ〔原文ママ。正しくはハワード・アディ大尉が搭乗していた別のカタリナ〕が南雲部隊を視認していた。つまり、そのとき友永隊はまだ母艦から発進していなかったのである。カタリナはミッドウェーから北西二〇〇海里の位置におり、午前五時三四分に「敵空母」と短いサイファー群で報告した。五時四五分に送信した平文は『エンタープライズ』の戦闘指揮所で傍受されたが、次のような内容だった。「ミッドウェーに向かう敵機多数、方位三二〇度、距離一五〇［海里］」〔この報告はチェイス大尉による〕。これはＨＹＰＯの予測をまさに確認したものだった。ついに六時三〇分、海軍の偵察任務を遂行した部隊の中でも史上もっとも有能なものの一つとして認めるにふさわしい搭乗員の乗ったカタリナが、こう打電した。「空母二隻と戦艦複数、方位三二〇度、距離一八〇［海里］、針路一三五度、速力二五［ノット］」。カタリナの電文で唯一の誤りは戦艦に関する報告であり、これはおそらくパイロットが実際の空母の隻数四を誤認した、つまり、空母を戦艦と取り違えたものかもしれない。

このカタリナは、南雲部隊に視認され、非常な低速で飛行したにもかかわらず、逃げおおせた。それが去ってまもなく、また別の米軍機が現れた。それらはミッドウェー基地の爆撃飛行隊に所属する機であり、シマード大佐が友永隊の到着以前に発進させていたものだった。友永が二次攻撃を要請したのは、これらが不在のためだった。つまり、彼はミッドウェーが依然として攻撃用基地であると正しく見越していたのである。しかし、その不在機が日本の空母を迎撃する途上にあるとは判断しなかったようだ。実際、これらはその途上にあった。七時を過ぎてまもなく、南雲空母部隊は六機のアヴェンジャー急降下爆撃機と四機のB26マローダー中型爆撃機から攻撃を受けた。アヴェンジャーは当時の水準からするとかなり速かったが、防御を無力化するには数が足りず、四機が対空砲あるいは戦闘機に撃墜された。間に合わせの魚雷発射機を備えたこれらのマローダーは徹底的に攻撃したものの、命中弾は一発もなく、二機が撃墜された。八時直前、ミッドウェーから飛び立った海兵隊のドーントレス急降下爆撃機一六機と旧式のヴィンディケーター一一機からなる飛行隊一個が攻撃を続行した。ドーントレスは頑丈な近代爆撃機であり、太平洋で最高の米艦上攻撃機との評判を博したが、ミッドウェーの海兵隊パイロットは同機に慣熟しておらず、その飛行隊長は急降下爆撃を行おうとしなかった。六機のドーントレスが撃ち落とされ、二機が破損、敵への命中弾はなかった。結局、八時一〇分頃にミッドウェーの『空飛ぶ要塞』〔B17爆撃機〕一五機が二万フィート〔約六〇〇〇メートル〕上空に現れ、空母群に重爆弾を集中投下し、何発かを命中させたと確信しながら無傷で離脱した。

これは誤りだった。ミッドウェー航空隊の空襲によって何人かの日本軍水兵が戦死したものの、南雲の艦艇には損害がなかった。とはいえ、これによって南雲の思考力が大きく揺さぶられた。彼は論理的というよりも常に衝動的であり、今や理性ではなく成り行き任せで反応するようになった。彼がジレンマに直面していたことは確かである。ミッドウェー作戦の核心は、同島の防御を破ることでも攻略することでもなく、残存しているアメリカの空母を戦闘に誘い出すことだった。ミッドウェーへの進出は、罠を作動させるための予備行為だったのである。アメリカの空母が付近にいる形跡が皆無だったとはいえ、艦隊指揮官としての南雲の本分は、空母戦が不意に勃発してもよいように麾下の艦艇を戦闘に備えておくことだった。その一方で、もしミッドウェー守備隊が活動を続けていれば、これを撃破する上陸部隊を掩護することにもなっていた。しかも、その守備隊から第四次攻撃を受けるおそれもあった。

こうした状況の中で南雲は七時一五分、難局を打開すべく空母四隻の飛行甲板の布置を変え、対艦攻撃の準備からミッドウェー島への再攻撃準備に取りかかる決断を行った。これには雷撃機の魚雷を爆弾に換装する必要があり、急降下爆撃機も徹甲弾の代わりに同様な破片弾に換える必要があった。これらの作業は、甲板上の機を格納庫に下ろさねばならない場合は特に時間がかかった。その作業が始まるや、戦闘空中哨戒を行っていた零戦ともども友永のミッドウェー攻撃隊が燃料補給のために着艦を始めた。これら複雑な活動がまさに進展している最中の七時二八分、アメリカの水上部隊が付近にいるとの報がついに南雲にもたらされた。巡洋艦『利根』から水上機一機がカタパルト発進され、しばらく沈黙していたものの、突如としてこう打電してきたのである。「敵水上艦一〇隻らしきもの見ゆ。方位一〇度、速力二〇ノット以上」。『利根』の水上機はカタパルトの故障によって発艦が三〇分遅れていた。今やその索敵範囲のほぼ限界に達していた。

この報は南雲にとって考えうる最悪の瞬間にもたらされた。空母の甲板は着艦したばかりの機でごった返しており、燃料ホースでいっぱいになっていた。攻撃機の多くは下の格納庫におり、魚雷を爆弾に換えたり、爆弾を別種に換装したりしているところだった。だが、南雲は対艦攻撃を開始するという確固たる分かりきった判断をせずに躊躇したのである。彼は、二つの任務の準備を同時に行うことにより、責任回避の予防線を張れると考えたようだ。午前七時四五分、艦隊に「敵艦隊攻撃準備、攻撃機雷装そのまま」と指示した。[*23] そして急に思いついたように、『利根』の水上機にこう打電した。「艦種確かめ、触接せよ」

南雲はおそらく、『利根』の水上機が発見したのは空母ではないだろうと考えたのかもしれない。いずれにせよ、ミッドウェーへの攻撃を再開するための戦力をいくらか温存しておくという決定を弁護するかのごとく、まさにこの瞬間にミッドウェー島から飛来したドーントレス、ヴィンディケーター、『空飛ぶ要塞』による最後の空襲が行われた。この攻撃は失敗したものの、艦隊陣形を乱し、戦術状況を分析する南雲の能力はさらに低下した。七時五八分、『利根』の水上機が、敵艦隊は針路を一五〇度から一八〇度に変針したと報告した。南雲は「艦種知らせ」と要求した。八時九分、水上機から「敵兵力は巡洋艦五隻、駆逐艦五隻」と入電があった。南雲の不安は収まったように思えた。特に八時二九分、ミッドウェー島の『空飛ぶ要塞』から投下された最後の爆弾が噴き上げた水柱がむなしく海に崩れ落ちたとき、その思いは強かったであろう。燃料補給と換装はほぼ完了した。危険な瞬間は過ぎ去ったかに見えた。

そして八時二〇分、『空飛ぶ要塞』が飛び去る直前、腹立たしいほど悠然とした『利根』水上機がこう打電してきた。「敵はその後方に空母らしきもの一隻を伴う」。南雲は誤りを犯していたのである。それがいかに深刻なものであったか、その後の一時間二〇分で明らかになる。危険性を特定するのが遅れた責任を、全て『利根』の搭乗員に負わせることはできない。一九四二年六月四日の中部太平洋は快晴だったが、空には雲が点在していた。ミッドウェー島から飛び立ったアメリカ機には、発見した日本艦隊が見えたり、見えなくなったりと、目まぐるしいほどだったという。雲が視界を遮り、全景が見えなかったのである。『利根』の水上機も同じ体験をしていたのだ。

いかに言い訳しようと、本機による報告が不完全だったために壊滅的な結果となってしまった。それが一時間二七分の間、つまりアメリカ軍任務部隊を最初に視認した七時二八分から、『利根』水上機発の最後の不吉な入電があった八時五五分までの間に起きたのである。「敵雷撃機一〇機貴方に向かう」との報告を受けた南雲は、もっとよく考えていれば、艦隊を防御態勢にし、爆撃機と雷撃機に対艦攻撃の準備をさせ、燃料を補給した戦闘空中哨戒部隊とともにこれを発進させていたかもしれない。しかし実際のところ、零戦のほとんどが燃料を補給し、危機が訪れたときには空中にいたものの、ほかの機は下甲板にいたか、あるいはまだ下ろされておらず、その一方、空母四隻の甲板は燃料ホースやら固定されていない兵装やらで散らかっていたのだった。

『エンタープライズ』と『ホーネット』を指揮するスプルーアンスは、優柔不断などという贅沢を享受する余裕もなく、日本軍の接近を知らせるミッドウェー基地所属カタリナからの五時三四分の報告に対してひたすら積極的に対応した。彼はまず、発艦を行う前に距離をわずか一〇〇海里に詰めることにした。友永隊によるミッドウェー攻撃の報を受けると、発艦を早めることにした。これは、友永隊が燃料と弾薬を補給するために着艦中あるいは待機中のところを捕捉できるかもしれないと計算してのことだった。これは非常に鋭い判断だった。六時を回ってすぐ、彼は部下のパイロットに対し、一〇〇海里ではなく一七五海里を飛行するよう命じる一方、発艦時間を九時から七時に繰り上げる決断を行った。『ヨークタウン』(第17任務部隊)を指揮するフレッチャーは、第16任務部隊の北で行動しており、行動を手控えることにした。彼は珊瑚海海戦では発艦を早まってしまったと考えており、同じ過ちは二度と犯さない腹積もりでいた。

スプルーアンスの打撃戦力は『エンタープライズ』と『ホーネット』のほぼ同数の戦力からなっていた。すなわち、ドーントレス急降下爆撃機六七機、デヴァステイター雷撃機二九機、護衛飛行用のワイルドキャット戦闘機二〇機である。最初に飛び立った機は旋回するよう命じられ、全機が発艦するまで待機していた。集中的な打撃を加えられるようにするためである。しかし、七時四五分、先発隊が燃料を使い切ってしまうことを懸念していたスプルーアンスは、日本軍に向かうようこれらに命じた。八時六分には全機がその途上にあった。空中には飛行隊が六個あった。すなわち、『エンタープライズ』から発艦した第6爆撃飛行隊、第6偵察（爆撃）飛行隊および第6雷撃飛行隊ならびに『ホーネット』からの第8飛行隊、第8偵察飛行隊および第8雷撃飛行隊であり、さらに両空母から、戦闘空中哨戒飛行を行わない第6戦闘飛行隊および第8戦闘飛行隊がこれに加わった。

一九四二年の時点では、発艦は曲芸も同然だった。パイロットはエンジンを最大限まで回転させ、ブレーキを離し、甲板上で加速をつけ、艦首を越える際に操縦桿を引き戻す。エンジンが故障したり操作を間違えたりしようものなら海にまっしぐらだ。第16任務部隊は全機が無事に発艦し、編隊を組んだ後、ドーントレス急降下爆撃機六七機、デヴァステイター雷撃機二九機、ワイルドキャット戦闘機二〇機が南雲の推定位置に向針した。

諸般の事情により、彼らは現場に一斉に到着できなかった。スプルーアンスは当初、最初に発艦した飛行隊四個を先に向かわせることにした。旋回すれば貴重な燃料を浪費するからである。その後、彼ら攻撃隊が目標に一直線に向かうと、その接近の報を偵察機から受けた南雲は九時五分、北東から南東に〔原文ママ。正しくは南東から北東に〕変針した。九時二〇分、『ホーネット』の急降下爆撃機が指示点に到達したものの、海上に敵影はなかった。第8爆撃飛行隊長はそこで、南雲はミッドウェーに向かったに違いないと判断して反転し、自隊機を真南に導いた。だが、燃料が切れつつあり、一五機がミッドウェーに着陸せざるをえなかった。残りの機は母艦に戻ったものの、ワイルドキャット戦闘機は燃料切れで全機が海に墜落した。

ジョン・ウォルドロン中佐が率いる『ホーネット』雷撃隊は急降下爆撃隊と離ればなれになっていたが、目標海域に接近すると水平線上に排煙を発見し、探索に取りかかった。海面すれすれまで日本の空母群に接近したところで魚雷を駛走（しそう）させたが、戦闘空中哨戒中の六〇機の零戦に攻撃された。数分のうちに全機が撃墜され、パイロットは一人が助かったのみだった。命中した魚雷は一本もなかった。第8雷撃飛行隊の次に『エンタープライズ』の第6雷撃飛行隊がすぐさまこれに続いたが、これもすでに一五機の直掩機を失っていた。デヴァステイターが有利な接敵機動を行っていると、第8雷撃飛行隊を殲滅したばかりの零戦の目を引いてしまい、多数が撃墜された。生き残ったのは一四機のうちの四機のみであり、命中魚雷はなかった。最後に、一〇時頃、『ヨークタウン』の第3雷撃飛行隊が現れた。これも海面近くで日本の戦闘空中哨戒機による攻撃を受け、二七機のうちの七機を失い、戦果もなかった。

　とはいえ、雷撃隊の壊滅は無駄ではなかった。彼らが雷撃航程に入るために海面レベルまで降下したことによって、日本の戦闘空中哨戒機が担当防空域である高高度から下に降りてきたからである。したがって、一〇時二五分にさらにもう一波のアメリカ軍機が一万四〇〇〇フィート〔約四三〇〇メートル〕から爆撃すべく接近してきたとき、南雲の空母四隻は無防備なままだったのである。その甲板は、報復攻撃に待機している機で混みあい、燃料ホースで覆われ、魚雷と爆弾で散らかっていた。最初に命中弾を受けたのは『赤城』だった〔最初に被弾したのは『加賀』といわれる〕。南雲の参謀長だった草鹿龍之介は、「業火（中略）あたり一面に死体」と報告している。急降下爆撃機からの爆弾一発が艦中央の昇降機に命中し、格納庫甲板を貫通して魚雷格納庫を誘爆させた。もう一発が駐機場所に落ちた。草鹿がこう続ける。「中央部の昇降機のちょうど後ろの飛行甲板に大きな穴があいていた。昇降機自体は溶けたガラスのように曲がっており、格納庫の中にだらんと垂れ下がっていた。甲板は異様な形になって上向きにひん曲がっていた。飛行機は逆立ちしており、真っ赤な炎と真っ黒な煙を噴き、機体に付いている魚雷が爆発し始めたので鎮火は無理だった。格納庫全体が灼熱地獄と化しており、炎がすぐに艦橋に広がっていった」*24〔これは赤城飛行総隊長の淵田美津雄中佐による回想〕『赤城』の末路は偶然の結果であり、情報活動によるものではない。実際のところ、第16任務部隊と第17

任務部隊に与えられた情報は大損害を生んだだけだった。八三機の雷撃機が行った三件の攻撃に対し、三七機と直衛機多数が失われ、日本軍には何らの損害も与えられなかった。『エンタープライズ』の急降下爆撃隊が南雲の空母群に導かれたのは運によるものだった。いるはずの位置に日本軍はいなかった。敵は偶然に発見されたのである。ミッドウェー付近で会敵するためにニミッツが行った準備の中には、潜水艦による警戒網の展開もあった。その中の一隻で、襲撃準備をなそうとしていた『ノーチラス』は駆逐艦『嵐』に探知され、長々と爆雷攻撃を受けたが、損害はなかった。『嵐』は艦隊に再合流しようと速力を上げ、それによってはっきりとした白い航跡ができた。『エンタープライズ』のドーントレス急降下爆撃隊を率いるクラレンス・マクラスキー少佐は、その白い筋を海面上に見つけると、追尾しようと思いつき、九時五五分に旋回した。一〇時二〇分、「およそ八海里の円形配置」になって北西〔原文ママ。正しくは北東〕に向かう『赤城』、『蒼龍』、『加賀』を視認した。『飛龍』ははるか前方にいた。この自立密集陣形は雷撃機の攻撃によって崩された。マクラスキーは交戦すべく旋回し、一万四〇〇〇フィート〔約四三〇〇メートル〕から七〇度の角度で降下するよう自隊機を誘導した。彼らの終末速度は敵艦載機の零戦の速度をほとんど超えていた。いずれにせよ、雷撃機を撃退した零戦はあまりに低空を飛んでいたため、防空高度に到達することはできなかった。

一隻また一隻と、日本の大型空母三隻は屈していった。それはまず南雲の旗艦『赤城』から始まり、次の『加賀』は五〇〇ポンド〔約二三〇キログラム〕爆弾と一〇〇〇ポンド〔約四五〇キログラム〕爆弾によって、駐機中の機体と燃料ホース、弾薬庫、格納庫に火が付いた。最後に『蒼龍』が『ヨークタウン』の急降下爆撃機に攻撃されたが、これら爆撃機は遅くに発艦したものであり、戦闘による煙によって現場に引きつけられたものである。これらが投下した爆弾によって損害が生じ、その中でも特に中央の昇降機が艦橋に向かって逆さに折り曲がってしまった。

太平洋を征服しようとした日本の計画は、南雲が空母に対して攻撃を開始しようと準備していた六月四日一〇時二五分から、『エンタープライズ』の第6爆撃飛行隊が攻撃を行った一〇時三〇分の間に水泡に帰した。六隻の大型空母のうち三隻が致命傷を負い、四隻目は二四時間が経過する前に米海軍力に屈することになる。『蒼龍』は六月五日の早朝、魚雷によって屠(ほふ)られた。これを放ったのが、この前日、図らずもスプルーアンスとフレッチャーの急降下爆撃隊を南雲の空母群に導くのに介在した潜水艦『ノーチラス』だった。ほぼ時を同じくして、六月四日午後に『エンタープライズ』から発進した急降下爆撃機の命中弾を受けていた『飛龍』が、攻撃中は持ちこたえていた致命傷についに屈した。

日本軍の敗北はまったく割に合わないものでもなかった。珊瑚海海戦で大損害を被りながらも生き残った『ヨークタウン』は六月四日に決定的な一撃を加えていたが、依然として残存していた『飛龍』艦載機に同日正午頃に発見され、戦闘空中哨戒機の奮戦も空しく大打撃を受けた。いったんは総員が離艦したものの、救助隊が再度乗り組んで安全な真珠湾によろよろと向かっていた六月五日〔原文ママ。現地六日〕、山本がニミッツ艦隊を壮大なミッドウェー計画の罠に掛けるべく展開していた散開線の潜水艦一隻が微速で東進する『ヨークタウン』を発見、迎撃すべく行動し、魚雷四本を発射した。二本が命中し、必死に奮闘した後の六日〔原文ママ。現地七日〕朝、本艦は転覆した。

それでも、一九四二年六月四日の戦い——ミッドウェー——といえば、アメリカ人は誇らしげに、そして日本人はしぶしぶながらもまさに確信的に、アメリカの軍事力による劇的勝利だと即座に見なしたのである。当初は優勢だった大日本帝国海軍は、太平洋の制海権をめぐる戦いにおける数時間、実のところは数分間の消耗戦のうちに、支配的立場から従属的立場へと転落した。中南部太平洋に難攻不落の戦略地点を獲得し、いかなる反攻にも自己防御できる世界レベルの艦隊を創設するという大日本帝国の長期計画は、数時間の激闘のうちに覆されたのである。

だが、ミッドウェーの戦いは正確にはどれほどインテリジェンスの勝利だったのか、という疑問は残されたままである。この戦いは当時、内情に通じていた者にはインテリジェンスの勝利として賞賛されたし、諸事実が公に周知されると、それが一般的見解にもなった。ＯＰ―20―Ｇとそのハワイ支局、メルボルン支局は、次の諸点を特定した功績があると考えられた。まずは、日本海軍が攻勢の軸足を――オーストラリアに対する――南太平洋から中部太平洋へと移す決定をしたことを突き止めたこと、第二に、ミッドウェーが攻撃の焦点だと特定したこと、次に、その攻撃開始予想時刻を絞ったこと、そして最後に、戦闘序列に関する日本の構想を正確に描いたことである。ニミッツが五月三一日に発した電文13／１２２１号には、「ミッドウェー敵戦力の推定構成。攻撃部隊は空母四［『赤城』、『加賀』、『飛龍』、『蒼龍』］、『霧島』級［戦艦］二、『利根』級巡洋艦二、駆逐艦一二……」とあり、これは南雲麾下の艦艇とほぼ正確に一致する。より在来的なインテリジェンス――ミッドウェー局によるレーダー探知、ミッドウェー所属の一索敵機による南雲艦隊の視認――により、日本の空母艦隊が第一撃を行う直前にその位置と速度が判明した。この生情報によって、ミッドウェーのシマード大佐は爆撃機と雷撃機による攻撃を開始できたのであり、フレッチャー提督は艦対艦攻撃用に任務部隊二個を配置できたのだった。

　ミッドウェー攻撃に関してニミッツとその部下が利用できた情報は、実際に途方もなく正確だった。それらは、敵の目標、タイミング、戦力、接近方向、開始位置、「敵に関する生情報」要求点検リスト、そして極めつけが暗号解読の成果物である。しかし、認識すべきは、アメリカ軍が暗号解読から多くを得たとはいえ、それで戦いの成り行きが決まったわけではないという点である。フレッチャーが南雲の位置に向けて攻撃隊を発艦させた後ですら、結果はどちらに転ぶか分からなかったのであり、偶然と運こそがこの勝利の決定的要素だったのである。

　スプルーアンスは、『ホーネット』と『エンタープライズ』から手持ちの急降下爆撃機と雷撃機を全機発艦させる決定に全てを賭けた。これらの搭乗員には情報が与えられていたにもかかわらず、その多くが目標を発見できなかった。後に酷評される南雲は、接近する敵機についての偵察機の視認報告に基づき、『ホーネット』の急降下爆撃隊が到達する前に針路を変更するという英断を下した。爆撃隊は予想された会敵点で何も発見できず、索敵するのに誤った方向に誘導されて離れ、戦闘に参加できず、直掩戦闘機に至っては母艦にも帰還できなかったのだった。敵への接近中に急降下爆撃隊と離れてしまっていた第16任務部隊の雷撃隊は、視程ぎりぎりに偶然に南雲を発見し、その後に南雲の戦闘空中哨戒機に殲滅された。戦闘のこの時点では、勝ちつつあると南雲が考えたのも無理はないだろう。その後の数分間に起きた出来事によって、この考えはさらに強まったかもしれない。『エンタープライズ』雷撃隊も南雲を発見できずにいたが、視程の極限にようやくその艦隊を見つけた。その後、攻撃を行ったところを戦闘空中哨戒機に圧倒された。

そのうえ南雲は、燃料補給が不要なほど母艦の間近で行動していた零戦を、戦いのこの段階で着艦させ、弾薬補給を行わせることができた。日本の四隻の空母は、第16任務部隊の雷撃隊をかわす行動をとって分散気味だったものの、一〇時二五分には無傷であり、敵に対して攻撃隊を発艦させるべく準備を行っていた。敵の位置と距離は、偵察機の報告とアメリカ軍の接近ラインを観察することで推定できた。

その後に起きたことは無作為要因の結果である。その第一は、攻撃の開始が雷撃隊によってなされ、アメリカの急降下爆撃隊が一万四〇〇〇フィート〔約四三〇〇メートル〕から降下を始めようとしているときに、日本の戦闘空中哨戒機を海面レベルまで引きつけたことである。第二は、まさに偶然の出来事だが、第6爆撃飛行隊が駆逐艦『嵐』の航跡を視認したことである。本艦は米潜水艦『ノーチラス』への爆雷攻撃から戦果むなしく去ろうとして痕跡を残したのであり、機転のきくマクラスキー少佐はそれが南雲の位置を示すものと悟ったのだった。要因の第三は、交戦の開始より遡るものだが、南雲が当初、優柔不断で時間を浪費してしまったことである。

南雲は哀れだった。この大胆な元駆逐艦艦長には、訓練あるいは経験によるものであれ、三次元空間における相対速度を計算するという迅速さを要求される複雑な作業をする素養が身に着いていなかったのだった。この計算は一人前の空母艦長に必要とされるものである。第三者が後知恵で見れば、南雲は麾下の貴重な空母の飛距離内にアメリカ艦隊がいるという『利根』水上機の視認報告を受けた時点で、友永が要請した第二次ミッドウェー攻撃を爆撃隊に準備させる命令を撤回し、攻撃隊の全機を艦対艦攻撃用に準備すべきだった。『飛龍』、『蒼龍』戦隊を率いる同僚の山口多聞（たもん）提督から信号灯によって促されたにもかかわらず、七時を過ぎてから意を決したのは彼の無力の表れであり、それによって甲板は燃料ホースや固定されていない兵器、弾薬補給の機でごった返し、その三時間後にマクラスキー少佐の第6爆撃飛行隊が降下を開始、五分足らずのうちに四隻の日本空母のうちの三隻が沈没するに至ったのである。

戦争という最終手段の結果は、精神ではなく肉体に関わる事柄であり、計画やインテリジェンスではなく、物理力に関わるものである。長期的に見れば、当然のことながら、優勢なる知的資源を有する国は、それが優勢なる工業的、技術的、人口統計上の手段に変わるのであれば、これらの資質に劣る国を必然的に打ち負かすであろう。とはいえ、精神は常に力に付随するものでもある。大日本帝国は米国と比べて人物を言うのは力なのだ。戦史において、敵よりも戦力で劣る国が長期戦で勝利を達成した例は皆無である。大日本帝国は米国と比べて人口は三分の一以下、工業力もほんのわずかしかなかったが、その支配階級は、苦労して得た近代的な軍艦と航空機が、水兵と航空兵の士魂で強化されればこそ勝つことができると信じ込まされていたのだった。これこそ山本提督が戒めたものだった。一年か半年は「暴れてみせる」という彼の見通しはまさに現実のものとなっていた。日本は全てを賭け、そしてミッドウェーで全てを失ったのである。

とはいえ、勝利は最高のインテリジェンスをもってしても保証されるわけではないということをミッドウェーの戦いは証明している。ニミッツやスプルーアンス、フレッチャーは、ロシュフォートとその部下の暗号解読官による執拗なまでの知的努力のおかげで、戦争という曖昧模糊とした現象からすればこれ以上ないほど鮮明に敵の計画を眼前に提示してもらったのである。それにもかかわらず、彼らは危うく敗れるところでもあった。第6爆撃飛行隊のマクラスキーが洞察力をもう少し欠いていたら、そして南雲提督に決断力がもう少しあったなら、一九四二年六月四日の晴朗な太平洋の波間に燃えるがままにされて失われることになったのは、山本の機動部隊の空母ではなく、第16、第17任務部隊の空母であったかもしれない。それでも日本は太平洋戦争に負けたであろうが、米国が勝利するまでにさらにどれほどの時間がかかったことであろうか。

第七章　インテリジェンスは勝因の一つにすぎず：大西洋の戦い

第二次世界大戦におけるイギリスのインテリジェンスに関する公認史家サー・ハリー・ヒンズリー教授は、その重要性を控えめに主張しており、この戦争に勝ったのはイギリスのインテリジェンスによるものではないにせよ、それによって戦争期間が短縮したと言明している。[*1] 教授の主張によれば、特に大西洋の戦いを首尾よく遂行した際にイギリスのインテリジェンスが演じた役割により、戦争が短くなったのだという。その役割とは第一に、一九四一年後半にUボートが優位に立つことを阻止したこと、次に、一九四二年から四三年の冬にかけてまたもそれを阻止したこと、そして最後に、「一九四三年四月と五月に大西洋上のUボートを破り、一九四三年下半期にUボート司令部の無力化に成功したことによって、Uボートが船団ルートに二度と戻れないようにしたこと」に大いに貢献したことである。[*2] これらの偉業は、ヒンズリーによれば、より広範かつ複雑な戦争の文脈中に厳密に位置づけられるものではあるが、目を見張るものである。なぜなら、イギリスの戦争遂行能力は海上供給ルートに対するUボートの攻撃を生き抜く能力にこそかかっていたのであり、もしイギリスが一九四〇年六月のフランス陥落から一九四一年一二月の真珠湾攻撃までの一七カ月間に戦争努力を維持できなかったとしたら、ヒトラーは西ヨーロッパの征服を完了し、おそらくソ連を破り、米国のヨーロッパ侵攻を阻止できたであろうからである。

大西洋の戦いに敗北していれば、大変な事態になっていたことだろう。それを明確に理解していた人物は、ウィンストン・チャーチル以外に誰もいなかった。彼はその権威ある著作『第二次世界大戦』において、こう記している。「戦争中、私の心胆を真に寒からしめたものはUボートの脅威、ただそれのみだった。（中略）Uボート戦争によってわれわれの輸入と船舶はどれだけ減少するのだろうか。われわれの生活が破壊されるほどにまで達するのだろうか。そこには宣伝や扇動の余地はなかった。あったのは、海図の上にゆっくり無情に描かれる線だけであり、それが示すのは将来の絞殺だったのである」[*3]

絞め殺されたとしてもゆっくりしたものだったであろうが、ヒトラーの潜水艦隊のデーニッツ司令長官に時間的余裕があったなら、確実に絞殺されていたことだろう。デーニッツは第一次世界大戦の潜水艦士官であり、ドイツが潜水艦隊の保有を禁じられていた戦間期に、敵——主にイギリス——の商船隊を撃滅する通商破壊戦をいかに実施するかの無情な理論を練り上げていた。デーニッツの実験道具は水上の魚雷艇であり、これについてはヴェルサイユ条約によってドイツが所有することが認められていた。一九三六年よりかなり前に、ヒトラーがUボート部隊の再建を認める合意をイギリスから取りつけることに成功すると、デーニッツは洋上で実験を行うことによって魚雷艇攻撃の構想を練り上げ、これが大西洋の戦いの「狼群」戦術の基礎となった。その戦術は、標的が商船の船団であれ、軍艦の艦隊（「これ自体が船団」）であれ、まずは日中に哨戒線を張って触接し、視程の限界に留まり、夜陰に乗じて雷撃すべしというものだった。浮上しているUボートは魚雷艇であり、その能力は魚雷艇の能力に準拠するというのがデーニッツの論拠だった。[*4]

第二次世界大戦が勃発すると、ドイツは再びUボート艦隊を保有したが規模はわずか五六隻と小さく、そのうちの三〇隻は小さな沿岸型だった。主力の航洋型潜水艦はⅦ型であり、一八隻が配備されていた。全長は二二〇フィート〔約六七メートル〕で、ディーゼル推進力による水上速力は一七ノット、電動機での水中速力は七・五ノットだった。また、三・五インチ〔八・八センチ〕砲一門を搭載し、魚雷発射管は艦首に四本、艦尾に一本あり、予備魚雷は九本あった。乗組員数は四四人だった。一九三九年中に大型のⅨ型が導入され、Ⅶ型より大口径の艦載砲一門、艦首に四本と艦尾に二本の魚雷発射管、一六本の予備魚雷、Ⅶ型の八五〇〇海里に対して一万一五〇〇海里の航続距離を有したが、Ⅶ型と比べて船団戦には不向きとデーニッツは考えていた。潜航するのが遅く、機動性に劣ったからである。一九三九年の時点では、Ⅸ型は八隻あった。[*5]

Uボートは、緒戦においては連合王国に向かう定期航路を哨戒して標的を見つけたが、そこに到達するにはスコットランドの北を迂回しなければならなかった。イギリス海峡は当初から封鎖されていたからである。Uボートは自立的に哨戒し、日中は潜望鏡で海上を捜索しながら夜になると浮上した〔戦争初期においては日中でも浮上しながら哨戒を行うことがほとんど〕。当初は、わずかながらも配置に就いていた艦——通常は一五隻以下——の間で協同はほとんどなく、デーニッツが作戦行動を調整しようとしたこともほとんどなかった。

Uボート艦長の目標はイギリスの商船隊だった。これは依然として世界最大であり、三〇〇〇隻の航洋船と一七〇〇万トンの運搬能力を有していた。これらは全て利用されていた。なぜなら、イギリスの食糧の三分の一以上と、石炭を除く原料のほぼ全てを輸入に依存していたからである。一九三九年の年間輸入量は総計五五〇〇万トンであり、そのほとんどが完成品あるいは半完成品の輸出による代金で支払われた。列強の中でもイギリスは特殊であり、輸出入のいずれも海上貿易に依存する国だった。航行に支障が出ると直ちに物不足になり、信用も傷ついた。船が沈没すると恒常的な損害を被るおそれがあった。なぜなら、イギリスとその領域内の造船所の総生産量は年間わずか一〇〇万トンにしか達せず、これは平均的なトン数の商船あるいはタンカー二〇〇隻分にしか相当しなかったからである。

イギリスの海上貿易経済を徹底的に研究していたデーニッツはその脆弱性をよく認識しており、第一次世界大戦における自身の経験を踏まえ、規模を拡大したUボート部隊が従来の拿捕規程によって課された制限を無視して攻撃を行えば、イギリスの戦争遂行能力を絶つことができると情熱的信念を持って固く信じていた。ドイツ海軍は一九一四年から一九一八年にかけ、総計一一〇〇万トン以上に上る四八三七隻の連合軍商船を撃沈していたが、その大部分が英国籍であり、しかもそのほとんどが一九一七年以降にUボートによって撃沈されたものだった。ドイツは三六五隻のUボートを進水させ、そのうち一七八隻が失われた。

ヒトラーが対ポーランド戦の準備を完了した一九三九年八月二八日、デーニッツは海軍総司令官レーダー提督に対し、Uボート艦隊の大拡張案を提出した。デーニッツは三〇〇隻のUボートを要望し、攻撃型Uボートへの補給艦として仕える大型Uボートも何隻か要求した。これがあれば、Uボート五〇隻がどの時点においても船舶航路で哨戒を継続できるようになった。デーニッツはかねてより、第一次世界大戦で達せられたように各々のUボートが月に三隻を撃沈すれば、一年後には英商船隊の半数が沈むことになると計算していた。これは補充をはるかに凌駕する率だった。そうなれば、一九一七年末に飢餓寸前に追い込まれたのと同様、イギリスは飢餓状態となって降伏せざるをえなくなるだろうと考えたのである。彼はまた、Uボート建造計画を一人の将校の管理下に置くよう要望し、イギリスとの戦争が始まってから六日後の九月九日に開催された会議において、自らをその地位に就けるよう提案した。「この任務は今やあらゆる中でも最重要となったのであり、潜水艦戦の理論と実践に関する専門知識を有する一人の将校の指導のもとに置かれるべきである」[*6]

レーダーはこれに異を唱えた。レーダーはデーニッツの才能と意欲を認めてはいたものの、彼には既存のUボート艦隊の日々の指揮に留まってほしかったのである。一方で、Uボート部隊の急速かつ大規模な拡張は保証した。デーニッツが指揮に留まるようレーダーが判断したのは、おそらく正しかったであろう。デーニッツは身体的な魅力に欠き、生真面目で執念深かったが、彼には間違いなく指導力があった。部下のUボート乗組員は、船乗りとして抜群に資質のある開戦当初の野心的艦長も何人か含め、常にデーニッツを敬い、彼に認められることを切望して最後まで忠実に仕えた。彼らの艦上生活はおぞましかった。Uボートは狭苦しくて悪臭がし、常に熱いか寒いかのどちらかであり、湿気で水滴が滴り落ちるのが普通だった。糧食はすぐに腐敗し、衣服は湿っぽく、便所は不潔で、空気は大半の時間にわたって呼吸しがたかった。Uボートの艦上生活の特徴は退屈な時間が長いということであり、特に戦争が長引くと、潜航したまま電動機を使って哨戒位置に就くまで、長時間を過ごさなければならなかった。何より、それは極めて危険だった。Uボート部隊に徴集された乗組員——米英の潜水艦部隊と違って志願制ではなかった——四万人のうち、二万八〇〇〇人が戦死し、その大半が英海軍や王立カナダ海軍、米海軍の護衛艦あるいはその空軍と海軍航空隊の攻撃によって洋上で戦死したのだった〔Uボート部隊は基本的には志願制だったが、戦争の激化による人員不足に伴って徴集される傾向が強まった〕。

対潜水艦戦

第一次世界大戦中、連合軍には潜航した艦を探知する有効手段が欠けていたにもかかわらず、ドイツが建造した三六五隻のUボートのうち、一七八隻は洋上で失われた。音響手段が採用され、浅水域では飛行機と飛行船が空中からUボートを発見しようとしたが、ほとんど常に失敗に終わった。沈没したUボートの多く、少なくとも四八隻が、機雷堰の機雷の餌食となった。軍艦や商船に衝突されたのは一九隻、英潜水艦に攻撃されたのは一七隻だった。対潜用の特定兵器である爆雷によって破壊されたのは、わずか三〇隻にすぎなかった。[*7]

爆雷は、たいてい四〇ポンド〔約九キログラム〕の炸薬（さくやく）を詰め込んだ爆弾であり、投下架から艦尾後方へ投下するか正横に投射すると圧力感知信管によって作動し、調定した任意の深度で爆発した。爆発によって高圧力波が発生し、Uボートの船殻近くで爆発すると鋼板に亀裂が生じた。正確な爆雷攻撃は致命的だったが、正確性を得るのは困難だった。大西洋の戦いの全期、特に初期においては、爆雷攻撃の結果として生じたのは完全な破壊よりも破損だった。一九四二年以降、爆雷攻撃はヘッジホッグからその後のスキッドシステムに至る接触型の爆弾によって補われた。位置が正確なら、これは致命傷を与えた。一九四三年半ばには、いわゆるマーク24型機雷が登場した。これは実際には音響魚雷であり、航空機から投下されると自動操縦でUボートのプロペラ音に向かっていくものだった。この魚雷による攻撃はほとんどの状況において致命的だったが、あまりに機密性が高いと考えられたため、特殊な条件下でしか発射できないという不利益を被った。浮上中や潜航中のUボートに対しては航空機も爆雷を投下、あるいはロケット弾を発射し、ビスケー湾を横断して大西洋の哨戒線に進出する多くのUボートがその標的となった。[*8]

これらの開発の多くは、ドイツが圧倒的に有利だったUボート戦の初期においては遠い将来のものだった。仮にデーニッツが要望したUボート数が成就され、それを配備することができていたなら、この優位は決定的となったことだろう。一九三九年時点において、イギリスは護衛艦を十分に保有しているように見えた。英海軍は一二八隻の駆逐艦と三五隻のスループ艦を動員していた。[*9] しかし、駆逐艦の多くは『トライバル』級や『ジャベリン』級といった、戦艦艦隊に随伴することを目的として設計された高性能の高速艦であり、低速で航行する船団護衛艦としての持久性に欠けていた。旧式駆逐艦の多くは第一次世界大戦中あるいは戦後すぐに建造されたもので、艦齢が尽きつつあった。護衛艦として特に設計された『ハント』級駆逐艦が就役しつつあったものの、依然として数がわずか二〇隻と少なく、バランスを覆すほどではなかった。スループは全体的に古すぎ、能力的に不十分だった。完全に新世代の護衛艦——南大西洋の捕鯨船と高速フリゲートを原型とした、低速ながらも頑丈なコルヴェット——は、胎動期にはあったものの、依然として艦隊には配備されていなかった。漁船団からはトロール船と流し網船が軍に徴用されたが、小型で低速にすぎ、有能な護衛艦にはなりえなかった。その結果、船団に付けられる護衛艦はほとんどなく、攻撃されても自らを守ることができなかったのだった。

護送船団方式は戦争勃発時に海軍本部によって採用された。これは第一次世界大戦時の方針とは正反対である。当時、海軍本部はまったく誤った理由でそれに反対したのだった。護送船団はイギリスの海上貿易にとって神聖ともいえる慣行であり、それによってフランス革命戦争の全期を通じ、イギリスの貿易がフランス艦隊と流浪の私掠船による攻撃から守られたのである。だが、第一次世界大戦が勃発してから一九一七年末になるまで、海軍本部は誤算をしていた。彼らの考えでは、潜水艦は水中攻撃でき、海軍にはそれを探知する手段がない以上、商船を一塊の船団にすることはUボートの獲物を増やすことにしかならなかった。したがって、船を単独で航行させた方が良いと判断したのだった。そうすればUボートは標的を一つずつしか選べないし、それを発見するのも一段と難しくなると考えられたからである。海軍本部の対潜水艦部も、週に五〇〇〇件あると思われる出入港船舶を護衛する任務に尻込みしていた。

船団方式に対するこれら二つの反対意見は別個かつ異なるものだったが、二番目の反対意見についての分析によって二つとも解消された。一九一七年四月に英海軍のR・G・H・ヘンダーソン中佐が海運業に関する数値を詳細に調査したところ、イギリスの存亡に関わる外航船の出入港は週に一二〇件から一四〇件しかなく、残りは内航船と短距離船であり、守るのが必須ではないことが判明したのである。戦争中は造作もないことだと考えられた。唯一の問題は、船団の技術を学ぶことだった。いったんそれを習得するや、多数の駆逐艦その他の小型艦艇が建造されていたため、重要な商船を護送する護衛艦を供給するのは造作もないことだと考えられた。唯一の問題は、船団の技術を学ぶことだった。いったんそれを習得するや、撃沈される船の数が減少し始めた。一九一八年一〇月の沈没トン数は、一九一七年の月平均五五万トンに対して一七万八〇〇〇トンだった。撃沈された船のほとんどは単独航行船であり、船団での損失は二パーセント以下だった。[*10]

一九三九年九月に海軍本部が直ちに船団方式を採用したことにより、戦争初年は撃沈による大損害が避けられた。これにはいくつかの付随的な理由があったが、その一つはUボートが不足していたことであり、もう一つは、Uボートが船舶ルートから遠いドイツの基地に留め置かれたことである。実際に、Uボートによる最大の戦果は海軍の標的に対するものであり、特に一九三九年一〇月に保護錨地スカパ・フロー内で英戦艦『ロイヤル・オーク』を雷撃したことである。これはインテリジェンスが成功したことに拠るところが大きい。宣戦布告の直前にオークニー諸島を訪れていたドイツ海軍の一大佐が、この錨地に続く東側進入路は防御が手薄だと聞いたと報告し、航空写真偵察によって間隙の存在が確認されたのである。デーニッツはその後、攻撃的な若きUボート艦長ギュンター・プリーンに対し、潮流が止まる憩潮時に夜陰に乗じて侵入する可能性についてのブリーフィングを行った。一〇月一三日、U47は防御を切り抜けて魚雷を発射、『ロイヤル・オーク』の弾薬庫を誘爆させ、乗組員もろとも屠った。この攻撃は軍事的には重要ではなかった。『ロイヤル・オーク』は旧式だったからであり、その姉妹艦のR級戦艦は、防御力があまりに低いがために、真珠湾攻撃の後に日本軍に見つからないよう、アフリカの港に隠さなければならないほどだった。とはいえ、この攻撃は英海軍にとっては屈辱であり、その上、特に係留時に非正規攻撃を受けた戦艦の脆弱性に対する恐るべき警鐘ともなった。これは後に真珠湾、タラント、そしてイタリア軍によるアレクサンドリア攻撃によって証明されることになる。[*11]

一九三九年九月から一九四〇年七月まではさほど効率的ではなかったデーニッツのUボート作戦は、フランス陥落後に突如として効率的になった。その直接的な余波の中でドイツ海軍は、魚雷その他、潜水艦戦の必需品をフランスのビスケー湾諸港――ロリアン、ブレスト、ラ・パリス、サンナゼール、ボルドー――に急いで供給し、これ以降、これらの港は大西洋の戦いにおいてUボートの基地となった。最初のUボートがビスケー湾のロリアンに到着したのは七月七日のことである。デーニッツの潜水艦隊はビスケー湾の港からイギリスの大西洋航路にそのまま接近できるようになり、これによってドイツの基地からの数百海里を短縮でき、さらに、北海の狭水道を通過する際の攻撃を受けないですむようにもなった。

デーニッツはビスケー湾の基地が獲得されるや否や、自らの計画の実現に着手した。それは、イギリスが運航する大西洋の船団を破壊することにより、イギリスとその残存同盟国を破るというものだった。優位はデーニッツ側にあるように思えた。Uボートはドイツの造船所を出てからフランスの港までの航程を一度だけ乗り切ればよく、隻数が増大していた。イギリスの護衛艦数と撃沈された商船の補充数は増してはいたものの、増え方ははるかに遅かった。大西洋上の海運を破壊することによって、海戦――ひいては欧州戦争――に勝てるというデーニッツの信念が、実現されようとしていたのである。

順序が逆で奇妙だが、船団を守るのに必要とされる護衛艦を欠いていた第一次世界大戦時の海軍本部の懸念が、その二〇年後の戦争において確認されつつあるように見えた。一九四〇年下半期には、英海軍はすでに船団方式に完全に専心しており、一九一七年から一八年に編成されたよりもはるかに大きな船団を、はるかに少ない護衛艦で守ろうとしていた。一九一八年時の典型的な外航船団は一六隻から二二隻の商船からなり、駆逐艦七隻がこれに随伴したが、これら駆逐艦は水上襲撃時のUボートの二倍の速力（三〇ノット以上）を有する一線級の軍艦だった。一九四〇年冬においては、三〇隻以上もの商船からなる船団を守るのは、非力な護衛艦わずか一隻しかなかった。

その一例がSC7船団である（船団は出航地を表すイニシャルと番号の組合せで区別された。最も使われたのはHXであり、これはノヴァスコシアのハリファックス（Halifax）を出発地としたが、後にニューヨーク発となった。OBはイギリス発の船団（outbound from Britain）、CUはカリブ海から英連邦（Caribbean-United Kingdom）向け、MKは地中海から英連邦（Mediterranean-United Kingdom）向け、SLはシエラレオネ（Sierra Leone）発、PQはイギリスから北ロシア向け）。SC7はカナダ・ノヴァスコシア州シドニー発の三五隻からなったが、全船が低速で、うち四隻はアメリカ五大湖の内航貨物船だった。護衛艦は一九三〇年建造のスループ『スカーバラ』一隻のみであり、本艦の最大速力一四ノットは、浮上中のUボートにも劣った。出航四日目の一九四〇年一〇月八日、船団は嵐に遭い、夜にはUボート群に遭遇した。SC7はさらにスループ二隻、コルヴェット二隻を加え、サンダーランド飛行艇一機に随伴

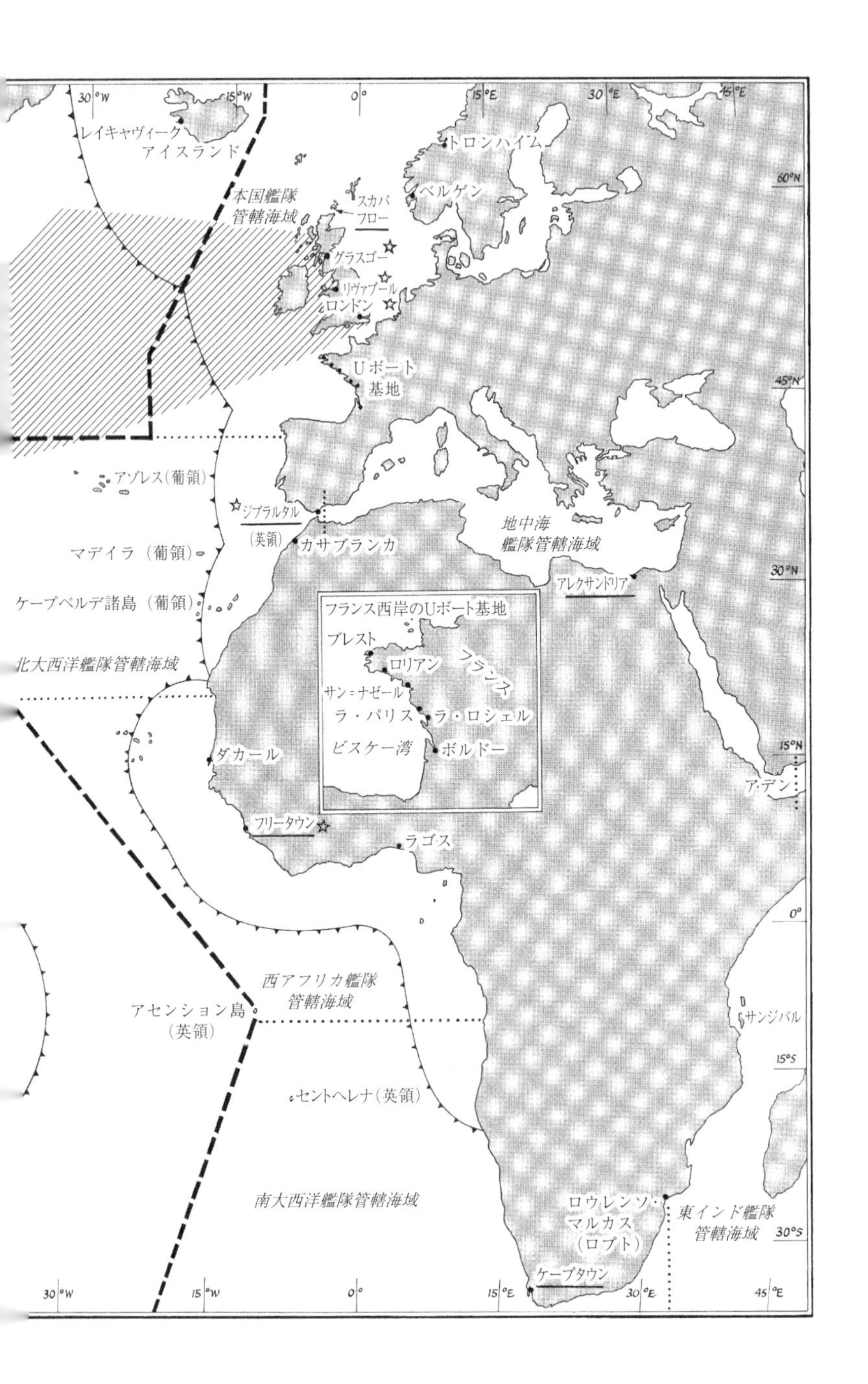
30°W
15°W
0°
15°E
30°E
45°E
レイキャヴィーク
アイスランド
トロンハイム
60°N
本国艦隊
管轄海域
スカパ
フロー
ベルゲン
グラスゴー
リヴァプール
ロンドン
Uボート
基地
45°N
アゾレス(葡領)
ジブラルタル
(英領)
カサブランカ
地中海
艦隊管轄海域
マデイラ(葡領)
30°N
アレクサンドリア
ケープベルデ諸島(葡領)
フランス西岸のUボート基地
ブレスト
ロリアン
フランス
サン=ナゼール
ラ・パリス
ラ・ロシェル
ビスケー湾
ボルドー
北大西洋艦隊管轄海域
ダカール
15°N
アデン
フリータウン
ラゴス
0°
西アフリカ艦隊
管轄海域
アセンション島
(英領)
サンジバル
15°S
セントヘレナ(英領)
南大西洋艦隊管轄海域
ロウレンソ・
マルカス
(ロプト)
東インド艦隊
管轄海域
30°S
ケープタウン
30°W
15°W
0°
15°E
30°E
45°E

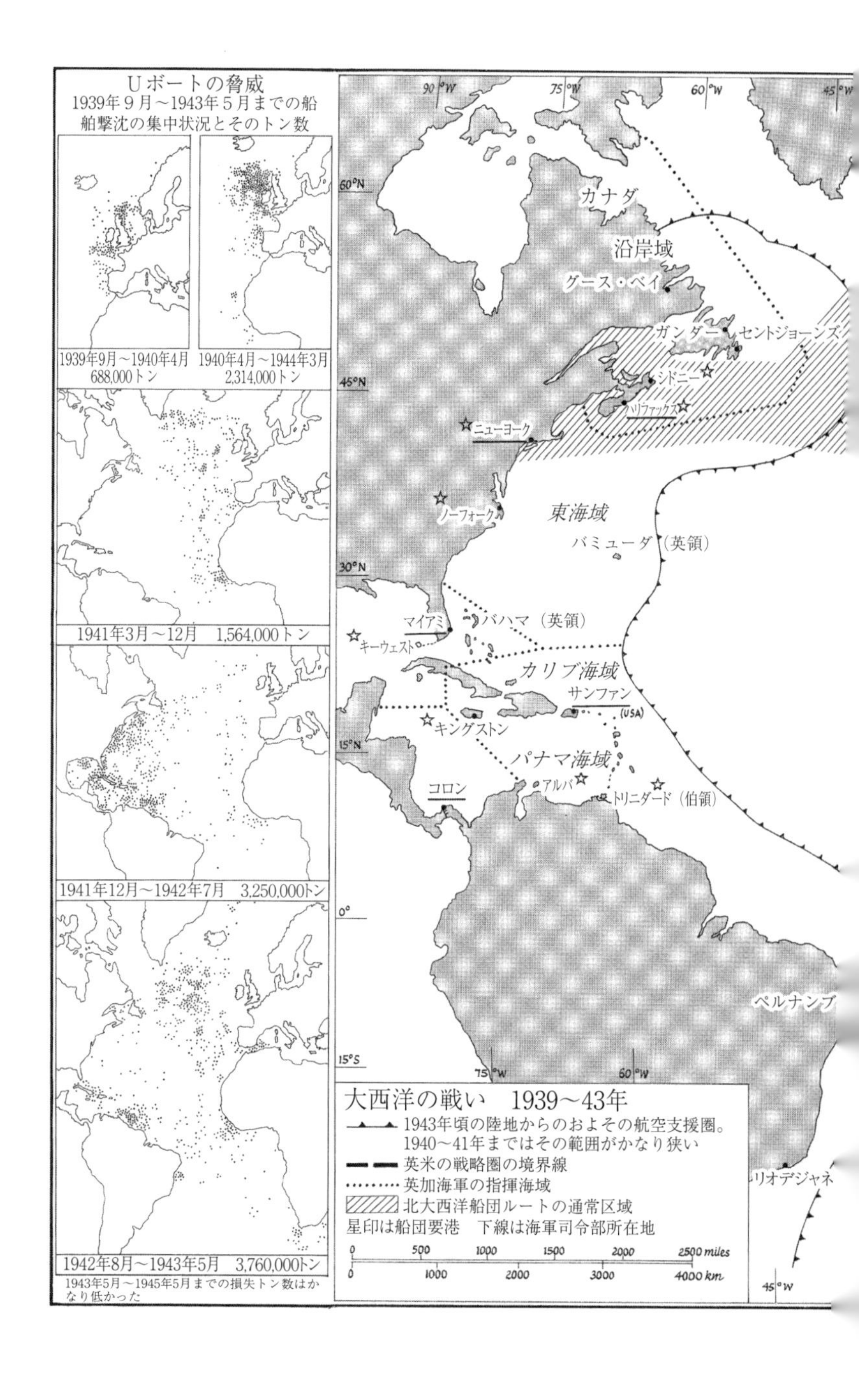
Uボートの脅威
1939年9月～1943年5月までの船舶撃沈の集中状況とそのトン数
1939年9月～1940年4月
688,000トン
1940年4月～1944年3月
2,314,000トン
1941年3月～12月　1,564,000トン
1941年12月～1942年7月　3,250,000トン
1942年8月～1943年5月　3,760,000トン
1943年5月～1945年5月までの損失トン数はかなり低かった
90°W
75°W
60°W
45°W
60°N
45°N
30°N
15°N
0°
15°S
カナダ
沿岸域
グース・ベイ
ガンダー
セントジョーンズ
シドニー
ハリファックス
ニューヨーク
ノーフォーク
東海域
バミューダ（英領）
マイアミ
バハマ（英領）
キーウェスト
カリブ海域
サンファン
(USA)
キングストン
パナマ海域
アルバ
トリニダード（伯領）
コロン
ペルナンブ
リオデジャネ
大西洋の戦い　1939～43年
1943年頃の陸地からのおよその航空支援圏。1940～41年まではその範囲がかなり狭い
英米の戦略圏の境界線
英加海軍の指揮海域
北大西洋船団ルートの通常区域
星印は船団要港　下線は海軍司令部所在地
0 500 1000 1500 2000 2500 miles
0 1000 2000 3000 4000 km

されたものの、その後の一〇日以上にわたって一七隻を失った。その体験の恐ろしさは耐えがたいほどだ。雷撃された船員は、たとえ救命艇や筏を水面に下すことができたとしても、助かる見込みがまったくなかった。船団は停止することができず、護衛艦の任務は商船とともにいることだったからである。撃沈された船の生存者は溺死したか、風雨に曝されて死んだのだった。[*12]

海軍本部は一九一七年以前、商船を守る護衛艦が十分にないと考えて船団方式に反対していたが、当時の海軍本部のそうした懸念がおぞましい実例となって表れたのがSC7だった。この船団が直面したのは、劣っていたはずの兵器の攻撃力を最大化する手段を考案していた一指揮官デーニッツの目論見であり、その兵器こそがUボートだった。Uボートは、目に見えない兵器という古来の構想が具現化したものだった。初期に登場した型のほとんどはイギリス水上艦隊の戦力を弱体化するために考案されたものであり、この点については一九〇〇年にアイルランド系アメリカ人J・P・ホランドが発明した最初の実用潜水艦と同様だった。ただし、それ以前の全ての無力な潜水艦と同じように、ホランド艇で想定されていたのも水中襲撃だった。デーニッツ――一種の邪悪な天才――を天才ならしめたのは、Uボートの潜航能力は存在が探知された際に反撃から艦を守るためのみに使うべきであり、襲撃においてはUボートを水上で使うべきだということを看破したことだった。Uボートは水上なら標的となる大半の商船より速かったし、一線級護衛艦を除いた全ての護衛艦にも、さほど劣らない速力だった。

デーニッツが構想したもう一つの要素が狼群だった。彼は第一次世界大戦でUボート艦長を務めていた際に、Uボートの単独展開は無駄だと確信した。戦後、Uボートを集団にした方が良いと見極めたデーニッツは、まずは哨戒線――ネルソンがフリゲートを使って編成したのと同類――を張って船団を発見し、その後に接近して撃沈することを考えた。SC7は不運にもデーニッツの最初期の狼群の一つに攻撃されてしまったのだった。狼群が護衛艦を圧倒したのである。ある局面では、Uボート七隻が護衛艦四隻に対して作戦行動を行っていた。『スカーバラ』は最初に現れたUボートの一隻U48の捜索に赴いていたが、これを発見することも船団を再発見することもできなかったのだった。

狼群戦法のもう一つの要素として挙げられるのが司令部からの中央統制であり、一九四〇年六月以降はラ・パリスから行われた〔ラ・パリスにUボート司令部が置かれた事実はなく、この時点の司令部はドイツのヴィルヘルムスハーフェン近郊に所在〕。統制手段は無線であり、これは一九一四年に太平洋とインド洋で実施されたイギリス船舶に対するフォン・シュペーの巡洋艦作戦時と同じである。その際と同様に、無線が目視の限界を凌駕したのだった。地中海におけるネルソンの指揮能力は目視の限界によって大きな制約を受けたが、視認報告が一つあれば、それを無線で伝えることによって、狼群を編成しているUボートがたとえ数百海里にわたって分散していても、ラ・パリスの司令部は船団に対して狼群を集中させることができた。狼群戦法と無線が船団システムに対する恐るべき武器となったのである。

とはいえ、あらゆる戦略には弱点が付き物である。狼群システムの弱点は無線だった。通信傍受施設から傍受内容の提供を受けていたブレッチリーには、デーニッツがUボートを統制する際の電文資料がもたらされていた。問題はそれを解読することだった。一九四〇年末頃のブレッチリーは、海軍のキーに対して何らの成功も収めていなかった。設立まもないドイツ空軍（ルフトヴァッフェ）の操作員とは違い、ドイツ海軍（クリークスマリーネ）の操作員は手順も訓練も厳しい由緒ある通信部隊の出身だった。ドイツ海軍の通信員がミス――ブレッチリーにとってルフトヴァッフェの交信を解読する際に最も有益だったもの――を犯さないよう訓練されていたのはもちろんのこと、ドイツ海軍の信号システム全体が、敵が傍受しているという確信に基づいて機能していたのである。したがってクリークスマリーネは、暗号化過程の安全を確保したのみならず、送信するデータ量も努めて制限したのだった。傍受する量が少なければ少ないほど、敵にとっては解読がそれだけ難しくなるという冷徹な信条に基づいて行動していたわけである。

暗号化の安全を期すには二つの基本手段があった。海軍のエニグマ暗号機に使用するローターの数を増やすこと、そして将校にしか使わせない特定のキーを設定することである。戦前ですら、海軍のエニグマ操作員には八つのローターが配布されており、そこから三つを選択するようになっていた。一九四二年二月一日からは、大西洋と地中海のUボートは改造された暗号機に四つのローターを使用した。[13] 導入された「将校用」キーには、「ハイミッシュ」キー、「ジュード」キー、ブレッチリーがシャークと呼んだ「トリトン」キーのバリエーションがあり、このうちトリトンは最重要なものだった。なぜなら、一九四二年二月から大西洋のUボート作戦で使われたのはこのキーだったからである。将校用キーは定期的に破棄されたが、たいてい何日かの遅れがあった。[14]

送信量の制限は「短」信号を発明することで達せられた。これは一種のコードであり、長めの電文の中に暗号化されたか、単にラ・パリス（後にベルリン）のUボート司令部からの質問に対する回答として使われた。短信号のほとんどは「連字」（二つの文字群）として送信され、海図に示された大西洋と隣接水域を分割する不規則な格子（グリッド）を示した。ブレッチリーは捕獲したいくつかの資料を手始めに、一九四〇年四月にはグリッドのいくつかの部分を辛うじて再現していた。一九四一年五月には、名高いU110の鹵獲によって大西洋全域と地中海の大部分のグリッドが再現できた。ドイツ軍は信号システムの安全性を不断に見直しており、一九四一年半ばになると、Uボートの艦位報告送信の内容が漏洩しているのではないかと懸念し、より一段と複雑な短信号を導入した。これは海上での位置を固定標示点——フランツ、オスカー、ヘルベルトなど——として表すものだった。これらは任意に選ばれ、短期間に変更された。Uボートに対する典型的なエニグマ指令を復号すると、今や次のように読めた。「夜間襲撃に適する状態にある艦は、攻撃区域としてポイント・フランツからそれぞれ三〇六度二二〇海里および二九〇度三八〇海里に中央点が位置する［海軍グリッドの］一六二海里正方の北部水域に占位せよ。適なる位置にない艦は短信号で『否』と報告のこと」[*15]

ブレッチリーは、かくして生じた困難をどうにか早めに克服できた。これは重要なことだった。なぜなら、海軍本部は艦位報告がもたらすデータに基づいて、航行中の船団を狼群の哨戒線から迂回させることができたからである。中でも最も役立ったのは短い気象通報であり、これはデーニッツの司令部にとってUボートを配置する上で不可欠なものだった。逆説的だが、悪天候は船団運航指揮官と船団護衛指揮官にとって歓迎すべきものだった。Uボートがたいてい攻撃できなくなるからである。短い気象通報は解読の素材として貴重になった。初期の大西洋の戦いにおいて、ブレッチリーはそれらの通報が沿岸気象局によってコードの形で再送信されることを発見しており、それらコードは読むことができた。後に気象通報は三文字群でなされるようになったが、ブレッチリーはUボートのエニグマ操作員が暗号機の第四ローターを使っていないことに気づき、これによって解読の数理的処理が極めて単純になったのだった。[*16]

ブレッチリーと大西洋の戦い

ウィンストン・チャーチルは、Uボート戦に抵抗し続けるよりもドイツによるイギリス本土侵攻の危機に直面する方がはるかにましだったと、率直に述べている。これはもっともなことだ。侵攻作戦なら、時間と場所と行動が劇的に調和した際に実施されたはずである。Uボート戦は延々と続き、常に破壊をもたらし、混沌としており、際限なく見えた。デーニッツがUボートと乗組員を入手し、イギリスの必需品が船団となって横断する大西洋水域へとそれらを送り込むことができる限り、船は沈み、船員は溺れ、貨物は失われることになり、戦争の成り行きは危ういバランスの中に置かれるがままにされたのである。

しかし、こうした認識があったにせよ、大西洋の戦いもあらゆる大規模戦闘と同様に、後から見れば、年代順の事象配列と様態があるものとして捉えることができる。この戦いは五つの期間に大きく分類される。まずは一九三九年九月から一九四〇年七月までであり、この期間中のデーニッツ麾下のUボート部隊と英海軍の戦いは、厳密には大西洋の戦いではなかった。ドイツには前進基地がなく、大洋への進出が困難であり、Uボートの行動がイギリス周辺海域に制限されたためである。一〇隻を超えるUボートが配置に就いていることはめったになく、四隻しかないことも多々あった。損失も少なく、開戦初頭の一〇カ月間で失われたのはわずかに一九隻だったが、撃沈された船舶も少なかった。三〇〇隻のUボートを配備し、月に一〇万トン（当時の平均的な航洋商船の大きさからすると約二〇隻）を撃沈するというデーニッツの夢は、絵空事に見えたのだった。

　その後、フランス陥落と一九四〇年七月の仏独停戦に続き、ドイツは大西洋岸の港を含むフランス領土の占領権を獲得した。デーニッツは直ちにUボート司令部をロリアン近郊のケルネヴェルの城に設営し、戦隊をバルト海と北海の狭水域からビスケー湾へと移動させ始めた。撃沈数は当初は増えたものの、英海軍が護衛艦をより多く配備したことと、デーニッツが新造Uボートの大半を訓練に回さざるをえなかったことから、再び減少した。戦争全期を通じてクリークスマリーネが訓練を切り詰めることは決してなく、新造艦と新任乗組員はバルト海で一年間も訓練を行い、その後に「前線」に出ることが許されたのだった。

　大西洋の戦いの第三期は一九四一年四月に始まった。これはウィンストン・チャーチルが「大西洋の戦い」という新造語を使った翌月だった。この頃になるとデーニッツは熟練Uボート乗組員を十分に招集しており、これらが中部大西洋に哨戒線と狼群を編成し始めたが、英海軍の護衛艦と沿岸防備隊の航空機の数が増大したことにより、イギリス諸島の近接海域から離れた遠方海域へと追いやられていた。撃沈数は増加したが、この年は海軍本部も年間を通じてUボートの哨戒線から船団を遠くに迂回させることにかなり成功した。これはブレッチリーの暗号解読の賜物である。例えば、一九四一年九月には三二隻のUボートが大西洋で哨戒を行っていたが、そのうちの一二隻は一隻の船も撃沈せず、わずか四隻がそれぞれ二隻、一万トン強を撃沈したにすぎなかった。

デーニッツの見通しは、一九四二年一月に第四期が始まると突如として変わった。この月、彼はUボートを北大西洋中部から撤退させ、狼群と哨戒線を解体し、往々にして熟練艦長が指揮する個々の艦を米東岸とカリブ海の沿岸海運に向けて展開した。Uボート艦長はこれ以降の六カ月間を「黄金期」と呼んだ。標的が多数あり、撃沈数も多かったからである。一月には、アメリカ水域で活動していた二六隻のUボートによって七一隻の貨物船あるいはタンカー四〇万九六六トンが撃沈されたが、Uボートの損失は一隻もなかった。二月は比率的にさらに悪化し、一八隻のUボートによって三四万四四九四トン、五七隻が撃沈された。四月は、非常に悪かった三月の四〇万六〇四六トン撃沈に続き、三一隻のUボートによって一三三隻、六四万一〇五三総トンが撃沈され、夏も同じように惨禍が続いた。アメリカがようやく然るべき対潜手段を講じた八月末までに、六〇九隻、三一二万二四五六総トンの船が撃沈され、これに対し、作戦に従事したUボート一八四隻のうち、失われたのは二二隻だった。[*17]

デーニッツの戦果が拡大したのは、米海軍が当初、護送船団方式の導入を拒み、奇妙にも一九一四年から一六年の英海軍本部の方針を繰り返してしまったからだった。海軍作戦部長アーネスト・キング提督は、防備薄弱な船団は単独で船を航行させるよりも多くの標的をもたらすだけだという見解であり、かくしてアメリカの沿岸海運は見捨てられたのだった。キングを弁護するために言えば、彼はアメリカ軍部隊をイギリスに輸送する船団を護衛するために大西洋水域で徴用できる軍艦を使ったのであり、損失は一隻もなかったという議論もある。さらに、彼は当時、太平洋で日本海軍と死闘を繰り広げていた最中でもあり、海軍が有する利用可能な軍艦のほぼ全てが消耗していたのも事実だった。とはいえ、護送船団に対してアメリカが先入観を持っていたことは疑いなく、それを明示していたのが、第一次世界大戦時と第二次世界大戦勃発時の英海軍本部と同様に、米海軍の組織だった。そのUボート「狩り（ハンティング）」グループは、道理と経験からして、攻撃すべきUボートをほとんど発見できなかった。英海軍は一九四一年には正しい見解に全面的に傾いていた。その見解とは、Uボートを見つけて沈めるのであれば、攻撃すべき標的をUボートに与える必要があるが、その標的は自衛可能であること、要するに、船団には直衛艦を厳重に付けろということだった。

対米攻撃の「黄金期」が終結したことによってデーニッツが直面したのは、そのような標的に対してUボートを再び危険に曝さなければならないということだった。大西洋の戦いが最高潮を迎えた一九四二年九月から一九四三年五月までの第五期は、海戦のおぞましいエピソードをもって開幕した。商船と人命の損失が際立ったのである。これら全てが、北大西洋の気象が最悪の時期にもたらされたものだった。しかし、この危機は別の視点から見ることが可能である。クリークスマリーネとその敵――英海軍、王立カナダ海軍、米海軍、関連航空部隊――との海洋紛争において、海戦の古典的意味における戦いをデーニッツが強いられたのはこのときだった。彼は海軍職業軍人だった際に、勝利を勝ち取るのは水上艦隊かその敵である潜水艦隊のどちらかだと終始論じていた。一九四二年末、デーニッツはそのような勝利を得るための戦いを挑まれ、そして敗れたのだった。

この勝利においてブレッチリー・パークが演じた役割は極めて重要ではあったものの、単純なものではなかった。ブレッチリーの戦いは一方的なものではなく、双方的なものだった。なぜなら、ドイツ海軍も独自の傍受・暗号解読機関――監視機関（ベオバハトゥンク・ディーンスト）、通称B（ベー）ディーンスト――を有しており、英海軍の暗号通信に対してかなりの実績があったからである。イギリスは第一次世界大戦時にドイツの暗号を効率的に解読していたため、戦間期中はもとより第二次世界大戦が起きてかなり経った後も、海軍情報部内に慢心がはびこっていたことは否定しえない。イギリス人は、当初はエニグマを解読できなかったにせよ、暗号解読というものは一方通行だと信じていた。さらに、彼らは一九一四年から一八年に達成した暗号解読の実績を愚かにも吹聴したため、これに奮起したドイツ人は、一九三九年に戦争が勃発するはるか以前から、当時最新の海軍本部コードを解読していたのだった。これは海軍コードと呼ばれる五桁群のシステムで、数理的に二重暗号化されたものだった。これより安全な海軍サイファーも、不注意から敵に漏れていた。その経緯は馴染みのものだった。あるサイファー担当将校が、海軍コードで送られた二重暗号メッセージに対し、海軍サイファーの二重暗号ブックを使ったのである。海軍コードは解読可能だったため、海軍サイファーもすぐに破られ、一九四〇年八月二〇日まで継続して解読されたのだった。*18

Bディーンストの英語部門は戦前に九〇〇人の人員を擁していたが、一九四二年にはその数が五〇〇〇人に増加することになった。Bディーンストはベルリンの海軍総司令部に位置し、ヴィルヘルム・トラノウによって率いられていた。トラノウは無線技士であり、エニグマの安全性を試験するために採用された人物だった。ドイツ人にとって、サイファーの安全性は戦争全期にわたる重大な懸念事項であり、不断に見直されたが、それはイギリス側も同様だった。それにもかかわらず、両海軍はサイファーが敵に解読されることはないと確信していたのであり、特にドイツ側にはそれだけの理由があった。彼らは、たとえイギリス側がエニグマシステムの四要素――暗号機、設定リスト、指示文字、そして海図のグリッドを示す二連字表（バイグラム）――のうちの三つを獲得できたとしても、依然として伝達文を読むことはできないと推論したが、これは正しかった。そして、イギリス側が四要素の全てを獲得する可能性は考慮せず、一九四二年に長期の調査を行った結果として、操作員による手順省略に対する新たな予防策を設けたのである。イギリス側にとってさらに不利になったのは、ドイツ側がUボート用エニグマ暗号機の改造も行い、第四ローターを新たに導入したことだった。これが反転ディスクと組み合わさることで、可能なキーの数が二六倍に増加した。*19

その結果、一九四二年二月一日から同年の一二月にかけ、ブレッチリーはエニグマの解読が完全に不能となり、その影響は痛ましいほどの撃沈数となって表れた。ドイツが英海軍コードを突如として解読したことによって、その効果はさらに高まった。英海軍本部は、海軍コードの後継である海軍コード・ナンバー2と初代の海軍サイファーが破られているのではないかと疑っており（実際に後者は一九四一年九月から解読されていた）、一九四一年一二月に海軍サイファー・ナンバー3を導入したが、これは旧態依然とした二重暗号コードであり、厳密な意味でのサイファーではなかった。その仕組みは旧来的なものであり、数字群が記載されたブックから抽出した数を、主たるコード（「サイファー」）ブックに指数化された数字群に換算し、復号する際は減算するものだった。このコードブックは、大西洋を横断する船団が航行する際に使用するものとして、英海軍、王立カナダ海軍、米海軍に発行された。

一九四二年一月、Bディーンストは海軍サイファー・ナンバー3のコードブックとそれに使う減算表の複製に成功した。その結果、船団の通信の八割が読めるようになり、電文によって指示された行動の二〇時間から三〇時間前にそれが分かることも度々あった。この警戒情報により、Uボートは時間的に余裕をもって船団航路に占位することができるようになった。それは速度の違いによるものだった。平均的な船団は七ノットから八ノットの速度であり、水上航行中のUボートの速力は少なくとも一六ノットあった。つまり、Uボートの哨戒線と狼群は獲物の二倍の速度で動くということだ。二四時間で船団が一八〇海里前進するところを、狩りに向かうUボートは三六〇海里を移動してそれを遮ることができたのであり、あとは触接の直前に潜航するだけでよかったのである。

Uボート艦長は、魚雷艇に関するデーニッツの戦前の体験に従って訓練を受けた。それは、夜の到来まで視程の限界に留まって船団の前進見込み線に就き、その後に浮上し、可能であれば船団縦列内で艦首尾から魚雷を同時に斉射し、護衛艦が現れるや潜航して離脱するというものである。第二次襲撃を行うか否かは、船団の基本隊形にどれだけの混乱が生じたかによった。

Uボートにとっての困難は、まずは船団を探し出すことだった。視程の限界距離は司令塔からでもせいぜい一〇海里であり、したがって、Uボート一〇隻からなる哨戒線が網羅できる距離は二〇〇海里だった。デーニッツは空軍の長距離機コンドルからなる一飛行隊I／KG40の運用を確保し、捜索海域を拡張しようとした。だが、一九四一年から四二年にかけてイギリスの空中哨戒効率が向上したため、Uボートは中部大西洋へと追いやられ、コンドルの作戦圏外となってしまった。そこで、Uボートの司令塔からケーブルでオートジャイロを飛ばそうとしたが、危険で非実用的だと判明した。一方、五〇隻からなる船団は正面幅が二四〇〇ヤード〔約二二〇〇メートル〕しかなかった。大西洋という広大な空間――少なくとも九〇〇万平方海里の作戦水域――の中で、一船団が占める海域と、探索に当たるUボートの哨戒線が網羅する空間は、相対的にどちらも極めて小さかったのである。一方がもう片方に見つからないことが、いとも簡単に起こりえたのであり、それが普通だったのだ。例えば、大西洋の戦いが最高潮に達した一九四三年一月一日から五月三一日までの間に航行した八六の船団のうち、四八船団はUボートにまったく発見されなかったのである。[*20]

その一翼を担ったのが悪天候だった。これによって船団はドイツ軍の目から隠れることができたのであり、Uボートは暴風から逃れるために潜望鏡深度に潜らなければならなかったのである。また、型にはまった針路変更や、触接のあった場合の非常回頭も一つの役割を演じた。しかし、最も実り多い方法は、ブレッチリーが位置を特定した哨戒線と狼群から、船団を意図的に迂回させることだった。実際にハット8の主任務はそのような情報を提供することであり、それによって大西洋の戦いに勝利し、したがって、異論がありながらも、この戦争での不敗を確たるものにしたことにブレッチリーが大きく貢献したと論じられているわけである。

暗号史の大家デヴィッド・カーンは、Uボート戦に関する自著『エニグマ奪取』〔未邦訳〕の中で、そうした迂回競争に関するドラマチックな報告を紹介している。それは一九四三年四月にイギリスのリヴァプールに向かっていたSC127船団——出港地点であるシドニーSydney（カナダのセントローレンス河口に位置するケープブレトンCape Breton島に所在）にちなむ暗号名——の航海を描写したものである。ノヴァスコシア州のハリファックスからは直線距離にして約四〇〇〇海里ある。計画上の航路は方向転換も含めるともっと長い。特定したUボートの罠を迂回することを含めると、実際に航行した距離はさらに長くなる。

SC127は五〇隻以上の船からなり、一三縦列に配列され、カナダ軍艦五隻の護衛を付けていた。船団はまず約七・五ノットで東に舵を切り、海軍本部通商動向課がポイントFと表示した洋上点に向かって北東寄りに回頭した。本船団が出航した四月一六日、ブレッチリーとワシントンのOP—20—Gはともに、デーニッツがUボートに発した無電指示とUボートの暗号報告を解読したが、三日間遅れていた。とはいえ、両機関はともに、デーニッツが大西洋に六〇隻以上を有していること（実際には六三隻）、二五隻がSC127船団の航路であるセントローレンス湾の真東に位置していることを知っていた。これらUボートがグリーンランド南端のファーヴェル岬の真南まで北西南東に一直線に並び、全長六五〇海里の哨戒線を張っていたのである。

四月一八日、連合軍の暗号解読官——ブレッチリーかワシントンのいずれか、あるいはその両方——が一七日付のデーニッツの電文を解読し、暗号名「シジュウカラ」哨戒線を形成せよとの命令が判明した。この電文には、哨戒線に加わったUボートの艦長名にしか言及しないという新たな保全措置が講じられていたが、解読したものの中にはキーもあった。さほど明確でなかったのが、Uボートの位置だった。ブレッチリーもOP—20—Gも、グリッド表示の内部暗号化を包括的に確立していなかったからである。さらには、Bディーンストも海軍サイファー・ナンバー3を正確に解読しており、海軍本部からSC127への送信によって、船団がシジュウカラの存在に気づいているということを知っていた。

それにもかかわらず、デーニッツはいくらかの慢心もあって、SC127は現針路を維持するだろうと判断した。そう判断したのは、SC127に続くHX234の航行を同時に追跡していたからであろう。彼は、HX234が危険回避のための針路変更を急に行ったばかりであることからすると、計画針路から二つの船団が同時にそれることはないと推測し、HX234の変針はシジュウカラの注意をSC127から引き離すためのものだと考えたようだ。この点においてデーニッツは間違っていた。四月二〇日、ワシントン所在の米海軍船団・航路課（英海軍本部の通商部に相当）はSC127に対し、ニューファンドランドのレース岬の真東に指定されたポイントFに到達する直前に急回頭するよう命じた。船団は北東への航行を継続せずにほぼ真北に向針し、ニューファンドランド沿岸を左舷に見ながら航過、グリッド正方の数百海里分をかわしたのだった。そこにはシジュウカラのUボート二六隻が船団を待ち受けていたのである。

シジュウカラがSC127を発見できなかったことを不審に思ったデーニッツは、もう一つの哨戒線「キツツキ」（この当時のUボート司令部では鳥名を付けるのが流行（はや）っていた）を編成し、これを南に展開した。SC127がその方向に去ったと誤って推測したためである。かくしてSC127は無傷のままゆっくりと航行したのだった。攻撃を免れたのには二つの要因が介在した。一つは、不運にもシジュウカラがHX234を発見し、船を撃沈し始めたことである。この攻撃は、慌てて形成されたもう一つの狼群「黒鳥」によって継続されることになる。もう一つの要因は、SC127が北に転針したことによって、氷山と浮氷に船が衝突し始め、針路を再びグリーンランドとアイスランド間のデンマーク海峡へと変えざるをえなかったことである。これら氷塊は、二〇世紀最悪の冬がニューファンドランドのはるか南までもたらしたものだった。氷塊の危険によって船団が速度を落としたこともあり、この船団が中部大西洋のはるか東に集結した別のUボート群に向かう際の進行速度を推定したドイツ側の計算が、狂ってしまったのである。

ワシントンの船団・航路課によって命じられた変更針路に船団が戻った四月二二日、連合軍の暗号解読官はデーニッツのエニグマ送信を再び解読しつつあった。この際はわずか一日か二日の遅れだった。その結果、SC127はまたも真東に向針するよう指示され、これにより、デンマーク海峡の中央に位置するUボートの罠の外に出て北側に向かうことになった。四月二五日、船団の統率は合衆国艦隊司令部（Cominch）からリヴァプールの西方近接海域司令部のもとに入ることになった。後者は、大西洋の戦いを担う海軍本部の司令部である。四月二六日には、アイスランドを基地とする長距離機が現れ、空中から直衛に当たった。これが介入したことにより、水上で航行しているUボートがいれば（水上には一隻もいなかったが）これを潜航させ、船団との触接を断ち切らせることになったであろう。航海最後の三日間、すなわち四月二九日から五月一日にかけ、SC127は継続的に航空機の直衛を受けた。五月二日、すでに二二隻をアイスランドとスコットランドに向かわせていた船団は、緊張に満ちた海上での一七日間中に一隻も失うことなく、リヴァプールに入港したのだった。*21

SC127が狼群の攻撃を免れたのは、ブレッチリーとOP―20―GがデーニッツのUボート宛て指示を解読できたことによるところが大きい。とはいえ、両機関ともに電波を完全に制していたわけではないし、海軍本部が英米船団の暗号通信を解読するBディーンストの能力を完全に凌駕していたわけでもなかった。大西洋の戦いに使用される信号の安全が確保され、ブレッチリー――そしてOP―20―G――がドイツ海軍のエニグマに対して優位に立ったのは、海軍サイファーがようやくナンバー3に変更された一九四三年六月以降である。とはいえ、Uボート司令部が仕掛けた罠をSC127が切り抜けた事実は、大西洋の戦いがすでに峠を越えていたことの証左となったのだった。

ニューヨーク発のSC112〔原文ママ。正しくはSC122。以下訂正して示す〕とHX229は、一九四三年三月半ばに二つの狼群「泥棒男爵」と「疾風怒濤（どとう）」の手中に落ち、大打撃を受けた。護衛艦二〇隻を付けた二つの船団九〇隻のうち、二二隻が撃沈され、それに対するUボートの損失はわずかに二隻だった。一隻は帰投途中にイギリスの対潜機によってビスケー湾で撃沈されたものだった。

SC122とHX229――SC127とHX234と同様、後に一体化された――をめぐる戦いは、戦争中で最大の犠牲が払われたものであり、後に、大西洋の戦いそのものの危機を象徴する戦いとして捉えられた。SC122／HX229のような戦いがさらに続いていれば、デーニッツは勝利を収めていたことだろう。実際のところは、これ以降の船団はデーニッツに対抗するようになったのである。三月下旬には、新たな小型「ジープ」空母一隻に護衛された二つの船団SC123／HX230が狼群「海狼」と「マンタ」に敢然と立ち向かい、わずか商船一隻を失っただけでイギリスに帰港した。HX231とONS176の航海もさほど順調ではなかったが、大きな損失はなかった。四月は三一万三〇〇〇トンの船舶が失われたが、Uボートも一四隻が失われた。五月になると、デーニッツはUボート六〇隻からなる狼群「キツツキ」、「黒鳥」、「雄羊」の三組をONS5に対して送り出し、触接を一〇日にわたって維持させ、一二隻の商船を撃沈したものの、Uボートは一一隻が撃沈され、そのうちの七隻は一夜にして失われた。五月末に三四隻のUボートが撃沈されると、デーニッツはこの交換比では持ちこたえられないと判断した。「そう遠くない以前には〔最も実り多い時期だった一九四二年のこと〕、一〇万トンを撃沈するのに失ったUボートは一隻だけだったにもかかわらず、五月には大西洋で約一万トン〔およそ二隻〕を撃沈するのに一隻を失わなければならなかった。五月の損失は耐えがたい水準に達した」。結局デーニッツは、「航空機による危険がさほどない水域への一時的な移動」を命じた。これが意味するところは、護衛空母から発進する航空機やビスケー湾上空のイギリス軍機、さらにはアイスランド、アイルランド、北アメリカから飛び立つ航空機から逃れ、中部大西洋の以前の「空隙（エアギャップ）」に戻るということだった。これは敗北どころか事実上の完敗を認めたも同然だった。なぜなら、新兵器と新技術によって敵船を撃沈することは継続できたにせよ、デーニッツが算定したような「戦争に勝利するための」年間九〇〇万トン撃沈の達成はおろか、撃沈トン数が一九四二年から一九四三年初めの水準に近づくことは二度となかったからである。デーニッツはとうに敗れていたのだ。

では、暗号戦はUボートを破る上でどのような役割を演じたのだろうか。ドイツ側がイギリスの交信を解読できなくなった一九四三年中期からは、ドイツ側が著しく不利になった。Bディーンストは最盛期の一九四三年初頭においては、船団が行動する三〇時間も前にデーニッツに事前警報を発することができ、船団の交信の一割を解読していた。やがて、不当なほどの労力と時間をかけて海軍サイファー・ナンバー3の安全性が検証され、その後、二重暗号を改良した海軍サイファー・ナンバー5が英米艦隊に配布されると、Bディーンストは情報を断たれたのだった。とはいえ、それまでの貢献は驚嘆すべきものだった。デーニッツは英米が有していたような長距離用の空中偵察手段を有しておらず、Uボートの哨戒線を張るだけでは、あれほどの船団迎撃数を達しうることは絶対になかった。海はあまりに広大で、Uボートはあまりに少なかった。彼らは船団航路までの方位を知る必要があったのであり、それを一九四一年から一九四三年まで提供したのがBディーンストだったのである。

だが、大西洋の戦いが最悪の状態になったときですら、ほとんどの船団は妨げられることなく東から西へ、あるいは西から東へと大西洋を横断したのだった。戦争勃発後の一九三九年の五カ月間に、七〇〇隻の船が船団に組まれて北大西洋を横断し、イギリス諸島まで航行したのであり、撃沈されたのは五隻のみだった。撃沈の被害は、出港船団よりも入港船団における方がイギリスの戦争努力にとってははるかに深刻だった。なぜなら、どちらの場合も船は失われるが、入港船団の場合は貨物も失われるからである。出港船団は空荷で航行していることが多く、最悪の場合でも購入品に支払うための輸出品を運搬しているのがせいぜいだった。一九四〇年には五四三四隻がイギリスに到着し、撃沈されたのは一三三隻だった。一九四一年には一万二〇五七隻が到着し、一五三隻が撃沈された。船団中で撃沈された船の総数は、戦争最初の三年間における弱々しい護送船団ですら、総計二九一隻、すなわち航行した船の〇・二パーセントだった。

最大の船団戦が生じた一九四三年には、デーニッツが三〇〇隻以上のUボートを就役させ、四〇隻もの艦からなる狼群を編成していた一方、九〇九七隻が北大西洋を横断し、一三九隻が失われた。一九四四年には、一万二〇〇七隻が到着したのに対し、損失は一一隻だった。一九四五年の戦争最後の五カ月間には、五八五七隻が到着したのに対し、損失は六隻だった。一九四三年から一九四五年に航行した総計八三八組の船団と三万五四四九隻の船のうち、失われたのは総計三二五隻であり、その損耗率は〇・〇〇九パーセントだった。[*22]

これらの数値には補正が必要である。出港船団の中で撃沈された船はこの数値に含まれておらず、北大西洋以外で航行していた船団で撃沈された船や、単独航行していた膨大な数の船の中で撃沈されたもの、航空機や水上艦、機雷によって沈められた船も含まれていない。多くの船が船員もろとも毎回危険に曝されながらも、数回にわたって大西洋を横断したという事実も考慮に入れられていない。これらの数値は、主要食品や燃料、原材料といった戦争資材を積んで北米・英間の重要な北大西洋航路に就いていた船——要するに、暗い戦時にチャーチルが気を取られ、大いに悩まされた大西洋の戦いという戦場にいた船——の通行記録にすぎないのである。

Uボート戦をこの上なく精査した史家のクレイ・ブレアは、チャーチルの恐怖は誇張されたものであり、デーニッツが三〇〇隻のUボートを得た時点ですら、一九一七年に実際に迫ったような飢餓の危機がイギリスにもたらされたことは絶対になく、連合軍の対潜部隊が敗北に瀕したことすらないと統計分析によって結論づけている。ブレアはそれどころか、ブレッチリーと後にOP—20—Gからもたらされた暗号解読情報によって船団をUボートの哨戒線から遠く迂回させたことにより、狼群と護送船団の遭遇頻度が減ってUボートの被撃沈率が確実に低下し、それにしたがって大西洋の戦いが実質的に長引いたと力説している。彼の記述によれば、一九四一年末には「イギリス軍が船団の『迂回』にもはや完全には依存していないことは明らかだった。彼らが必要としていたのは、防御的な船団護衛を強化することに加え、攻撃的な航空部隊と潜水艦部隊をUボートの造船所、訓練区域、基地、ブンカー、ビスケー湾その他の場所に投入し、もっと高率でUボートを破壊することだった」[*23]

一九四三年半ば頃には、米英カナダが採用した多種多様な手段によって、Uボートが船団近傍と近接海域の両方で撃沈される割合が大幅に増加していた。一九四三年五月に北大西洋の船団ルートで哨戒していたUボート四九隻のうち、一八隻が失われ、被撃沈率は三割を超えた。その多くは初陣の艦長に率いられていたが、一一隻は熟練艦長の指揮下にあった。これら四八隻が協同して撃沈したのは、商船わずか二隻にすぎなかった。[*24]

船団を撃滅して勝利を得ようとしたデーニッツの夢を打ち砕いた要因の一つをエニグマ解読から得られた情報とすると、その対極としては何があったのだろうか。それらは多岐にわたり、イギリスに物資供給する商船団の規模をチャーターと徴用を通じて首尾よく拡大させたことから、技術の進歩にまで及んだ。特に技術進歩については次のようなものがあった。すなわち、護衛艦への短波方向探知機（HF／DF＝ハフ・ダフ）の装備とセンチメートル波レーダーの採用、水中兵器の改良、護衛艦の数の増大と質の向上ならびに編成の改善、護衛（「ジープ」）空母の導入、Uボート基地からの大西洋出撃ルートに対する改良型対潜機の投入と中部大西洋の「空隙」への超長距離機（VLR）の配備、水中探知手段の改良、その他多くの手段である。

商船団の拡張

イギリスは戦争勃発時に三〇〇〇隻の船、計一七五〇万総登録トンの商船団——その後まもなくウィンストン・チャーチルが言葉の閃き（ひらめ）で命名した商船隊（マーチャント・ネイヴィー）——を保有していた。英商船隊は、一九四一年末に米国（一四〇〇隻、八五〇万総トンを保有）が参戦するまでに計五三〇万総トンをすでに失っており、この中にはイギリスの貨物を積んだ中立国船一一二四隻も含まれていた。しかし、四八三隻がドイツ占領下のノルウェー、ギリシャ、オランダから獲得されていた上、もう一三七隻が敵からの鹵獲として徴用され、これらで総計四〇〇〇万トンになった。イギリスの造船所はその間に約二〇〇万トンの船を建造しており、その結果、商船隊は一九三九年九月から真珠湾攻撃の月となった一九四一年一二月までの間に実質的に規模が拡大し、三六〇〇隻、計二〇七〇万総トンになっていた。今から見て驚くべき点は、船を借切ってそれを大西洋の戦いに送り込むことに、船員は言うに及ばず船主が黙って従う覚悟をしていたことである。彼らが営利的にも個人的にもリスクを冒そうとしていた理由を説明できるのはただ一つ、クレイ・ブレアが論証した損耗率の相対的な低さだったのである。[*25]

この戦いは、大まかに言えばチャーチルとデーニッツの私闘と見なしてもよく、チャーチルは一九三九年九月から一九四一年一二月までは、船の建造数とチャーター数においてデーニッツを凌駕していたのだった。デーニッツが好んだ戦果指標である撃沈トン数で測れば、イギリスが優位を保っていたのである。一九四一年一二月七日以降、米国の工業力が決定的な影響力を及ぼすと、英米同盟は挑戦しがたいほどに相手を引き離したのだった。トン数戦争の先鋒にいたのが、精力的なアメリカ人実業家ヘンリー・カイザーだった。彼は一九三二年以降のローズヴェルトによる再建計画期間中に、フーヴァーダムの建設その他の大きな事業を手がけていた土木技師だった。その時間動作技術を造船に生かしてほしいと要請されたカイザーは、リバティー船という規格型商船を設計した。これはイギリスの汎用貨物船を手本にしたものであり、部分的に事前加工されていたこともあって、東西沿岸の造船所でわずか四日で建造することができた。平均は四二日間であり、カイザー方式によって二七一〇隻が戦時に建造された。この数字にはヴィクトリー船が含まれた。本船は、リバティー船の速力一一ノットに対して一八ノットが出せる優秀な船だった。カイザーはほかにも、T2タンカーやこれに勝るT3タンカー、多数の護衛空母も建造した。カイザー造船所の生産数が、Uボートによる北大西洋での撃沈数（一九四二年には一〇〇六隻だったが、一九四四年にはわずか三一隻）を相殺すると、デーニッツがトン数戦争に勝つ望みが完全に断たれたことがはっきりした。第一次世界大戦時とは違い、ドイツの敵はUボートの撃沈能力を上回る数の船を建造できたのである。デーニッツが部下の艦長をいかに酷使しようとも、一九四三年中期までに、統計値は彼らにとって決定的に不利に転じていたのだった。*26

船団戦

戦闘というものは、損耗に苦しまされるよりも早く損耗を補充することを基本としてなされるものであり、不毛で気の滅入る所業である。英海軍本部はUボート戦の当初から、やられる以上にやり返そうとまさに懸命になっていた。その最重要方針は、戦争初日から終戦まで一貫して、「船団の安全かつ適時の到着」を確保することであり、さらに護衛部隊に対する第一の要請は、襲撃しようとするUボートを駆逐すると同時に撃沈することでもあった。当初は護衛艦が不足していたことから、船団を守るだけで精いっぱいだった。しかも、護衛艦の乗組員も艦長も経験に乏しく、兵装は無力で探知手段も旧式だった。参戦時にイギリスが保有していた駆逐艦一八〇隻のうち、六〇隻は第一次世界大戦の生き残りであり、残りは一九二七年以降に建造されたものだった。しかし、その多くが艦隊と行動をともにすることを要求され、対潜任務に適するものは厳密には一隻もなかった。これら駆逐艦は魚雷発射管や砲を余分に備え、逆に速度は速すぎ、その大型エンジンは大西洋を長時間かけて横断する際にあまりに多くの燃料を消費した。必要とされるのは、チャーチルが当初から主張していたように、もっと持久力があり、水上用の兵装は少ないながらも爆雷を多く搭載できる小型艦だった。最初の策として挙げられたのが『ハント』級駆逐艦であり、八〇隻が建造されたものの、あまりに頻繁に燃料を補給しなければならず、北大西洋の嵐に動揺しやすいことが判明した。カリブ海の基地の使用権と交換された改造型の米駆逐艦五〇隻はこれよりましだったが、英海軍がそれ以上に好んだのが、米沿岸警備隊から貸与された一〇隻の警備艇だった。これは耐航性能が抜群で、船内が広かった。急場凌ぎとなったのが、南極捕鯨船から発展したコルヴェットだった。これは優秀な外洋航行船だったが横揺れがひどく、低速、小型で武装も貧弱だったため、護衛艦隊の主力にはなりえなかった。結局、主力となったのは新級のスループやフリゲートといった事実上の小型駆逐艦であり、これらはUボートを超える水上速力を備えていたにもかかわらず、燃料消費は経済的だった。[*27]

英海軍が護衛艦隊の戦力増強を然るべく行い、王立カナダ海軍が世界第三位の海軍になるべく二〇倍の拡張に乗り出している一方で、イギリスは対潜手段の開発と改良も行っていた。その中心となったのが、ロンドンの海軍本部内にあった作戦情報センター（ＯＩＣ）だった。これは四部門に分かれ、その中で主たるものがUボート追跡室であり、一九四一年以降はポリオから回復したロジャー・ウィンに率いられていた。彼はブレッチリーの海軍チームとすぐに親密な関係を築き、エニグマ解読文の解釈に極めて長けていることを実証した。ＯＩＣは、保全措置が講じられたテレタイプと電話によって、西方近接海域司令部とつながっていた。本司令部は当初ポーツマスにあったが、後に北大西洋船団の主要受入港であるリヴァプールに移動し、極めて外向的なサー・マックス・ホートン提督の指揮のもとにヨーロッパ側から大西洋の戦いを戦ったのだった。その管制室は巨大な壁掛け海図で占められており、それには絶えず更新される船団の位置とＵボートの哨戒線、狼群が示されていた。「一九四一年にイギリスの軍事施設を訪れたアメリカ人は皆、それらがいかに一元化されているかに感銘を受けた。それは大西洋の戦いの中で達せられたものだ。戦時内閣から海軍本部や空軍省、ブレッチリー・パーク、ＯＩＣ、ダービーハウス［西方近接海域司令部］に至るまで、あらゆる人員が一心不乱に仕事をしていた」。[*28] ドイツ側にはそのような効率性がまったくなかった。イギリスの民主主義は、直接的な比較が可能なその他多くの戦争遂行分野においてもそうだったように、大西洋の戦いを戦う上でドイツの独裁政権よりも効率的だったのである。Ｕボート戦の指導は、特にヒトラーの関心を引こうとする点で疑念と競争がその特徴となっていた。イギリスは、厳重な保秘を条件として、知る必要がある者全員をこの闘争に巻き込んだ一方、デーニッツは味方の指導をブルターニュのケルネヴェル所在の小集団（後にコマンド部隊の奇襲を警戒してベルリンに移動）に限定した。かくしてドイツ海軍は、ドイツの広範な戦争努力から自らを排除した結果、緒戦の技術と戦略――第一次世界大戦時とほとんど大差のないＵボートを使って水上で船団に集団襲撃を実施すること――の中で身動きが取れぬままとなり、片や敵は、ありとあらゆる種類の対潜手段を動員してＵボートの大西洋攻勢を打破しようとしていたのである。

　乗組員の訓練を怠ったとしてデーニッツを非難することはできない。大西洋での勝利が彼の手から滑り落ちようとしていた最中ですら、新造Ｕボートと新米乗組員はバルト海の遮蔽水域において、船団ルートで戦うための技能を一年間も磨いていたのである。だが、Ｕボートの戦術は旧態依然としていた。デーニッツは、ヴェルサイユ条約後の海軍青年将校時代に編み出した「一つの構想」に固執していた。それはつまり、潜水艦を魚雷艇として使い、迎撃する船団の側面に視程の限界でつきまとい、夜の帳が降りるや一斉に襲撃するというものだった。彼は、防御技術を多様化する敵の能力をほとんど考慮に入れていなかった。これは重大な過ちだった。なぜなら、イギリスは大西洋の戦いが長引くにつれてカナダとアメリカの支援を受け、ドイツが後手に開発する以上の新技術を活用し、ついには、デーニッツに欠けていた創造力によって勝利を得たからである。

当初、イギリスの船団護衛艦は数が貧弱で、六〇隻もの鈍重な商船からなる船団に対してわずか四隻しかないことも往々にしてあり、探知したUボートを個々に攻撃して応じていた。敵を潜航させ、アズディックによって攻撃を継続することもたまにあった。アズディック（Asdic）は、カナダの科学者R・W・ボイルが長を務める連合軍潜水艦探知調査委員会（Allied Submarine Detection Investigation Committee）によって一九一八年〔一九一七年とする説もある〕に開発された音波探知機であり、後にソナーとして知られるようになった。しかし、護衛艦は船団がその場から去るとたいてい触接を断たざるをえず、直衛に戻らなければならなかった。緒戦における護衛艦の戦果は、気落ちするほど少なかった。一九四〇年中に護衛艦が撃沈したUボートはわずかに一二隻であり、これに対し、イギリス諸島に向かう入港船団中で失われた商船は一三三隻だった。

船団戦が激化するにつれ、イギリスは新たな技術を開発した。一九四一年になると、新設された護衛群――イギリス〔ブリテン〕のものにはB、カナダはC、後のアメリカのものにはAのイニシャルと識別番号がそれぞれ付けられ、任命された指揮官のもとに統合運用される六隻から八隻の軍艦グループ――が攻撃的な対応を始めた。英カナダ軍は、Uボートが夜間水上襲撃を行うように訓練されている事実を一九四一年には察知しており、後にこれを米軍に伝えた。彼らはまた、最大の損失が生じるのはウルトラによる警戒情報の有無にかかわらず、たいてい攻撃初日の夜だということも承知していた。したがって、雷撃が行われると、船団直衛線を形成している護衛艦は、Uボートが浮上しながら船団縦列内に入り込もうとしていることを知っていたために船団内部へと向かい、その場を照らすべく照明弾（「スノーフレーク」）を打ち上げたのだった。Uボートが発見できた場合は、砲撃するか衝突の準備を行った。Uボートが潜航している場合は、護衛艦がソナーで探知してから爆雷の投下・投射を開始した。その目的は命中させること以外にも、Uボートを低速あるいは船団よりも劣速にして潜航させたままとし、それによって船団が敵の触接外に出られるようにすることであり、その場合はたいてい緊急回頭によった。

しかしながら、Uボート多数が触接している場合は、回頭しても問題解決にはなりえなかった。船団は別のUボート群に出くわすだけであり、戦い抜く必要があった。日中はあらゆるUボートが潜航せねばならず、これによって標的よりも速力が低下したため、統率のとれた船団は、運が良ければ姿をくらますこともできた。船団戦は最初の夜が最悪であることで悪名高かった。護衛艦の数が増すにつれ、さらには、追いつめられた船団を補強する準備の整った支援グループが編成できるようになるにつれ、Uボートにとってはその後の夜も一段と厳しいものとなった。

護衛艦の数が増大し、乗組員の技量が向上するにしたがって、勝算は彼らに有利に転じ始めた。一九四三年末には、技能を非常に高めた護衛グループがいくつか出現したが、その中でも傑出していたのがF・J・ウォーカー大佐が指揮する第2護衛群だった。彼は、攻撃の最後の一〇〇ヤード〔約九〇メートル〕から二〇〇ヤード〔約一八〇メートル〕で常に生じるソナーの失探を克服する「忍び寄り」戦法を開発した。攻撃する艦が前方を通過する際は、水中の船殻に当たるソナービームの特徴ある「ピーン」という反響音が止まってしまうので、冷静なUボート艦長はその機会を捉えて急激な回避行動をとり、それが奏功することが多かった。ウォーカーは二隻を使うことを思いつき、一隻は離れた場所からソナー探知を維持し、もう一隻は標的の直上になるまで静かに忍び寄ることにより、Uボートを不意の爆雷散布帯に捉えることが可能になった。爆雷投下の瞬間は、発光信号や旗、あるいはアメリカが発明してウォーカーが多用した新型のTBS（艦船間通話）無線のいずれかによって合図が送られた。

一九四四年一月三一日から二月一九日にかけ、ウォーカーのスループ六隻（『レン』、『ウッドペッカー』、

『ワイルドグース』、『マグパイ』、『カイト』およびウォーカー自身の座乗艦『スターリング』）は、「忍び寄り」戦法によってUボート六隻を西方近接海域で撃沈した。ここは、デーニッツがこの半年前に北大西洋中部から撤退して以来、再びUボートを送り始めていた場所である。最後の犠牲となったU264の乗組員は脱出後に救出されたが、ほかの五隻は全乗組員とともに海中に消えたのだった。

ウォーカーの護衛群は、多数の入港船団がUボートを誘き寄せたことに好機を得た。対潜水艦戦の戦果はほとんど常に船団付近でもたらされた。「ハンターキラー」グループでUボートを単純に探す方法は、一九三九年から四〇年までチャーチルが好み、一九四二年にはキング提督が支持したものだが、何もない海を無為に右往左往して終わった。どれだけ情報があろうと、潜航中の標的、あるいは敵に発見されて潜航する標的に対して対潜艦を導くことはできなかったし、獲物を探す際に常に潜航するUボートに対しても同様だった。こうした傾向の唯一の例外がもたらされたのが戦争中期であり、洋上中央で攻撃用Uボートに燃料補給を行うUボート・タンカーをデーニッツが送り始めた頃だった。アメリカの護衛空母は、そうしたタンカーと補給を受けるUボートが一団となっているところを発見し、これを破壊することに特に戦果を挙げた。一九四三年一〇月四日、USS『カード』から発進した艦載機は、U460がⅦ型Uボート三隻に補給を行っているところを発見し、U460を直ちに撃沈した後にU422も沈めた。『カード』は再び船団に合流し、ジブラルタルに向かった。

技術情報の有力な源は短波方向探知機（ハフ・ダフ）だった。これは戦前に開発されていたが、完璧な状態になって広く配備されたのはようやく一九四三年になってからだった。Uボートの送信が極めて短くても、その方向を捉えることができ、スクリーン上に視覚表示可能だった。これはパッシヴ〔受動的〕装置だったため、敵が傍受して警戒することがなく、特に低視程の状況では、Uボートは前触れなく攻撃を受けることになった。また、短距離では極めて正確だった。しかし、ハフ・ダフには初期不良があり、護衛指揮官の信頼を得るのに手間取った。当初、彼らは同時期に出現したセンチメートル波レーダーを好んだ。271型レーダーには多様なモデルがあるが、これらは八〇〇〇ヤード〔約七三〇〇メートル〕までなら解像度が鮮明であり、ドイツの探知機にはない利点を有していた。ドイツ自体はセンチメートル波レーダーを未開発だったため、イギリスがそれをすでに開発していた可能性を考慮に入れておらず、したがってUボートの生存にとっては嘆かわしい結果となった。[*29]

北大西洋中部ルートを航行する船団の周辺で最後の戦いが生じた一九四三年、Uボートの損耗は耐えがたい水準に達した。総計五〇もの狼群を編成したにもかかわらず、Uボートは戦況を打開できなかった。一〇月半ばのON206とON520に対する襲撃で撃沈したのは商船一隻のみ、しかも本船は直衛線外にいた落伍船であり、それに対してUボート側は二日間で六隻を失ったのである。

航空機による攻撃

一九四三年一〇月一六日から一七日にかけて失われたUボート六隻のうち、四隻は航空機によって撃沈されたものだった。これら航空機は、兵装に恵まれた練達の護衛艦よりもUボートにとっては危険であることがいっそうはっきりしてきた。対潜飛行隊の専門搭乗員は今や高い錬度にあり、四年間の戦闘で大いに経験を積んでいた。初期の対潜機は爆雷を搭載していたにもかかわらず、彼らの当初の役割は日中にUボートを潜航させることにすぎなかった。一九四三年になると、性能と装備の向上した航空機が、船団から離れた場所でUボートを攻撃して撃沈することに成功するようになった。デーニッツの洋上配置の弱点はビスケー湾だった。フランス西岸の港に設置された耐爆ブンカーから出たUボートは、ほぼ全てがビスケー湾を通過して北大西洋へと出なければならなかったからである。彼らはまず日中に潜航して航行を始めたが、夜間は浮上して蓄電池に充電し、ディーゼルでなるべく高速を出そうとした。Uボートは、緒戦の三年間は安全に航行できた。最初の二六週間中に、航空機によってビスケー湾で撃沈されたのはわずか一隻だった。その後、ブレッチリーが正確な情報を提供していたことと、英沿岸軍団が従事したこともあり、ＪＯ２飛行隊のホイットレイ一機に初期型の捜索レーダーが配備された。

沿岸軍団は、いわゆるビスケー攻勢は非効率的だと認めた。保有機は爆撃軍団の任を解かれたものであり、探知機も貧弱、攻撃用兵器ですら性能が限られていた。改善があったのは一九四二年中だった。最も重要なのは、視認用装置であるリー・ライトの開発だった。これは発明者の英空軍将校の名にちなんだものである。この装置は主にウェリントン中型爆撃機に搭載され、可動式であり、機内に搭載されたレーダが目標を探知した後に照射するものだった。パイロットは、Ｕボートが潜航の機会を失ったときにだけスイッチを入れて光線を下方に飛ばし、Ｕボートの周囲あるいは潜航する際に発生する渦の中に爆雷を投下した。

一九四三年春以降、Ｕボートに対する空爆は一段と成功するようになった。それらＵボートはビスケー湾を横断するか、あるいはドイツ諸港からフェロー諸島とアイスランドの間を通り、イギリス諸島を迂回して北大西洋に入ろうとした。例えば、Ｕ663は五月五日の日中にサンダーランド飛行艇に攻撃され、爆雷で撃沈された。五月八日には、ハリファックス重爆撃機がビスケー湾でＵボート・タンカーのＵ490を爆雷で撃沈した。五月三一日には、Ｕ563がハリファックス一機と後にもう一機に攻撃され、最終的にサンダーランド二機によって撃沈された。同じ日、Ｕ440はサンダーランドの爆雷攻撃を受け、大西洋岸に近い場所で撃沈された。[*30]

しかし、Ｕボートが一方的に撃沈されていたわけでもなかった。一九四二年、デーニッツはＵボートに追加の対空砲を装備させ始め、「水上で徹底抗戦せよ」と発令した。この戦いは互角ではなかった。なぜなら、Ｕボートは特に夜間にリー・ライトに捕捉された場合、攻撃側よりもはるかに脆弱だったからである。それでも、かなりの数の航空機が攻撃中に猛射による命中弾を受けた。パイロットが勇猛果敢に攻撃したのももっともだった。何もない海を何百時間かけて哨戒しても、Uボートを洋上で見つけることは極めて希だったからである。一時的に興奮状態にある搭乗員は水上のUボートの数百フィート以内に機を飛ばし、調定深度を浅くした爆雷が確実にUボートを夾叉して撃沈するようにした。Uボートの火力が攻撃機を撃墜することもあり、その場合、搭乗員は即死したか、生き延びても救命艇の中でじわじわと死ぬに任された。当然のことながら、航空機に撃沈されたUボートの乗組員にも同様なことが起きた。船団の近傍で離艦を余儀なくされた場合は――有名なUボートエースであるオットー・クレッチマーが一九四二年三月九日〔原文ママ。正しくは一九四一年三月一七日〕にHMS『ウォーカー』によってU99の大半の乗組員とともに救助されたように――護衛艦によって救われる可能性があったが、外洋で航空機に撃沈された場合は即死したか、あるいは救命胴衣を着けたまま死の苦しみを味わうことになった。同じことは、「水上で徹底抗戦する」Uボートの対空砲撃のため、あるいはフランス西岸の基地から飛び立ったドイツ軍戦闘機による迎撃の結果として、不時着せざるをえなかった不運の航空機の搭乗員にも当てはまった。損害を受けた初期型の双発ウェリントンには特に悲惨な運命が待っていた。この型は一つのエンジンが破壊されると高度を維持することができなかった。クレイ・ブレアの計算では、二九機が返り討ちに遭って撃墜されたが、Uボート三隻も応戦中に撃沈された。

しかし、結局のところは航空機の方が有利だった。一九四三年四月から九月まで実施されたビスケー湾への集中攻撃により、三〇隻のUボートが撃沈されたほか、一九隻が損傷を受けて帰投を余儀なくされた。「水上で徹底抗戦する」ことは、たとえUボートが集団で航行しても自殺的な戦術だと証明されたため、放棄せざるをえなかった。しかも、一九四三年には、さらに威力を増した空対水上艦（および空対水中艦）兵器が出現した。これらには、イギリス護衛空母の艦載機である旧式ソードフィッシュ複葉機が主に発射する空中発射ロケット弾や、地上機であるモスキートに搭載された六ポンド対戦車砲が含まれた。双方ともUボートの耐圧船殻を貫通可能であり、致命的な効果があった。しかし結局のところ、空中発射兵器として抜群だったのはいわゆるマーク24機雷だった。これは、潜航中のUボートのプロペラ音——空洞現象（キャヴィテーション）——に自動的に向かっていくアメリカの音響魚雷に付けられた偽名だった。Uボートはこれに匹敵する『ミソサザイ』音響魚雷を一九四三年に受領し始めた。この魚雷は護衛艦のエンジン音とプロペラ音に向かっていくものであり、艦尾に曳航する囮の雑音発生器が開発されるまで、これによって数隻が撃沈されたか大破した。マーク24は機密保持に成功したため、航空機に奇襲された後に潜航して離脱しようとしたUボートが何隻も犠牲になった。マーク24は「使うのが難しい兵器だった。（中略）戦果の何らかの形跡が表れるまでに時間のずれが生じて気をもむのが常であり、それが一三分もかかる場合もあった。形跡が表れても、海面が一瞬乱れるにすぎないこともあった」[*31]

水面下で何が起きたかは想像にかたくない。爆雷ならUボートを完全に破壊しない程度に損害を与えて浮上させることもあるが、マーク24は命中時の衝撃によって爆発する兵器であり、耐圧船殻を破断して急激な浸水を引き起こし、乗組員の脱出の望みを完全に絶ってしまう。撃沈を成し遂げた搭乗員は、数百時間という無益な飛行時間を占める索敵過程の頂点において満足感を抱いたはずだ。だが、最高に鍛え上げられた搭乗員ですら、犠牲者が直面する運命の現実を考えて身震いしたはずである。沈もうとしているUボートから脱出した生存者の体験談が一つか二つあるが、彼らが語るのは、押し寄せる海水から逃れようと必死になり、一切の戦友愛をかなぐり捨て、他人のことなど眼中にないほどパニックに陥った大勢の人間の阿鼻叫喚（あびきょうかん）なのである。

一九四四年になると、Uボートは負け戦を戦っていた。探知されることなく長距離を航行できるUボート——潜航したまま吸気できるシュノーケル型と、吸気をまったく必要としない過酸化水素航走型のヴァルター・エレクトロ艦——を展開しようとしたデーニッツの取組みは失敗した。シュノーケルは鼓膜を破る傾向にあったために乗組員に忌み嫌われ、しかも潜航速力が大幅に減じてしまうので、理論上の利点が無効になってしまった一方、ヴァルター艦は建造が雑だったために所期の成果が得られなかった。大西洋両岸の英米政府を震撼させた華々しい攻勢がそれまでに数々あったにもかかわらず、戦争も四年が経ち、今やUボート部隊は零落していたのである。

連合軍の船舶に対して戦端を開いた戦前のエリートたちは、戦死したか捕虜になっていた。一九四〇年から四一年にイギリスの船舶に大打撃を与え、一九四二年にはアメリカ沿岸で暴れ回ったその後継者たちも、同じ運命にあった。一九四三年初頭の大規模な船団戦では、生存者はほとんどいなかった。一九四四年時の新任の艦長と乗組員は未熟であったために恐るべき代償を支払ったが、デーニッツが訓練の水準を緩めることは決してなかった。しかし無情にも、彼らは一段と効率的になっていく英米カナダの護衛群とその関連航空部隊の犠牲となったのだった。一九四三年五月から一九四五年五月の間に出撃したUボート五九一隻のうち、一三八隻が初出撃あるいは新任艦長のもとで撃沈され、海に出てから数日以内に沈められる場合も多かった。一九四五年五月にドイツからノルウェーに脱出しようとした一七隻のUボートのうち、新たに就役した一隻を除いた全艦が撃沈された。*32

単純な探知装置と未熟な水中兵器しか持たなかった無力なイギリス護衛艦隊の非力な戦いとして始まったものは、戦争の過程でやがて本格的な対潜作戦へと拡大し、連合軍側でそれを遂行したのが英米カナダの駆逐艦、スループ、フリゲート、コルヴェット、そして最重要の護衛空母からなる比類なき大艦隊であり、最終的にそれを補完したのが地上機による大規模な支援だったのである。連合軍は六年間の苦い戦いの中で、一段と効果的な探知機器と水中兵器を次々と導入した。例えば、方向はもちろん深度も表示できるソナー、センチメートル波レーダー、短波方向探知機、最終的に極めて強力なトーペックス爆薬を装填した多種多様な爆雷、ヘッジホッグやスキッドといった数種の前方投射型の着発式兵器である。アメリカは百発百中の空中投下式マーク24機雷（『さまよえるアニー』）も開発していた。

これに対してUボート部隊は、一九三九年に五七隻だったものが一九四五年五月までに総計一一五三隻が建造されて規模において拡大したものの、ほとんどまったく発展していなかった。小型のⅦ型と扱いにくいⅨ型が航洋戦力の主力であり、これらの実験後継艦は種々の点で全て不満足なものだった。それらの兵装は、初期不良が是正された後も改良されることがほとんどなかった。わずかに『ミソサザイ』音響魚雷だけが真の改良だったが、それが出現した頃には狼群は船団ルートから駆逐されていたのだった。Uボートのパッシヴ探知機器――遠方の船の音を探知できる水中聴音機――は卓越していたが、センチメートル波レーダーのような、発信源が探知されるおそれがありながらも役立ったはずのアクティヴ探知機器の開発はまったくなされなかった。メトックスのようなUボート独自のレーダー探知装置は未熟であり、使い手から不信の目で見られるようになった。その結果、Uボート艦長はネルソンのフリゲート艦長のように、戦争全期を通じて直線視程に頼ったのである。ただし、それはまさにネルソンが行った方法と同様、哨戒線を形成した分だけ広がったにすぎなかった。無線は、敵を発見した艦長が仲間を寄せ集める手段となり、行動範囲をわずかに広げたものの、傍受の危険性があり、しかも船団と比べてUボートがさほど優速ではなかったため、哨戒線はかなり短くしておく必要があった。デーニッツが頻繁に述べたように、最高の位置に配置した哨戒線ですら、敵の司令部がUボートの罠を発見し、そこから船団を遠ざけることができる場合、Uボートは船団の末端で迎撃するにすぎない場合が多く、残りの艦は数百海里を走破してようやく襲撃点に占位することができたのだった。Uボート艦長が艦橋から発見するよりも遠くの船団を長距離機が見つけることもあったが、ドイツでは連合軍側以上に数が不足していた。しかも、ドイツのコンドル機はB24リベレーターの航続距離に劣っただけでなく、大西洋の戦いで使われた主力機はもっぱらフランスを基地にしていたため、行動範囲が制限されたのだった。一方、連合軍機は北アイルランド、コーンウォル、アイスランド、北アメリカから飛び立ち、最終的には超長距離機の導入もあったため、大西洋全域を監視できたのである。

インテリジェンスのバランス

連合軍――当初はイギリスとカナダ、後にアメリカ――は、大西洋の戦いの全期を通じて戦術インテリジェンス上で優位にあった。彼らは当初からソナー（アズディック）を有し、一九四二年からはＨＦ／ＤＦとセンチメートル波レーダーを得たほか、広範囲の空中偵察は一九三九年から実施可能だった。深刻な時期もあった。それは一九三九年から四一年にかけての護衛艦不足と、一九四二年の最初の六カ月間にアメリカが船団の編成を拒否したことに関連している。それにもかかわらず、Ｕボートが収集した戦術情報が哨戒線の直線視程――ゆくゆくはフランス近傍のコンドル機の直線視程によって補われた――による制限を受けた一方、船団の護衛艦と関連哨戒機は常に優位に立っていたのであり、その差は戦時を通じて増大した。最終的に連合軍の戦術的優位は圧倒的になったのである。

したがって、インテリジェンスは大西洋の戦いでどれほど重要だったのかという問いは、戦略的な問題へと向けられる。つまり、Ｂディーンスト対ブレッチリーである。Ｂディーンストは特筆すべき組織だった。この組織は、後に英米も利用した電機機器よりも人的資源に大きく依存しつつ、数理的処理によって二重暗号化されたブックコードである英海軍サイファー・ナンバー３の解読を目標とし、長きにわたって数回の注目すべき成果を上げた。Ｂディーンストはすでに一九三五年には五桁群のシステムである旧式の（英）海軍コードを解読しており、これを手がかりとして新たな海軍サイファーを攻撃し、一九四〇年四月にはイギリスの通信の三割も解読していた。しかし、海軍サイファーと海軍コードは一九四〇年八月にそれぞれ新ヴァージョンに置き換えられ、これに対してはBディーンストもさほどの成功を収めなかった。一九四一年六月に大西洋間の通信用として海軍サイファー・ナンバー3が導入されると復調し、一九四二年を通してこれを解読した上、その年の一二月には送信電文の八割を解読していた。イギリスがさらなる予防策を講じた一九四二年一二月一五日から四三年二月までは再び闇に包まれたが、その後に回復した。「命じられた行動を船団が取る一〇時間から二〇時間前にその命令を解読したこともあった」。イギリスの通信が安全になったのは、まったく新たなサイファーがようやく六月に配布されてからだった。[*33]

一方、イギリスと後のアメリカのOP―20―Gにも明暗の時期が同様にあった。イギリスは一九四〇年から翌年にかけ、一連の鹵獲品から利を得ていた。それらは、U33（一九四〇年二月）、哨戒艇VP2623（同年四月）、ノルウェーのロフォーテン諸島でコマンド部隊に急襲されたトロール船『クレプス』（一九四一年三月）から、それぞれもたらされたものである。五月と六月には気象観測船『ミュンヘン』と『ラレンブルク』が「切開」作戦によって拿捕された一方、五月九日にはU110がイギリス軍の手に落ちた。これらそれぞれによって、エニグマ暗号機の部品、グリッド海図、サイファー化された文書といった材料がいくらか手に入り、それらをすでに傍受した内容からブレッチリーが復元できていたものに加えることによって、解読がさらに進んだ。一九四一年二月、五月、六月の交信は一部あるいは全体が解読され、ついにはリアルタイムでの解読が可能になった。一九四一年八月から一九四二年二月までは、ブレッチリーがドルフィンと呼んだ「ハイミッシュ」キーが解読され、その遅れはせいぜい三六時間だった。解読をかなり助けたのが最初のボンブの開発であり、エニグマのキー設定の組合せを特定するのに大いに役立った。ドイツ軍操作員の不注意からも多くが得られた。彼らは、解読が非常に容易な造船所用（ヴェルフト）サイファーや気象用サイファーで前もって暗号化された電文を、エニグマで送信してしまったのである。[*34]

しかし、ブレッチリーは一九四二年二月以降、Uボート用通信に侵入できなくなった。それは、二月一日にドイツが新たなエニグマ・キーを採用したためだった。このキーはイギリスではシャーク、ドイツ側では「トリトン」と呼ばれた。再びリアルタイムで規則だって解読できるようになったのは、一九四二年一二月になってからだった。この時期は、逆にBディーンストが英海軍サイファーに対して成果を上げ、大西洋の戦いにおけるドイツの優位が絶頂だった時期と一致する。月間撃沈数は一〇〇隻を超え、六月が一二九隻、七月が一三六隻、八月が一一七隻であり、総トン数は四〇〇万トンを超えていた。[*35]

しかし逆説的にも、Uボート戦を研究している史家が「大船団戦」を象徴するとした一九四三年の最初の五カ月間に、イギリスはエニグマをリアルタイムで頻繁に解読しており、Uボートの哨戒線から離れるよう通商動向課が船団に指示したこともあったのである。さらには、船団が大打撃を受けたこともあったものの、Uボートの損失も増大し、最終的に受忍できないレベルになったために、デーニッツは一九四三年五月に北大西洋からUボートを撤退させ、実質的に敗北を認めたのだった。

では、大西洋の戦いでブレッチリーは紛れもない成功を収めたというF・H・ヒンズリーの主張を、われわれはどのように理解すればよいのだろうか。ヒンズリーはブレッチリーの元職員だが、英政府暗号学校に関する自身の主張は極めて控えめである。彼は特に、「ブレッチリーによって戦争に勝てた」という見解を拒否しており、これはまさにそのとおりである。とはいえ、対Uボート戦におけるブレッチリーの成果に関する彼の評価は、クレイ・ブレアの冷静で詳細極まる評価、すなわち大西洋間の船団を編成した全船舶の九九パーセント以上は無事に目的地に到着したという評価と対比すべきものである。航海を行った四万三五二六隻（何度も航海した船も当然あった）のうち、Uボートに撃沈されたのは二七二隻である。それ以外で沈められたのは、たいてい単独で航行していたか、あるいは船団から離れて遅れを取った「落伍船（ストラグル）」か、前方を航行する「奔走船（ロンプ）」のいずれかだった。

連合軍の商船員は恐るべき代償を支払った。英商船隊だけで一二万人いた商船員のうち、三万人余がU

ボートに対する戦いで戦死したのである。しかし、Uボート乗組員の損耗はさらに激しく、徴集された四万人のうち、二万八〇〇〇人が乗務艦の破壊時に死んだのであり、撃沈されたUボートは七一三隻に上る。航空機によって撃沈されたUボートは二〇四隻だったほか、軍艦によって二四〇隻、護衛空母の艦載機によって三九隻、軍艦と航空機の協同によって八四隻が沈められ、機雷や事故その他——例えばUボート同士の衝突——で沈んだ艦もそれぞれ何隻かあった。[*36]

大西洋の戦いの結果が示すのは、ほかの多くの作戦環境においてと同様に、インテリジェンスは大局的に見れば重要ではあったものの、戦って問題を解決するという古来の営みに次ぐものだったということである。一九四二年上半期のアメリカ沿岸におけるUボートの「黄金期」のような、撃沈が容易に達せられた時期においては、犠牲をもたらしたのは戦略インテリジェンスではなく、日々の偶然だった。もっと困難な時期、特に一九四三年初頭の「大船団戦」期においては、ブレッチリーが船団を危険から回避させることができたことにより、デーニッツが仕掛けた罠の多くが失敗したのだった。しかし、Uボート部隊を破ったのは、まさに船団運航指揮官の命令にひたすら従った商船員たちの鈍感なまでの忍耐力と、反撃せんとする護衛艦乗組員の断固たる決意だった。大西洋の戦いに関する現代的解釈は、この戦いを真の戦いとして捉えている。すなわち、一方が攻撃し、他方がその挑戦を受けて防御あるいは反撃し、反撃が挑戦に勝利したのである。解釈として、これが正しいように思える。大西洋の戦いは暗号解読官の助力がなくとも勝利したであろうが、彼らは情勢を防御側に有利に転換することに大いに貢献したのである。

第八章　ヒューマン・インテリジェンスと秘密兵器

一般人がインテリジェンスの世界でまず思いつくのが秘密諜報員（シークレット・エージェント）であり、それがいかに活動し、何を生み出すかである。エージェントに関するこうしたイメージは、幼少期に軍人将棋『ラタック』――邪悪な非戦闘員の駒が障害を乗り越えながら、輝かしい軍服に身を包んで気高くも派手に戦闘に従事する軍人をスパイする戦争ゲーム――で遊んだことがあれば、誰の心象にも強く刷り込まれているものであり、そうしたイメージは売れっ子フィクション作家の著作によって一世紀以上にわたって強化されてきたのである。ジョセフ・コンラッドが描くエージェントは社会の敵であり、コナン・ドイルの『ブルース・パーティントン設計書』の中ではカネで動く人間だ。しかし、英語圏の作家のほとんどはエージェントをロマンチックで愛国的な存在として描いたのだった。それは例えば、英露抗争（グレート・ゲーム）を舞台としてキプリングが描いた大英帝国の僕（しもべ）キムであり、自国の敵を追跡する中でイギリス人気質を炸裂させるジョン・バカンのリチャード・ハネーであり、はたまたサッパーのブルドッグ・ドラモンドであり、これら全ての主人公にとって、外国人は疑いの対象だった。ジョン・ル・カレを筆頭とする後の作家はこうしたイメージを修正し、エージェントの役割の怪しさを認め、二重スパイというアイデアを導入した。当時の大衆がイギリスの大卒クラスの国家反逆について知っていたことからすれば、それは極めて当然のことだったのである。

　しかし、「インテリジェンス」とは基本的にスパイ行為の「プロダクト」――ル・カレが一般に広めた用語――であるという考えは根強かった。こうした考えはエニグマの秘密が暴かれた後も残り、第二次世界大戦中にイギリス情報機関によって産出された最も価値ある情報は敵の暗号電文を傍受して解読したことからもたらされたということが明らかになった後も、廃れなかったのだった。このことは、第一次世界大戦中のイギリスの情報活動の成功と、一九四二年から四五年のアメリカ情報機関の取組みについても当てはまる。しかし、英米の小説の読者はこの頃になると、「浸透工作員」というアイデアにあまりに夢中になっていたがために、この職業の本質に関する自身の見方を変えることができなかったのである。大衆の心象では、敵とその邪悪な意図に関する主たる情報源としての地位を確立していたのはスパイであって、暗号電文の傍受・解読担当官ではなかったのだ。

大衆のこうした心象は、実際のエージェントが活動する際の限界を完全に見落としてしまった。裏切りの危険性や、敵の防諜活動によって身分を特定される危険性は認識されていた。見過ごされたのは、実用性というもっと過酷な重責である。つまり、知る価値のある事柄をいかに発見するか、さらに重要なこととして、そのような情報をいかに本部に通報するかということである。ドイツ占領下のヨーロッパで一九四〇年から四五年まで活動したイギリスの破壊工作機関である特殊作戦執行部（SOE）や、同時期のアメリカの戦略事務局（OSS）に属したエージェントが記した回想録は、小説家が描くグラマーな美女やロマンスといったものとは正反対の像を描き出している。SOEやOSSの工作員は、生情報の小さな断片の数々を取り扱ったのであり、それらは見た目が取るに足りないものであることが多かった。例えば、喫茶店で集めたゴシップ、橋を通過する多数の貨物車、持ち場を交代する際に垣間見えた兵士たちの肩章、といったものである。こうした断片を集約して網羅的に記載し、それを無線で送信する必要があった。その送信者は、位置特定装置を持つ敵にそれが盗聴・傍受され、送信中に逮捕される危険を冒すことを常に承知していたのである。

ヒトラー支配下のヨーロッパにおけるスパイ活動に、ロマンスなどほとんどなかった。任務は人目を気にしながら行われ、緊張に満ちており、裏切りの疑念に悩まされた。多くのエージェントが裏切られた。

ドイツの防諜機関は極めて有能であり、効率的にネットワークを発見し、構成員を割り出し、逮捕者に対して仲間の共謀者を密告するよう誘導した。ドイツの魔手を逃れるのは男性よりも女性の方が優れていることが分かった。女性の方が目立たずにいることができ、難しい質問をはぐらかす能力に長けているからだ。とはいえ、多くの女性がゲシュタポの餌食になった。ネットワークの男性も多くが逮捕された。彼らは男女ともに、即座にヒトラーの収容所に送られる運命にあった。

ドイツの秘密兵器

しかし、ゲシュタポの体制には欠陥があり、特にドイツの秘密兵器開発を保護する能力に欠けていた。後にV1号とV2号としてイギリス側に知られるようになったドイツの無人飛行兵器は、非ドイツ系住民が住むバルト地域とポーランドの上空での飛行実験を必要とし、さらには、ドイツの深刻な労働力不足によって秘密兵器工場での組立て作業用に非ドイツ人労働者を雇わざるをえなかったため、生情報が漏洩したのである。時の経過とともに、特にポーランド人が運営するネットワークを通じて目撃報告が送信され、ドイツの秘密兵器開発に関するかなりの量の生情報がもたらされるようになった。しかし、当初、イギリス側が特に求めていたのはこうした生情報ではなかった。一九四〇年六月以降のドイツによる侵攻の脅威と九月以降の激しい空襲のもとにあって、彼らの関心は未来に生じるかもしれない危険よりも、今そこにある危険に注がれていたのである。

しかし、戦争が勃発する七カ月前の一九三九年二月には、著名な科学者サー・ヘンリー・ティザードが座長を務める防空科学調査委員会が、早くもインテリジェンス部門を編成する決定を行っていた。その長に任命されたのが、若き科学者R・V・ジョーンズ博士だった。彼は最初、バクテリア兵器と化学兵器に関する生情報を収集するよう指示された。これらは当時、深刻な脅威になると考えられていたからである。

一〇月には、短期間ながらも注意が別の場所に向けられた。東プロイセンのダンツィヒとケーニヒスベルクの間の、バルト海沿岸に位置する実験場に関する報告がもたらされたのである。ドイツがそこで、三二〇ポンド〔約一四五キログラム〕のエクラサイト爆薬を運搬する「ロケット砲弾」をテストしているというのだ。[*1] 情報源はゴシップだったため、奇抜な装置に関するほかの噂とともに割り引いて考えられた。しかし、一一月四日、ノルウェーの首都オスロ駐在の英海軍武官から送られた別の報告がジョーンズ博士にもたらされた。

長さ約二〇〇〇語のこの「オスロレポート」は噂などではなく、活動に従事している一科学者によって書かれたことが明らかな詳細な文書であり、それにはドイツで開発中の九つの兵器あるいは兵器システムについて記されていた。その中には新型爆撃機や空母といった通常兵器もあり、そうでないものもあった。また、新型兵器がテストされている場所も特定されていた。記載されていた非通常兵器の中には、遠隔操作式の対艦グライダー式爆弾や無人飛行機、ロケット推進の「遠隔操作砲弾」、音響魚雷、対空接近信管などがあった。名称が挙げられた二カ所の試験場の一つは、バルト海沿岸のペーネミュンデにあった。[*2]

オスロレポートの出所は謎に包まれており、長年にわたって謎のままだった。しかし、近年、その筆者は——普遍的に認められているわけではないが——ドイツ大手電機会社シーメンスで研究部長を務めたドイツ人科学者ハンス・フリードリヒ・マイヤーではないかといわれている。[*3] ヒトラーの人種政策に反対していたマイヤーには、英ジェネラル・エレクトリック社のコブデン・ターナーというイギリス人の友人がいた。マイヤーは、面識ある某夫人のユダヤ人混血児をどう扱うかで大いに困惑しており、この件をターナーに相談した。同様に困ったターナーは、駐ベルリン英国大使館のMI6支局長フランク・フォーリーから、その少女のためにドイツからイギリスへ渡る査証を戦争勃発直前にどうにか取りつけた。フォーリーはその後にオスロに転勤となったが、ターナーはマイヤーに対し、査証発給への感謝の印としてレポートを書くよう説き伏せた。それが現在オスロレポートとして知られているものである。マイヤーは一九三九年一一月一日から二日にオスロに出張した折にそれをタイプで仕上げ、二日後、無記名でそのレポートがR・V・ジョーンズに届いたというわけである。

ジョーンズはオスロレポートに仰天した――後に「これまで見た中で最も驚くべき記述内容だった」と記している――が、ファイルにとじることにした。確証がなく、詳しい説明がなかったからである。一九四〇年から四二年にかけ、イギリス情報機関はほかの事項に専念しており、科学分野では特にドイツの航空機用電波航法やレーダー、戦車技術、水中戦における発展に注目していたのだった。

それでも、ジョーンズがオスロレポートは警告に満ちていると認めたことは正しかった。いかに漠然としていようとも、このレポートは連合軍に多大な損害を与えることになる少なくとも四種の兵器について、戦争が始まる前にさまざまな形で事前警告を与えたのである。それらを重要性の順に並べると次のようになる。すなわち、第一に対艦グライダー式爆弾（HS293）、第二に音響魚雷（「ミソサザイ」）、第三にロケット推進爆弾（最終的にA4推進体――イギリス側にとってのV2号――として実現したもので、あらゆる弾道ミサイルの祖）、そして第四にFZG76飛行爆弾（現代の巡航ミサイルの祖）である。オスロレポートが一九四〇年から四二年にかけてイギリスのファイル棚で寝かされていた一方、ドイツの科学者は、レポートが警告した兵器を生産段階に移行すべく多忙にしていたのだった。

彼らを刺激したのはイギリス――後にアメリカ――の取組みだった。仮に、英空軍爆撃軍団と一九四二年に戦略爆撃攻勢に加わったアメリカの第8航空軍がその年に第三帝国の防空網を突破できず、ドイツの主要都市の破壊を開始できなかったならば、ヒトラーは「報復兵器」と後に呼んだものを作るのに必要な資材を配分する選択をしなかった可能性がある。報復兵器は一九四四年から四五年にかけ、特にロンドンやベルギーのアントウェルペンといった敵の都市を破壊する手段となった。連合軍の爆撃はドイツの住宅や工場、文化遺産に甚大な荒廃をもたらし、ドイツ人の日常生活を混乱させ、それに終止符を打ったのみならず、ドイツ民族の護民官を自称するヒトラーとナチ党の主張をも直接的に攻撃したのである。爆弾によってベルリンやハンブルク、ケルンその他の人口集中都市が灰燼(かいじん)に帰し、対英攻撃手段としてのドイツ空軍が一九四一年に敗北して以来、反撃もできずにいた中で、ヒトラーは借りを返す衝動に燃え始めた。ゲーリングの在来型の爆撃機には失望させられてきた。そして一九四三年頃になって、受けた損害に報復するための非通常兵器に期待を懸けるようになったのである。

イギリスの科学情報機関の注意が初めてドイツの秘密兵器に引き戻されたのは、デンマーク人化学技術者からの一報告書がロンドンに届いた一九四二年末のことだった。それはベルリンのレストランで盗み聞きした会話内容で、ロケットがスヴィーネミュンデ——オスロレポートにあったペーネミュンデから遠くない場所——から発射されており、五トンの爆薬を一三〇マイル〔約二一〇キロメートル〕運搬することが可能と書かれていた。一九四三年二月には別の情報源から第二報が届き、それにはロケットの異なる性能が記載されていたものの、そのロケットはペーネミュンデから発射されていると明記されていた。[*4]

ドイツには海岸線がほとんどない。ユトランド半島の西側では、海岸線がフリージア諸島内側まで走っている。アースキン・チルダーズは第一次大戦の直前に、この地域を舞台にした初の本格的スパイ小説『砂洲の謎』を執筆し、英海岸に対するドイツ皇帝の敵対意図についてイギリス人に警鐘を鳴らした。ユトランド半島東側のバルト海内側には、ドイツの歴史上、重要な商業港があるが、有閑階級の夏期休暇場所もある——モミ並木と白い砂浜の中に点在する小漁村である。ドイツの秘密兵器計画がバルト海に持ってこられたのは休暇と関連があった。一流の若きロケット設計者ヴェルンヘア・フォン・ブラウンの家族はそこで夏を過ごしており、実験場を探していた折に、その母親が人里離れた人口まばらな場所を提案したのである。[*5] そこでの作業は一九三六年に始まり、イギリスがいっそうの関心を持ち始めた一九四三年には、施設はすでにかなり拡大していた。それは二つの場所からなり、そのうちの一つは空軍の管理下で飛行爆弾を開発中のペーネミュンデ西だった。もう一つは陸軍の実験場だったペーネミュンデ東であり、ドイツがA4と呼んだV2号ロケットの実験がここで行われていた。すでに飛行場も建設されていたほか、非ドイツ人が多数を占める労働者用の収容所、研究所、作業場、V2号用燃料に不可欠な要素の一つながら供給不足になっていた液体酸素の生産工場、科学者用の住宅団地などもあった。

東部戦線の高射砲部隊から召還されてペーネミュンデで働くようになった若き科学者ペーター・ヴェゲナーは、そこでの生活実態を明かしている。ある意味で、それはブレッチリー・パークを鏡で映したようなものだった。ロケット科学者は若くて高学歴であり、上位中産階級出身者が多かった。ヴェゲナーは専門職一家の出身で、全寮制学校で学んだ。フォン・ブラウンも似たような出自であり、これは特にアルベルト・シュペーアにも当てはまった。ヒトラーの専属建築家から一九四三年に国家軍需相の地位に上り詰めたシュペーアは、V1号とV2号の生産に直接的な責任を負った。フォン・ブラウンとシュペーアは美男子で魅力的な青年であり、多趣味で社会的な自信もかなりあった。ヴェゲナーも同類だった。彼は陸軍で三年間勤務し、将校になったばかりだったが、大学環境のようなペーネミュンデに転属になった。周囲の職員は自身と似ており、男女ともに博士号を持ち、礼儀正しく、快適な解放感があった。「荒っぽい言葉を聞いたことは一度もなかった。皆が互いに助け合っていたし、気さくな雰囲気に満ちていた」のであり、階級を気にすることはほとんどなかった。「実際に、この場所で働くのは楽しかった」[*6]。これはブレッチリーにも当てはまるかもしれない。しかし、次の点で異なっていた。ブレッチリーには学生の談話室のような雰囲気があり、内輪の冗談や悪ふざけ、隠れた恋愛などがあったものの、厳しい保全措置が適用された。仕事場以外で自分の仕事について他言する者は一人もいなかった。話せば即座に懲戒免職になった。ペーネミュンデはこれとは対照的で、知る必要のある者にだけ情報を知らせる「ニード・トゥ・ノウ」の原則がなかった。「実質的に、技術的問題に関するあらゆる議論をかなり大きな集団で――食堂その他の公の場所で――行った。誰もが自分の仕事について自由に発言し、内部保全はまったくなかった。専門的な話がほかのあらゆる議論を締め出したのだった」

これが機密漏洩の原因だったのである。イギリス人はゴシップ好きで規則破りの常習犯、ドイツ人はユーモアがなくて厳格という評判からすれば、なおさら驚くべきことだ。ペーネミュンデで機密が漏洩したのは明らかであり、ブレッチリーではそれが起きなかった。秘密を知ったブレッチリーの一万人の職員は、二八年にわたって機密を保持したのである。ペーネミュンデで生じつつある危機をイギリスに警戒させたものこそ、機密の漏洩だった。それは第一に、ベルリンのレストランでの不注意な会話に関するデンマーク人技術者の報告であり、次にペーネミュンデに関する一九四三年二月の別の報告、第三に、同年三月に確認された深刻な内容だった。三月二二日、北アフリカ戦線でイギリス第8軍と戦って捕虜になった、イギリス人には有名な二人の将軍が盗聴器の仕掛けられた一つの部屋に入れられた。二人――クリューヴェル将軍とフォン・トーマ将軍――は、ここ数カ月間、互いに会っていなかった。再会の熱気の中で二人は話し始めた――自由すぎるほどに。フォン・トーマは試験場を訪れた件について話し、「巨大なロケット」の責任者である一将校から、そのロケットは一〇マイル〔約一六キロメートル〕上昇して成層圏に入り、射程は無限だと話し掛けられたと述べた。[*7] クリューヴェルとフォン・トーマの会話は、航空省の科学インテリジェンス部門の長であるR・V・ジョーンズに写しの一部が送られた。彼は自分の懸念を指揮系統の上層部に上げ、無用な警戒を生まぬよう、結果については調査が完了するまで公表しないという条件で調査を行うよう当局に要請した。この訴えがウィンストン・チャーチル直属の参謀長委員会議長にして国防相――国防省はチャーチルが自らのために創設した単独行動を行う省――のイズメイ将軍に届けられると、却下されてしまった。イズメイが主張するには、イギリスに対するロケット攻撃ほど重要な問題は厳密な科学分野から受け止めるべきであり、極めて広範な助言を求めうる単独調査官に委ねるべきであるとのことだった。イズメイは、危機の重大度を受け止めた参謀長らに支持された。彼は四月一五日にチャーチル宛てに次のような書簡を送った。「一九四二年末からこれまでに五件の報告を受け取ったという事実は、報告の詳細部分が不正確であるとはいえ、事実の根拠を示すものであります」。[*8] 参謀長らは、単独調査官にダンカン・サンズを充てるべきだと提案した。サンズはチャーチルの義理の息子で、負傷して陸軍高射砲部隊の唯一のロケット連隊を除隊した後に議員となり、この当時は兵器研究を担う軍需省の議会秘書を務めていた。チャーチルは直ちに承諾し――サンズは有能で精力的な人間として有名だった――サンズは四月二〇日に仕事を始めた。

この前日、ブレッチリーから遠くないバッキンガムシャーのメドメナムに位置する中央識別隊（CIU）は、航空省からの命令を受けていた。CIUは画像情報を分析する部隊であり、ドイツの秘密兵器計画の兆候に関し、発見できたものは何でも調査せよと指示されたのだった。最初の捜索域はフランス北西部内にされた。なぜなら、それらしい兵器で長距離砲、ロケット機あるいは「チューブから発射されるロケット」であれば、ロンドンの一三〇マイル〔約二一〇キロメートル〕以内の基地にあるはずと推測されたためである。ダンカン・サンズは素晴らしい洞察力を発揮し、捜索範囲をもっと広げたいと考えた。彼の主張はこうだった。つまり、対空ロケットを実験した経験からすると、ドイツが開発中の兵器はまず試射しなければならないはずであり、その場所は人口集中地域から十分に離れ、占領地域内でもなく、海に近いはずだということである。これらの制約条件が示すのは、そうした場所はドイツの短い海岸線上にあるということであり、すでにペーネミュンデの名がエージェントの報告で触れられている以上、それが近接写真偵察の目標としてふさわしいことは明らかだった。[*9]

ペーネミュンデ上空はこれまでにも英空軍の写真偵察（PR）機が飛んだことがあったが、一般的な敵地偵察の過程で飛行したまでであって、特定の偵察目標としてではなかった。今やここが注目を浴び始めた。ペーター・ヴェゲナーは後に、バルト海の美しい夏季期間中にモスキート機が頭上を頻繁に飛んだと自身のペーネミュンデ回想録に記している。彼は深く考えることなくそれを風景の一部として受け止め、危険はないと判断した。一九四三年のドイツの空は英米機でいっぱいになっていたが、そのほとんどはベルリンに向かっていたからである。[*10] 四月二一日、ペーネミュンデが入念に撮影され、多くの構造物が識別されたが、それは後に分かったように誤っていた。撮影は五月一四日と六月一二日にも行われ、またも誤って識別された。これらの証拠はロケットそのものを明示していると解釈されたのは、ようやく六月二三日になってからだった。写真分析官に罪はなかったかもしれない。彼らが最初「物体」と呼んでいたものは、フィルム上ではわずか一・五ミリメートルしかなかったからである。混乱をもたらしたものも多かった。ペーネミュンデで開発されている報復兵器は一つではなく二つあること、すなわちロケットはもちろん飛行爆弾も開発されていることは、イギリスでは誰も知らなかった。また、国防の科学分野を担う機関は、優秀な職員同士の非常に個人的かつ深刻な対立によって分裂しており、中にはロケットが存在する可能性を否定する者もいたのだった。

報復兵器

原始的なロケットは数世紀も前から存在し、宇宙に達することができるような形態のものは数百年以上にわたって想像されていた。今日では巡航ミサイルと呼ばれる無人機が最初に考えられたのは第一次世界大戦の前であり、一九〇七年にはパルスジェット・エンジンにフランスの特許が認められ、これが一九四四年のドイツの飛行爆弾の動力部分になった。しかし、予見できたことは実現にはほど遠かった。それを実現するには二〇世紀初頭まで待たなければならなかった。一九二六年、アメリカ人のロバート・ハッチングス・ゴダードは初の液体推進ロケットを打ち上げたが、これは性能的にはつつましいものだった。一方、同時代人のルーマニア系ドイツ人ヘルマン・オーベルトはロケット推進理論を発展させ、実践よりも著作による業績が大きかったとはいえ、若きドイツ人ヴェルンヘア・フォン・ブラウンに多大な影響を与えた。今日では大気圏外ロケットの父として世界的に認知されているフォン・ブラウンは、ひた向きな情熱によってヴァルター・ドルンベルガーの目を引いた。ドルンベルガーも一事に熱狂するタイプであり、ロケット開発のための資金をドイツ陸軍から得ることに成功していた。ドイツの再軍備が最盛期にあったヒトラー時代の初期に、フォン・ブラウンとドルンベルガーはドイツのロケット計画に着手し、ペーネミュンデに拠点を置いた。フォン・ブラウンは頭脳を駆使し、ドルンベルガーは実行力を発揮した。第一次世界大戦中に砲兵将校だったドルンベルガーは後に科学者として養成され、その大学時代に、重砲の保有を禁じたヴェルサイユ条約の制約を回避する手段をロケットに見出していたのだった。彼はこの考えの価値を上官に納得させ、その目的のためにドイツの国防予算から捻出した二五〇〇万ポンド（現在の価値で四〇〇〇万ドル）を一九三六年からペーネミュンデに支払うようにさせたのである。[*11]

ペーネミュンデは陸軍の施設として始まった。A4（V2号）とその後継ロケットは重砲に相当するものとして考えられたため、陸軍の砲兵科が指揮・運用することになった。しかし、一九三九年から四一年にかけ、対ポーランド戦を始めとして対フランス戦、対オランダ戦、そして対ロシア戦の緒戦において快勝したため、ヒトラーと将軍連はロケットに対する関心を失った。それが再注目されたのは、一九四二年のリューベック空襲を始めとして、ドイツの諸都市に対する英空軍の攻撃の効果が発端となったからにすぎない。ペーネミュンデへの予算は増額され、総統の支持を取りつけるには無人飛行兵器の開発が一番だと承知していたルフトヴァッフェは、陸軍並みの開発を独自で行うことを模索していた。アルグス社は安価で粗末な巡航ミサイルの設計に取り組んでいたが、最終的に契約はフィーゼラー社に回された。同社は、神出鬼没の偵察・連絡機フィーゼラー『シュトルヒ（コウノトリ）』を代表例とする軽飛行機の生産を行っていた。巡航ミサイルの最初の型が飛んだのは一九四二年末のことである。[*12]

フィーゼラー飛行爆弾は歴史上、V1号あるいは飛行爆弾と呼ばれるが、当初はFZG76（FZGは暗号名Flakzielgerät＝対空目標装置の略）として知られ、後にイギリス側の混乱によってFi103あるいはPhi103と称された。これは航空機の中でも最も単純なものだった。胴体はシリンダー状で、機首には着発信管によって爆発する一トンの炸薬を詰めた弾頭が装着されていた。二つの短翼は発射地点で取り付けられた。機尾には尾翼部品の上にパルスジェットの筒が据え付けられ、燃料の低品位ガソリンは内蔵タンクから供給された。注入された燃料はシャッターシステムによって燃焼し、これが規則的に爆発することによって時速四〇〇マイル〔約六五〇キロメートル〕以上のスピードが出せた。その音は特徴的な低音で、すぐに恐れられるようになった。射程は一五〇マイル〔約二四〇キロメートル〕から二〇〇マイル〔約三二〇キロメートル〕だった。単純な燃料供給遮断システムにより、選定した地点で燃料の供給が停止し、これによって機体は地表に向かって垂直降下した。機体は過酸化水素と過マンガン酸塩の反応によって傾斜台（イギリス側の当初の呼称はカタパルト）から押し出されたか、あるいは希に母機の下に取り付けられ、そこから空中発射された。信頼性があって安価であり、価格は一九四四年の価値にして一五〇ポンドだった。

もしこれに優先権が与えられ、一九四三年中に大量生産されていれば、ロンドンその他のイギリス南部都市は間違いなく甚大な被害を受けていたことであろう。また、イギリス南部諸港での船積みを大混乱に陥らせ、英仏海峡を横断する一九四四年六月の侵攻作戦の発動を頓挫させたか、防いだかもしれない。飛行爆弾を運用するために編成された陸軍第LXV軍団が策定した当初の計画では、一九四四年一月に一四〇〇機を生産し、四月までに三二〇〇機、五月までに四〇〇〇機、九月までに最大八〇〇〇機を生産することになっていた。これが達成され、配備が順調に行われていれば、ロンドンは一〇〇〇機の爆撃機による空襲を四日に一度受けるのと同様の被害を受けることになったであろうし、戦略爆撃の最盛期にドイツの諸都市が受けた被害よりも、はるかに大きな被害を受けたことだろう。

生産は予定どおりには進まなかった。しかし、Ａ４（Ｖ２号）計画が秘密兵器開発の労力全体から極めて多大な労力を転用することがなければ、それは実現していたかもしれない。Ｖ１号が安価だったのに対し、Ａ４は高価だった（一九四四年の価値にして約一万二〇〇〇ポンド）。また、Ｖ１号が単純だったのに対し、Ａ４は複雑だった。一九四二年一〇月三日に試作型が飛行に成功した後ですら、四号機を試射するだけでも、信頼できる性能に達するまでに六万五〇〇〇カ所の改良を個々に行わなければならなかった。誘導システムの故障やロケット自体の崩壊など、あらゆる類いの不具合が生じた。しかし、改良に数カ月を要した最も根深い欠陥は、燃料の爆発だった。打ち上げ直後どころか発射台で爆発したこともあった。この場合、原因をかなり早急に評価しうる証拠が残ったが、ほとんどの爆発は試射場から数十マイルも離れた飛行中に生じ、残骸が遠く広範囲に散らばったか海中に没したため、フォン・ブラウンとそのチームにとっては問題を特定するのが非常に困難となった。

真の問題は、フォン・ブラウンが後のあらゆる大気圏外ミサイルの試作機を設計しようとしていたことだった。これらは文字どおり月ロケットの原型となるものであり、それがＡ４だった。一方フィーゼラー社は、飛行爆弾が現代の巡航ミサイルの原型になったとはいえ、単に安価で単純な無人飛行機を製造するのみだった。飛行爆弾は決定兵器になりうるものだったが、Ａ４では絶対に無理だった。Ａ４は完璧な状態ですら、あまりに複雑で、あまりに高価で、あまりに大量生産が困難であり、しかも決定的な戦果を達成するには運搬する弾頭があまりに小さすぎた。ドイツにとって不幸だったのは、ヒトラーがＡ４に熱中していたことだった。その結果、飛行爆弾に優先権を与えるか、Ｖ１号とＶ２号の計画を別個に進めるよう命令するどころか、それらを同時に進めるよう許可したのであり、そのために両者が競合するようになったのである。この競争は、V2号とV1号にそれぞれ関与している陸軍と空軍が別個の利害を有していることによって、有害なレベルまで高まったのだった。アルベルト・シュペーアは、V2号が特に通常型航空機の建造計画に必要とされる貴重な資源を浪費していることを正しく認識していた。したがって、V2号の開発計画を縮小もしくは停止することもできたであろう。しかし、そうすることは総統と、最終的にはヒムラーとSSに背くことになった。SSは、ドイツの戦争努力を支配するという目標を追求すべく、V2号計画の管轄権を獲得しようと目論んでいたのである。

最初の試射が成功してからの二年間、研究作業は秘密裏に進められ、フォン・ブラウンが頭脳の産物を完成させるべく奮闘していた一方、イギリスは断片的な生情報を受け取る中で、それらを一つの網羅的情報に組み上げ、自らに脅威となるその兵器の特性について徐々に認識するようになっていった。彼らが長らくまごついたのも驚くに当たらない。V2号は真に革命的な兵器だった。長距離ロケットに欠かせないと考えられていた精巧な発射システムはまったく必要なかった。また、回転せずに安定できた。これは、長距離ロケットであれば不可能と考えられていたことだった。さらに、自動誘導装置を内蔵していたが、これも不可能と考えられていた。中でも特筆すべきは、固体燃料ではなく液体燃料で推進することだった。当時の考えでは、必要な推力を生むことができるのは固体燃料だけだった。しかもV2号は一段式だった。これも当時の考えでは、発射時の低速から弾道飛行に移行するための高速を達成するには二段式、つまり二分式のロケットであることが必須だった。

最終的なV2号の形状は円筒形で、四枚のフィンが据え付けられた尾部は先細りになっており、先端部は鋭く尖っていた。発射位置での全長は五〇フィート〔約一五メートル〕、直径は六フィート〔約一・八メートル〕、重量は二万八五五七ポンド〔約八七〇〇キログラム〕で、そのうち一六二〇ポンド〔約五〇〇キログラム〕がアマトール爆薬からなる弾頭であり、九五六五ポンド〔約二九〇〇キログラム〕が推進剤の液体酸素と濃度七五パーセントのエチルアルコールだった。

発射に際しては、過酸化水素の分解によって駆動するタービンポンプが推進剤を燃焼室に注入し、そこで点火した。酸素とアルコールは別々に注入され、アルコールは燃焼室を冷却する機能も果たした。点火爆発は二度あった。最初の爆発はモーターを始動させるものだった。モーターがスムーズに作動するようになったところで次の爆発を起こし、これがロケットを発射台から持ち上げた。誘導は、最初はジェット流の内部で機能する四枚の小さなグラファイト製フィンによってなされ、後に四枚の外部フィンによってなされた。ともにジャイロスコープで制御され、ジャイロスコープがサーボモーターを操作し、さらにサーボモーターがこれら動翼を動かした。もう一つの別の装置は、ロケットが然るべき高度に達したときに水平飛行に入るようにロケットの機体を傾け、また別の装置――当初は地上からの無線信号、後に速度計測を行う内蔵機器――は、落下予定点でモーターを止めた。速度は最終的に音速の四倍に達し、目標――その場所は大まかにしか予測できなかった――に前触れなく着弾した。[*13]

軍事的に言えば、V2号最大の特徴はマイラーヴァーゲンと呼ばれた発射台だった。これは製造企業にちなんだ名称である。マイラーヴァーゲンは今日なら運搬起立機と呼ばれる牽引式の架台であり、V2号を垂直に立てることができた。排気ジェットノズルの下には、推力を受け止める小型の円錐形の発射台が置かれた。これらは単純、能率的かつ安価で、しかもまったく目立たないものであり、だからこそインテリジェンス調査に従事したイギリスの科学者を、何カ月間も惑わせたのである。彼らは当初、大気圏外ロケットは巨大なチューブから回転させながら発射しなければならないか、あるいは多段式で規模の大きな固定発射台が必要だと考えていた。彼らはいずれにせよ、そのロケットが多段式だとしても、少なくとも第一段目の推進剤は固体燃料だと考えていた。液体燃料を使っている可能性を認めた者はほとんどいなかった。液体燃料は小型の短距離ロケットにしか適さないと考えられていたからである。しかも、マイラーヴァーゲンのようなものを最初に思いついた者は誰一人としていなかった。それでもやはり、彼らに罪はないのかもしれない。マイラーヴァーゲンはV2号と同様、革命的な着想だったのであり、その末裔が冷戦期の米ソの中距離弾道ミサイルに戦略的脅威を付与することになったのである。

V兵器をめぐる論争

一九四三年劈頭になると、イギリスではドイツの秘密兵器開発に関する十分な証拠が蓄積され、無人飛行兵器——あるいはほかの形態の長距離攻撃——の危険性に対して責を負ういくつかの当局、あるいは当局者の注意を喚起した。それらには次の人物・機関が含まれた。まず、航空省のほかに秘密情報部（MI6）にも助言していたR・V・ジョーンズ。彼は一九四〇年のドイツによるロンドン大空襲の期間中に、ドイツ空軍の無線誘導システムの「信号電波を遮断した男」としてチャーチルの贔屓にあずかっていた。次に陸軍の科学顧問であるC・D・エリス教授。第三に、アルベルト・シュペーアのドイツ軍需省に相当する英軍需省で飛翔体開発を監督していたA・D・クリュー博士。第四に、チャーチル専属の軍参謀将校であるイズメイ将軍。第五に合同情報小委員会。これはMI6とMI5（国内治安機関）のみならず、チャーチルの海外破壊工作機関である特殊作戦執行部（SOE）の活動をも調整する機関だった。最後に、政府の科学諮問委員会である。関与する人物や組織があまりに多かったのは疑いない。しかし、科学技術の奥義に通じた極めて重要な専門家が二人いた。一人はチャーチル専属の科学顧問を長らく務めていた主計総監のチャーウェル卿（F・A・リンデマン教授のこと）であり、もう一人はボディライン委員会と呼ばれるようになった組織の議長を四月二〇日から務めていたダンカン・サンズだった。この委員会は後にクロスボー委員会と称され、秘密兵器の脅威に関する調査に全般的な責を負った。

チャーチルは、「創造的な緊張」が効率的行政の原則だと信じており、公僕の競争心を煽ることによって、問題に対する調査力と、極めて鋭敏で批判的な対応力を発揮させることができると考えていた。この原則は、関与する人員が正常な人格を有している限りにおいて理にかなったものだった。サンズとチャーウェルの人格には正常なところなどまったくなく、彼らと権力者との関係も正常ではなかった。若くて野心的な政治家であるサンズは嫌味な性格で、首相に対しては自分の親に接するような独占的な感情を抱いていた。抜群の知性を備えた裕福な独身科学者であるチャーウェルも、チャーチルを独占しようという感情を抱いていた。イギリスにいても心休まることが決してなかった彼は、王立協会フェローにしてオックスフォード大学教授でデボンに居住していたが、ドイツ出身で教育もそこで受けたため、イギリスに対して愛国心を燃やしていたにもかかわらず、よそ者であるという感覚を払拭することができなかったようである。彼はチャーチルの「荒野の歳月」の期間中にも首相を慕っており、個人的にへつらうことによって、科学的な問題に関してはチャーチルが自分を通じて助言を受けるよう、媒体としての自らの地位を周到に守ったのだった。[*14] サンズが秘密兵器委員会の議長に任ぜられたことは、チャーウェルの心を深く傷つけた。周囲で見ていた者には――控え目にも彼は間違いなく異性愛者だったが――その屈辱に対して彼が女のような怒りに震えていたのが分かったという。残念な結果になったのは、ナチドイツが実際に長距離ロケットを開発しているという考えをサンズが早い段階で支持したため、チャーウェルが幅広い科学知識をなりふり構わず総動員してその考えを罵倒したことだった。液体燃料など手に負えないし、正常に機能するのは固体燃料ロケットだけであり、そのためには巨大な多段式でなければならず、発射場は隠せないほど大きいから、そんなものは信用ならない外国エージェントの頭の中にだけ存在するものだ、と。彼はいろいろと考えた上での助言にどうしても一言加えたくなり、そんな考えは「ありもしない大発見だ」と主張したのだった。[*15]

したがって、秘密兵器に関する情報収集計画は、英空軍の写真情報収集機が初めてペーネミュンデ上空を飛んだ一九四三年四月から、無人飛行兵器（ロケットではない飛行爆弾）が初めてイギリスの地に到達した一九四四年六月一三日までの間、ことあるごとに混乱したのだった。チャーウェルの名誉のために言えば、彼が巡航ミサイル（飛行爆弾）の実現可能性を退けたことは一度もなかった。それどころか、もし無人飛行兵器というものがあるとするなら、おそらく巡航ミサイルという形態を取るだろうと主張した。それにもかかわらずイギリスが誤解し、内部で意見が割れたのは、Ｖ１号に関するエージェント報告の方が後になってもたらされた一方、ロケットに関する証拠の方が、いかに漠然として間違ったものであったにせよ、早く大量にもたらされたためだった。ドイツの秘密兵器計画の致命的弱点は、多種を少量だけ試そうとしたことであり、多段式長距離砲（「高圧ポンプ」）とロケット推進対空ミサイル『ヴァッサーファル』（「滝」の意）にも労力が注ぎ込まれていたが、むしろこれによってイギリスの混乱はさらに増大したのである。インテリジェンスで反撃しようとしたイギリスの弱点は、ロケットや巡航ミサイル技術に関する実践的知識が欠けていたことに加え、自分たちが特定しようとしているものが何なのかについて理解しようとしたものの、その試みが不明確だったことだった。一九四三年四月、五月、六月、七月には、非常に多くの情報がエージェントや捕虜の尋問、空中写真からもたらされ、骨の折れる分析が必要になったが、それらは多様性と不正確性において、脅威の性格について理知的な立場を取った者にも、その実現性を否定した者にも、何かしらをもたらしたのだった。

それに貢献した一人が、捕虜になったドイツの戦車技術将校だった。この人物はあまりに熱心に尋問官に協力したためにイギリスの公務員に任官され、「ヘルベルト氏」として軍需省に配置された。彼は尋ねられたことについては何でも生情報を有しており、最終的にはドイツの秘密兵器計画もその中に含まれた。本人によると、チューブまたは傾斜台から発射される重量一〇〇トンの飛翔体の開発に携わったことがあるという。四月に捕虜になったドイツ空軍実験部隊の上級将校は、上官のロヴェール大佐がヒトラーからベルヒテスガーデンに呼び出され、その目的は来たる夏にロケットとジェット機で行う対英爆撃について検討することだったと供述した。再尋問された「ヘルベルト氏」は、六〇トン級ロケットの発射を目撃したことを思い出したほか、二五トン級の別のロケットについても間接的に知っていた。彼はアスカニア社とペーネミュンデの関与や、ほかの状況証拠についても語り、後にそれら全てが正しいことが証明された。[*16] 六月一日から五日にかけ、四件の報告がロンドンにもたらされ、さまざまな点で手持ちの生情報が裏づけられた。これらには、空軍の実験場であるレヒリンと、ペーネミュンデがあるウーゼドム島についての言及があり、ペーネミュンデは空軍の施設ではなく、陸軍の施設であると記述されていた（ロケットは陸軍の兵器であったため、この記述は重要である）。さらに、最後の報告には、「第Ⅶ試射場」から全長五〇フィート〔約一五メートル〕から六〇フィート〔約一八メートル〕のロケット三基が打ち上げられたとあった。この大規模試験場はペーネミュンデの空中写真にもはっきりと写っていたが、分析官の頭を悩ませてきたものだった。これに言及したことは紛らわしかった。なぜなら、ロケットは開けた場所に配置された運搬起立機から発射されたからである。とはいえ、この報告はペーネミュンデに関心を持つべきと力説しているようではあった。

雑多な生情報の寄せ集めは、イギリスの調査担当者それぞれの考えを単に固めるのに役立っただけであり、誤解を解くものではなかった。ダンカン・サンズは、ドイツがロケットを開発していることを完全に確信していた。R・V・ジョーンズには確信がなかったが、先入観もなかった。チャーウェル卿は、ロケットは技術的に実現不能だと頑として信じ切っていた。その主張は極めて理にかなっていた。つまり、離昇には莫大な推力が必要とされ、そのような推力を生み出せるのは巨大なロケットに内蔵された膨大な量の固体燃料だけであり、大型ロケットは「大砲のような筒」もしくは大型傾斜台のような目立つ発射台を必要とするが、そのような構造物は発見されておらず、したがってロケットは存在しない、というわけだった。彼は、ロケットの排ガス流は制御不能であり、それゆえに誘導できないということを理由に、ドイツが液体燃料を使っている可能性を退けたのである。おそらく、ゴダードの戦前のアメリカにおける実験を研究しておらず、イギリスのイサーク・ルーベックがシェル・ペトロリウムのために行った最新の実験についても知らなかったようだ。チャーウェルは自分の見解と矛盾する証拠が明白になるまで、それに固執したのだった。

その間にも、ペーネミュンデの「円柱状」あるいは「魚雷状」の物体に関する偵察写真は蓄積していた。これらの寸法は識別作業によって、「全長三八フィート〔約一一メートル〕」、「直径」八フィート〔約二・五メートル〕」、「全長四〇フィート〔約一二メートル〕」、最大径四フィート〔約一・二メートル〕」、「全長は三五フィート〔約一〇メートル〕で、先端は尖っていない」（今のわれわれにしてみれば、弾頭が付けられていない状態だということが分かる）、「円柱は一方の端が先細りになっており、もう一方の端には半円形のフィンが三枚取り付けられている」ことが分かった。六月二三日、写真偵察隊は二つの「魚雷状」物体をフィルムに収めてきた。双方ともに全長三八フィート、直径六フィート〔約一・八メートル〕で、三枚のフィンがあった。これらの写真はペーネミュンデの脅威に関する討論を進める上で、極めて重要であることが判明した。*17

サンズは六月二八日、この証拠を報告にまとめた。「ドイツの長距離ロケットがかなり進歩した開発段階に達していることに疑いの余地はない。（中略）ペーネミュンデでは試射が頻繁に行われている」。捕虜とエージェントの報告によると、射程は一三〇マイル〔約二一〇キロメートル〕であり、そのためロンドンに最も近いフランス北部のパ・ド・カレーから発射されることが見込まれた。かねてから怪しい作業――実際は大型コンクリートブンカーの建設――がヴィッサンで探知されていたところだった。しかし、サンズの報告はロケットの重量が六〇トンから一〇〇トンの間、弾頭は一〇トンまでと、相変わらずあまりに過大に見積もっており、しかも固体燃料を使うという提言に依然として基づいていた。

評価の大部分が正しかったことからすれば、この点は残念だった。なぜなら、誤評価が続いたことで、そんな巨大なロケットはあるはずがないというチャーウェルの見解が説得力を持ってしまったからである。六月二九日、ホワイトホール所在のチャーチルの地下指令センターで、内閣国防委員会（作戦担当）が開催された。これにはサンズとチャーウェルのほか、ジョーンズ、各参謀長、首相も同席した。会議はペーネミュンデに関する最新の写真説明から始まり、これはロケットの存在を示す決定的証拠だとサンズが述べた。チャーウェルは再び技術的な疑義を呈してこれに応じ、観測されたこれらの証拠は囮かもしれないと戒めた上で、秘密兵器があるとすればおそらく無人飛行機だと示唆し、意見を締めくくった。チャーチルからコメントを求められたジョーンズは、サンズの側に付くことにし、チャーウェルを当惑させた。ジョーンズはこのときまで本当にロケットの存在を疑っていた。それは、彼がオックスフォード大学の門下生の一人としてチャーウェルに敬意を払っていたことにもよった。それが今やロケットは存在すると確信していると宣言したのである。チャーウェルは最後に、もしそうであるなら、バルト水域にいるスウェーデン漁民などが発射時の「閃光」を見ているはずだと反論した。そのような「閃光」の報告は何一つとしてないのだから、ロケットなどありえないというわけだった。しかし、彼の反論は、発射速度が達せられるのは大量のコルダイト爆薬が爆発したときのみだという凝り固まった信念に依拠していた。委員会は、ドイツが液体燃料を使う難問を克服したのか否かの問題については討議しないこととした。その代わり、ロケットが存在する可能性を認め、次の三点の決定を行った。すなわち、ロンドンの一三〇マイル以内に位置する北部フランス地域の調査をあらゆる方法で継続し、これを一段と活発に行うこと、同地域のロケット発射場を発見した場合は直ちにこれを攻撃すること、そしてペーネミュンデを爆撃すること、である。

ペーネミュンデ空爆は一九四三年八月一七日から一八日にかけての夜に実施された。これを行ったのは英空軍の重爆撃機であるスターリング、ハリファックス、ランカスター四三三機であり、その一方、モスキート八機がベルリンに対して牽制攻撃を行った。これ以前の日中には、米第8航空軍が南ドイツのシュヴァインフルトを爆撃していた。ドイツ軍は警戒態勢にあった――彼らが解読した低レベルのイギリス軍コードにより、夜間空襲が行われることが判明した――が、目標は別の北部都市ブレーメンかベルリンだろうと予想していた。空は快晴だったが、ペーネミュンデ自体の上空には雲がかかっており、いくぶん不明瞭だった。雲によってイギリス軍の爆撃散布帯が部分的に乱れるだろうと考えられた。モスキートがベルリン途上のデンマーク上空でレーダー攪乱用の金属箔を投下すれば、ドイツ夜間戦闘機の防御が攪乱される可能性があった。

午前零時を回った直後、英空軍のパスファインダー爆撃部隊がペーネミュンデに目標標示弾を投下し始めた。目標からそれたものもあったため、照準点が南に移動してしまい、試射場から島端にずれてしまった。標示弾がそれた結果、外国人労働者の収容施設を重爆撃してしまい、数百人が死亡した。それでも、研究施設やロケット工場、科学者の住宅団地に多数が命中し、約一二〇人の科学・技術スタッフを殺害した。この後、技術関連施設のいくつかをバイエルンのコッヘルに移動させる決定がなされ――移動した科学者の中にはペーター・ヴェゲナーもいた――、A4(V2号)の製造施設はノルトハウゼンのハルツ山脈に新たにできた地下中央工場に移された。同地の施設は外国人労働者によって大部分が建造、運営されることになっていたが、ペーネミュンデの収容施設が破壊されたことにより、秘密兵器の情報をロンドンにもたらしてくれたおそらくほぼ全ての外国人労働者――数人はルクセンブルク人――が死亡したばかりか、イギリスの情報機関と連絡が取れるような比較的自由な状況にも終止符が打たれたのだった。とはいえ、A4に関する情報が完全に途絶えたわけではなかった。試射場はブーク川とヴィスワ川の合流点にあるポーランド南部の辺ぴな村ブリズナに移されたが、ポーランド人エージェントはクロスボー委員会が無人飛行兵器の開発を追っていることを知っていたので、同委員会にその後の数カ月にわたって報告を続け、生情報をもたらしたのである。[*18]

連合軍はその間、「長距離砲」に関する報告と、パ・ド・カレーとシェルブール半島の両方に見られる奇妙な建造物が敵の秘密兵器開発と関係があるのではないかという提議に不安になったため、八月二七日にパ・ド・カレーのウトン所在の人目を引くコンクリート製ビルを攻撃することにした。これは米陸軍航空軍（USAAF）にほぼ完全に破壊された。後に、これは発射施設ではなく、ロケットの格納庫だと判明した。ほかの施設としては、シラクールのブンカーとミモイェックの「高圧ポンプ砲」の砲座があった。これらは後に一九四四年の精密爆撃によって破壊されることになる。

飛行爆弾の識別

A4（V2号）の試射場と製造工場がバルト海沿岸からブリズナとハルツ山脈に移されたとはいえ、ペーネミュンデの秘密兵器開発が終わったわけではなかった。ペーネミュンデ西の飛行爆弾（FZG76あるいはFi103）用施設は、八月一七日から一八日にかけて行われた爆撃でも無傷だった。無人飛行機の実験は続き、一九四三年の後半から一九四四年春にかけ、中立国のスウェーデン人や交戦国のデンマーク人、ポーランド人によって収集された情報データが今まで以上にロンドンに届くようになった。それも当然だった。飛行爆弾はロケットとは違うからである。ロケットは打ち上げを隠蔽することができ、超音速で飛行し、着弾で分解してしまうが、飛行爆弾は存在の証拠をあまりに多く残してしまう。亜音速で低空を飛び、はっきり見えるジェット炎をエンジンから排出し、エンジンの鼓動は断続的であり（それゆえ、一九四四年六月一三日以降これがロンドンを爆撃し始めると、住民からは「ドゥードル・バグ」と呼ばれるようになった）、上空を通過するバルト海諸国では広く注目の的になった上、しばしばポーランドで飛行を終えることもあった。終末速度が遅かったため、弾頭が装着されていない場合は着弾点に多くの証拠を残す傾向にあった。実際に「有翼爆弾」に関する詳細な第一報は、パリ地区のポーランド情報網からもたらされた。第一次世界大戦後、もともと炭坑夫として働くために多くのポーランド人がフランスに定住した[19]。その中で、ポーランドからそうした情報を聞き及んだ者がそれを一九四三年四月にロンドンにもたらしたのである。六月二三日、ＳＩＳ（ＭＩ６）はペーネミュンデで雇われているルクセンブルク人から別の報告を受けた。それによると、「葉巻状のミサイルが立方体の装置から発射されており、射程は一五〇キロメートルは確実で、二五〇キロメートルの可能性もある」とのことだった。その一週間か二週間後、ＳＩＳは無人飛行機の発射を描いた「非常に汚いボロボロになった平面見取図」をスイス経由で前述のルクセンブルク人から受け取った。この人物はペーネミュンデ労働収容所を辛くも脱出していたものである（したがって、おそらく命は助かったものと思われる）[20]。ＳＩＳは後にスイス支部に対し、この見取図は「ペーネミュンデで何が進行しているかを解明する上で、計り知れないほど貴重なものだった」と通知した[21]。

占領下のヨーロッパから発せられたこれら三件の報告が、非イギリス系情報源からもたらされたという点は重大である。ヒンズリーの網羅的な著作の中で、最も特筆すべき新事実の一つが第二巻一二五ページの八行目に出てくる。そこにはこうある。「たとえドイツ国内にエージェントを維持することが可能だったとしても……」。これは驚愕すべき告白である。なぜなら、イギリスは由緒ある秘密情報部（ＳＩＳあるいはＭＩ６）と、設立まもない特殊作戦執行部（ＳＯＥ、破壊工作とともに情報収集も担った）という二大対外情報機関を大戦中に擁していたにもかかわらず、直接雇ったエージェントはドイツ国内には一人もいなかったということを意味するからである。人的情報（ヒューミント）は、ごくわずかなドイツ人、あるいはドイツ国内で働いているか移動できる外国人、特にポーランド人とチェコスロヴァキア人からももたらされていた。チェコスロヴァキアとポーランドはそれぞれ一九三八年と一九三九年に占領されたにもかかわらず、イギリスの亡命政府を通じてナチ占領下のヨーロッパ内で情報機関を維持することができたのであり、生情報を収集し、クーリエを運営し、そしてロンドンに伝達することができたのである。イギリスにはそれができなかった。ドイツ国内のイギリス諜報網は、一九三九年一一月九日にオランダ・ドイツ国境で二人のSIS職員がドイツの罠にはまって大失態を演じたヴェンロ事件以降、窮地に立たされた。それは、一九三八年に併合されたオーストリアでも同様だった。さらに、オランダにおける諜報網は早くも一九三五年にはドイツ情報機関に浸透され、情報が漏洩していた。[*22] かくして、奇妙な逆転関係により、イギリスは政治的に非力なチェコスロヴァキアとポーランドの両ロンドン亡命政府の情報クライアントになったのであり、これら二国が収集できるヒューミントはもちろんのこと、ヨーロッパ内の特定種の重要な通信信号についても両国に依存することになったのだった。SISがドイツ陸軍兵器局(ヴァッフェンアムト)内にドイツ人とおぼしき接点を一つ有していたことは確かである。これはおそらく無自覚の内通者であり、同人からの生情報のいくらかはスイス経由でロンドンに送られた。[*23] スコットランドと直接的な海上連絡を維持することができたノルウェー人からはもっと直接的に情報が得られ、デンマーク人とオランダ人からも同様だった。だが、オランダにおけるSOE網はドイツのアプヴェアに深く浸透されていた。北欧からの信頼できる定期的な海外情報は、ストックホルムのイギリス大使館を経由してもたらされるものだけだったが、そうなったのは戦争も後半になってからだった。それよりも前の段階では、スウェーデンは第一次世界大戦中もそうだったように、明らかにドイツ寄りだった。

それでも、ヒューミントはV兵器の識別において、イギリスがドイツに対して行った情報戦のほかのいかなる分野におけるよりも大きな役割を演じたのである。それは、特に飛行爆弾という関心対象が本来的に見えやすかったほか、ドイツが外国人労働者に依存していた結果でもあった。それら労働者は好奇心が強く、観察力に富み、しかも連合国を支持していたのであり、時に勇気を振り絞ってそうしたのだった。今日なら「国家技術手段」と称されるであろうもの——当時の形態では写真偵察——も、非常に重要な役割を果たしたのであり、わずかながらも大きく貢献したのが、またもエニグマだった。ドイツ空軍の信号保全は惨めなほどに貧弱だったため、ブレッチリーは秘密兵器の飛翔状況を監視する専門連隊の送信を解読することができたのである。

一九四三年七月からは、もたらされる情報に無人飛行機に関する言及がいよいよ多くなり始め、ロケットと飛行爆弾が同時に開発されていることをロンドンも認めざるをえなくなった。七月二五日付の一大使館からの報告にもそのことが明記してあった。[*24] 八月になると、「無線操縦爆弾」と「カタパルト」を管理することになっている第155（W）連隊という空軍の新たな部隊が、ヴァハテル大佐のもとにフランスに展開する予定との報告が多数もたらされた。第155（W）連隊が飛行爆弾を運用する部隊であることは後に判明することになる。八月二七日、飛行爆弾に関する不明瞭な写真数葉が、駐ストックホルム英国大使館付武官からロンドンに転送された。それはバルト海のボーンホルム島に落下したもので、正体が不明だった。この武官は伝聞として、それが「カタパルト」から発射されること、エンジンはベルリンのアルグス社が製造していることを付記した。この生情報は双方ともに真実だった。

その頃、イギリスでは「ロケット」をめぐる高レベルの論争が続いており、チャーウェル卿は以前と同様、その実現可能性に対する反証を挙げようとしていた。しかし、懸念の対象は「無人飛行機」の報告に移りつつあった。それも無理はなかった。なぜなら、情報評価によっても現実としても、それがイギリスの領土に最初に着弾する秘密兵器であるおそれがあったからである。六月二三日に撮影されたペーネミュンデの写真には、小型の無尾翼機が四機、飛行場にあるのが写っていた。これらはロケット推進戦闘機Me163（イギリス側の名称はP30）の試作機であることが後に判明したが、懸念は払拭されなかった。八月二七日、ドイツ陸軍兵器局のSIS接点からもたらされた報告により、ドイツが飛行爆弾を開発していることを関係者全員が認めるに至った。[*25] その特徴や、それがもたらす脅威、効果的対策についての議論が後に残された。

　飛行爆弾の存在を示す証拠が今や増加し始めた。その最初がブレッチリーからのものだった。九月七日と一四日のエニグマの内容は、無人飛行機に言及しているものと解釈された。それまでに分かっていたことは、ドイツ空軍の実験信号連隊第14中隊の二つの分隊がペーネミュンデ近くの場所でテスト飛行を監視していることだった。二つの分隊のうち、一つは第155連隊（W）の指揮官の名にちなんでヴァハテルグループ、もう一つはインセクトグループと呼ばれていた。ブレッチリーに解読されたこれらの報告がロケットではなく無人飛行機に言及していることは明らかであり、速度は時速二一六マイル〔約三四八キロメートル〕から時速四二〇マイル〔約六七六キロメートル〕、射程は一二〇マイル〔約一九〇キロメートル〕、落下速度は四〇秒で六五〇〇フィート〔約二〇〇〇メートル〕と記されていた。[*26] ほどなくして、一一月一三日にペーネミュンデ上空で写真を撮影し、さらに七月と九月に撮影された別の写真を再検証したところ、小型飛行機の存在が確認された。それは翼長二〇フィート〔約六メートル〕で、ジェット推進するものだった。これはP30（すでに識別されていたMe163ロケット戦闘機）と区別するためP20と命名され、ドイツが開発していると長らく恐れられてきた飛行爆弾だと認められた。

　飛行爆弾の脅威の本質は、すでに他方面から明らかになり始めていた。英米がオーヴァーロード作戦の準備を加速する中で日々行われていた北フランス上空の写真偵察により、沿岸防衛とは明らかに無関係な建設作業が行われていることが判明した。SISとSOEエージェントからの報告も、謎の構造物への注意を引いた。一九四三年一一月末までに八二カ所が識別された。セーヌ・アンフェリウール県とパ・ド・カレー県の七五カ所と、シェルブール半島の九カ所である〔場所の数は原文ママ〕。これらは一五〇フィート〔約四五メートル〕の傾斜台の形状になっており、一方の末端が曲がり、ロンドンに向けて一直線に並べられていた。これらはその形から、「スキー場」と名づけられた。

　クロスボー委員会に参加していたサー・スタッフォード・クリップ航空機生産相は、今やこれらを連日爆撃するよう提案した。実際に爆撃が行われたのは、もっと後になってからだった。一〇月下旬から一一月初旬の段階でクリップ生産相が介入したことは、事態の好転にはつながらなかった。本質的問題に対する焦点が絞られるどころか、拡散してしまったからである。クリップは大変な切れ者だったが、法廷弁護士であり、科学者ではなかった。彼は一一月二日付の文書の中で、サンズ派とチャーウェル派――つまり、ドイツがロケットと飛行爆弾の両方を開発していると考えている派閥と、ロケットの実現可能性は否定するものの、飛行爆弾の存在可能性は認める用意のある派閥――の見解の相違を調停しようとした。クリップの証拠調査は綿密だったが、不幸にも結論において次の四つ――二つではなく――を考慮に入れるべきと提案したのだった。すなわち、優先順に（一）大型のＨＳ293（オスロレポートで触れられたグライダー爆弾で、ドイツ軍がイタリア戦艦『ローマ』を撃沈する際にすでに使用していた）、（二）無人飛行機、（三）Ａ４（Ｖ2号）よりも小型のロケット、（四）Ａ４、である。

クリップ報告の結論は奇抜ではあったものの、サンズの見解に注意を引き戻すという効果があった。特に注目されたのが、クリップが調査を始めたときにサンズがクリップに提出した覚書だった。サンズは、クリップその他が考えたのと同様に、「スキー場」はおそらくロケット発射場ではなく、飛行爆弾に関連するものと考えていた。航空省（飛行爆弾に関するインテリジェンスに責を負っていた）と、中央識別隊（航空写真を検証する）は、一一月末頃にはそうした見方になびいていた。その見解が確認されたのは一九四三年一二月一日の夜だった。ペーネミュンデで直近に撮影された写真を再検証したところ、一九四二年に建造されたことが分かっている傾斜台に「小さな十字形のものが、傾斜したレールの低い方の端にまさに置かれている――実際には、発射位置にある小型飛行機」であることが判明したのである。[*27]

論争はこの写真によって和らいだが、チャーウェルは別だった。ロケットの存在を相変わらず否定していた彼は、仮にドイツが無人飛行兵器を開発しているのであれば、それは飛行爆弾であるはずだという見解を長らく保持しており、この写真がその見解の正しさを証明したにもかかわらず、依然として屁理屈をこねていた。無人飛行兵器が〇・五トン超の弾頭を運搬することはないと否定したり、ドイツが一カ月間に六五〇〇個より多くの自動操縦装置を生産するとは思えないゆえに、ロンドンに発射される可能性のある数に関する評価は誇張されていると考えたりしたのである（実際には、V1号の誘導システムはもっと粗雑なものだった）。とはいえ、彼の発言はますます信用を失っていった。イギリス当局は、今や三件の飛行爆弾対策に専心していた。第一に、脅威の実体を最終的に明確化すること。第二に、「スキー場」を破壊すること。第三に、高射砲や戦闘機、阻塞気球その他、V1号を撃墜できるあらゆる手段をもって積極的な防衛態勢を構築すること。

技術的な評価は数カ月にわたって混乱した。なぜなら、飛行爆弾は大気圏外ロケットではないものの、ロケットで推進するのだろうと――とりわけチャーウェルが――思い込んでいたからである。さらに、混乱を長引かせたのは実のところブレッチリーの暗号解読文でもあった。ポーランドの試射場であるブリズナからの電文の傍受内容に、T剤、Z剤、E1とあったからである。ようやく明らかになってきたところによると、E1とは低級ガソリンのことで、V1号のパルスジェット・エンジンの燃料であり、T剤（過酸化水素）はその発射時に利用され、さらにZ剤（過マンガン酸ナトリウム）は、ブリズナから試射されているV2号のロケット燃料の一要素だった。これらの報告は、ブレッチリーがクィンスと名づけたドイツ空軍のキーを破ったことから、一九四四年二月から三月にかけて解読されたものだった。

重要な進歩を次にもたらしたのはヒューミントだった。在ロンドン海軍本部の海軍情報部は四月一六日、バルト海の貨物船長が三月一五日に二発の飛行爆弾（同船長によるとロケット飛翔体）が飛んだのを見たという内容の報告書をストックホルム駐在の海軍武官から受け取った。それらは一〇海里離れた海岸の施設から発射されたものであり、北緯五四度一〇分、東経一三度四六分（ペーネミュンデのわずかに東）で目撃されていた。大きさは小型戦闘機ほどで、迷彩を施した短翼を有し、「一分間におよそ三〇〇回の爆鳴を発するロケットチューブによって非常な高速で推進する」（時間計測は船長の時計による）。この海軍武官に送られた追加質問に対し、四月二四日に回答があった。それによると、胴体の上に別部品として円柱が取り付けられているほか、（誘導）ワイヤはなく、発する音は「爆発音が連なったものであり、絶え間ない爆音ではない」。この素晴らしくジョン・バカン的な観察は（リチャード・ハネーのファンなら、この船長が時計を使ったことを絶賛することだろう）、恐ろしいほどに正確であることが判明した。後に明らかになったように、「爆鳴」はパルスジェットのチューブに空気を入れるベネチアン・ブラインド式のシャッターの自動開閉によって発生するものだった。[*28]

この報告に対しては多くの頭脳が取り組んだに違いないが、秘密兵器インテリジェンスチームはこの時点では、愚鈍にもスウェーデン船長が見たものの本質を見抜くことができなかった。それ以上のことを暴くには、スウェーデンからのさらなる情報が必要だった。一九四四年五月末、スウェーデンに派遣されたイギリス人科学者に、飛行爆弾の残骸二機分を検証することが許された。一機はスウェーデン海軍によって海底から見つけ出されたもので、もう一機は五月一三日にスウェーデン領内に墜落したものだった。彼らは、墜落したもう二機の無人飛行機に関する生情報もスウェーデンから受け取った。それらは特徴点が一致した。それぞれが中翼の単葉機であり、翼長は一六フィート（約四・九メートル）、鋼鉄製で大量生産に適した設計となっており、低級ガソリンを使って「ラムジェット」を作動させるものだった。「ラムジェット」は一九四三年に「ヘルベルト氏」が予備尋問の中で言及したものであり、パルスジェットを表す用語である。誘導システムは方向舵一つと昇降舵二つからなり、制御は三つのジャイロスコープによってなされ、そのうちの一つはコンパスに従って機能した。「無線装置はないようだった」。この説明は正確だった。飛行爆弾の誘導システムは極めて大雑把なものだった。いったん離陸すると、予測針路と高度を飛び、事前に設定された距離で燃料を切ることによってエンジンが停止し、地上に落下する。この生情報が航空省に送られた六月八日以降、飛行爆弾に関する重要な特徴が全てロンドンに知られるところとなった。だが、針路からそれたこれら飛行ミサイルには弾頭が付けられていなかったため、運搬できる爆発物の重量だけは不明だった。それはすぐに判明するところとなった。六月一三日、初のV1号がロンドンに落ち、イーストエンドの鉄道橋を破壊した。弾頭重量は一トンと算定された。

飛行爆弾が到達したのは、発射場を破壊するための連合国空軍の努力が不足していたからではなかった。「スキー場」が初めて入念に撮影されたのは、あるフランス人エージェントが、雇用主の土建業者が正体不明の構造物を八カ所に建造していると報告した後の一九四三年一一月三日のことだった。それ以前に撮影した写真を再検証し、一一月三日以降に撮影した写真を分析したところ、そうした構造物が北フランスの九五カ所に存在することが判明し、一一月末頃には、それらがペーネミュンデの正体不明の構造物の一つに似ていることが明らかになっていた。一二月一日、その「小型機」がペーネミュンデのまさにその構造物の上にあるのが、写真分析官によって発見された。これ以降、「スキー場」が何であるかは明らかであり、それらを破壊すべきであることも明らかだった。爆撃軍団のハリス元帥も米第8航空軍のスパーツ将軍も、ドイツ諸都市に対する戦略爆撃攻勢から戦力を転用することを好まなかったが、彼らよりも高位の当局者は破壊を主張した。一九四三年のクリスマス前日、六七二機の『空飛ぶ要塞』が二四カ所の「スキー場」に一四七二発の爆弾を投下した。英米の戦術空軍は春期にこの爆撃を継続したが、四月になると、イギリスの参謀長委員会が執拗な脅威を非常に懸念したため、再び戦略空軍が動員された。飛行爆弾攻勢が開始される前日の一九四四年六月一二日までに、二万三〇〇〇トンの爆弾が投下されており、保管施設と疑われるものにはさらに八〇〇〇トンが落された。これらを総計すると、ドイツによるロンドン大空襲の際に投下された爆弾の一・五倍となった。[*29]

爆撃は実りがないことが分かった。V1号とV2号の発射部隊指揮官エーリヒ・ハイネマン将軍は、「スキー場」が目立ちすぎ、脆弱すぎるのではないかと常々考えており、一二月の爆撃後、それらを放棄して別の場所に作ることを決めた。そこは土台を敷いただけの場所であり、構造物は、事前に製造した部品から最後に仕上げられることになっていた。彼はさらに大型の格納庫も断念し、天然の洞窟を利用して在庫の秘密兵器と燃料を収容した。ただし、欺瞞措置として「スキー場」での修理作業はいくらか行われ、一方、保全は一段と厳しくされた。結果はドイツ側には非常に満足のいくものだった。連合軍のインテリジェンス・オフィサーたちは、写真偵察やエージェントからの報告によって最終的に六六カ所の「改修型構造物」が識別されたものの、攻撃には価値があるということを作戦担当の上官に説得することができなかった。「スキー場」に対する爆撃によって、やるべきことは十分やったと捉えられており、無人飛行兵器による爆撃攻勢がもし始まれば、そのときに「改修型構造物」を攻撃すればよいと考えられたのである。攻撃は、戦闘爆撃機によって五月二七日にわずか一回実施されたのみだった。

だが、脅威が過ぎ去ったわけではなかった。六月一〇日、ベルギーの情報源から、フランス・ベルギー戦線に鉄路で向かう一〇〇機の「ロケット」がヘントを通過したとの報告があり、一一日には新たな写真情報によって、改修型構造物の六カ所で「多くの活動」があり、傾斜台にレールが敷かれて建設が完成したことが判明した。六月一二日、英空軍参謀総長補佐（情報担当）は参謀長委員会に対し、ドイツが近いうちに無人飛行機の発射場を運用すべく精力的な準備を行っていると通知した。最初の飛行爆弾がロンドンに落下したのはその翌日だった。これが一九四五年一月一四日まで続くことになる。

綿密な計画に従って動員された高射砲や戦闘機、阻塞気球による防御は、当初から一定の成果を上げた。六月一五日には二四四機の飛行爆弾が発射されたが、二一日までに高射砲と阻塞気球によって一日に八機から一〇機、戦闘機によって一日に三〇機が撃墜され、しかも故障もあったことから、ロンドンに到達し

北海
バルト海
ヘルゴランド
1943年8月17～18日
英爆撃軍団がペーネミュンデを標的
ペーネミュンデ
ロストク
ハンブルク
シュチェチン
ブレッチリー
ロンドン
スウィンゲート
ライ
ポーリング
ペバンゼイ
ヴェントナー
ウトン（サントメール）
イギリス海峡
サン＝ジュアン＝ブルヌヴァル（フェカン）
英軍の空襲後に破棄された最初の発射場
1943年6月以降に建設された英沿岸レーダー局
0 100 200 miles
0 100 200 300 km
ペーネミュンデ
飛行爆弾の試験区域（連合軍には未知）
飛行場
主なロケット試射区域
発電所
実験ロケット工場
ペーネミュンデ
V2号生産工場
新たな居住施設
予備的な試験台
クレスリン
警備境界線
カールスハーゲン
R. Peene
トラッセンハイデ
ツィヴィッツ
0 1 2 3 miles
0 1 2 3 4 5 km
リンカン V1 (2)
レスター V1 (1)
ノリーッジ V1 (13) V2 (24)
北海
オックスフォード V1 (12) V2 (1)
イプウォーッチ V1 (93) V2 (13)
V1 (2420) V2 (1517) ロンドン
レディング V1 (295) V2 (8)
メードストン V1 (1444) V2 (64)
サウサンプトン V1 (80)
ポーツマス
阻塞気球
ベルゲンダル 9月までのV2号運用司令部
ライン川
ダルフェルド
1944年12月15日の連合軍戦線
9月以降のV2号運用司令部
イギリス海峡
セーヌ川
メゾン＝ラフィット V1号運用司令部
パリ
1944年8月25日の連合軍戦線
V1号とV2号による爆撃攻撃1943～44年
V1号の主な発射場区域
着弾域
オランダのV2号発射場
（発射場は1944年6月にベルギーへの移動が提案されたが、連合軍の前進のため同年9月中旬まで運用されなかった）
0 50 100 miles
0 50 100 150 200 km

たのは一日にわずか五〇機にすぎなかった。落下した数は、七月には一日当たり二五機、八月には一日に一四機となった。しかし、数が減少したのは、フランス沿岸を前進する連合国の解放軍が発射場を蹂躙したことによるところが大きかった。九月一日にドイツ空軍第153（W）連隊がベルギーに続いてオランダに撤退して以降、イギリスに対して発射された飛行爆弾は、ほとんどが母機から投下されたものだった。一九四四年一二月二四日には、五〇機の母機がマンチェスターに対して飛行爆弾を放ったが、そのうち沿岸を通過したのは三〇機、目標に到達したのは一機だった。

しかし、これによって一〇〇人余の死傷者が市民に出た。V1号は極めて効率的な兵器であり、それに襲われたロンドンその他のイギリスの都市住民に忌み嫌われ、当然のごとく恐れられたのだった。V1号の接近は特徴的なパルスジェット・エンジンの鼓動で分かり、無音になると降下が始まったこと、そして大爆発すると着弾したことが分かった。終末速度が遅かったために広範囲が破壊され、多くの人命が失われた。飛行爆弾による死者は六一八四人、重傷者は一万七九八七人と見積もられている。イギリスに向けて発射された飛行爆弾のうち、総計八八九二発が地上の傾斜台から、一六〇〇発が航空機から放たれた。このうち、ロンドンの民間防衛地帯に到達したのは二四一九発（サウサンプトン港とポーツマス港には二五発から三〇発、マンチェスターには一発）であり、さらに一一一二発がイギリスの地に落下したほか、三九五七発は飛行中に戦闘機あるいは高射砲によってほぼ同数が破壊された。阻塞気球に阻止されたのは二三一発だった。高射砲による戦果の多くはアメリカからもたらされた接近信管によるものだった。これは弾頭に小型のレーダー装置を組み込んだものであり、標的が有効範囲内に探知されると装薬を爆発させるものだった。*30

V1号を引き継いだV2号

一九四四年九月初旬になると、イギリス参謀長委員会は無人飛行兵器の脅威は過ぎ去ったと確信したが、それには理由があった。飛行爆弾がロンドンまで到達可能と考えられる場所にある発射場は、全て蹂躙されていたからである。これは根拠薄弱な思い込みだった。ほどなくしてドイツは空中発射に切り替え、その間にもペーネミュンデはドイツからイギリスに到達可能な軽量型V1号を開発していた。とはいえ、参謀長委員会の推測はおおむね正しかった。空中発射された飛行爆弾で防御を切り抜けたのは二三五発にすぎず、そのうち軽量型は九一発しかなかった。甚大な被害をもたらしたものもあったが、飛行爆弾攻勢のピークは九月初旬に去ったと判断され、実際にそれは正しかったのである。

だが、ほとんど間髪を入れずに、報復兵器をもって復讐するというヒトラーの約束に対するペーネミュンデの別の贈り物が姿を現した。一九四四年九月八日午後六時四三分、一機のロケット――後にオランダのハーグから発射されたと判明したもの――が、ロンドンのチズィックに落下し、一三人が死傷した。その一六秒後に二機目がロンドン東のエピングの森に落下したが、死傷者はなかった。

この爆発は飛行爆弾のそれと間違えられたかもしれない。しかし、飛行爆弾の特徴はすでに全て判明していたにもかかわらず、その姿は何ら見えず、レーダーにも捉えられていなかった。しかも、イギリス情報機関は遅ればせながら、脅威の現実をようやく受け入れていたのである。七月一八日に開催された首相主宰の会議において、R・V・ジョーンズは一枚の資料を提示した。それは、そのロケットについてそれまでに判明していたことをまとめたものだった。証拠として挙げられていたのは、ロケット発射に関するブリズナのポーランド人からの報告、ペーネミュンデからの同様の報告、飛行観測の詳細を伝えるドイツのエニグマ信号を解読した内容、そして最も明示的だったのが、六月一三日にスウェーデン領内に誤射されたロケットに関する物証だった。この残骸は、二人のイギリス人専門家が検証することが許されたものであり、後に船でロンドンまで運ばれてきた。引き渡されたのは不可解なものだった。なぜなら、当該V2号は実験段階のヴァッサーファル対空ロケットの運搬用として使われていたからである。とはいえ、V2号がターボコンプレッサー（液体燃料を暗示するもの）や、誘導用の内部式推力偏向板、若干の無線制御機器を備えていることは、この残骸によって完全に明らかとなった。これらの証拠を総合すると、ドイツは六月に三〇機から四〇機を発射したこと、このミサイルは「ロンドンを漫然と爆撃するには十分なほど」の開発段階に達していることが分かった。チャーチルは激怒した。「われわれは寝首をかかれたんだ」と不意に叫びながら、机を叩いたのだった。[*31]

チャーチルが立腹したのも、それなりにもっともだった。チャーウェル卿がロケットの実現可能性を狂信的に否定したことが、遅れを生じさせたのである。その後、あらゆる情報組織にありがちな傾向も生じた。数人の関係者が、他者に証拠を知らせずにおいたのである。他者に伝える前にその意義を確認しておきたかったというわけだ。二人の捕虜から尋問で得られた証拠がさほど信用されなかったということも後になって認められた。複数のペーネミュンデの写真の中に、早くも一九四三年に発射位置に就いていたロケットが写っていたということにもようやく気がついた。当時、それらが何であるのか認識されることはまったくなかったのであり、直立したV2号だと理解されることなく、発射に関連した「塔」と誤認されてしまったのである。

その一方、今から見ればイギリスの情報専門家に罪はなかったとも考えうる。彼らの罪は無知ではなく鈍感さにあったのであり、これは英米の航空分野における後進性の結果だった。両国の航空科学は、戦前あるいは戦時中に大成功を収めた戦闘機と爆撃機――完全に在来型――の設計と開発において大きな業績を達成した。だが、両国がスピットファイアや『空飛ぶ要塞』、ランカスター、モスキート、P51マスタングといったドイツ機と同等あるいはそれを凌ぐ機種を製造し、これらが戦略爆撃攻勢中にドイツ諸都市を破壊する手段となり、その荒廃をもたらした爆撃機隊を守る手立てとなった一方で、ドイツはより高次の極めて革命的なレベルの設計と開発を成し遂げていたのである。一九三六年から一九四四年までに、彼らは初の実用ヘリコプター（フォッケ・アハゲリスＦＷ61）、初のターボジェット機（ハインケルＨｅ178）、初の巡航ミサイル（ＦＺＧ76あるいはＶ１号）、初の大気圏外ロケット（Ａ４あるいはＶ２号）を製造し、それらを飛行させたのだった。[*32] それは驚愕すべき業績だったのであり、大部分は完全な秘匿の中で行われた。第二次世界大戦中、ドイツが大空を支配することを阻止したものは、米国と比べて小規模なドイツの工業基盤だけだったのである。

これら四つの偉業、つまりヘリコプター、ジェット機、巡航ミサイル、ロケットのうち、Ｖ２号の開発が群を抜いて目覚ましかった。驚嘆すべき知能を備えた科学者チャーウェル卿が液体燃料ロケットの実現可能性を否定している一方で、ヴェルンヘア・フォン・ブラウンは、そのようなミサイルの第四次型をすでに完成させつつあったのである。彼は熱狂的な学生として歩み出し、たった一人で研究しながらドイツ陸軍の支援を勝ち取り、国からの財源を確保しつつ、液体燃料の燃焼によって発生する膨大な量の高温ガスの生成・制御法を学んだほか、排気口に誘導装置を組み込む方法、内蔵式誘導システムによって操縦可能な弾道軌道に達するまで上昇速度を加減する方法を習得したのだった。一九三二年から、Ａ４の試射が初めて成功した一九四二年の間に、弱冠三〇歳代のフォン・ブラウンが大陸間戦略弾道ミサイルと宇宙ロケットの原型を発明したと言っても決して過言ではないのである。

イギリスの科学担当情報組織は一九四三年から四四年にかけ、ロケットは固体燃料で短距離を低速で飛ぶものだという固定観念に依然として縛られていたのであり、エージェントからの漠然とした報告や不可解な空中写真、エニグマの断片情報、情報の不確かな捕虜の尋問といった、全てその情報機構がもたらした不吉な靄の中で焦点を探りながら悪戦苦闘していたのも、無理はなかったのである。彼らは科学技術知識に欠け、敵にはそれがあり余るほどあったのだから、専門家が「寝首をかかれた」ことは驚くに当たらない。彼らには自分たちが探しているものが何なのかが分からなかったのであり、想像することができなかったのである。機械式計算機の時代の人間が、コンピューターの性質を知ろうとしているようなものだったのだ。

イギリスにとって真に幸いだったのは、V2号開発の後半段階がドイツにとって困難に満ちていたことだった。A4は早くも一九四二年一〇月三日に——弾頭を搭載せずに——完璧な飛行をしたのであり、「あたかも人が棒で押しているように」スローモーションのような特徴的な離昇を行い、優雅に傾いて弾道に入り、時速三〇〇〇マイル〔約四八〇〇キロメートル〕で視界から消えていったが、フォン・ブラウンのその後の人生は困難に大いに苦しめられた。ロケットの生産段階に入ろうとした一九四三年末頃、発射した八割から九割が失敗に終わるということが明らかになったのである。あるときは発射地点で地上に落下し、あるときはわずか高度三〇〇〇フィート〔約九〇〇メートル〕に達したときに爆発した。大気圏に再突入する際に分解したこともあったし、着弾域上空で分裂して本体を残したまま弾頭が移動し続けたこともあった。分解した場合は失敗の原因判定が非常に困難となった（とはいえ、ポーランド国内軍のレジスタンス闘士は多くの残骸をロンドンに届けたのであり、あるポーランド人などは部品を抱えて飛行場までの二〇〇マイル〔約三二〇キロメートル〕をバイクで走破し、そこから連絡機がそれら部品を持ち帰ったこともあった）。不具合の原因は機械的なものだった。特に、ロケット本体内の継電器が振動によって破損した。また、再突入時に生じる衝撃によって、機体構造が破壊された。最終的に、一トンの弾頭を収納するノーズコーンを完全に設計し直すなどして、六万五〇〇〇カ所の改修がなされると、かなり安定して作動するようになった。

しかし、この頃には「報復」作戦の予定開始日はとうに過ぎていた。飛行爆弾を使った作戦は、すでに発射場所が奪われたことによって実質的に失敗していた。V1号は安価で単純な兵器であり、素晴らしく効果的だったが、射程が短く、固定式の発射台を必要とするという制約を受けた。V2号は潜在的に、無力化するのがよりいっそう難しかった。複雑で高価であることは、単純な発射システムによって相殺された。V2号はそうした単純なシステムにより、排気ガスの推力に耐えられる数フィート四方の硬い地表を構築あるいは見つけさえすれば、どの地点からでも発射することができた。いくつかの点において、運搬起立機のマイラーヴァーゲンはロケット自体と同じほど素晴らしい構想だった。その派生型は、今日のあらゆる準中距離弾道ミサイルシステムの重要な構成要素となっている。

　V2号の唯一の物理的脆弱性は、それを運用する兵員が保管施設と特定の付随工場に依存していることだった。V2号の生産は、奴隷労働者が働くハルツ山脈中のノルトハウゼン地下工場に集中化され、これは爆撃にも動じないものだった。その天井は三〇〇フィート〔約九〇メートル〕の厚みがあった。しかも、その存在は一九四四年まで発見されなかった上、無益な目標として認識されていた。したがって、イギリスがようやくV2号の脅威に気づいた一九四四年七月末の時点で脅威を低減する唯一の手段は、ロケットの保管センターと、特に液体酸素といった重要物質の生産施設に対する爆撃しかないように見えたのである。しかし、この頃には、イギリス情報機関が知っているような「大規模施設」のほとんどは重爆撃されており、大損害を受けていた。いずれにせよ、V2号の運用部隊はフランスとベルギーの拠点を失ったことによって、オランダへと退かざるをえなくなったのであり、ドルンベルガー将軍が常に望んでいたように、ドイツ奥地のセンターからその日ベースの供給を受けながら、急造地から作戦を行ったのだった。彼らは、撤退したことによって二カ所の主たる液体酸素供給源（ベルギーのリエージュとザールのヴィットリンゲン）を早々に放棄せざるをえなくなり、特定と発見がより困難な小規模施設に依存するようになったのである。*33

これらの残存施設が、V2号による爆撃を維持するための燃料を辛うじて供給したのだった。打ち上げは減ったものの、一九四五年三月二七日まで発射を維持するには十分だった。V2号の発射部隊が生き残ったのは、運用法が素晴らしく単純だったからである。マイラーヴァーゲンを射点――場合によっては郊外の路上――に就かせ、ミサイルを垂直に立てるのにわずか一五分しかかからなかった。その後、タンク車が燃料を注入し、その傍らで電源車がケーブルで電力を供給した。次に、設置作業の傍ら掘っておいた細長い塹壕に発射要員が身を隠した。最後に、装甲車両に乗った指揮班が発射手順を開始した。点火してから五四秒後には、撤収の準備が整っていた。マイラーヴァーゲンは到着から一時間後にはその場を去ることができた。連合国遠征空軍が行動中のV2号チームを捕捉しようとして飛行したにもかかわらず、一度も成功しなかったことは驚くに当たらない。

V2号による攻撃の重圧を減らすと考えられた唯一の別の方法は、ヒューミント運用法の一種を利用して相手を騙すことだった。これは戦後のスパイ小説の中で非常に有名なものである。ドイツは大戦を通じてイギリスにエージェントを浸透させており、一九四〇年以前には約七〇人がいた。その中には戦前に「浸透工作員」になっていた者もいた。戦時中にイギリスに到着したもう一二〇人のエージェントのうち、一二〇人は他国に赴く予定だった。ドイツがこのレベルの浸透を行いえたのは、占領下のヨーロッパから年間七〇〇〇人から九〇〇〇人の脱出者が一定して流出していたからである。その圧倒的多数が亡命政府軍に入隊することを目指して、移住その他の方法でイギリスにやって来たのだった。[*34]

イギリスの防諜機関は、この中に隠れてやってきたほぼ全てのエージェントを逮捕した。判明している中で、探知を逃れたのはわずかに三人であり、別の五人は正体が暴露されても自白を拒否した。イギリスはこれら逮捕者の中から二重スパイの一団を編成することができたのであり、その中にはアプヴェアから与えられた無線機その他、本部との通信手段を携えていた者もいた。イギリス側から「三輪車（トライシクル）」というコードネームで呼ばれたエージェント〔ドゥシャン・ポポヴ〕は非常に信用されていたので、戦時中にドイツのスパイ運営担当官と協議すべくリスボンに赴くことが許されたほどだった。一九四四年まで、二重スパイは包囲されたイギリスの戦意喪失に関する報告を供給してドイツの希望的観測を満足させたにすぎなかったが、Dデイの準備を手助けした者もおり、戦力組成に関するドイツの誤解をさらに強めたのだった。低レベルのヒューミント工作のほぼ全てに共通することだが、それら二重スパイの日々の報告は陳腐であり、日常の些事に関するものだった。それは、自分の利益のために片方または他方あるいは両方のために働いた戦時中の多くの情報詐欺師が運営担当官に与えた文書とほとんど変わりなく、こうした詐欺師は情報機関が欲するあらゆる生情報を嗅ぎ分け、それを生活の糧にするのが得意だった。『ホイッティカー年鑑』や『ブリタニカ百科事典』、古い新聞、BBCワールドサービス――これら全てがそうした夢想家の「プロダクト」の世界にとって格好の材料だった。その中でも顕著だったのが、イギリス人からガルボというコードネームで呼ばれた男だった。自分を親ナチのイギリス住民だとドイツに売り込もうとしたのである。当初はもっぱらリスボンから活動しながら、アプヴェアの運営担当官に「ここグラスゴーにはワイン一リットルのためなら何でもする人間がいる」と信じ込ませた。その後、二重の忠誠をイギリスに転じた彼は、名目上の活動地域に到着し、二七人からなる完全に架空のエージェント網を設立した。それらの出費はアプヴェアから現金で彼に支払われ、最終的な総額は三万一〇〇〇ポンドに達した。彼は終戦時に大英帝国五等勲爵士に任命されて引退生活に入ったが、給与を支払ったいずれの実施官庁からも咎めはなかった。[*35]

ガルボ（実際はフアン・プホル・ガルシアという名のスペイン人）は、ウェルシュ国粋主義過激派の破壊活動を組織化していると見せ掛けつつ、ドイツの攻撃下にある英連邦の国内事情について、イギリスの運営担当官が入念に歪曲した生情報をドイツに大量に提供した。したがって、ドイツがV兵器作戦の効果についての一次情報を彼に求めたのはごく当然のことだった。このアプローチは、戦時中のイギリスのインテリジェンス運用において、最も厄介な推移をたどったものの一つとなった。英連邦内で自由に活動しているドイツ人エージェントは一人も残っていないと確信した種々の情報当局は、早くも一九四一年一月には一つの組織（ほどなくして20委員会と呼ばれたが、これはローマ数字のXX、すなわちダブルクロス〔裏切り〕にちなんだもの）を設立する決定を行った。偽の生情報を中継伝達させることによって、エージェント――捕らえられて寝返った者、あるいは故意に自首した者を問わず――を管理するドイツの担当官を騙そうというのである。その目的は、20委員会の幹部の一人だったJ・A・マリオットが明示したように、ドイツ側に「不正確な生情報を大量に提供し、そうした情報に基づいてアプヴェアがドイツ軍最高司令部にもたらす情報報告自体が紛らわしく、しかも誤報であるようにする」ことだった。[*36]

その後に起きたことは、この組織の活動についてジョン・ル・カレを筆頭とする最高のスパイ小説家が描写したこと全てが、正確ではないにせよ、趣旨において的確であることを証明している。20委員会が運営する工作員の中には、例外的なガルボとトリサイクルを除き、ポーランド空軍の逃亡将校「ブルータス」と、ボートでイギリスにやって来た二人のノルウェー人逃亡者「マット」と「ジェフ」がおり、これら三人の実在の人物はアプヴェアの支援のもとに潜入したが、完全に架空の、カネで動くイギリス人ビジネスマン「ボラ（マレット）」と「操り人形（パペット）」や、軍務を解かれて苦々しく思っている陸軍将校の「風船（バルーン）」、外務省と軍にそれぞれ友人を持つ二人の婦人「ブロンクス」と「ゼラチン」もいた。この二人の友人は公文書の保全に極めて緩く、その内容は然るべくしてベルリンに届けられた。だが、全ては20委員会が仕組んだものだったのである。彼らが伝達したものはほとんどが「ニワトリのエサ」――事実だが役立たずの無駄話――だったが、実在しない連合軍師団を特にガルボがDデイ前に割り出したことは、ドイツ陸軍参謀本部西方外国軍課が連合軍の上陸地点について誤評価を行ったことに大いに貢献したのだった。

しかし、ダブルクロス体制が最大の効果を発揮したのは、イギリスの政府最高レベルが厳しい自己批判を行うという代償を伴ったとはいえ、まさにV兵器が出現したときだった。飛行爆弾が落下し始めてほどなくして、正確性に関する偽の報告を伝えれば、射程を短縮するようドイツ側に信じ込ませることができるだろうと考えたのである。その結果、平均着弾点（MPI）が、ドイツ側が設定したと思われるMPIであるタワーブリッジの南と東から、ロンドン郊外の開けた田園地域に移ったのだった。ドイツ側は爆弾がどこに落ちたかについての知らせに飢えていたので、ガルボに対し、無事に損害を報告できるよう作戦開始前にロンドンを去るよう命じた。彼には報告技術の詳説が送られた――ブルータスとテイトも同様な指示を受けた。それは、無人飛行兵器の爆発を着弾の時間と関連づけさせるものであったはずだ。イギリスは、時間については正確ながら場所については誤っている飛行爆弾の到達の詳細を与えることによって、ロンドンの人口密集地から人口のより少ない郊外へとMPIを移させ、それによって死傷者と破壊を減らせることができると考えた。この方針は内閣レベルで激しく議論され、「神様ごっこ」との言いがかりもつけられたが、最終的には認められた。これはV2号ロケットの攻勢期間中に続行され、一定の効果があったように見える。皮肉にも、飛行爆弾の攻勢期間中にドイツが誤誘導されたのは、ダブルクロスのエージェントによるものではなく、主として一人の利己的な男によるものだった。マドリード在住のこの男はイギリスから「オストロ」と呼ばれ、新聞記事や自分の想像に基づいた「事実」をドイツに売っていた。その中の一つが、ビッグベンの破壊に関する（と信じられた）報告だった。スパイ小説家なら誰しもが自慢するであろう登場人物に、自分自身がなってしまったのがオストロだった。彼の生情報は、ドイツ空軍が一九四一年一月以降初めて行った一九四四年九月六日の写真偵察飛行によって確認されたように思われたため、この写真で明らかになった損害の全てが、飛行爆弾の発射部隊である第155（W）対空連隊の手柄となったのだった。[*37]

ダブルクロス体制がV2号ロケットのMPIを照準点からそらしたのは確かなようだ。20委員会に運営された謎の多い二重スパイ「貴重品（トレジャー）」は、一〇月中に複数の報告を送り、ドイツはこれによってロンドン中心部の東からテムズ河口の線へとMPIをずらした模様である。英国公認史家の推論によれば、この変更がなければ、「おそらく死者はさらに二三〇〇人、負傷者は一万人増加し、家屋の損壊は二万三〇〇〇戸になっていた――ドイツはイギリス議会（ウェストミンスター）とドックの間の地域を集中的に破壊したと思い込んでいたが、それが実現していれば、経済と国が混乱していたであろうことは言わずもがなである」[*38]

したがって、俗語でいうところの「スパイ活動」は、V兵器戦に対するイギリスの妨害活動においては曲がりなりにも本分を果たしたのである。とはいえ、それは極めて雑多な情報活動のほんの一部にすぎなかった。その中には、注目すべきヒューミント――オスロレポートという無記名の裏切り行為、二重スパイ運用機関、レジスタンスの報告、直接的な諜報活動――のみならず、シギントや大量の理論的解析はもちろん、今日でいうところの「国家技術手段」なる形態の写真偵察も含まれていた。

本件における情報工作のさまざまな要素の相対的重要性を評価することは、容易なことではない。オスロレポートの意義が極めて重大であったことは明確である。多くの点でさほど具体的ではなかったものの、これがドイツの軍事科学研究の方向性――特に誘導無人飛行兵器へと向かう流れ――を示したことは間違いない。また、その中に記載がなかったことは、記載されていたことと同様に重要だった。例えば、この報告にはナチドイツが核兵器を開発しようとしていることについては何の示唆もなかったが、ナチ国家の核開発計画は遅れていた上に弱体で取りとめがなかったことからすると、その点においては正確だった。他方、オスロレポートは当初は興味を喚起したが、一九三九年からの数年間は忘れ去られたも同然だった。それが復活したのは、イギリスが一九四二年末に受領した別の情報によって、無人飛行兵器の開発に関する噂がようやく注目されるようになってからである。この報告が当時もたらした最も価値ある手がかりは、ペーネミュンデが試射場であると言及した点であろう。

無人飛行兵器に関するより確かな証拠を求める調査を促進したものは（公的説明からそう信じるしかないが）、ジョン・バカンの小説中に出てくるのとまったく同じ状況だった。『三十九階段』の読者なら、追われるアメリカ人のスカッダーが主人公のリチャード・ハネーに、ブラック・ストーンの黒幕をどうやって見つけたかを語る場面を思い出すことだろう。「最初のヒントを得たのは、チロルのアッヘン湖にある宿屋でした。それがきっかけで調べることにして、別の取っ掛りを集めたのがブダのガリシア人地区の毛皮の店、ウィーンの外国人クラブ、それに、ライプツィヒのラクニッツ通りの外れにある小さな本屋ってわけです。証拠は一〇日前にパリで完全に固めました」。イギリスの正史によれば、「ロケット」に関する最初の具体的報告がＳＩＳ（ＭＩ６）にもたらされたのは一九四二年一二月一八日のことであり、「業務出張で転々としている」化学技師からのものだった。これが誰なのか、国籍も特定されていないが、「ベルリン技術高等学校のファウナー教授〔フォルナー教授なら存在していたことが判明している〕と、技師のシュテファン・スツェナシーの会話をベルリンのレストランの中で」盗み聞きした人物のようである。[*39] この二人は、弾頭重量五トンの射程二〇〇キロメートルのロケットについて議論していた。この化学技師はＳＩＳに促されて当該ロケットの特徴に関する報告をさらに二本書いており、それにはスヴィーネミュンデ（ペーネミュンデ近傍）におけるロケットの試射に関する詳細な報告も含まれた。

その後、「化学技師」は記録から姿を消すが、これがナチドイツを研究している多くの史家の疑いを強めるのである。彼らは、ナチ国家にはゲシュタポに発見される危険性が示唆するよりも多くの信頼できる連合国共鳴者がいたと考えている。一九四五年以降に行われた公の地位への復帰や財産の返還といった「非ナチ化」の中には、それ以外には説明がつかないものが多くあるというのである。[*40]「化学技師」は、その後の事態推移を見ればどんな報酬も受けるに値した。なぜなら、一九四二年一二月にベルリンのレストランで「ファウナー教授」とテーブルを都合よく並べたことが、ペーネミュンデを近接写真偵察する決定と、反復して上空を飛行する決定、そして一九四三年八月一七日から一八日にかけて大規模空爆を実施する決定に、直接つながったからである。

これまで、ペーネミュンデ空爆はもっと早く実施すべきだったとか、もっとうまく計画すべきだった、あるいは、反復すべきだったなどと言われてきた。これらは実行不能な理想論にすぎない。この場所がドイツの秘密兵器開発の中枢だと特定できるほど証拠写真が鮮明になったのは、ようやく一九四三年中期になってからだった（候補地としては、ほかにもクンマースドルフとレヒリンがあった）。空爆は、爆撃軍団の常習である標示弾の誤標示によって施設の一部を外したものの、大損害を与え、この結果、研究開発機関の多くが別のさらに人里離れた非脆弱なドイツ南部とポーランド奥地へと移動したのである。空爆作戦を繰り返すことは、たとえペーネミュンデが「目標に恵まれた」対象だったとしても、極めて犠牲が大きかったであろう。一九四三年八月一七日から一八日にかけての空爆では、六〇〇機のうち四〇機が失われ、損耗率は七パーセントに達した。これは、爆撃軍団が「受忍可能」と受け取る数値よりもかなり高かったのである。

これ以降、情報機関にできることはほとんどなかった。彼らはすでに脅威を特定しており、危険の核心部分への攻撃を指示していた。ドイツがペーネミュンデ大空襲を受けて秘密兵器計画の実質部分を安全な場所に移すや、情報機関にできたことといえば、敵の作戦開始日を予想した後は、敵の狙いをそらすための試みだけだった。その点において、情報機関はダブルクロス体制を通じて一定の成果を収めたのである。

市民に対する戦争遂行手段について「栄誉」という言葉が使えるのなら、V兵器作戦の栄誉はドイツに与えられるものである。初の巡航ミサイルV1号と、あらゆる大気圏外ミサイルと宇宙ロケットの技術的な直系尊属V2号は、ともに一九三九年から四五年の間にドイツの敵が生産したいかなる航空兵器よりも、はるかに先進的なものだった。ヴェルンヘア・フォン・ブラウンは後に米国市民となり、「宇宙計画の父」

と称賛されるようになった天才的科学者だった。V1号を生産したのは第一級の航空技術者だった。もしヒトラーに、ほかの兵器計画に与えたのと同等な科学関連労力を核兵器に向けるだけの先見の明があったなら、ヒトラーはこの戦争に勝っていたことだろう。ナチの核研究計画は、あまりに多くの競合研究機関の間で散漫になってしまったのである。そこにはドルンベルガーもフォン・ブラウンもおらず、ペーネミュンデも十分な資金もなかった。[*41] それでなお、世界は間一髪で命拾いしたのである。

終章　一九四五年以降の軍事インテリジェンス

軍事作戦は第二次世界大戦が終わってから大きく変化している。核兵器が開発されたために、本書が対象としている大規模決戦のような戦争を大国が実質的にできなくなったのである。大国にとって今や大戦争は危険にすぎ、戦うことができなくなった。だからといって、世界が庶民にとって安全な場所になったというわけではない。それとは正反対である。一九四五年以降の軍事紛争における死者数は五〇〇〇万人と推定されるが、これは第二次世界大戦における死者数と同じである。だが、犠牲者の多くは小規模で不規則な戦闘の中で生じており、それらの多くは内戦という名にも値しないものである。過去五〇年間において、暴力死の大きな割合を占める原因となったものは、一九三九年から四五年における手段や兵器――空爆や大戦車戦や歩兵の消耗戦――ではなく、小規模な戦闘や頻発する虐殺で使われる安物の小火器だった。

戦後に生じたわずかな重大戦争においてすら、大規模な在来型の戦闘はほとんどなく、その数は徐々に減る傾向にある。一九五〇年から五三年にかけての朝鮮戦争は、もっぱら歩兵と戦車の軍勢による紛争であり、一九五六年から七三年までの中東戦争も同様だった一方、最大の戦争となったベトナム戦争においては、暴動鎮圧の戦闘が長期化し、大軍勢による衝突はまったくなかった。一九八〇年から八八年までのイラン・イラク戦争においては、激戦が多く発生したものの、イランが重装備を欠き、自爆攻撃に未成年の徴集兵を使ったことで、二〇世紀のほかの戦争とは類似点がほとんどない戦争となった。一九九一年には、イラクが一回の大規模な戦車戦で敗れた結果、クウェートの不法占拠を放棄せざるをえなかった。だが、イラク軍はその場に踏み留まるよりも降伏することを望んでいたのであり、彼らが戦闘を行ったとは到底いえない。イラク軍の行動については、二〇〇三年の第二次湾岸戦争においても同じことがいえる。また、この戦争ではイラク指導部を早くから標的にする上で、インテリジェンスが重要な役割を演じたのだった。

こうしたエピソードとは別に、戦後の軍事史においては、前八章の中で評価したような種類の作戦インテリジェンスに影響を受けた結果例は、ほとんど存在しない。核時代の世界における情報機関はかつてなく多忙であり、かつてないほどの予算が消費されている。しかし、労力と国費の圧倒的大部分が投じられているのは早期警戒と通信傍受である。これらは継続的な作業であり、特定の環境あるいは短期的な環境における成果達成を意図するものではなく、安全の維持を目的とするものである。早期警戒の複雑なインフラ――レーダー局、水中センサー、宇宙衛星システム、無線傍受塔――は建設、維持、運用に莫大な費用がかかり、機動的補助手段、特に空中監視部隊も同様である。かくして収集された情報素材は専門家によってシギント（信号インテリジェンス）として分類され（シギントはコミント＝通信インテリジェンスとエリント＝電子インテリジェンスとも重複する）、加工と解析に数千人もの分析官とコンピューター技術者を必要とする。彼らが何を行い、何を成し遂げたかについては、公になることはめったにない。いずれにせよ、大衆は現代の情報活動の中の紛れもない最重要部分について関心がないようだ。それも無理はない。インテリジェンスの技術は複雑であり、教養が高くても門外漢には理解しがたいからである。情報機関が今何を行っているのかを理解することを望みうるのは、専門家中の専門家のみである。関心のある一般読者にとっては、エニグマ暗号機がいかに機能するか、さらには、暗号解読官に突きつけられた問題がいかに克服されたかの説明を理解することは、精神を集中すれば可能である。現代のサイファーは膨大な素数を言語に応用することによって生み出されており、最高度の数学の領域に属し、史上最強のコンピユーターによる攻撃をも許さないといわれる。

したがって、インテリジェンスの世界が注目されるのは保全上のほころびがあったときのみであることは驚くに当たらない。近年に典型的なのは、金銭欲や色欲に屈する情報要員、あるいは採用時には確認されなかった性格的欠陥を示す要員による、「内部における背信（ディフェクション・イン・プレイス）」である。そうしたスキャンダルは少数ながら確実に生じており、イギリスでは長年経ってから「ケンブリッジ」スパイが暴露されて衝撃が走り、アメリカとソ連の機関も、「第三の男」や「第五の男」といったエピソードによって自らの組織内で同様な事案が発生することを警戒していたであろうにもかかわらず、動揺しているのである。

世間は、最近や現在の軍事行動におけるヒューミントの、目に見える効果に関する話題にも興味を引かれる。イスラエルは主たる四回の戦争や小規模紛争、安全保障のための継続的な闘争において、アラブ近隣諸国を首尾よく封じてきたが、その際にヒューミントが大きな役割を演じてきたことに疑いの余地はない。イスラエル情報機関は近隣地からユダヤ人を取り込むことによって愛国的工作員を採用できたからである。彼らはアラビア語も話せる上に、以前の居住国では現地人として通用した。イスラエルのヒューミントの成功が、ほぼ完全に秘匿されたままとなっているのは当然である。ベトナム戦争中、アメリカのCIAはベトコンに対する大規模な不安定化作戦を実施した。これは、南ベトナムの村に潜むベトコン指導者に対する「標的暗殺」によるところが大きかった。このフェニックス作戦は未だに認められていない。ベトナム戦争は最終的に負け戦となった。とはいえ、フェニックス作戦がベトナム戦争の遂行に及ぼした影響を知ることは啓発的ではあろう。

インテリジェンスが作戦に与えた影響に関し、その複雑な体系――シギント、エリント、コミント、ヒューミント、写真・画像インテリジェンス――の全てあるいは大部分において、かなり完全な全体像を得られる近年の在来型軍事紛争は、イギリスとアルゼンチンが戦った一九八二年のフォークランド紛争のみである。フォークランド諸島すなわちマルビナス諸島をめぐる統治権については、一九世紀からイギリスとアルゼンチンの間で争われてきた。この諸島には南極の離島であるサウスジョージア、グラハムランド並びにサウスシェトランド、サウスオークニーおよびサウスサンドウィッチ諸島が含まれる。フォークランド諸島の少数の住民は例外なくイギリス人（その他の領域は無人地）だったが、アルゼンチンでは、島は自分たちのものという根強い考えが今でも普遍的だ。アルゼンチンには政治的に失敗した過去がある。かつては裕福な国であり、ヨーロッパからより良い生活を求めてきた貧しいイタリア人や、商人・知的職業階級をもたらした少数のイギリス人を含む多くの移民を引きつけたが、二〇世紀中期に深刻な経済不振に悩まされた。不満によって権力の座に就いたのが、指導者ファン・ペロン大佐にちなむポピュリストのペロン主義政権だった。ペロン主義者の放漫な政権運営は、一九七〇年代に軍事クーデターを招いた。軍事政権自体が不人気になると、フォークランド諸島に対する主張を蒸し返すことによって、挽回を図ろうとした。マルビナス諸島を奪還することが、アルゼンチン人が団結できる大義だったからである。

イギリスはフォークランド諸島に関するアルゼンチンの主張にとうに慣れてしまっており、一九八一年から翌年にかけ、相手をさほど深刻に受け取らなかったのだった。ニューヨークの国連では交渉が進行中だった。交渉は緊迫しておらず、しかもイギリスにはアルゼンチンが理性的に見えた。だが、イギリスには知る由もなかったが、レオポルド・ガルチェリ率いる軍事政権は、遅くとも一九八二年一〇月までに侵攻を実施する決定をすでに行っていた。かねてから退役する予定となっていた英海軍唯一の配備艦である砕氷艦『エンデュアランス』が、その頃には撤収しているだろうと見込まれたからである。侵攻の準備は一九八二年三月になっても何らなされておらず、外交が切迫しているようにも見えなかった。その後、偶然と思える要素によってテンポが変わった。アルゼンチンのスクラップ再生業者の一団が、フォークランド諸島に属するサウスジョージアのリースに到着し、古い捕鯨施設を解体するためにやって来たと言明したのである。スクラップ業者はアルゼンチンの国旗を掲げたが、政府当局であるイギリス南極研究所支部から作業許可を得ることはしなかった。彼らは支部当局の訪問を受けると国旗を降ろしたが、自らの存在を正規なものとするための手続きは取らなかった。その団長だったコンスタンチノ・ダヴィドフは、当時もその後もアルゼンチン海軍の支援を受けたことを否定したが、上陸前に海軍士官と会っていたと見られている。彼が上陸するや、イギリス外務省は行動すべきと考えたが、国防省は消極的だった。本国から八〇〇〇マイル〔約一万三〇〇〇キロメートル〕も離れた作戦は能力的に不可能だと考えたからである。外務省の圧力によってマーガレット・サッチャー首相に進言がなされると、首相は『エンデュアランス』に対し、海兵隊の一団をフォークランド諸島の首都ポート・スタンリーで乗船させてからサウスジョージアに向かい、そこで待機するよう命じた。

『エンデュアランス』の想定外の派遣に、軍事政権は動揺した。スクラップ業者が排除されれば、アルゼンチンの威信が傷つけられることになる。だが、政権は『エンデュアランス』の存在によって、数カ月間は発動しないことになっていた軍事行動を促された。アルゼンチン軍の対応は遅々としており、最初は軍艦一隻を送って業者のほとんどを救い出し、その後、残りの業者を「保護」すべく、アルゼンチン海兵隊の部隊を乗せた軍艦をもう一隻送り込んだ。今度はイギリス政府が躊躇した。アルゼンチンが何を考えているのか、自国とアメリカの情報機関に指南を求めたのである。意図ははっきりしなかった。SIS（MI6）のブエノスアイレス支局は緊縮財政によって縮小されており、政府通信本部（GCHQ）と、アメリカのCIAとその姉妹である信号傍受機関の国家安全保障局（NSA）からもたらされうる信号情報では、全体像が明らかにならなかった。イギリスの機関はアメリカ側と友好的かつ協力的な関係を享受していたが、これは双方にとって有益な資料を大量に交換することをベースとしており、CIAは人的情報をMI6に頼っていた。その頃の南大西洋では、アルゼンチン艦船ばかりかチリ艦船の無線通信も急増したことに、ＧＣＨＱもＮＳＡも困惑していた。両海軍は、大規模ながらも通常の訓練を行っているところだったのである。

イギリスは一週間にわたって決断できない状況に陥った。もとよりイギリスは、南大西洋の属領問題に対するアルゼンチンのこれ以上の干渉は容認できないと決め込んでいたが、アルゼンチンの戦闘行動を誘発するような、あからさまな措置には尻込みしていた。結果的に、その決定は自らの手を離れたのだった。軍事政権は経済緊縮計画に対する街頭デモの圧力に押されていたが、それよりも、サウスジョージア事件をめぐるイギリスの外交的抗議の前に引き下がったと見なされた場合の大衆の反応を恐れ、三月二六日、フォークランド侵攻の予定を早め、直ちに作戦を開始する決定を行ったのである。

フォークランド諸島は実質的に無防備だった。人口一八〇〇人のうち、一二〇人がフォークランド諸島防衛隊に属していたが、彼らは未熟で装備も小火器しかなかった。イギリスの公式軍事プレゼンスは、英海兵隊員四〇人からなる一分遣隊の海軍８９０１部隊だったが、増援の到着によって少し前に倍増したところだった。南半球には、南極に目下いる『エンデュアランス』を除いて一隻の軍艦もいなかった。したがって、四月二日払暁に上陸を開始したアルゼンチンの大規模部隊は、微弱な抵抗には遭ったものの、撃退されることはなかった。海軍８９０１部隊は、サウスジョージアを増援すべく二人を派遣したため数が減っていたが、侵攻部隊が海上にいるとの警報をロンドンから受けていた現地のサー・レックス・ハント総督から、空港と港を守るよう命じられた。アルゼンチンの先遣隊コマンド部隊一五〇人が上陸すると交戦になり、総督公邸周辺での銃撃戦で二人が戦死した。だが、抵抗しても望みがないことはサー・レックス・ハントにははっきりしていたため、二時間後に降伏を命じた。その後すぐにアルゼンチン軍一万二〇〇〇人の先陣が上陸を開始する一方、アルゼンチン空軍は飛行場を確保した。

この報によって、ロンドンでは重大な政治危機が即座に生じた。四月二日は金曜日だった。議会の緊急委員会が週末に開会することはなく、翌日に招集された。イギリス議会（ウェストミンスター）の総意は、政府がアルゼンチンと対決する意志と能力を示せないのなら、総辞職すべきだというものだった。鉄の意志を持つ女と言われながら決断力は未知数だったサッチャー女史にとって幸いだったのは、すでに予防措置を講じていたことだった。侵攻準備によって生じたアルゼンチン軍の膨大な無線通信量を警戒した彼女は、この前の月、すなわち三月二九日に潜水艦一隻を南大西洋に向かわせていた。さらに重要だったのは、後にフォークランド紛争の経緯全体の中で決定的だったと証明されたように、サッチャーが水曜日の夜に陸海軍の任務部隊を召集して南大西洋に直ちに向かうよう命じていたことだった。彼女がフォークランド奪還を切望していることは疑う余地がなかった。その決意を後押ししたのが、首相が閣僚と協議している最中に下院の執務室にやって来た第一海軍卿のサー・ヘンリー・リーチ提督だった。リーチは専門家の意見として、イギリスにはそのような作戦を実施する能力があり、海軍は次の週末までには出撃できると述べた。さらに、首相に勝利も確約した。彼は執務室に戻るや、「任務部隊は準備できしだい出港のこと」と送信した。

　第一支隊は四月五日月曜日に進発し、それを補完する陸軍部隊がイギリスで性急に召集されて後に続くことになった。潜水艦三隻（原子力二隻とディーゼル一隻）が先鋒となり、三隻がこれに続くことになったほか、その後の二週間で、空母二隻（ハリアー二〇機、ヘリコプター一三機を搭載）、駆逐艦とフリゲート二三隻、揚陸艦二隻、上陸用舟艇六隻、大型客船からトロール船にまで及ぶ輸送船七五隻、タンカー二一隻が合流することになった。輸送船とタンカーの大部分は「業者から取り上げた」ものだった。つまり、商船隊から借り受けたか、徴用したものである。

　これらに乗船する部隊は最終的に第3コマンド旅団（海兵隊第40、42、45コマンド連隊と砲兵隊第29コマンド旅団、工兵隊第59連隊）と、この隷下に付いた空挺連隊第2、第3大隊、ブルーズ・アンド・ロイヤルズ軽装甲部隊二個、防空部隊一三個、コマンド兵站連隊、同旅団ヘリコプター飛行中隊だった。特殊部隊の補完も大きく、特殊舟艇部隊（ＳＢＳ）の分隊三個と特殊空挺部隊（ＳＡＳ）の中隊二個も含まれた。後にこれに続いたのが、第５歩兵旅団（スコットランド第２近衛大隊、ウェールズ第１近衛大隊、グルカ小銃第７連隊第１大隊）と、砲兵隊とヘリコプター部隊だった。英空軍は、戦闘機、爆撃機、ヘリコプター、偵察機、空中給油機の中隊一七個を展開した。

空中・洋上給油は必須条件だった。なぜなら、地上基地は大西洋中央のアセンション島より近くにはなく、任務部隊はそうした中で行動することになっていたからである。大西洋を横断するような長距離飛行は多くあるはずがないため、ポート・スタンリーの飛行場が奪還されるまでは空中給油はさほど重要ではなかった。しかし、軍艦への燃料補給は全て途中で艦から艦へと行う必要があった。

任務部隊の召集は時間との闘いだった。可及的速やかに武力でアルゼンチン軍に対応する必要性のみならず、季節のためでもあった。六月末に始まる南大西洋の冬が亜寒帯気候をもたらし、その地域からの撤退を余儀なくされるからである。海軍工廠の整備から兵士への防寒服の供給まで、全て大至急やらねばならず、当初はその多くが対応不能に思えたのだった。

強いられたのは物的準備のペースだけではなく、計画と情報収集のペースも同様だった。この両者は密接に結び付き、相互依存の関係にあった。この地域には、イギリスの基地もなければ同盟国もなかった。隣国アルゼンチンと長らく不和だったチリは、助けになるつもりはあったものの、公然とイギリスの側に付くリスクは冒せなかった。南米のほかの多くの国は、地域連帯という理由からだけにせよ、フォークランド諸島に対するアルゼンチンの主張を支持していた。その中でどう戦うべきか。明確なのは、水陸両用作戦を実施しなければならないということであり、それを陸からではなく任務部隊の艦船から開始する必要があるということだった。そのためには、海軍は少なくとも部隊が着岸している間は島に接近せねばならず、しかも空母が支援できるよう、日中も付近に留まる必要があった。困ったことに、フォークランド諸島はアルゼンチンの最寄りの海岸から四〇〇マイル〔約六五〇キロメートル〕離れているものの、敵の地上機の航続距離からはさほど遠くない沖合にあった。部隊はいったん上陸すると空襲に脆弱になるおそれがあった。さらなる懸念として、海の開けた東側に離れることが可能な夜を除き、軍艦と輸送船を危険に曝すおそれもあった。

そのリスクはどれだけ深刻なのか。この疑問に答えることは、作戦当初もその最中も困難であることが嫌というほど判明した。イギリスでは、アルゼンチン軍について参考になるようなことを熟知している者は誰一人としていなかった。財政的な理由により、SIS（MI6）は一カ所を除き、南米支局を全て閉鎖していた。残ったのはブエノスアイレス支局だったが、その支局長は多忙を極めており、政治情報以外を収集することなどできなかった。アルゼンチン三軍については、陸海空軍の武官が報告することになっていたが、その頃の彼らはイギリス防衛産業のセールスマンとして振る舞うよう求められることの方が多かった。だが、それは後づけの理由であり、実際のところ、武官という役職は平均的将校の経歴の終わりに与えられる最後の地位だった。申し分のない人生にふさわしい餞別（せんべつ）というわけである。これはアルゼンチンに限ったことではなく、一般則だった。情報収集任務を負っていたのはソ連に配置された将校だけであり、これらの将校はそのための能力を有し、訓練も受けていたのである。

とはいえ、アルゼンチンのようにかなり開かれた社会では、関連の生情報を収集することは難しいことではないし、必ずしも外交儀礼に反するものでもない。容易に入手できる軍の雑誌には貴重な生の断片情報が掲載されており、それらを照合すれば戦力組成がすぐに分かる。現地の軍人や現地部隊の親睦会に関する地元新聞の記事からも同様である。部隊は何十年も同じ兵舎を使う傾向があるため、軍歴も有益な情報源だ。陸軍や海軍は比較的不変な組織であり、その全体像を知ろうとする者がそれらの配置場所や戦力、あるいは暴露するのに特殊な情報精査を必要とする機能に関する秘密を知ることができないのは希である。

イギリス
ソビエト連邦
カナダ
ヨーロッパ
アメリカ
中国
インド
大西洋
太平洋
アフリカ
赤道
0°
アセンション島
南アメリカ
太平洋
インド洋
オーストラリア
アセンション島から
スタンリー飛行場まで
3,750マイル〔約6,000キロメートル〕
ブエノスアイレス
フォークランド諸島
サウスジョージア
南極海
フォークランド諸島
位置関係
スティープル島
カーカス島
サンダース島
ケッペル島
ペブル島
ドルフィン岬
0 10 20 miles
0 10 20 30 km
ジェイソン諸島
サルバドール港
マクブライドヘッド
ダグラス
ヴォランティアポイント
ポート・サンカルロス
西フォークランド
アダム山
2315 ft
サンカルロス
キング・ジョージ湾
バークレー海峡
ポートハワード
アスボーン山
2,295 ft
海峡
スタンリー
クイーン・シャーロット湾
フィッツロイ
グースグリーン
フォックスベイ
ショワズール海峡
リチャード港
東フォークランド
ビーバー島
ウェッデル島
フォークランド
ロー湾
リブレイ島
ポートステファンズ
スピードウェル島
ハーバーズ湾
ブリーカー島
東西
フォークランド
メルディス岬
ジョージ島
イーグル水道
シーライオン島
バーレン島
ヴェネト山
N
東フォークランド
ケント山
タンブルダウン山
飛行場
トゥーシスターズ山
サッパーヒル
スタンリー
ウィリアム山
チャレンジャー山
ハリエット山
0 1 2 3 miles
0 5 km
スタンリー

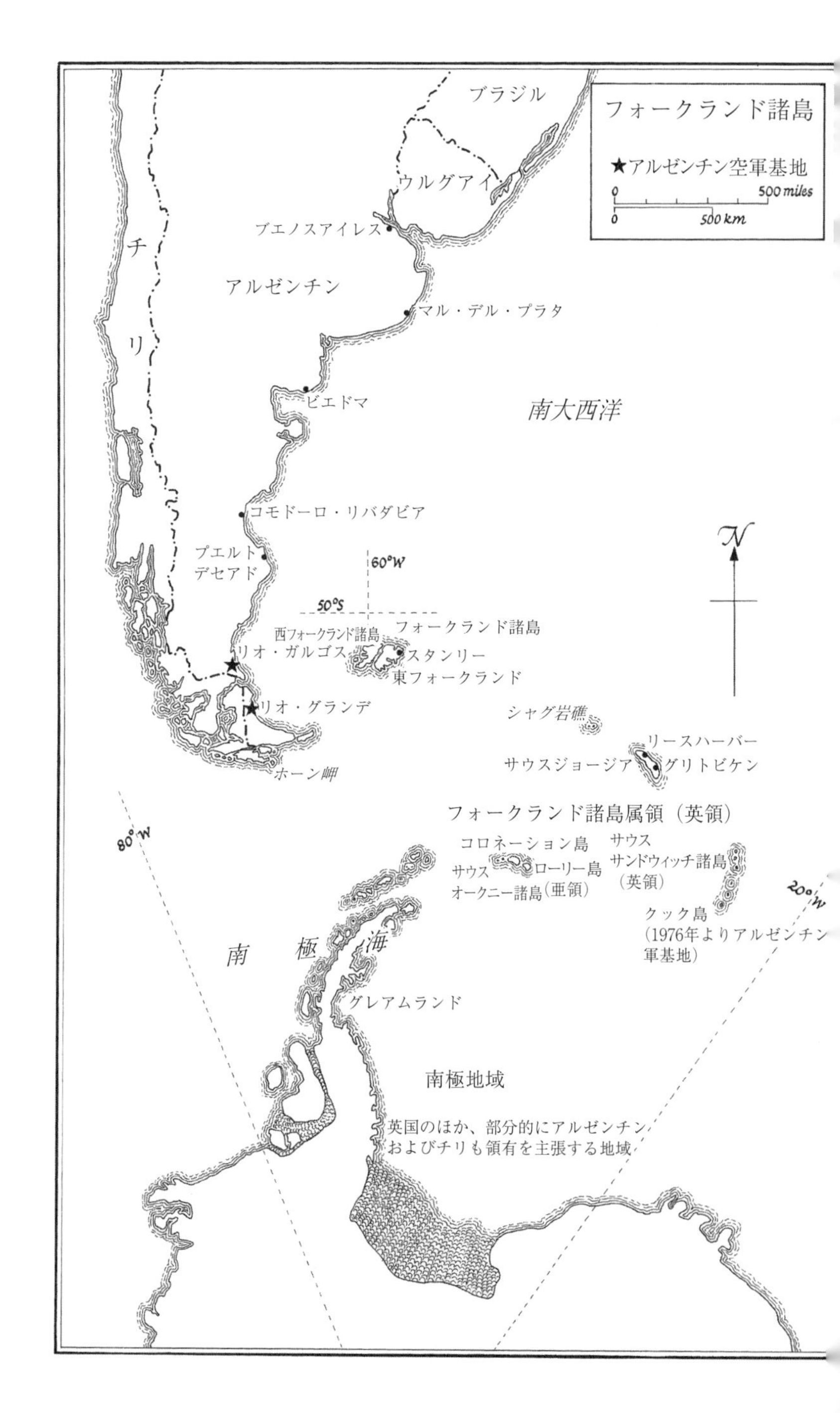
フォークランド諸島
★アルゼンチン空軍基地
0
500 miles
0
500 km
ブラジル
ウルグアイ
ブエノスアイレス
チ
リ
アルゼンチン
マル・デル・プラタ
ビエドマ
南大西洋
コモドーロ・リバダビア
プエルト
デセアド
60°W
50°S
N
西フォークランド諸島
フォークランド諸島
リオ・ガルゴス
スタンリー
東フォークランド
リオ・グランデ
シャグ岩礁
リースハーバー
サウスジョージア
グリトビケン
ホーン岬
フォークランド諸島属領（英領）
80°W
コロネーション島
サウス
サンドウィッチ諸島
（英領）
サウス
オークニー諸島（亜領）
ローリー島
20°W
クック島
(1976年よりアルゼンチン
軍基地)
南　極　海
グレアムランド
南極地域
英国のほか、部分的にアルゼンチン
およびチリも領有を主張する地域

要するに一九八二年四月の時点で、ロンドンの国防情報局文書保管所にはアルゼンチン陸海空軍に関する大量かつ詳細な報告書があるはずだった。だが、そうはなっていなかった。書棚は空同然だったのである。任務部隊の将校たちはその結果、公共図書館で『ジェーン海軍年鑑』や国際戦略研究所の『ミリタリーバランス』といった権威ある文献を、恥ずかしながらも大急ぎで調べたのだった。それで得られたものはほとんどなかった。『ミリタリーバランス』はアルゼンチン規模の国に関してはわずか二、三ページしか充てておらず、『ジェーン海軍年鑑』は大部分が写真集である。さらに、アルゼンチンの軍艦に関して最重要のこととして、空母『ベインティシンコ・デ・マヨ』は一九四三年に進水した文字どおり旧式の元イギリスHMS『ヴェネラブル』であり、三隻の大型駆逐艦はイギリスが建造したか設計したものだったため、イギリスが知らないことで『ジェーン年鑑』に記載されていることはほとんどなかった。『ミリタリーバランス』を調べた海兵隊員と陸軍兵は、もっと落胆したに違いない。本書においては部隊の数や装備品の量といった最低限の生情報が項目ごとに一覧になっているだけで、部隊の能力の実態は何ら把握できないし、部隊の名称もなければ、平時の配置位置も明記されていないからである。一九八二年四月初旬のあたふたとした日々の中でこれらが欠落していたことにより、さぞ判断に迷いが生じたことだろう。アルゼンチン陸軍の三つの精鋭部隊は第Ⅵ、Ⅷ、XI山岳旅団であり(ちなみにペロン大統領は山岳兵科将校だった)、これらは訓練内容と寒冷気候に慣れていることからして、当然フォークランド任務に選任されるものと思えた。しかし、アルゼンチンの軍事政権は、チリが係争地ホーン岬に対する立場を強化するためにフォークランド諸島に関与して利益を得るのではないかと恐れたため、これら山岳旅団を平時の配置のままとし、温暖なウルグアイ国境から引き抜いた二線級の部隊を動員することにしたのだった。GCHQが山岳旅団の無線通信を傍受していたことは今では判明しており、侵攻艦隊が出港しても、これら旅団がはるか南に配置されたままであることが確認されていた。任務部隊の将校はそれすら知らなかった。

彼らは潜在敵の配置と能力について、公開されている不十分な生情報に全面的に依存していたようである。

海軍もかなり情報に暗かった。旧式空母『ハーミーズ』に座乗する軍艦・輸送船司令官のサンディー・ウッドワード提督は、直面する危機の全体像を大まかに把握していた。それは三つの要素からなっていた。第一はアルゼンチンの地上機からの攻撃であり、その中にはエグゾセの発射機能を備えたものもあった。エグゾセは海面すれすれ（シー・スキミング）を飛行するフランス製ミサイル（ウッドワード麾下のいくつかの艦にも装備されていた）であり、電子対策による攪乱が難しく、直撃の効果は致命的だった。第二はアルゼンチン水上艦隊であり、無線傍受から海上にいることが判明していた。これは『ベインティシンコ・デ・マヨ』と元アメリカ重巡洋艦『ベルグラーノ』を中心とした二グループに編成されており、挟撃作戦を行うために展開しているようだった。第三はアルゼンチンの潜水艦である。ディーゼル推進潜水艦は探知が難しいことで知られていたが、イギリスの原子力潜水艦によって付近に追い詰めうると考えられた。水上艦隊に対しては、イギリスがフォークランド諸島周辺に宣言した「侵入禁止区域」に入らないよう警告しており、入った場合は攻撃することになっていた（侵入はしなかったが、『ベルグラーノ』がHM潜水艦『コンカラー』に攻撃されて撃沈された）。エグゾセの脅威は、フォークランド諸島とアルゼンチンの間にレーダーピケットとして駆逐艦とフリゲートを配置して早期警戒を行うことで克服し、それを突破したミサイルについては、狙われた艦よりも大きな目標に見せ掛ける「チャフ」を発射してこれを攪乱するよう見込まれた。

実際には、アルゼンチンのディーゼル潜水艦二隻は任務部隊を攻撃できなかったのであり、水上艦隊は『ベインティシンコ・デ・マヨ』艦上の設備故障によって部分的に機能不全となったため侵入禁止区域から引き返し、『ベルグラーノ』が撃沈されると帰投したのだった。これとは対照的に、エグゾセミサイルを搭載した航空機は任務部隊に甚大な被害を与え、在来型の兵器で攻撃したほかの機とともに、あと一歩でアルゼンチン海軍の勝利を達成するところだった。そうなっていれば、フォークランド諸島は確保され、イギリスの面目はその後の数十年にわたって失われたことだろう。

アルゼンチンの空中発射型エグゾセミサイルAM39は水上発射型の改良型であり、シュペル・エタンダール機に搭載された。ミサイル自体と同様、本機もフランス製である。イギリスは、アルゼンチンが保有するAM39はわずか五発と確信しており、これは正しかったものの、シュペル・エタンダールは一機のみと誤信していた。正しくは五機だった。航空機とミサイルの組合せと同様に重要だったのが、海上哨戒機だった。リオグランデ基地にいるシュペル・エタンダールに対し、攻撃範囲内に任務部隊がいると警報を出せたからである。アメリカ製の旧式機であるSP2Hネプチューンは、地球の湾曲がなす水平線のかなたまでも滞空できたほか、一定間隔で水平線上に上がることによって、イギリス軍をレーダー監視下に置くことができた。シュペル・エタンダールは、目標への誘導時にイギリスのレーダー波より下の海面レベルを飛行し、エグゾセを命中させるのに十分な近距離までそれを行った。パイロットは一度か二度、短時間だけ高度を上げる必要があった。その目的は、自機のレーダーが目標を捉えてミサイルが正しい方向に向かうよう、自動プログラミングさせるためである。エグゾセはいったん発射されると、搭載された高度計によって海面高度を維持し、最終的に自機のレーダービームに沿って目標艦へと向かっていった。

ウッドワード提督とその参謀は、シュペル・エタンダールの航続距離は四二五マイル〔約六八〇キロメートル〕しかないと誤って伝えられており、それなら島の東にいる任務部隊まで到達できないと考えていた。実際は、アルゼンチンが保有する二機の空中給油機KC130の一機から補給を受けることによって、射点まで到達可能だった。五月四日、『ベルグラーノ』が撃沈された二日後、二機のシュペル・エタンダールがリオグランデから発進し、任務部隊に迫った。彼らが指揮するネプチューンはイギリスのレーダーに探知されていたが、『ベルグラーノ』の生存者を探しているものと考えられた。レーダーピケットとして任部部隊の西にいた『グラスゴー』と『コヴェントリー』は、最終進入を補正するために水平線上に上がった二機の反射波を捉えた。イギリス艦はチャフを発射し、海面上わずか六フィート〔約一・八メートル〕を飛行していた二発のエグゾセは、自らの針路補正機能によって攪乱された。二〇海里離れていた『シェフィールド』は、ちょうど衛星回線を通じて無線交信しているところだった。これによって、姉妹艦から発せられた警報の受信や自艦レーダーの機能が阻害された。したがって、乗組員は差し迫った危機に気づくことも、チャフを発射することも、回避運動することもなかった。エグゾセ一発が同艦の前部機関室に命中し、弾頭は不発だったものの火災が発生、最終的に多くの人命が失われた後に総員が離艦せざるをえなかった。

　エグゾセの脅威が明白になったことは、作戦の運営管理とその土台となるインテリジェンスの取組み両面に決定的な影響を与えた。ウッドワード提督は直ちに任務部隊をフォークランド諸島の東まで後退させ、五月二一日に上陸が始まるまでそこに留まった。同時に、コーポレート作戦（本作戦のコードネーム）を指揮するノースウッド三軍統合司令部は、情報収集を改善する方法と、アルゼンチンによる経空脅威を直接叩く方法を血眼になって探し始めた。信号情報に事欠くことはまったくなかった。アルゼンチン陸海軍の通信は膨大であり、それらは表向きケーブル・アンド・ワイアレス社の支社だったアセンション島のトゥーボーツ傍受局を通じてＧＣＨＱに傍受されていただけでなく、この危急時に友好国イギリスを全面的に支援する決定を行っていたアメリカ情報コミュニティのＮＳＡと、ワイオウル所在のニュージーランドの一傍受局によっても傍受されていた。[*1] 米国は衛星情報についても惜しみなかった。国家偵察局（ＮＲＯ）は電子・画像データを提供できる三つのシステム、すなわちホワイト・クラウド、ＫＨ８およびＫＨ11を保有していた。同局はさらにＳＲ71高高度偵察機を随時飛行させ、そのデータも提供可能だった。

　上空監視の有用性には限界があった。それは第一に中断――ホワイト・クラウドの通過は一日にわずか二回――であり、第二に、それが利用可能になる頃にはすでに損害が生じていたことだった。上空監視は出港したアルゼンチン侵攻艦隊については警報を発しえたであろうし、イギリス政府が最後通牒を通告するのにも間に合ったであろうが、艦隊がいったん到着すると、さらなる有益な生情報はほとんどもたらしえなかったのだった。

ノースウッド司令部が最初のエグゾセ攻撃に衝撃を受けた後、消極的カウンター・インテリジェンスから積極的カウンター・インテリジェンスに転ずる決定を行ったのは、何よりもこうした理由のためだったのである。在来型の警戒手段――衛星インテリジェンスを含む――が脅威回避に失敗したため、国防省はリスクを根源から排除する作戦を実施するよう命じられることになった。イギリスの特殊部隊は、エグゾセ部隊を発見して基地でこれを破壊する任務に従事することとされた。

特殊部隊は、間違いなくイギリスが現代の軍事力に貢献したものである。その起源はウィンストン・チャーチルが「ヨーロッパを炎上させる」べく一九四〇年七月に発した指示に遡り、その直接的な結果として創立されたのが特殊作戦執行部（SOE）だった。チャーチルの考えは（後に間違っていることが証明されたが）、ドイツ占領下のヨーロッパ領内で不正規部隊が攻撃を秘密裡に実施することで、イギリスの敵を内部から弱体化させることができるというものだった。彼は、イギリスのエージェントから武器と助言を受けた現地の愛国者がこれをなすものと考えていた。チャーチルの計画はヨーロッパの敗戦諸国民の自尊心を大いに回復したものの、ナチ勢力を弱めることはほとんどなかった。とはいうものの、不正規部隊を編成するという彼の構想により、間接的ながらも国家による軍隊の使用法が永久に変わったのである。SOEという構想に触発されたイギリス陸軍の思考は、第二次世界大戦の中盤において、敵領内で行動するよう訓練と装備を施された独自の不正規部隊の創設へと向かった。チャーチルの直接指令によって編成された最初のそうした部隊が、海から上陸する強襲部隊たるコマンド部隊になったのであり、これらはパラシュート連隊の中に空挺コマンド部隊を有し、敵陣背後に航空機で降下するよう訓練と装備を施されていた。

SOEやコマンド部隊、パラシュート連隊といった構想は、一九四〇年から四二年に中東に駐屯したイギリス軍将校の自由発想を刺激し、彼ら独自の考えと融合した。すなわち、民間人を徴用して不正規兵として戦わせることを目指すのではなく、熟練兵を不正規兵に変えるべきだという考えである。その結果できたのが、長距離砂漠挺身隊、ポプスキー私兵団、レヴァント・スクーナー戦隊、特殊空挺部隊（SAS）といった一連の不正規部隊だった。戦争終盤になると多くが解隊され、ロマンチックな思い出としての役目を果たすのみとなった。特殊空挺部隊は別の運命をたどった。その戦歴は素晴らしく、表向き平穏な砂漠の飛行場や欧州大陸のピンポイント標的を攻撃した。一九四六年に解隊されたものの、マラヤ斥候隊として復活し、一九四八年にはマラヤのジャングルで共産主義テロリストに対する秘密作戦を実施した。一九八〇年代には、政府の代理としてしばしば行動していた陸軍の道具と化し、テロリストや組織犯罪に対する秘密作戦を英国内外で実施した。さらには、通常作戦における正規部隊の不正規部門としても行動した。かなりの少数——極めて厳しい選抜採用プロセスのため、隊員数は約四〇〇人に制限されている——にもかかわらず、その有効性は兵員数とは何ら比べものにならなかった。

SASが果した諸機能の中でも、卓越していたのが内偵だった。隊員は風景の中にいかに溶け込むかを学び、一度に数日、「隠れ場」に「潜伏」し、極めて不快な環境の中で生きながらえ、敵の配置場所と活動についての目撃証言を持ち帰ってきた。ノースウッド司令部はコーポレート作戦の始動時に、信号傍受と上空偵察に由来する情報が不足していたため、SASを投入して監視・報告させるのが不可欠になろうと判断した。こうした任務はまもなく拡大され、遠征部隊の成功に重大な脅威を及ぼすと見なされた敵の露出陣地への直接攻撃も含まれるようになった。

当初に決定された任務が一つあった。サウスジョージアにアルゼンチン軍がいることは、フォークランド諸島群から八〇〇マイル〔約一三〇〇キロメートル〕離れているとはいえ、冒瀆（ぼうとく）と見なされた。じきに、それは一つの機会を提示しているとみられるようにもなった。長い準備期間中の三月と四月にかけ、段階的に任務部隊が南方に移動するにつれ、政府は成功の報で民衆の懸念を静める重圧を一段と感じるようになった。サウスジョージアを奪還すれば、その必要条件を満たすことになるだろう。そこで、英海兵隊とSASの混成部隊がHMS『アントリム』に乗艦し、目的地へと派遣された。過酷な気象条件の中、ろくな装備もない部隊は、途中で辛くも惨事を回避しながら最終的に上陸し、四月二一日から二四日にかけて任務を達成した。すでにスクラップ業者に取って代わっていたアルゼンチン軍は簡単に降伏した。海兵隊とSASに死傷者はなかったが、不測の事態によって何度か死に懸けていた者は大勢いた。

　サウスジョージア急襲に続き、SASは海兵隊に相当する特殊舟艇団（現在は特殊舟艇部隊）とともに、フォークランド諸島での予備作戦に直接関与した。後の段階においては戦闘にも全面参加し、アルゼンチン本土への、依然として謎に包まれている浸透を何度も試みた。これにはアルゼンチン空軍の空襲を早期警戒する目的もあったが、奇襲攻撃によってそれらを妨害する目的もあった。

　特殊部隊に割り当てられた最初の主任務は、フォークランド諸島群に対して五月初旬に開始された。特殊舟艇団（SBS）の六チームと、四人からなるSASの斥候隊七個が艦隊からヘリコプターで陸揚げされ、SBSが特に上陸地点の選定を行う任務を負った一方、SASはアルゼンチン軍の配置について情報収集に当たった。SASの一斥候隊はブラフコーヴに潜み、最終的にそこが本島・東フォークランド島西海岸への補助的な上陸地に選定された。ほかにも、主たる初上陸地となったサンカルロス近郊のダーウィンに潜伏したのが一隊、東フォークランド島にある首都ポート・スタンリーを監視したのが三隊、西フォークランド島の過疎地に上陸したのが三隊あった〔各所に配置された斥候隊の数は原文ママ〕。五月一四日、三日前から潜入していた一斥候隊に目的地まで導かれていたD中隊の隊員四五人は、滑走路を叩くべくヘリコプターによってペブル島に上陸した。アルゼンチン空軍はここに一一機のプカラ地上攻撃機を配備しており、一〇〇人でこれを守っていた。ＳＡＳ隊員には、沖合にいるフリゲートの射撃を指揮するイギリス砲兵隊第29コマンド連隊の前進観測隊が同行していた。艦砲射撃の下、ＳＡＳは爆薬を設置し、全敵機を破壊して犠牲者を出すことなく撤収した。これによってアルゼンチン将校一人が死亡し、その部下二人が負傷した。

その後、特殊部隊は二件の独自行動を行った。一つは、サンカルロス湾への主上陸が行われた五月二一日に、ファニングヘッドを奪うために行われた作戦である。ここは上陸部隊の接近が見渡せる場所だった。もう一つは、ポート・スタンリーを見下ろすケント山の監視哨を確保すべく五月二五日から二七日に行われたものである。どちらも完璧な成功を収めた。ファニングヘッドのアルゼンチン軍はＳＢＳに駆逐された。ＳＢＳは主上陸の前に、カンパマンタ湾やイーグルヒル、ジョンソンズハーバー、サンカルロス、ポート・サンカルロスにも斥候隊を送っていた。[*2] これより前の五月二〇日には、ＳＡＳの一斥候隊が橋頭堡に対するアルゼンチン軍の部隊展開能力にも打撃を加えていた。ヘリポートを発見し、待機中の四機のチヌークとピューマを破壊して橋頭堡の安全を確保したのである。第22ＳＡＳ連隊とＳＢＳは上陸後も島での活動に従事し、アルゼンチンが降伏するまで作戦を継続した。

しかし、『シェフィールド』がエグゾセに撃沈された五月四日以降、これら特殊部隊を指揮した者が主に考えていたのは、それらを使ってエグゾセ攻撃の早期警戒をもたらす、あるいはエグゾセを搭載するシュペル・エタンダールを排除する、何らかの方法だった。いずれにせよ、そのためにはアルゼンチン本土への上陸が必要だった。ＳＡＳの一監視チームは五月一七日から一八日の夜にかけ、リオグランデ基地にヘリコプターで降下しようとした。その任務は、防御態勢の程度を判断した後、察知されずにチリ領内に退くことだった。そこでは彼らの受け入れ準備が整っていた。ヘリコプターを着陸させたパイロットは、自機がすでに探知されているものと判断し、チリに逃亡しなければならないと考えた。彼は急いで西へ飛行した後、徒歩で国境を越えるＳＡＳ隊員を降下させ、チリ領内に着陸して機に火を付けた。彼と部下の乗員二人は後に本国送還されたが、アルゼンチンの飛行場にいたことを説明するのに彼らが使った口実は、方角を見失ったからという説得力のないものだった。侵入したSAS隊員は秘密連絡員に発見され、サンチャゴに連れて行かれた後、終戦までそこに潜伏した。[*3]

リオグランデのシュペル・エタンダールを排除するという、計画の第二要素は失敗した。なぜなら、その任務に派遣された隊員が、作戦は悲劇的な結末に終わるだろうと思い込んでしまったからである。この計画では、四五人からなる三個部隊がハーキュリーズC130に乗って滑走路に強行着陸し、敵の守備隊を制圧してシュペル・エタンダールを破壊、営舎にいることが見込まれるパイロットを殺害した後に、素早く田野を横断して中立国チリに逃げ込むことが求められた。そのための外交は心もとなく、実現性も疑わしかった。この地域の地図で入手できるのは一九三九年のものか、『タイムズアトラス』からのコピーしかないと知ったとなれば、兵の信頼が高まるべくもなかった。イギリスを立つ前に彼らに行われた最後のブリーフィングでは、非常に経験豊かな軍曹二人が居残りたいと言い放った。SASの歴史の中でも、これは明らかに前代未聞の事態だった。彼らの懸念に直面した上級将校は、作戦をキャンセルしてほかの兵の任を解かねばならないと感じた。反対者は解任しておくべきだったと考える者もいれば、彼らにも言い分があるということを受け入れた者もいた。[*4]

リスクを極限まで冒してでもこの作戦を準備しようとした発案者の理由が示されたのは、五月二五日のことだった。フォークランド諸島の北で燃料を補給した二機のシュペル・エタンダールが思わぬ方向から艦隊に接近し、エグゾセを発射したのである。一発はチャフに攪乱されて海に落下し、二発目はコンテナ船『アトランティック・コンベイヤー』の巨体に引きつけられ、これに命中した。本船は火災が発生して沈没し、極めて重要な重装備も道連れにした。その中には大型のチヌーク兵員輸送ヘリコプター三機とウェセックス一〇機が含まれていた。これらはポート・スタンリーに前進する歩兵を空輸することになっていた。これらが失われたことにより、歩兵は徒歩で移動することを余儀なくされ、地上作戦の最終段階の遅れが深刻になったのだった。

しかし、『コンベイヤー』攻撃後にアルゼンチン軍に残っていたエグゾセは一発しかなかった。しかも、在来兵器しかないアルゼンチン航空部隊と英任務部隊との五月二一日から二三日にかけての激戦によって、二三機が撃墜された。これによってアルゼンチンの保有戦力の三分の一が失われた。アルゼンチン軍パイロットは徹頭徹尾、極めて勇敢に戦い、予想外の腕前を見せたものの、サンカルロス湾をめぐる空戦では実質的に負けていた。彼らは六月八日にブラフコーヴで華々しい戦果を再び収めたが、この頃にはイギリスの地上部隊がポート・スタンリー近辺の高地に配置されており、アルゼンチン守備隊はすでに降伏しようとしていた。

任務部隊が航空攻撃に対して自衛できたのは、五月中に別のSAS部隊が降下して察知されずに監視任務を遂行したほか、ピケットとして沖合に原潜を配置したことによって防御能力が補強されたため、との未確認情報がある。[*5] 五月二一日から六月一四日までの三週に及ぶ激戦期間中にイギリスが運用した早期警戒システムの全体像については、未だもって公開されていない。運だけでそれが成功したことはありえない。というのも、上空掩護は不十分であり、ハリアーは撃墜される前でも三六機しかなく、しかも艦隊のミサイル防衛は不完全だったからである。アルゼンチン軍に与えた損害の総計の中にはスカイホーク三一機、ミラージュ二六機が含まれており、これだけ並はずれた戦果が上がったことは偶然によって達成できる以上の、より組織的な警戒システムがあったことを物語っている。[*6]

任務部隊は二つの由々しきインテリジェンス不全を被った。双方とも人的レベルの失態に帰せられるものである。サウスジョージア奪還という副次作戦の期間中、凄まじい南極の気候によって維持不能になった陣地から、何度もSASの一隊を引き抜こうと試みられた。そうした試みが惨事を免れたのは、無理だと思われながらも、三機目のヘリコプターがこの隊と、これより前に救出に向かって墜落したヘリコプター二機の搭乗員の救出に成功したからにすぎなかった。この任務が実行されたのは、サウスジョージアを探査したことのある一陸軍将校が、当初の任務は実施可能だと起案者に確約していたからだった。このエピソードは、専門家の生情報にもほかのいかなる形態の情報と同じように欠点がありうるものだという、痛烈な訓戒をもたらした。第二の失態はさらに深刻だった。紛争初期の五月四日に『インヴィンシブル』から発進したシー・ハリア一機が西フォークランドのプカラ基地への攻撃中に撃墜された際、パイロットの遺体にあったブリーフィングノートをアルゼンチン軍の情報将校が発見し、これが解読されたことにより、フォークランド諸島の東で行動している艦隊の位置が暴かれてしまったのである。それまで、艦隊は大海原の中で敵から姿を隠すことができた一方、諸島上空の航空優勢を獲得するための戦闘を願わくは成功裏に行うべく、十分に接近してその距離を保っていたのだった。五月四日午後、『シェフィールド』がエグゾセに撃沈された当日、ウッドワード提督は艦隊をアルゼンチン軍機の航続距離外に撤退させざるをえなくなり、絶対に必要なときにしか諸島に接近できなくなってしまったのだった。

イギリスは開戦当初、武力を誇示すれば外交交渉によってアルゼンチン軍を撤退させられるだろうと考えていた。『シェフィールド』が撃沈され、最初のシー・ハリアが失われると、この紛争は本物だと認識せざるをえなくなった。五月二一日に部隊が上陸すると、アルゼンチン徴集兵がイギリス正規兵の優勢な戦闘力に屈したため、抵抗は弱まるだろうという楽観論が強まった。予断を許さなかったのは紛争最初の三週間だった。アルゼンチンはインテリジェンス上の大成功によって、イギリスの輸送船一隻か大型兵員輸送船一隻、すなわち『キャンベラ』あるいは『クイーン・エリザベス2』を攻撃することが可能であり、エグゾセ一発で事態がアルゼンチン優位に変わってしまっていたかもしれない。だが実際は、アルゼンチンはイギリスが享受できたアメリカの衛星情報や信号情報を利用できなかった上、自らの情報源も不十分だったので、憶測や運まかせで行動せざるをえなかったのである。そのどちらも満足なものではなかった。

アメリカ主導の多国籍軍による二〇世紀最後の大戦争となった対イラク湾岸戦争は、介入軍にとって、この九年前のフォークランド紛争を条件づけたインテリジェンス環境よりもはるかに有利な環境の中で行われた。多国籍軍には、大量かつ継続的なシギントに加え、あらゆる形態の衛星監視はおろか、頻繁な上空飛行がもたらす高解像度写真や大量の電子・知覚データも供給された。イラク軍は越境してクウェート領内に部隊を展開していたため、多国籍軍は作戦地域に関する豊富かつ正確な地図が作成可能だった。利用できる戦略情報の量あるいは質について、戦闘部隊からの不平は皆無だった。

戦術情報をリアルタイムで獲得することは、さほど満足のいくものではなかった。イラク空軍は初期の段階でイランに避難していたため、空襲に関する早期警戒は必要なかった。必要とされたのは、多国籍軍とサウジアラビアの基地並びにイスラエルの領地を狙ったスカッドミサイルの発射警報だった。さらに求められたのは、スカッド発射機の位置に関する生情報だった。早期警戒はうまく機能し、スカッドの飛行中に破壊することが何度かできた。その発射機——一九四四年から四五年に、V2号に対する攻撃を非常に困難にしたマイラーヴァーゲンの派生型——の位置を探知することは、実質的に不可能だった。イラク領内には幾多の特殊部隊チームがヘリコプターで投入されたにもかかわらず、スカッド発射機は一基も発見できず、破壊されたものも皆無だった。二〇〇二年に始まって本書執筆中も続いている国際危機の根底にあったのは、最高に価値ある兵器を内外の情報収集手段から隠し、守るイラクの能力だった〔ここでいう国際危機、すなわち「第二次湾岸戦争」または「イラク戦争」は、米軍がイラクから完全撤退した二〇一一年まで続いた〕。

サダム・フセインが国連安保理決議一四四一のもとで要求される兵器査察官への協力を拒み、国連の権威に挑戦したことは、公認の諜報活動も同然の条件のもとでも、現代兵器システムに関する情報を獲得することの難しさを実証している。イラク領内にはかなりの数——少なくとも一〇〇人——の査察官がおり、表向きは移動と施設への出入りが自由に行えたが、二〇〇三年三月になっても生物・化学戦用物質の備蓄を発見することはできなかった。これらの物質が国連決議によって求められる破壊を免れ、多くの場所に隠されたままだと彼らが信じたのももっともだった。フセインは核弾頭も製造しようとしていると考えられたが、その捜索も無駄に終わった。上級兵器査察官ハンス・ブリックス博士は、査察チームが任務——イラクが決議一四四一の諸条項を完全に順守していたと報告すること——を遂行できないと不平をこぼした。なぜなら、彼らはイラク当局から全面協力を拒否され、特に、兵器開発計画に従事していると考えられたイラク人民間科学者を尋問する自由を拒まれたからである。ブリックス博士も、査察官にもっと時間を与えるべきとする反戦活動家も、次の可能性を考慮に入れていなかったように見える。それは、査察官の調査対象は極めて巧みに隠匿されており、イラクの表面的な協力があろうと、調査がどれだけ長引こうと、ブリックスの任務は失敗する運命にあったということである。状況は前代未聞だった。国際法違反の容疑者が、不正行為疑惑を調査する公的支援を受けた査察官に対して国境を開けざるをえなかったにもかかわらず、査察官は容疑者の意図と能力に関する疑念を払拭できないままとなってしまったのである。絶対的な好条件の中で、要するにインテリジェンスが機能しなかったのだ。

同時並行的な「対テロ戦争」における情報収集活動も、別の理由によって同じように頓挫した。「戦争」とは誤った名称である。なぜなら、それはテロリズムの相手から圧力行使の手段を奪う一方的なものだったからである。拡散したイスラム原理主義テロリスト勢力を管理してこれに指導力を付与したアルカイダは、アラビア語で「基盤」を意味するにもかかわらず、これといった基盤を有しておらず、二〇〇二年初頭にアフガニスタンでタリバンが敗北して以降は、領地も保有していない。アルカイダは多くのイスラム諸国で非合法化されている。専制的なこれら政府が恐れているのは、アルカイダがこれらの政府は原理主義者のイスラム概念をまったく信奉していないと非難することによって、権威を確立することである。アルカイダの規模や構成員については不明であり、名目上の指導者であることを公言しながらも捕えられていない数人を別として、指導層も特定されていない。仮に指揮系統があるにせよ、その構成は不明である。アルカイダの強みは、一枚岩の組織というよりも、似た考えを持った別個のグループの連合体であるという点である。大きな資金源を擁することは判明しているものの、財政も謎に包まれている。イスラム社会で伝統的な、非公式ながら確実な口頭合意によって送金が行われていると見られるためだ。人目を引くような兵器類を多数保有することはなく、二〇〇一年九月一一日に民間機をハイジャックしたような場当たり的な方法か、プラスチック爆弾のような容易に隠し持てるテロ暴力手段を使用することを好む。一九四五年以降のあらゆるテロ組織と同様に、アルカイダも第二次世界大戦におけるSOEやOSSといった西側諸国の特殊部隊の作戦から、多くを学んだようである。一九四〇年から四四年にかけ、これら部隊がドイツ占領下のヨーロッパの抵抗組織の中で秘密戦の特殊技術を発展、普及させたのであり、しかも対ナチ秘密戦に関するおびただしい数の文献が教科書になっているのである。それらの中には、捕虜となった戦闘員が尋問に対してどう抵抗するかに関する記述もある。拷問を使うことを厭わなかったゲシュタポにはそれが通用しなかったことも多々あったが、拷問の使用が文化的に忌避され、どのみち国内・国際法によって禁じられている今日の西側の対テロ組織には有効である。数百人のアルカイダ要員が逮捕、拘禁されたにもかかわらず、報道によれば、尋問に対する抵抗を切り崩そうとするアメリカの取組みを彼らが巧みに乗り切っているという。

アルカイダ世界への唯一の侵入点として見出されたように見えるのが、通信の必要性である。本書が提言しているように、相互通信はどれだけ安全を期して使ったとしても、必ずといっていいほど非公然システムにおける弱点となってきた。アルカイダはこれまでのところ、携帯電話と衛星電話の膨大な送信によって西側の傍受機関が直面する困難を頼りにしているようであり、自分たちの一対一の通話が日々の数十億に上るほかの通話の中に埋没することを見込んでいるようだ。幸いにも、それは期待外れであることが判明している。現代の通信監視・標的指向手段により、西側の傍受機関は増加の一途をたどる重要通話を特定し、盗聴することができるのみならず、被疑者を発見し、活動場所を特定することもできるのである。

しかし結局のところ、アルカイダその他の原理主義者ネットワークに対する攻撃が成功する唯一の方法は、最古の情報収集手段、つまり個人に対する直接的な対諜報活動に訴えることである。その場合、難しい言語に堪能で、別の文化でも現地人として通用する勇敢な個人が彼ら自身の社会の敵と友人になり、認められる必要があるだろう。こうした技術を極めたのがイスラエルであり、その情報機関はアラブ各地に古くからあるユダヤ人コミュニティ出身の難民の中からエージェントを採用することができるという利点を享受している。これら難民は、逃れてきた国の言葉で日常会話ができるが、新居を見つけたイスラエルには完全な忠誠を誓っている。西側諸国ではそのような採用はもっと困難であろう。イスラム教は仲間の信徒に強い結束を負わす。帰化した西側諸国にあらゆる面で誠実な第二、第三世代のイスラム教徒の移民ですら、同宗信徒を当局に通報するという裏切りのような行為に対しては、宗教的熱狂のために強い嫌悪感を覚えるのである。エージェントの採用の問題は米国では深刻だ。大規模な古いイスラムコミュニティや関連の言語知識を持つ非ムスリム市民が不足しているからである。イギリスやフランスといった旧帝国では、事はもっと容易かもしれない。これら諸国の情報機関、特にイギリスの情報機関は、植民地の反乱分子を取り締まる必要があった一九世紀にその起源があり、言語その他の民族学的技能をかなり色濃く残しているからである。

情報機関に突きつけられている任務はこれまでとは違う。それは、日常的な無線監視・傍受・解読任務に対して最高度の知力と徹底的な専心とが必要とされたブレッチリーやOP―20―Gの任務とは、大きく異なっているのである。新たなカウンター・インテリジェンスの達人たちは、エニグマの壮大な物語に登場した学者やチェスの優勝者とは似ても似つかないだろう。彼らは知識人ではないし、推理力や数学的分析の才によって敵を圧倒するようなこともない。それとは正反対である。標的集団を特定し、浸透し、これに受け入れられるのに必要とされるのは、共感と偽装の資質である。彼らの任務は犯罪組織のメンバーに信頼されようとする警察の潜入エージェントのそれと似ており、それにはあらゆる危険と道徳的な妥協が伴う。イギリスの治安機関と専門警察部隊は、北アイルランドの共和派であれ、王政派であれ、テロ組織内で秘密の活動を行うことによって、そうした秘密作戦の最善の実施法に通じるようになったが、実践は理論よりも困難であることが常であり、宗教的狂信者に対しては特にそうだろう。伝統的アイルランド共和派の極端な民族主義者のような思想的テロリストですら、誘惑や脅迫の影響を受けやすいことがある。脅迫や恐喝による共和派の資金調達は、解放運動を犯罪世界に引き込み、結果的にこれを堕落させることになったが、その一方で、「義勇兵」の生命を脅かすリスクを排除するのが彼らの「軍事的」気風だった。これとは対照的に、イスラムの純粋主義者は金銭的な誘惑に対して抵抗力があると見え、自らの暴力的な目標を推進するために自殺する覚悟を行動で示している上、尋問においては完全黙秘の掟に従い、しかも兄弟愛の絆で結ばれており、それが宗教上の強みとなっている。当然のことながら、浸透されえない組織や破壊されえない組織などというものは存在しない。あらゆる組織には弱点があり、意志薄弱な構成員がいるものだ。とはいえ、謎めいた外国の組織に浸透する手法を西側情報機関が習得するのには数十年はかかろうし、これを周縁化、無力化するのにはさらなる年月が必要とされるかもしれない。

情報機関はこうした課題によって、衛星監視やコンピューター解読の時代には原始的にすら思える古くさい手段に立ち返ることだろう。キプリング著『少年キム』は、一文豪による娯楽文学作品としてのみ現代に生き残っているが、原理主義者に対抗するエージェントのモデルの一つを主人公キムが提示するようになるかもしれない。キムはヨーロッパ人としてのアイデンティティを脱ぎ捨てる能力や、イスラム教徒の伝書士やヒンドゥー教徒の勇士、仏僧の取巻きとして通用する能力を持っており、どんな高等数学の博士号保持者よりもはるかに優れている。バカンの小説の登場人物スカッダーは、ブダの毛皮店からパリの裏通りに至るまでの途中で、服を脱ぎ捨てたり、新たな変装を取り入れたりしながら端緒情報を嗅ぎ回ったのであり、どんな地域研究専攻の大学院生よりも将来の諜報界に適しているように思える。対テロ戦争をいかに戦うべきかについて、空想文学の方が情報収集技術の学術的訓練課程よりもしっかりとした提言をもたらしてくれるとしたら、皮肉であろう。皮肉とはいえ、ありえないことではない。秘密の世界というものは常に現実と創作の中間にあり、現実主義者や良識家と同じ数だけの夢想家で占められるものなのである。

西側諸国は、二度の世界大戦という動乱期にあっても自分たちは幸運だったと思うようになるかもしれない。情報収集や敵の通信、秘密兵器といった主目標は、盗聴や暗号解読、画像監視、欺瞞工作といった具体的手段による攻撃に影響されやすかったからである。明確な形態を欠く新たな情報標的が遺憾ながら出現したことを、西側諸国はすでに思い知らされている。それはつまり、中央権力に屈しない攻撃的な信念体系、危険な不満分子の移ろいやすい同盟、どの移住国にも忠誠を誓わない無国籍移民といったものである。反西洋テロリズムのエージェントが徴募されるのは、まさにこうした背景からなのだ。しかも紛らわしいことに、徴募地も一定ではない。彼らの多くは家族も身分証もない青年であり、到着したばかりの移住者のコミュニティの中にいるかのように装っている。また、不法越境者であることが多く、当局の注意を逃れようとして「証明書のない」放浪者の大集団の中に紛れている。

米国は広大な沿岸域と厳格で有能な国境管理機関によって守られているが、二〇〇一年九月一一日の恐るべき事件が示したように、テロリストの侵入に対しては決して鉄壁ではない。西欧諸国は、出国を虎視眈々（たんたん）と狙っている数十万の若者がいる国と地続きであり、不法入国の事実がたとえ証明可能であったとしても、それら該当者を出身国に送還するには自国の公民権法による制約を受けるため、米国以上に防御薄弱である。西欧諸国が直面している治安問題は、規模や程度において前例がないばかりか、封じ込め不能ということでもある。怪しいコミュニティは規模的に拡大を続けており、犯罪を企む者やその予備軍の核はその中に隠れているため、匿名性が増し、不法行為の準備が一段と自由にできるようになっている。資金援助は問題ではない。なぜなら、テロリストは出身国で多種多様な脅迫によって搾り取った資金を利用可能だからである。その中には単純な見かじめ料も含まれるが、聖戦の大義への寄付もある。「対テロ戦争」とは誤った名称かもしれないが、「十字軍（クルセーダー）」つまりイスラム原理主義者が見なすところの西洋キリスト教王国の末裔の国々とイスラム世界との間に歴史に残る戦争が起きることなどない、と主張するのは愚かなことだろう。それは千年以上にわたって、さまざまな形態を取りながら消長盛衰を繰り返してきたのである。一世紀前、その戦いは西側有利となって永久に決着がついたかのように見えた。西側の技術的な優位によって、イスラムが再起不能なほど後退し、弱い立場に陥ったように思えたからである。イスラム教徒なら、神（アラー）を侮るなかれと言うかもしれない。彼らは自らの信仰が真理だと確信しており、自らを宗教戦士と見なすイスラム教徒は、それによって聖戦を遂行する方法を模索してきたのである。それは単なる技術を出し抜き、反物質主義勢力の力のみをもって勝利をもたらすことを約束するものである。イスラム原理主義は甚だしく非知的である。これもまた、「知的」という概念による西側理解とことごとく対立する。西側情報機関の課題は、原理主義者の心に入り込む方法を見つけ、内部からそれに打ち勝つことなのである。

結び　軍事インテリジェンスの価値

　戦争とは、つまるところ行為に関わることであって、思考に関わることではない。マケドニアが紀元前三三一年にガウガメラでペルシャ軍を破ったのは、敵の不意を突いたからではなく――ペルシャ王ダレイオスはアレクサンドロスが攻撃しないように贈賄しようとし、戦いの事前準備に時間を費やした――、攻撃が熾烈だったからである。聖ヨハネ騎士団が一五六五年にトルコによる占領からマルタを救ったのは、敵接近の報を受けたからではなく、五カ月に及ぶ包囲の中で徹底抗戦したからである。英印部隊が一九四四年にコヒマとインパールを経由してインドに侵攻しようとした日本軍を撃退したのは、インテリジェンスが敵の計画を暴いていたからではなく、時に白兵戦にもなった戦闘を情け容赦なく執拗なまでに戦ったからである。アメリカ軍が一九四五年に硫黄島を奪取したのは、インテリジェンスが日本軍の防御陣地の配置――この小さな島全体が密に要塞化された拠点だった――を暴いていたからではなく、米海兵隊が数千の生命を犠牲にしながら掩蔽壕から掩蔽壕へとにじり寄っていったからである。これら有名な決戦のどれ一つにおいても、思考が勝利の獲得に多大な役割を演じたことはなかった。勝利をもたらしたものは勇気であり、顧みられることのない自己犠牲だったのである。

　戦争とは知的活動などではなく、甚だもって身体活動である。それは常に消耗に向かう傾向のある、流血をもたらす争いである。消耗が極限に近づけば近づくほど、思考は重視されなくなる。しかし、戦闘の渦中にいる司令官から兵卒までのいかなるレベルにおいても、消耗によって勝利を得ようとする者はほとんどいない。誰もが、より少ない犠牲での成功を望む。思考は犠牲を減らす手段を提供してくれる。敵の戦争遂行法や防御態勢の中に弱点を発見してくれることもあろう。ヒトラーの大西洋の壁に関する詳細な偵察によって、Dデイ以前に上陸最適地が発見できたように。思考が敵の能力の欠点を暴いてくれることも、敵の兵器への対抗策を示してくれることもあろう。イギリスが一九三九年以前にレーダーを採用したことが、英本土航空決戦の期間中に国家存続の基盤となったように。思考が敵の秘めた意図や秘密の装置に関する警報を与えてくれることもあろう。一九四四年に飛行爆弾を部分的ながら破った際に（V2号は破れなかったにせよ）、事前情報が大きな役割を演じたように。思考が内部の反逆を明らかにすることもあろう。冷戦中に、国家機密がいかにソ連に漏れているかに関し、今から見れば辛抱強い分析を行って有責者を特定したことにより、国家安全保障に致命的になりかねない間隙が埋められたように。思考が、必要欠くべからざる供給ライフラインを締めつけるおそれのある敵戦略の特性を暴いてくれることもあろう。一個人の傑出した思考が、Uボートによる対英封鎖を単純な船舶再編によっていかに破りうるかを一九一七年に示してくれたように。独創性を極めた思考が敵の秘密の世界を洗いざらい明るみに出してくれることもあろう。ドイツのエニグマ暗号に対するブレッチリー・パークの攻撃が一九四〇年以降にそうしたように。

エニグマの解読とそれによって生み出された情報「ウルトラ」についての物語は、日本のサイファーを解明したアメリカの成果物「マジック」の物語と相まって最高のドラマとなっており、第二次世界大戦という戦争行為を理解する上で最重要なものである。ウルトラとマジックについての知識がなければ、先の大戦史を記述することは不可能だろう。実際に、ウルトラ機密が初めて公表された一九七四年以前に記された第二次世界大戦史には、それについての空白部分があるため、全て不完全なものなのである。[*1] 最終的にもたらされた勝利にウルトラがどれだけ影響したかに関する主張が、いかに抑制されたものであろうと――その公認史家であるF・H・ヒンズリーの主張は極めて慎重に抑制されている――、例えばUボート部隊の戦術的統制に関する日々の、時に時間ごとの詳細な情報は、連合軍の勝利に大いに役立ったことであろうし、ヒンズリーが論証したように、戦争をかなり短縮したのである。西方砂漠の敵地上軍の補給や戦闘配置に関する詳細情報についても然り、一九四一年の空挺降下によるクレタ奪取計画のような、地域的に最重要の戦略構想に関する詳細情報についてもまた然りである。同じことは太平洋戦域におけるマジックについてもいえる。しかも、両戦域において敵の通信を傍受解読できたことが連合軍にとって有利となったのであり、敵には――特定例を除いて――そうした利点がなかったのだった。

仮に理想的な軍事インテリジェンスというものが存在するとしよう。それは一方が他方の意図や能力、行動の場所や日時――いつ、どこで、何を、どのように――に関する計画について知る特権を有している一方、相手側はさほどの情報を有しておらず、しかも自らの計画が暴露されていることも知らない状況である。それが理想的であるのなら、ウルトラとマジックは何度かその水準に達していたのだった。アメリカ軍は一九四二年六月のミッドウェー海戦の前にそのような立場にあったし、一九四一年五月のドイツ軍によるクレタ空挺侵攻の前のイギリス軍も同様である。

それにもかかわらず、周知のごとくイギリス軍はクレタの戦いに負けたのである。敗北の理由を説明しようとする試みは、これまでもいくつかあった。当時のインテリジェンス環境からすれば、敗北などありえないように思える。これまでなされてきた議論は、クレタ島の防衛司令官であるフライバーグ将軍が空挺攻撃を後続の海上侵攻の前触れだと思い込んでしまった、あるいはウルトラ機密を暴露してしまうリスクによって余計な負担を掛けられてしまった、またはその両方だったというものである。誤信あるいは極度の懸念のいずれにせよ、彼は麾下部隊を移動させることができなかったのであり、それができていれば、要地マレメ空港の奪取は不可能になっていたことだろう。実際には、どちらの説明も完全ではないように思える。フライバーグは海上侵攻を本当に恐れていたのであり、ウルトラを保全しなければならない重圧下にもあった。それでも、戦闘能力が実証された勇敢な現地指揮官に対し、その場に踏み留まって一歩も譲らない必要性を理解させていれば、極めて有能で決然としていた手持ちのニュージーランド軍部隊をもって飛行場を確保していたかもしれない。だが、その現地指揮官は、後退して部隊を立て直し、翌朝の反撃を成功させることも可能ではないかという印象を抱いてしまい、部下を休息させてしまったのである。翌朝にはもはや手遅れだった。その頃には死にもの狂いになっていたドイツ軍は、ニュージーランド軍の防御の一時的弱体化に直ちに乗じ、戦史において並はずれた乾坤一擲の快挙を成し遂げた。それより前、ドイツ軍はタヴロニティス川の乾いた川床にグライダーを強行着陸させたことで、すでに突撃連隊の大半を犠牲にしていた。この攻撃を大いに鈍らせたのはニュージーランド軍だった。五月二一日の朝、ドイツ軍は第5山岳師団をほぼ同じ方法で運搬すべくＪｕ52を使い始め、砲火を浴びながら飛行場に着陸し、滑走路に激突した兵員を無慈悲にも見捨てたのだった。Ｊｕ52の決死の飛行は大失敗に終わるはずだったが、ニュージーランド軍の銃砲撃が十分ではなく、あまりの遠距離からの射撃だった上、ドイツ軍の無謀さもあまりあった。ドイツ軍は機体と生命の甚大な犠牲を払いながらも、要所に優勢な兵力を構築することに成功し、飛行場を確保しつつ、戦闘の勝利を決する攻勢の出発点としてそれを使ったのだった。

一九四一年五月二〇日から二一日にかけてクレタ島で生じた事態は、戦争におけるインテリジェンスの役割に関するあらゆる真理の中でも、最重要の真理を例証している。すなわち、交戦前の手持ち情報がいかに優れているように見えようとも、戦力の質を所与とするならば、結果は戦闘によって決まるのであり、戦闘においては、または戦力の質を所与とするなら、意志の強さが最重要の要因になるということである。ニュージーランド軍はまさに第一級の部隊だった。砂漠で彼らを迎え撃ったロンメルは、ニュージーランド軍は麾下のドイツ軍部隊を含めても、それまでに出会った中で最良の将兵だったと証言している。しかし、クレタ島で彼らが遭遇したのは、敗北よりも集団死を望む兵だった。第7空挺師団と第5山岳師団の兵士は凶暴化していた。彼らに勝利を許したのは蛮勇だったのである。

一九四二年六月四日のミッドウェーでの事態は別の視点を提供してくれる。すなわち、インテリジェンスが勝利の原因となっているように見える場合でも、事実を綿密に検証すると、別の要素（この場合は偶然）が根底にあることが分かるという点である。一九四二年のアメリカは、一九四〇年から四一年にかけてのイギリスと同じように、戦略的に劣勢の立場にあった。アメリカは敵の秘匿通信を解読する態勢が整っていたものの、直近の敗北のために軍事的に極めて不利だった。戦艦艦隊を失い、最重要域の多くを失った上、兵器体系の重要カテゴリーである空母が特に数的劣勢にあった。国防支出が極度に節減される中、日本海軍の主要コードJN—25Aを真珠湾攻撃の前に解読することに成功し、一九四二年初頭にはより複雑なJN—25Bに対しても成功を収めていたことは、彼らの大きな功績だった。傍受と解読、日本の意図に関する根拠ある推測、そして決定的となった偽信号の巧妙な利用——ミッドウェーは水不足という虚偽の事実——を組み合わせることによって——その後の成り行きが示したとおり——版図拡大に向けた日本の次なる一歩は、インド洋への西進やオーストラリアへの南進などではなく、日本本土から東進してアメリカ最後の前哨地であるミッドウェーを奪うことだと、米太平洋艦隊はすでに一九四二年五月には確信していたのである。そして、太平洋を基地とするアメリカのわずか三隻の空母を密かに展開させ、これを生き残った戦艦部隊に配置し、空母四隻からなる日本の打撃艦隊の接近を捉え、奇襲によって勝利を成し遂げたのだった。

しかし、空母艦隊というものは船自体と航空隊の二つの要素から成り立っている。航空隊が空中にいる間に空母が沈められてしまえば、航空隊は逃げ惑う集団に成り下がってしまい、着陸できる場所を探すか、さもなければ着水するしかない。航空隊のない空母は貨物船と同様に無害である。六月四日の朝、米空母航空群の六個飛行隊の五個から奇襲を受けた日本の空母打撃部隊は、これら全てを撃墜した。六番目の飛行隊は方向を見失っていた。その隊長は、燃料が切れる間際に一隻の日本の駆逐艦を発見した。これはアメリカの潜水艦を攻撃すべく派遣されていたもので、本隊に再合流しようと急いでいた。その日は完璧な太平洋日和であり、紺碧の洋上に映えるその白い航跡によって、飛行隊長とその部下パイロットにはたどるべき方向が分かった。日本の戦闘空中哨戒機がアメリカの最後の雷撃を粉砕すべく海面レベルに降下していた一方、航跡をたどって高度一万二〇〇〇フィート〔約三七〇〇メートル〕に到達した彼らは、目標へと至る明瞭な経路を発見した。五分以内に日本の空母四隻のうち三隻が撃沈された。

急降下爆撃機の成功によってミッドウェーは米海軍の大勝利となったのみならず、海軍史上最大の勝利となった。その総仕上げとなったのが、日本の第四の残存空母がこの日の暮れに撃沈されたことだった。だが、ミッドウェーは表面的には単純明快な勝利に見えるものの、インテリジェンスの純然たる勝利だったとはいえない。確かに、アメリカの第五の攻撃飛行隊が壊滅するまでの六月四日の出来事は、情報優位に鑑みて、下された決断の結果だった。しかし、最終的かつ決定的となった事態、すなわち第六の飛行隊が日本の無防備の空母群に急降下したことは、運による結果だった。もし、米潜水艦『ノーティラス』が日本の空母艦隊の針路に迷い込まず、駆逐艦『嵐』がそれを攻撃するために派遣されることもなかったとしたら、方向を見失っていた第6爆撃飛行隊が、目標まで続く『嵐』の航跡を見つけて転針することもなかったであろう。さらに、仮に『嵐』が捜索をもっと長引かせていれば、第6爆撃飛行隊はどちらに行くべきなのか分からなかったであろうし、航続時間の限界に当たり、任務を果たすことなく帰投せざるをえなかったであろう。

これ以外にも複雑な要素がある。特に、日本軍偵察機が報告に不備を来たしたことと、日本軍司令部が明晰な思考を欠いていたことである。もし、『利根』の水上機がアメリカの任務部隊を視認した際にもっと正確な報告を早めに行っていたなら、日本の空母部隊は艦載機を発艦させる前に米空母の存在に注意を払っていたことだろう。もし、戦闘が始まるや、南雲提督がもっと迅速かつ分析的に物事を考え、とりわけミッドウェー島の陸上機の介入に惑わされることがなかったなら、米空母に対する攻撃をもっと早く開始することも、新たな占位運動を行うこともできたであろうし、甲板上が兵装や燃料パイプ、さらには発火爆弾も同然の燃料満載機でごった返すことも避けえたことだろう。ミッドウェー海戦は、結局はアメリカの大勝となり、傍受・解読機関がそれに不可欠な役割を演じたとはいえ、まったく正反対の結果となっていた可能性もある。つまり、まさに情報活動が成功したことによって、米太平洋艦隊が大敗を喫していたかもしれないのである。

戦争とは偶然が支配する領域である。しかも、戦争においては単純なものなど皆無だ。ミッドウェーは、この指摘がともに真理であることを実証している。これらの真理は、一九一四年の太平洋と南大西洋におけるドイツの巡洋艦作戦の推移によっても例証される。表面的に見れば、フォン・シュペーは小艦隊とともに中国から無傷でヨーロッパに帰還できるはずだった。さらには、目標を慎重に選ぶことによって、帰投途中で敵の海運業にかなりの損害を与えたかもしれない。太平洋は広大であり、フォン・シュペーの行動を完璧に覆い隠してくれた。その半分の規模である大西洋にいったん入るや、北洋の暴風海域を経由して故国に向けて駛走すれば、ドイツの基地に無傷で帰れたかもしれない。給炭艦と給糧艦が中立港あるいは遠方停泊地で会合できるように取り計らう兵站システムを使えば、補給もできたであろう。南米両岸の諸港はドイツ商人とドイツ支持者であふれていた。フォン・シュペーと麾下将兵にとって、そこならば妨害されることもなく帰投が見込めた。

当時の無線通信の欠陥からすれば、なおさらその見込みがあった。マルコーニの発明は時代の要請にかなったアイデアが成功を収めたものだが、わずか一三年しか経っていなかった。ケーブル通信は、一八二八年に実用性が初めて示されてから数十年が経っており、国と国の間だけでなく、大陸間をも接続するようになっていた。イギリスとフランスが海底ケーブルでつながれたのはようやく一八五〇年になってからであり、イギリスと北米が結ばれたのはようやく一八六六年になってからだった。これ以降、接続はより早く進んだ。一八七〇年にはイギリスがアフリカと結ばれ、一八七二年にはインドと、一八七八年にはオーストラリアとニュージーランドとつながった。しかし、世界規模のケーブル・ネットワーク構築には五〇年かかった。世界規模の無線ネットワークの構築には一〇年しか要しなかったが、完全なものではなく、間隙がいくつかあった――例えばオーストラリアとニュージーランドはインドとアフリカと接続されていなかった――上に、受信を確実にするために信号をケーブルで再送して補完する必要があった。このシステムは空電の干渉も受けやすく、指向性がなく、傍受も容易だった。

フォン・シュペー戦隊の迎撃と撃破に無線が直接役立つことはほとんどなかった。これは、提督が無線封鎖をおおむね几帳面に守ったからである（ただし、解読可能なコードで送信された信号が一九一四年一〇月四日にサモアで傍受されたことにより、フォン・シュペーがコロネルからイースター島に向かう途上にあることが判明した）。一方、イギリスの過失がフォン・シュペーにとって一助となった。クラドックの戦隊がこれらの水域にいることを暴露し、戦闘に至らしめたものこそ、電報を送るために『グラスゴー』をコロネルに派遣することにしたクラドックの判断だったのである。当然のことながら、無線はフォン・シュペーの運命に間接的に負の影響を及ぼした。もし彼が、無線局を機能不全にすることを主たる目的としたフォークランド諸島攻撃を決行しなければ、スターディの手中に陥ることはなかったであろう。不運に無謀が重なったのである。仮に彼がフォークランド諸島を回避し、南米の東海岸を慎重に北上しつつ途中で補給を受け、イギリスの商船に対する攻撃を避けていれば、探知されることなく本国付近まで高速で航行して帰還し、英雄として歓迎を受けていたことだろう。この場合、スコットランド北部沖を哨戒している巡洋艦を避けられる運が最終段階において必要であったろうが、この緯度の冬の天候ならば、それができたかもしれない。一九四一年五月にドイツから北大西洋に向かって逆航していたドイツ戦艦『ビスマルク』は、レーダーと長距離偵察が利用可能な時代に、数日にわたってイギリス本国艦隊の目から逃れることができたのである。しかしこの際は、ドイツ空軍がブレッチリーの解読可能なキーでエニグマ送信したため、リアルタイムの情報がもたらされた。『ビスマルク』で勤務する息子を持つ空軍の一上級将校は、息子の到着予定地を質問した。その答えはブレストだった。これによって『ビスマルク』がどこに向かっているかの謎が解け、追撃をその針路に向かわせることができたのである。

海は広大であり、天候も多様な上に、海岸や島によって隠れ場所が豊富にある。こうしたことによって、敵に関する正確な情報が常に海上戦における最高の価値になってきたのである。艦隊が姿をくらますこともできるし、船一隻が別の船に見つかることなく長大な距離を航行することもできる。実際に、真珠湾攻撃の数カ月前に日本の船一隻が攻撃艦隊の計画航路を慎重にたどり、本州からハワイに向かった際、数週にわたって洋上で一隻の船とも邂逅しなかったのだった。したがって、一七九八年にネルソンが数百隻のナポレオン艦隊を見失ったことは驚くに当たらないのである。比較的小さな海である地中海を航行したことがある者なら、一隻の船も見えない時間がいかに長いかを知っていることだろう。相手の船が見えるのは港付近のみであり、針路が変わるとそれらもすぐに水平線の下へと沈んでいく。内海での伝統的移動手段である沿岸航海ですら、一隻の船とも出会わないことがある。岬や半島、島が船と船の間にすぐに入り込み、互いを見失ってしまうのである。

したがって、ネルソンがトゥーロン沖の嵐でマストを失った後にナポレオンのエジプト侵攻艦隊との触接を失い、それを回復できなかったことは容易に説明がつく。フランス軍が選ぶ可能性のある目的地としては、説得力のあるものがいくつかあった。エジプトを始めとして、アイルランド、スペイン、ナポリ、コンスタンティノープル、アナトリア（トルコ）である。ルートが包摂するのは二つ、つまり西か東であり、互いに排他的だった。ネルソンはリスクの小さな方を選び、西という選択肢を排除した。その判断のとおり、ナポレオンは東に航行していた。この判断は単に可能性に基づくものであっただけでなく、手持ちの人的情報によるものでもあった。その中には欧州におけるフランスの勢力範囲内の風評や噂はもちろん、商人の報告も含まれていた。逃げる敵艦隊を追い詰めるネルソンの手法は極めて合理的なものだったのである。彼は方々を巡り、隠れ場を探し、船長に質問し、さまざまな情報を追い求めた。ナポレオンをナポリとシチリアから遠ざけておきたいとネルソンが願ったのももっともだったが、フランス軍がマルタに襲い掛かると狐につままれてしまった。しかし、それ以降は再び追跡できるようになっただけでなく、獲物の先を行き、夜間に侵攻艦隊を追い越し、敵より前にアレクサンドリアに到着したのだった。情報不足に悩まされた戦役の中で彼が犯したミスは、再考の熱に浮かされ、そこで待つことなく、すでに訪れた場所で確実な情報が得られるまでコースを引き返したことだった。

ナイル戦役を研究することの価値は、現代のインテリジェンス・オフィサーがいかにケーブル・無線時代の前の指揮官よりも恵まれているかを示すことにある。たとえ電信と無線があったとしても、一九一四年八月の『ゲーベン』と『ブレスラウ』の嘆かわしい追跡劇が示すように、敵を無傷で逃しかねないのである。とはいえ、ナイルの戦いの六〇年後に地中海で利用できた通信手段を英海軍がその当時に有していたら、ネルソンがナポレオンを見失った可能性があるとは考えられない。最も単純なケーブルシステムが仮にあれば、ネルソンは最初にアレクサンドリアを訪れた際に確実にそこで待機し、ナイル戦役は終わったはずである。それどころか、当時利用できた手段が機能していれば、同じ結果が達せられたことだろう。もしイギリスが地中海沿岸のいたる場所にエージェント網を整備し、友好国や中立国の港に派遣艇を留め置いていれば——例えばナポリ、シチリア、マルタ、トルコ領クレタおよびキプロスといった港で、現地人に袖の下を使える程度の外交手腕があったなら——、ネルソンがフリゲート不足を嘆く必要も、戦艦艦隊を偵察の手段として使う必要もなかったであろう。だが、地中海における情報網の欠如は、フランスが勃興した結果だったのである。それが現地の弱小国を恐怖に陥れたのであり、その勢いはイギリスが海戦で大勝利を収めなければ覆されることはなかったであろう。つまり、ナイル戦役で早期の成功を収められるか否かは、早期の戦闘を行えるか否かにかかっていたわけである。ネルソンの困難はまさにそこだった。情報がなければ戦闘もできない。ネルソンが抱えていた情報の問題は後知恵なら解決できる。当時の状況において、彼は現実が許した以上に過ちを犯したわけではなかった。海は広く、艦は低速ともなれば、消えた敵を追っても時間の無駄にならざるをえなかったのである。

イギリスが戦ったUボート戦争の諸事情を決定づけたのも、海の広さだった。一九一五年から一八年に及んだUボート戦の第一幕は、その二〇年後の第二幕よりもイギリスを飢餓の瀬戸際にまで追い込んだが、それを終結させたのは情報活動でも防御手段でもなく、作戦分析の実践だった。明晰な頭脳を持った下級士官が、船団を組めば航洋商船の沈没を受忍可能な水準に抑えられると見抜いたのである。それは海軍本部に却下されていた考えだった。当時の護衛艦は極めて原始的な音響探知機器と粗末な対潜兵器しか備えていなかったにもかかわらず、撃沈される船の数が減少し、この対策の有効性が実証されたのである。第二のUボート戦が始まった一九三九年、英海軍は後にソナーと呼ばれるアクティヴ水中探査装置アズディックを保有していたが、対潜兵器は一九一八年からほとんど進歩していなかった。しかも、手持ちの護衛艦は、基幹商船の航行数と比較して減少していた。その結果、わずかの護衛しか付けていない多くの船団が開戦当初から甚大な損失を被ったのだった。海軍本部は多様な方法で損害を減らそうとした。すなわち、護衛艦の建造計画と応急措置の加速、爆撃機の海上護衛・監視任務への転換（これは常に英空軍の抵抗にあった）、対潜兵器と探知機器の改良、Uボート基地までの航路に対する機雷敷設、そしてUボートに対するインテリジェンスである。情報活動の目標は、特定したUボートの位置から船団をそらし、護衛——

水上艦と対潜機の両方――を個々のＵボートに導いて船団を守ることだった。情報収集の主な手段は、Ｕボートと基地の間の無線交信の解読と無線方向探知だった。しかし、ブレッチリーがＵボートの交信を解読できるようになったのはようやく一九四一年五月になってからであり、しかもドイツのＢディーンストがイギリス船団のコードを一九四二年の大半の期間中に解読できた上、エニグマ操作の手順あるいは機械部品をドイツが変更したことによる空白期間が生じたことにより、ブレッチリーの成果は相殺されてしまったのである。

あらゆる困難や失敗が情報活動に生じながらも、船団の迂回は成功し、攻撃されたのは少数に留まった。冬の北大西洋の長期にわたる悪天候の期間中は、Ｕボートも狼群や哨戒線を形成できないことが多々あり、基地から直接船団に向かったにもかかわらず、船団を発見できないことも往々にしてあった。

しかし結局のところ、Ｕボートは英米が情報活動に成功したことによって敗北したわけでも、Ｂディーンストが最終的に解読活動に失敗したことによって敗北したわけでもなかった。彼らは海戦において敗北したのである。連合軍は一九四三年春までに手段の更新や改善を数多く講じ、これらが相まって交戦の条件が決まり、Ｕボートにはそれを克服することができなかったのだった。船団ルートの間断ない直接的な航空監視により、Ｕボートは探知されずに水上を航行することができなくなった。フランス諸港から外洋までの既存ルートに対する攻撃的な空中哨戒によって多数が撃沈され、全てのＵボートが哨区まで苦労して低速で航行せざるをえなくなった。護衛空母の近接防御により、攻撃しようとするＵボートは潜航を余儀なくされ、浮上中の艦は頻繁に撃沈されるようになった。護衛艦は数が増した上に、集団攻撃をなすための訓練も装備も一段と向上し、射点に占位したＵボートを次々と撃沈した。改良型のレーダーや無線方向探知機によって、船団の直線視程外に留まっているＵボートに向けて護衛艦を導くことができた。ついには、デーニッツが敗北を認めざるをえなかったように、優位バランスがあまりにも急激にＵボートに不利となったために、Uボート部隊を全滅から救う唯一の方法は、戦場からの撤退以外になくなってしまったのだった。大西洋の戦いは最終的に、時間的にも空間的にも真の大海戦となったのであり、それに勝利したのが連合軍だったのである。

これとは対照的に、ドイツのV兵器に対する戦いは真の情報戦だった。その脅威についての警鐘を連合軍に鳴らしたものこそ、インテリジェンスだったのであり、対応策の端緒をもたらしたものこそ、あらゆる形態のインテリジェンス——人的、信号、画像——だったのである。とはいえ、この戦いは単純明快な勝利に終わったわけではなかった。第二次世界大戦の最初の四年間は完全にドイツが優勢だった。仮にドイツが弾頭を運搬可能な大気圏外ロケットの建造を戦争勃発前に始めていれば、ドイツ陸軍は一九四二年後半には発射と飛行中の推進、目的地までの誘導にまつわる問題の多くを解決することに成功していたことだろう。ロケット開発計画が成功したことによって競争に急き立てられたドイツ空軍は、そうこうしている間に巡航ミサイルを開発しており、それをほぼ完成させていた。双方の兵器ともに連合軍側の兵器開発と比べて時代の最先端を行くものであり、連合軍にはそれに匹敵するものがなかったのだった。

インテリジェンスの観点から見た場合、V兵器に関して非常に興味深いのは、連合軍が脅威の程度を見極め、それに対していかなる対抗手段を動員すべきかを判断する際に困難に直面した点である。素人目からすると、科学の世界で何が素晴らしいかといえば、科学の実践者というものは新たな考えに対して心を開いており、偏見を押し退けて新たな知識を追い求めることにやぶさかではないということである。一般人が思うに、科学とは固定観念に縛られない理性的な世界であり、因襲を拒み、実験的かつ論理的な発見を求める自由な航海に旅立つ覚悟を常に持った、純粋な知識人が住む場所である。科学の歴史は、そうした楽観的な見方と事あるたびに対立している。科学者は神学者と同様、偏見を抱きかねないのであり、自分が手塩に掛けた学説に異議を唱えられたときは特にそうである。影響力のある地位に就いた現代の科学者の中でも、ウィンストン・チャーチル直属の科学顧問にしてチャーウェル卿に列せられたリンデマン教授ほど、偏見に満ちた者はいなかった。彼は、長距離軍用ロケットは固体燃料のみによって推進し、それによって必然的に機体が巨大になり、非常に目立つ発射台を必要とするという見解を取り続けた。また、理論的にはもっとコンパクトな液体燃料に限定することが可能であり、それを推進剤として制御することも可能だとする見解を頑なに拒絶した。さらには、自分の見解を証明するための数学的理論を有し、あまりにそれに固執したがため、反対意見を唱える地位的に下の科学者を嘲り、自分の特権的地位を利用してその信用を傷つけようともしたのだった。

後に遺憾ながらも明らかになったように、彼は完全に間違っていたが、それを証明するのに必要な証拠が集まるまでには、貴重な数カ月が必要とされた。結局、ロケットと無人飛行機が存在する証拠となった写真が反論の余地なく提示され、その後、それらが飛行しているという目撃情報や、最終的に対象物の物的断片が持ち込まれたことで、ようやく彼は自分の誤りを認めざるをえなくなった。幸いなことに、彼の反対論者はその頃には発言の機会を十分に得ており、参謀長委員会を動かしてペーネミュンデのV兵器センターを完全に破壊するための空爆を許可させたのだった。確かに、それによって破壊が完全に達成されることも、基本目標の一つである、V兵器の指導的科学者の抹殺が成就されることもなかった。それにもかかわらず、秘密兵器開発計画がそれによって後退し、ドイツがV1号とV2号を運用する最後の段階になって難問に直面したこととも相まって、イギリス内の目標に対する投射がDデイ開始以降に延期されてしまったのだった。これによって発射場がじきに蹂躙されることが確実となり、侵攻部隊の進発点を長距離爆撃することによって敗北を遅らせようとしたドイツの期待は、かくして裏切られたのである。

V兵器開発計画は、インテリジェンスの別の一面から見ても興味深い。すなわち、ヒューミントが相手側の見解に圧倒的な影響を及ぼしたという点である。本書のケーススタディの対象となっている大部分の戦役の諸条件を決定づける上で、ヒューミントはほとんど何の役割も演じることがなかった。ヒューミントは、ネルソン自身がインテリジェンス・オフィサーの役目を果たしたナイルの戦いや、シェナンドア渓谷で戦ったストーンウォール・ジャクソンにとっては死活的に重要だったものの、Uボート戦においては無視できる程度であり、クレタやミッドウェー戦役においては何ら重要ではなかった。逆説的にも、秘密兵器の開発を担ったドイツ人科学者と、視野の狭い連合軍科学者との間の先端技術をめぐる闘争においては、ヒューミントは極めて重要だった。筆者不明のオスロレポートが端緒となり、その後、姓名不詳の「化学技術者」による盗み聞き（もしそうであったのなら）が連合軍の行動の引き金となったからである。これ以降、写真――今でいうところの画像――インテリジェンスが最初期の確認材料をもたらしたとはいえ、ペーネミュンデの外国人労働者からの報告やポーランドの地下組織による観察によって、V兵器が実際に飛行していることが直接裏づけられたわけである。こうした報告や、腕時計で時間計測した船長のような、中立国スウェーデンの国民からもたらされた証拠がなければ、イギリス政府は飛行爆弾と超音速ロケットのおぼろげな脅威が究極的にどのような脅威になるのかについての――結果的にかなりはっきりしたような――全体像を欠いたことだろう。別の場面では著しく信用が失墜したヒューミントの重要性が、V兵器に対するインテリジェンス攻勢によって保たれたのである。

ヒューミントという用語は当時知られていなかったが、ジャクソンが一八六二年にシェナンドア渓谷で優勢な敵に対して首尾よく作戦を実施したのは、ヒューミントによって直接・間接的にもたらされた手段があったためである。大局的に見れば、この戦役は新旧の戦いの間を行きつ戻りつしたものだった。ジャクソンは同時代にいながら、未来に属していた。未来とは、電信と鉄道のことである（電線はたいてい鉄道に沿って伸びる）。実際には、ジャクソンの作戦行動においては電信も鉄道も、間接的な役割を除いて何の役割も演じなかった。彼は最終的に鉄路で麾下渓谷軍をリッチモンドに撤退させたが、幻惑と困惑をもってする自らの作戦行動中に鉄道を利用することはほとんどなく、電信についても、渓谷内の通信手段として、あるいは他所にある上級司令部との通信手段として、断続的に利用しただけだった。シェナンドア渓谷において、ジャクソンはナポレオンの腹心の部下が振る舞ったように行動したのである。ただし、ジャクソンは南軍の上官たちよりも才知に優れていた。彼は自ら評価し、命令を求めず、緻密な現地観察に基づく自らの情報評価を判断の拠りどころとしたのだった。

電信や鉄道よりも前の時代の指揮官と同様に、ジャクソンが最も関心を払ったことは、作戦行動の舞台となっている地理を理解し、それを自分の有利になるように活用することだった。直観的な土地鑑のある──この点において、もう一人の寡黙で無慈悲かつ勇猛な将軍ユリシーズ・S・グラントと似ていた──人物だったジャクソンは、地図作成を行う部下のジェデダイア・ホッチキスに大いに助けられた。ホッチキスは独学したにせよ、天賦の才に恵まれた地図作成家だった。あらゆる種類の画像が豊富にある現代世界において、前時代の旅行者や航行者の困難を思い描くのは難しい。その昔、道の向こうの光景は、それを以前にたどった者や、説明に不慣れな現地人の頭の中にしかないのが普通だった。アメリカのアパラチア山脈東部が入植、あるいは少なくとも探索、巡回されてから南北戦争が勃発するまでの二〇〇年にわたり、この地の大半は地図化されておらず、現地人以外には未知だった。意外に思えるかもしれないが、それが現実だったのだ。シェナンドア渓谷にはターンパイクがあり、鉄道も渓谷の中へと走っていたが、北軍は同地の地形図を有しておらず、将校には詳細が分からなかった。ウェストヴァージニア生まれのジャクソンは大まかな地勢は知っていたものの、詳細に通じる労をいとわず、ホッチキスに戦域を調査させ、最重要の地物を示す軍用地図を作成するよう命じた。最重要地物とは特に水路、橋梁、高地を走る通路のことである。ジャクソンが優位に立てたのは、まさにホッチキスの地図のおかげだった。ジャクソンが地域的な小勝利を重ねたことで、常に数的優位にあった敵の行動が阻害されたが、これは偶然や無謀さの結果などではなく、入念な計算の結果だったのである。彼はナイル戦役時のネルソンと同様、自らがインテリジェンス・オフィサーだった。両者ともに狭い区域に作戦範囲が限定されたところは似ているが、ジャクソンは追跡者ではなく逃亡者であり、その役割は敵を殲滅戦に持ち込むことよりも、対決を避けながら敵を混乱させることだった。

本書で検討されている事例は、全て厳密な意味での軍事インテリジェンスに関するものである。つまり、インテリジェンスをいかに利用すればインテリジェンス勝者に有利な条件で敵を戦いに持ち込めるか（ナイル戦役、フォークランド諸島沖海戦、ミッドウェー海戦、Uボート戦）、または、インテリジェンス勝者に不利な条件にならないように戦えるか（シェナンドア渓谷戦役）、あるいは、インテリジェンス活動が奏功しながら不利な結果がどうして避けえなかったのか（クレタ戦、V兵器に対する作戦）についてである。その目的は、インテリジェンスがいかに優れていようとも、勝利の手段には必ずしもならないということ、すなわち、最後に物を言うのは欺瞞や先見ではなく、武力だということを示すことにある。これは最近流行りの見解とは違う。われわれが絶えず聞かされるのは、戦争においては、特に対テロ戦争においては、情報優位が勝利の必須条件だということである。インテリジェンスの指南なしに戦争をすることは、闇の中で攻撃を始めたり、目標とは無関係の一撃を放ちながらうろついたり、的を完全に外したりすることに等しいということは、議論の余地のない真理である。それは全てそのとおりだ。インテリジェンスがなければ、陸軍も海軍も、電気のない時代に往々にしてそうであったように、少なくとも短期的には互いを見つけられなくなる。発見できれば、より情報に通じた方が有利な条件で戦うことができるだろう。しかし、インテリジェンスがもたらす予見の重要性を認めた上でなお認識する必要があるのは、相対する両者が戦闘を真に求めていれば、やがては両者が互いを見つけることに成功するという点であり、結果を決めるのがインテリジェンスの諸要素であることは希だという点である。インテリジェンスはたいていの場合に必要であろうが、勝利の十分条件ではないのである。

戦争におけるインテリジェンスの重要性が最近になって過大評価されている理由は二つある。一つは、よくあるように諜報（エスピオナージ）と防諜（カウンター・エスピオナージ）が純然たる作戦インテリジェンスと混同されていることであり、もう一つは、非公然手段によって軍事的優位を得ようとして行われる転覆工作と作戦インテリジェンスとが混同・混交されていることである。

作戦インテリジェンスと諜報では、機能する時間枠が違う。諜報は必ずしも国家的活動ではないが、たいていはそうであり、太古からある連続的な作業である。それと対になる防諜も同様である。国家というものは、互いの対外政策はおろか、通商政策や軍事政策に関する秘密も常に知ろうとする一方、そのような秘密を秘匿してきたように思われる。諜報の手段は、誰もが知っているように、スパイの採用、信用ある地位にいる外国人の買収、コードとサイファーの使用、暗号解読・傍受機関の維持管理である。これに対して作戦インテリジェンスは戦時の活動に特化したものであり、テンポも速く、比較的に短い敵対期間に限定されるものである。ドイツのＶ兵器計画に対するインテリジェンス攻勢のリズムがその好例である。当初は証拠に乏しく、とりとめがなかったため反応が極めて鈍く、議論の余地がなくなるにつれて激しさが増し、フランス北部のＶ１号発射場を攻略した後、危機は収まったとイギリス人が誤信してからは再び遅くなったのだった。

作戦インテリジェンスがこのように断続的なパターンになるのは、陸軍や海軍の階層中に占める情報将校の地位に原因の一端がある。彼らは常に作戦参謀に従属し、しかもキャリアの全てをインテリジェンスに捧げることはめったにない。それどころか、ほとんどの情報将校は作戦部門への異動を狙っている。使用人になるよりも使用者になりたいと願うのは当然だ。いずれにせよ、いかなる部門でも参謀将校が名声を築くのは非常に困難である。とはいえ、作戦担当将校や参謀長の中には多くの著名人――ナポレオンのベルティエ、ヒトラーのヨードル、チャーチルのアラン・ブルック——がいる一方で、情報将校には有名人がほとんどいない。第二次世界大戦で最も著名なのは、オックスフォード特別研究員にして王立近衛竜騎兵連隊の一部隊長として出征し、北アフリカとノルマンディーでモントゴメリーの第8軍参謀長を務めたE・T・ウィリアムズである。第一次世界大戦では、第40号室の創始者で文官として海軍教育部長を務めた元ケンブリッジ特別研究員サー・アルフレッド・ユーイングが最も有名である。ユーイングは当時まだ若く、戦後はオックスフォード大学に復帰している。[*2]

これに対し、諜報と防諜は現代世界では正規職員の舞台となっている。CIAとSIS（MI6）は国家機関であり、徐々に発展するにつれて手強い官僚機構へと成長を遂げた。ソ連の旧KGBは少なくとも一面において実質的な平行政府であり、外敵に対するスパイ活動と外国による諜報活動の阻止はもちろん、ソ連体制の安定維持の責も負っていた。これら全ての機関においては、厳選された新規職員として機関の一員となり、たいてい特定分野での訓練を受け、生涯の仕事とすることが可能であり、実際にそれが普通である。専業だったため、職員は日々の職業人生を満たすための活動を見つけるか、するのが当然だった。実のところ、国家の安全に対する脅威は戦時の国家存続に対する主たる軍事的脅威と同様に断続的なものであるため、情報機関は互いをスパイすることによって仕事のかさ増しをしたのだった。事実、スパイは何をするのかと問われたときの一番安全な答えは、スパイをスパイすることだと返答することである。イギリスの政府通信本部（GCHQ＝ブレッチリーの後進）やアメリカの国家安全保障局（NSA）といった同類の通信傍受機関は、傍受と暗号解読によって通信から重大な秘密を摘み取っているのであり、うまくすれば他国政府の極秘活動について自国政府に知らせることができる。これら機関は、逆説的なことに、何を知っているかについては味方の情報機関にすら警戒して漏らさないようにしている。違う手法で活動していようと、仲間の情報機関同士の競争ほど激しいものはないのである。

ＮＳＡやＧＣＨＱといった「ハード」な情報機関がＣＩＡやＳＩＳといった「ソフト」な情報機関に示す蔑視については、何度も語られている冷戦初期のケンブリッジ・スパイに関する物語ほどの好例はほかにない。ドナルド・マクリーン、ガイ・バージェス、キム・フィルビー、アンソニー・ブラント、ジョン・ケアンクロスとその取巻き連は、良家出身の優雅な若者たちだった。彼らは学費のかかる学校や有名大学で教育を受け、マルキシズムの歪んだ論理に魅惑され、イギリス外務省や情報機関の職員になる前にソ連のエージェントと化していた。結局、一九四五年以降に全員が嫌疑を掛けられ、マクリーンとバージェスに続いてフィルビーがメディアの喧噪の中、ソ連に亡命した。彼らは元の組織と英米の信頼関係に甚大な被害を与えたのであり、それを回復するには何年もかかった。実際のところ、アメリカはイギリス情報機関が根底から腐っているとまで長らく考えていたが、後年、アメリカ自体がＣＩＡや軍情報機関内の深刻な保全違反に悩まされた。これについてはアメリカが自認しているように、イデオロギーではなく欲に駆られたエージェントが犯したものだった。こうしたことがあった後、ようやく英米関係は安定した状態に戻ったのだった。

しかし、振り返ってみれば、ケンブリッジスパイのうちの少なくとも二人、すなわちバージェスとフィルビーがもたらした被害は、実質的なものではなく表面的なものである。ガイ・バージェスは派手な同性愛者にして筋金入りのアルコール中毒者であり、外務省のヒエラルキーの中ではまったく出世しなかった。彼の出自は極めて平凡だった――父親は海軍の正規将校であり、自身も体調不良で中断するまでダートマスの兵学校で海軍士官候補生として訓練を受けた――ものの、性格や行動は奇抜だった。自己顕示欲が強くて気取り屋で、常習的な反逆者だった。イートン校では非常に優秀な生徒だったが、ケンブリッジでの時間を無為に過ごしたため、職探しに難儀した。一時的にＢＢＣで職に就いたことで、戦争の緩慢期に外務省情報部（インフォメーション）の職を得ることになった。魅力がある上に、自ら選んだソ連の非公然エージェントとしての仕事に成功してやろうという決意もあり、やがて外務副大臣の直属補佐官に昇進したが、それも長続きしなかった。彼は因習に囚われた人々を無責任にも衝動的に怒らせたため、生情報を扱う専門職部門へと飛ばされ、その後に極東局に異動し、ここでも相変わらず心証を害したあげく、最終的にワシントンの英国大使館に転出した。そこでの地位は屈辱的なほどに低かった。だが、不思議なのは、何年も不謹慎を重ねた後でも外務省が彼を雇い続けようとした点である。その理由は今では理解に苦しむが、当時なら誰でも容易に理解できた。バージェスは、品行方正な人々が常習的なわんぱく坊主に迎合することによって守られたのである。彼らは彼の行き過ぎた行動を許すことで、ある意味、自らの厳しい礼節を免じたわけだ。つまり、非難を敬遠することで自らの尊大さを赦免したのである。

いずれにせよ、自国に損害を与えうるほどの秘密にバージェスが常に通じていたかどうかは疑わしい。同じことは彼の愛弟子であるキム・フィルビーについても言えるかもしれない。フィルビーは筋金入りの真の共産主義転向者であり、ケンブリッジ卒業後にジャーナリスト人生を歩み始めたが、戦争勃発時にバージェスの手助けによって特殊作戦執行部に移籍した。その後、当時まだ外務省を隠れ蓑として活動していた秘密情報部（ＳＩＳ）へと異動した。彼がインテリジェンス・オフィサーとしてイギリスの防諜・対破壊工作に関する生情報を大量にロシアに漏らしていたことは疑いなく、対ソ連エージェントが多数死亡する原因になった。これらエージェントは、一九五〇年代初期に鉄のカーテンの背後にあった、特にアルバニアとウクライナに英米が浸透させたものだった。しかし、フィルビーは戦争計画や核の情報に接していたわけではなかった。彼はスパイをスパイするスパイの典型例だったのであり、その世界の雰囲気はジョン・ル・カレの小説の中に余すところなく再現されている。それは、諜報機関が互いに対して行う工作に関するものにほぼ限定されたものである。

ドナルド・マクリーンは彼らとは違い、もっと深刻な反逆者だった。彼は一九四五年、将来を嘱望された在米大使館の若き外交官として核開発に関する英米委員会（合同政策委員会）の局長に任命され、監督なしで原子力委員会本部に入ることのできる許可証も得たのだった。彼がどんな生情報を得たかについては推測の域を出ないものの、イギリス人のアレン・ナン・メイとドイツ生まれの帰化イギリス人で科学者のクラウス・フックスがモスクワに渡したものよりも、価値は低かったものと思われる。両者はケンブリッジ・スパイよりも出自がはるかに低かったが、熱心な共産主義者だった。しかし、彼らは初の原爆が開発されたロスアラモスの核研究所内で実際に働くという便宜を享受しており、スターリンが広島以前に原爆の秘密を知ることができたのは、彼らが情報源となったからであることは疑いない。マクリーンは科学についての教育を受けておらず、彼らほどの背信罪は犯していない。とはいえ、地位の高さゆえに、彼が冷戦初期に英米の信頼を損なったことは間違いなく、その弊害は何年も続いたのである。

ケンブリッジ・スパイの反逆には独特の「風土」があったとするのは、この問題に関する最も鋭い分析を行ったアンドリュー・ボイルであるが、世間の根強い関心を見ると、この言葉は言い得て妙である。[*3] バージェス、マクリーン、フィルビーは、良家出身で一流大学を卒業し、自ら裏切った社会の特権市民であったばかりか、社会的エリートにも属していた。彼らは重要人物と知己であり、流行人や有力者と一緒にいると安心できた。しかし、三人ともいかがわしい振る舞いをやめようとはせず、これ見よがしに暴飲し、当時の性規範を公然と破った。同性愛行為がまだ犯罪だった時代に、バージェスは乱れた同性愛者だったのであり、それはマクリーンも同様だった。彼は既婚者でありながら、事あるたびに同性愛の衝動に屈した。フィルビーは異性愛を貫いたが、女性を身勝手に扱い、五人目の子供を妊娠していた二番目の妻を酒と薬で孤独死するに任せ、秘密情報部から解雇された後、同僚ジャーナリストから略奪した女性を三番目の妻とし、モスクワ亡命中はマクリーンの妻を寝取ったあげく、自分よりもはるかに年下のロシア人と結婚した。その時、元マクリーンの妻には彼の本性が見えたのだった。ケンブリッジ・スパイは反逆者であっただけではない。それぞれ違うとはいえ、似通った極めつけのエゴイストでもあったのである。彼らが長らく好色家の好奇の対象だったことは驚くに当たらない。

諜報とは二面性があるものであり、現代で最も悪名高いその三人の実践者がかくも不愉快な人間だった——彼らには追従者がおり、ロシア人やアメリカ人の模倣者もいたが、ここまであからさまな独りよがりもいなかった——ということを意外に思ってはならない。反逆とは本質的に不快極まる行為であり、ナチ時代や冷戦時代に民主主義的自由という真理を尊重するような、普遍的に賞賛される理想への献身から自国を裏切った者ですら、軽蔑せずにはいられないものである。有能なスパイは自分を守るために嘘をつき、自分の仕事を進めるために人目に曝されることを避けるため、その行動は英雄的と考えられていることとは正反対である。英雄とは、敵の一撃を胸で受け止める戦士である。スパイは争いごとを避け、人目を引くことなく仕事の完遂を考える。

かくして矛盾が生じるわけである。イギリスは一九世紀中に秘密戦の指針——秘密の世界に対するイギリス特有のアプローチだが、アメリカも取り入れたもの——を考案し、その中で不誠実と高潔とを結び付けたのだった。イギリスは人口的には常に弱体ながら戦略的には強い。すなわち、そこそこの人口の国が海運ルートの世界的要衝を支配する地位を享受している。それゆえに、今日でいうところの特殊破壊工作部隊を敵の側面に投入することによって、当然のごとく勢力の最大化を図ってきたのである。秘密戦の指針を初めて実践したのは、おそらく一八〇八年から一四年までのイベリア半島戦争であろう。この際、ポルトガルとスペインにいたイギリス陸軍は現地人を養成・訓練し、イギリス軍将校のもとに不正規連隊の中でこれを軍務に服させたのだった。王立ルシタニア（ポルトガル）軍団などがそれである。イギリス軍は、一八〇八年の政治的崩壊後も存続したスペイン陸軍のみならず、フランス占領後にスペイン軍の代わりに出陣したゲリラ集団にも直接の支援を行った。ゲリラがフランスの占領を終わらせるほどの、あるいは支配を覆すほどの脅威になることは一度たりともなかったものの、スペイン国民の恐るべき犠牲と引き換えに、スペインをほぼ統治不能にすることには成功したのである。

一方インドでは、イギリスは正反対の手法を用いて無秩序を克服し、中央政府を復活させたのだった。衰退して実質的に機能しないムガル皇帝を名目上支援しつつ、不正規兵を大規模に使ってムガル帝国の領地を荒らす略奪者一味を討伐し、自ら地方の支配者となった強大な権力を持つムガル臣下の軍勢を破ったのである。宣撫作戦に成功した暁には、敗軍の兵を自らの部隊に組み入れてしまうのが一般的だった。一九世紀半ばになると、イギリスはインドで二つの軍組織を運用していた。一つはインド人から徴兵して西欧式に編成した正規軍であり、もう一つはこれに付属するもので、種々雑多な不正規兵の寄せ集めだった。彼らは民族衣装を着用し、現地の風紀を守りながら、現地人と化したも同然の一握りのイギリス軍将校に率いられていた。シャー・シュジャー隊やハイデラバード隊、パンジャブ不正規部隊がそれである。

一八五七年にインド人正規兵がイギリスの統治に対して蜂起した際は、これに動員された不正規兵によって反乱の大部分が鎮圧された。インド大反乱が終息すると、インド帝国を解体から救った不正規部隊が古い正規軍にほぼ完全に取って代わった。正規軍のイギリス軍将校は最小限に留められ、イギリスによるインド統治権の頂点を飾ったデリー公式接見式が行われた一九一一年には、わずか三〇〇〇人しかいなかった。しかも、その大部分は民族衣装の変形を身にまとい、インドの現地語を話し、兵の習慣と文化に浸ることを誇りとしていたのだった。

インドに当てはまったことは、最終的に大英帝国のほかの場所でも当てはまった。そこではイギリスの粗暴極まる統治のもと、住民による守備隊がその多くに配置されるようになった。現地人部隊である王立アフリカ小銃隊、王立西アフリカ辺境軍、ソマリランド・ラクダ軍団、スーダン防衛隊を率いたイギリス人は、権力を行使するのに武力に頼るのではなく、権威に対する現地人の習慣を真似ることに拠った。[*4] フランスもアフリカの勢力圏内において同様な効果をいくらか達成した。その手段となったのが、モロッコ山間部の「グミエ」や、サハラ砂漠のラクダに乗った「メハリスト」といった組織であり、これらはイギリスの同様の部隊よりもさらに土着色の強いものだった。[*5] しかしフランスは、勢力圏を自己管理するという考えをイギリスほどには包括的に採用しなかった。帝国を支えうるのは、自ら習得した言語と自らの衣装を身にまとった正々堂々たる若い白人将校と、現地の戦士との個人的な絆であるとの考えは、イギリス特有のものになった。

この考えには多くの利点があった。築かれた絆は非常に強く、最も厳しい試練にも耐え残った。だが、イギリスはこの考えを飛躍させすぎてしまった。帝国の権威を維持し、版図を拡大するのにも有効だったことは、ヨーロッパ諸国に対する戦争においても機能するはずだと、思い込んだのである。後期ヴィクトリア朝は、帝国の諸理念にあまりに夢中になっていたために、帝国の臣民にとっても圧倒的に魅力的なこれらの理念を固く信じたのだった。植民地支配の考えの普遍性に魅惑された人物の中でも、ウィンストン・チャーチルを超える人間はいない。奇妙なことに、彼がそれを思いついたのはボーア戦争中の南アフリカにおいてだった。この戦争はイギリスの帝国主義に反対する白人アフリカーナに対する攻撃であり、部分的には彼らの反乱でもあった。

ボーア戦争にジャーナリストとしても軍人としても参加したチャーチルは、ボーア人の精神に深い称賛の念を抱いたのだった。ボーア人は自らの小さな共和国の独立を保つために身を挺して戦い、優勢な敵に対して客観的に敗れたときでさえ降伏を拒んだのであり、これによってチャーチルは二つの結論を導いた。一つは、寛容を示してやればボーア人を手強い敵から盟友に変えうるということだった。このことは個人的にも正しかったことが証明された。というのも、傑出したボーア人ゲリラ指揮官だったヤン・スマッツは戦後、南アフリカの親英指導者となり、チャーチルの政友となったからである。さほど良い結果をもたらさなかった第二の結論は、自由な精神の持ち主によってなされるゲリラ戦は、優勢な敵戦力を消耗させ、敵の行動の自由を束縛し、敵の戦略を歪め、ついには敵に大きな政治的譲歩をさせうるということだった。それは、厳密に言えば純軍事的手段によっては獲得されえないものである。こうした見方は、最終的にチャーチルの世界観の中で普遍的な価値を得たようだ。彼は、ゲリラ活動に直面した多少なりとも無慈悲な敵のありうべき反応を計算した上でそれを捉えるということがなかった。また、ゲリラという観念に独立した価値を付与したようであり、ゲリラ戦士は本来的に隠密に行動し、愛国的市民から支援を受けられることからして、成功が約束されていると信ずるに至ったようでもある。こうした信条はボーア戦争に基づくものだったが、それを補強したのが一九一八年から二一年にかけて北アイルランド問題に関する経験をしたことと、後に彼が称賛するに至ったもう一人の卓越したゲリラ指導者マイケル・コリンズと出会ったことだった。いずれにせよ、チャーチルは国民生活が危機の頂点にあった一九四〇年に首相となった際には、すでに二つの大規模ゲリラ戦争に関わっていた——そのうちの一つには辛勝し、もう一つには疑問の余地なく負けた——のであり、したがって、ゲリラ作戦は外国の敵を挫くのに有意義な手段だと考えたことは許されてもよいかもしれない。

「ヨーロッパを炎上させよ」とは、ヒュー・ダルトン戦争経済相に対する一九四〇年七月二四日のチャーチルの指示である。これによって破壊工作組織のネットワークが構築され、極東の日本占領地域はもちろんのこと、ソ連西部のナチ占領下のヨーロッパ全域にそれらが浸透することになった。特殊作戦執行部がその基礎となり、その主任務は、主にパラシュートを使って占領地にエージェントの一団を投入し、現地に抵抗組織があればこれと連絡させた上で武器と必需品の配送を手配させ、諜報活動と破壊工作を実施させることだった。これらエージェントは、本部との連絡用に全員が無線機を持たされていた。ベルギーやオランダ、デンマーク、ノルウェーといった小国はゲリラ活動に適さないため、エージェント団はそこでは主に通報組織を設立しようとした（オランダにおいては悲惨なことに、これら組織は早い段階でドイツに浸透されており、彼らが携帯していた無線機は、降下して到着したエージェントを罠にはめるために活用される有様だった）。SOEは、フランスにおいては全土に通報エージェント網を張り巡らせただけでなく、レジスタンスを武装させ、訓練も行った。武装組織は、一九四二年八月に強制労働が導入されて以降に激増した。フランスのレジスタンスは現れるのが比較的遅く、当初からイデオロギー上の方針に従って分裂していた。共産主義者もモスクワに忠誠を誓う独自の地下組織をフランス国内に設立しようとしていたため、現地のSOE将校はデリケートな政治ゲームを行わざるをえなかった。一方、国外では、ロンドン亡命政府のド・ゴールが、レジスタンスを統合して自らの自由フランス軍に組み入れようと尽力していた。ギリシャとバルカンでは、トルコの支配に対するレジスタンスが伝統的に長らく存在していたこともあり、一九四一年四月から五月にかけてドイツに占領されると、すぐにゲリラ組織が編成された。彼らもイデオロギーによって分裂しており、現地住民にとっては悲惨な結末となった。ユーゴスラヴィアでSOEが最初に接触したのは、王党派チェトニクだった。だが、その指導者ドラジャ・ミハイロヴィッチは、占領軍に対する一斉蜂起「ウスタンカ」が可能な環境になるまで力を蓄えるのが正しい戦略だと信じていた。彼に対抗する共産主義のパルチザンは、ティトーのもとで全土に戦争状態を創り出すことを選んだ。その目的は、民衆を政治の世界に巻き込み、占領軍が敗北あるいは退去した後に、確実に共産政権を樹立できるような権力の座を確保することだった。ティトーは敵と戦い、チェトニクはそうではないということを理由に、SOE（そのバルカン部はイギリス人共産主義者に深く浸透されていた）は一九四三年四月、支援先をパルチザンへと移した。ギリシャにおいては、SOEが共産主義者を支援したことは一度もなかった。それは、ギリシャをスターリンの勢力圏外に置いておくことが極めて重要だと、ウィンストン・チャーチルが抜け目なく考えていたからである。それにもかかわらず、共産勢力は国内で容赦なく活動したことにより、一九四三年には有力な抵抗組織として成長し、SOEが供給した武器の中には必然的に彼らに届けられたものもあったのだった。

結果的にギリシャでは内戦が勃発し、一九四四年の解放後も長らくそれが続き、ようやく治まったのは一九四八年だった。ユーゴスラヴィアにおけるチェトニクとパルチザンの抗争も、結局は内戦に発展した。これら二つの内戦によって民間人の犠牲が多数出た上、占領軍の報復によってそれがさらに増幅し、無辜(むこ)の民が襲われることも多々あった。ユーゴスラヴィアは第二次世界大戦中の戦争当事国の中でも住民犠牲者の割合が最も高く、その大部分が内紛によるものだった。ギリシャ人もまた甚大な損害を被った。

占領下のヨーロッパ内でSOE後援のもとに行われていたゲリラ作戦は、ナチに対する戦争努力の重要な要素として、当時とその後しばらく賞賛された。SOEに関する物語は、戦争に勝つためのいくぶんミステリアスな手段としての「インテリジェンス」が神話化される上で、大いに貢献した。それは戦闘を行うよりも安上がりで、戦闘よりももっと危険だった。こうしたことが戦後まもない頃に一般人の想像力を魅了したのである。SOEの代表的工作員――占領下のヨーロッパで主要ネットワークを構築した工作員やユーゴスラヴィアとギリシャの山中に投入された最も有名な連絡将校――は、アラビアのロレンスの第二次世界大戦版として称えられ、ロレンスと同様に魅力的ながら、能力はそれ以上とされたのだった。

SOEエージェントの英雄的行為は決して矮小化すべきではない。フランスにパラシュート降下した者は作戦に日々従事し、危険に身を曝したのであり、単にフランス語が話せるという理由だけで諜報の世界に投げ込まれた、特にヴァイオレット・サボーやノア・イナヤット・カーンといった女性が発揮した勇気については、彼らの行動やおぞましい死について読んだことがある者なら、誰でも恐れ入ってしまうことだろう。[*6] バルカンに潜入した向う見ずな熱血漢は、ユーゴスラヴィアの山中で厳冬に耐え、捕らわれる危険に日々曝され、尋常ならざる勇気を発揮した。とはいえ、バランスの取れた見方をした場合、彼らが上げた業績の軍事的価値を、彼らが対独戦と同様に内戦をも支援した結果をもって客観的に評価すると、「ヨーロッパを炎上させよ」というチャーチルの要望の正当性には疑義が生じるのである。

ヨーロッパ全土に対独蜂起——全面的「ウスタンカ」——を起こそうとしたチャーチルの目論見には、基本的な欠陥があった。これによって、秘密戦の理論と実践、したがって「インテリジェンス」の理論と実践がそれ以降、歪曲されてきたのである。チャーチルは英国紳士であり、常にフェアな戦いを考え、誉れ高い相手として敵に敬意を払ったばかりか、自国が戦っている相手国もそのような考えを抱いていると信じていたのだった。確かに、ヨーロッパ諸国の軍隊が別の紳士に率いられていた過去においてはそうであったし、それはヨーロッパ諸国軍だけに当てはまるものでもなかった。戦争理論の大家にしてチャーチルと同時代人であるJ・F・C・フラーは、一八九九年から一九〇二年にかけてのボーア戦争に関する『紳士の戦争の結末』を記している。南アフリカのボーア人は、敗北してもなお広野で抵抗する決意であり、その後はゲリラ戦を戦うことを主張したが、それでも、紳士的なルールに則ってこれを実施した。彼らは捕虜を殺すことも、非戦闘員を傷つけることもなかった。三年に及ぶ抵抗の末に制圧されたが、彼らは最後まで規律を保ったのである。

青年議員だったチャーチルは、ボーア戦争に敵側として従軍したにもかかわらず、下院においてはボーア人を擁護し、一九四〇年という遅きになっても、ドイツ占領下のヨーロッパでボーア人的な非妥協的態度を繰り返せば、この四〇年前にイギリス占領下のトランスヴァーサルで起きたのと同じ反応を呼び起こすのではないかと推測した。彼は、未だ制圧されざる南アフリカでイギリス兵が虐殺を控えたように、抵抗に直面したドイツ兵が残虐行為を控えるだろうと想像したのだった。何たることか、チャーチルは大陸ヨーロッパの道徳規範におけるイデオロギー的変化について、何ら考慮に入れていなかったのである。それは、一九一七年から一九三九年の間に発生した世界大戦の大混乱と政治革命によってもたらされたものだった。彼は、ドイツ人が依拠した安定性——特に君主制と通貨——を全て破壊したことが、不安定化勢力への憎しみを説く体制の中でやがて先導役を務めることになるという点を見抜いていなかった。不安定化勢力とは、共産主義者と社会主義者のみならず、伝統的な道徳規範からの逸脱者や非ドイツ系国家主義者、さらには、大陸式生活様式の指導原理としてのドイツ文化という概念の敵のことである。チャーチルは、独善が染みついたナチズムのような体制に抵抗することは、そうした体制に反対する者に暴虐をもたらすということを理解していなかったのだった。

多様な形態があるレジスタンスは、称賛に値する運動だった。敗戦国や被占領国においては、米英が介入してドイツの支配が打倒された暁に独立を回復し、民主的な生活に回帰できるという長期的な展望がレジスタンスによって抱けたのである。しかし、短期的には、レジスタンスは国家の名誉は保ったものの、反旗を翻した者や図らずも紛争に巻き込まれた多くの者にとって、苦痛以外の何物ももたらさなかった。Dデイ前夜にフランスに駐屯していたドイツ軍六個師団のうち、対レジスタンス任務に従事したものは一個もなかった。これらは沿岸に兵員を配置して連合軍の侵攻を待ち受けていた一方、国内の治安維持は、わずかのゲシュタポ部隊やフランス警察、民兵に任された。国内治安は低地諸国やスカンディナヴィアではドイツの懸念事項ではなかった。チェコスロヴァキアでは国内の治安問題はまったくなく、非妥協的なポーランドですら皆無だった。後者では国内軍がユーゴスラヴィアのミハイロヴィッチの方針、すなわち民衆蜂起に好都合な状況になるまで待機するという方針を守っていた。一九四四年にその時機が到来すると、ロシア解放軍に裏切られた。ロシアは自らポーランドのレジスタンスを撃滅する代わりに、ドイツにそれを任せたのだった。

振り返ってみると、「レジスタンス」——敵に対する秘密作戦のことであり、たいていは全体主義による占領あるいは解放運動を装った政権奪取による圧政への抵抗を基本概念とするもの——と、「インテリジェンス」——厳密には敵の諜報とサイファーシステムに対する攻撃——とを混同してしまったことは、その双方にとって弊害以外の何ものも生み出さなかった。レジスタンス運動は、一九四〇年にドイツに占領されたフランスの抵抗がおそらくその好例であり、これ自体が概して効果的ではなかったように、非効率なことが往々にしてある。しかし、それでもやはり真に名誉あるものである。それによって国家主権の概念が保たれ、合法政府を回復する可能性が開かれるからである。敵の安全な連絡手段や監視、諜報システムに対する国家的攻撃という意味におけるインテリジェンスは、名誉あるものであるとともに、戦時においては常に必要とされ、悲しいかな、現在では平時にも不可欠なものである。

ところが、第二次世界大戦におけるレジスタンスとインテリジェンスの混同は常軌を逸しており、それが特に顕著だったのがイギリスだった。ドイツではそうしたことはなかった。ドイツは一八六六年から七一年にかけての統一戦争以来、被占領者が占領者に負う義務に関し、オーストリアとフランスに対して極めて厳格に法律を適用する立場を取ってきた。遭遇したレジスタンスをドイツが極めて厳しく取り扱った背景には、こうした立場があったのである。ドイツは一九一四年のベルギーで、ゲリラと疑った女子供を含む数千人を射殺し、一九三九年から四四年までの占領下のヨーロッパでは、域内の暴動を激しく弾圧した。その範囲は、捕われた者を流刑にしたフランスにおける事例から、パルチザンを無差別に殲滅した東欧における事例にまで及ぶ。[*7] これに対してイギリスは、さまざまな理由からレジスタンスを助長することを選択した。その理由の一つは、一九四〇年六月以降に軍事的な立場が弱まったことであり、有望な結果を約束する戦争手段であれば、いかなるものであれ採用することが奨励されたためである。もう一つの理由は、帝国内での反乱に関する自らの経験であり、反乱者がいかに効果的に正規部隊を消耗させうるかを教育していたことだった。だが、最も重要な理由は、不正規戦の伝統がイギリス人の、あるいは少なくともイギリスの武人階級の血の中に流れていることかもしれない。大英帝国の大部分は、部族戦士を徴集したことによる非通常手段によって得られたものである。それは、イギリス人将校の指導のもとにほかの部族を破ることを目的としたもので、特にインドとアフリカで見られた。その過程において、イギリスは最恵国からなる序列を設定したが、その目的は貿易よりも軍事のためだったのである。英海軍はそれらの名称を最強クラスの駆逐艦の艦名として採用した――『スィーク』、『ズールー』、『マタベレ』、『アシャンティ』、『パンジャビ』、『ソマリ』がそれである。スィーク族とソマリ族を率いたイギリス人将校は、戦士としてのこれら部族の資質を称賛し、部下たる彼らの言語を自ら操ることやその風習を理解することを誇りとしており、これら戦士の戦闘技能とヨーロッパ流の指導力を組み合わせれば無敵の混成軍を作れると信じていた。[*8] 非論理的ながら、こうした不正規兵の伝統を最高に効率化したのがボーア人だとイギリス人の目には映ったのであり、ボーア人の敵の中にはウィンストン・チャーチルを筆頭に、彼らを白人部族として捉えることにした者もいた。

チャーチルは一九四〇年に、ヒトラーのヨーロッパ要塞の側面を攻撃するために奇襲部隊を養成すべきと考え、それを表すのにボーア人の「コマンド」という語を採用した。同時に、SOEの創設を通じて、占領地でボーア式反乱軍の養成を開始した。敵地ヨーロッパ大陸に潜入する青年将校を募るのに、困難はまったくなかった。彼らの任務は現地の抵抗組織の養成、武装、訓練、統率であり、完全にイギリス軍の伝統内にあったため、志願者には事欠かなかったのである。ギリシャに赴いた者の多くは有名な一流学者であり、トルコに対する一八二〇年代のギリシャ独立戦争に参加したバイロンの名声に特段の刺激を受けていた。

ユーゴスラヴィアにパラシュート降下した者を鼓舞したのも、似たような心理だった。そこは山岳地帯で食料は粗末であり、現地語での会話はもちろんのこと、行軍を常に強いられる場所であり、こうしたことがトルコに対する英雄的闘争やインド北西部辺境における戦闘の様相を彷彿とさせたのである。SOE

は多くの点において大英帝国の道徳規範を再現したものだったが、メンバーの多くは戦間期のオックスフォードとケンブリッジの左傾した雰囲気の中で育ったため、自らを遠く離れた帝国の代理人というよりも、パルチザンの同志たる「進歩主義者」であると考えかねない点で違っていた。

それは思い違いも甚だしかった。西欧でのSOEは、占領域内でドイツの権力掌握を打破するのにほとんど何もなさず、不幸にも大した打撃を与えなかったのだった。これとは対照的に、バルカンでは途方もない損害を与えたことは確かであり、パルチザンが戦後に共産政権を樹立することができたのは、SOEが多くの装備品を供与したからであり、彼らに間接的に共産政権を樹立する権限を与えたのもSOEだったのである。同様の運命が間一髪で避けられたのがギリシャだった。仮にチャーチルが胸の内を明かしてしまい、残忍なギリシャ共産党が慎重に行動していたなら、アテネはベオグラードと同様に、一九四四年以降は一共産国の首都となっていたかもしれない。

ダメージはさらに広がった。転覆工作とインテリジェンスが秘密戦の実施という共通のヴェールのもとで混同されたことにより、適正なインテリジェンス・コミュニティが損なわれたからである。イギリスでは一九四六年にSOEが解体された後、秘密情報部が愚かにも転覆工作に手を染めてしまい、アルバニアでは壊滅的な結果が生じた。同国の反共勢力を支援すべく選ばれた担当官が、反逆者のキム・フィルビーだったからである。バルト諸国では、一九四一年から四三年までのオランダと同様、レジスタンスは現地のMI6連絡員が標的にしていたソ連KGBの支配下にあった。結果的に、これら両地域では多くの反共愛国者が死んだ。米国では、あまりに軽率に解体された戦時中のOSSの後身として、一九四七年に中央情報局（CIA）が設立され、情報収集活動と転覆工作活動の両方を担うことになった。これは、イギリスではMI6とSOEが当初それぞれ別個に行っていたものである。秘密の世界では、何をしているか、何を知っているかが明かされないものであり、そうした共同任務の構想が間違っていたと審判するのは部外者ではない。ＣＩＡの敵は多く、敵の性質からしておおむねＣＩＡ側に正義がある。とはいえ、情報収集と転覆工作を担う機関が同一組織内にあるのは原則的に好ましくないと筆者は思う。転覆工作は戦い方としては消極的なものであり、結果がまったく予測できないという点で通常の戦いとは異なるものである上に、民主主義国においては合法的権力が否認すれば反権力がそれを糾弾するという事態に常になりがちである。これとは対照的に情報収集は、戦いに勝利するという結果をもたらしうるものであり、安全かつ真摯に行うのであれば、敵意ある者しかこれを非難しえない活動である。

とはいえ、結局のところ情報戦も敵に対する攻撃としては消極的な形態である。知は力なりと一般的に言われる。しかし、物質的な力が伴わなければ、知識だけでは敵の先制攻撃を破ることも、かわすことも、阻止することもできないし、拒むことすらできない。デヴィッド・カーンはこれに関し、単純明快にこう記している。「インテリジェンスの本質的核心は（中略）戦争においては二次的な要素であるということだ」。カーンは、ポーランドが暗号解読官の純粋な知的努力でエニグマを破り、その取組みはドイツのほかのいかなる敵とも比べものにならなかったにもかかわらず、同国が一九三九年の電撃戦で敗北したことを顧みて、こう続けている。「暗号の解読、悲痛な努力、英雄的な業績、これら全てがあってもポーランド軍の助けにはまったくならなかった。インテリジェンスは力を通じてのみ役立ちうるのである」[*9]

カーンのこの控え目な修正的見解こそ最も重要なものであり、あらゆる時代の中でも、現代のいわゆる情報革命とスーパーハイウェーの時代の軍人と政治家が特に銘記すべきものである。敵ができること、意図していることについての知識があったところで、抵抗する力と意志、さらに願わくは敵の機先を制する力と意志がなければ、安全を確保するには不十分だ。富者や事情通、独り善がりの者が、将来の脅威を実際に理解していたためしがあっただろうか。アッバース朝最後のカリフが、前途に待ち受ける運命にうすうす感づいていたことは疑いない。彼は一二五八年にバグダードでモンゴルのフラグに臆病にも投降し、絞殺されてしまった。軟弱な西側民主主義諸国は、ヨーロッパの安保体制を蝕むのをヒトラーに許してしまい、態度を明確にしたときにはすでに遅すぎた。日本は反対に、あらゆる兆候や優れた提督の警告に反し、アメリカを攻撃することも危機を乗り切ることも可能だと一九四一年に信じ込んでしまった。先見の明は大難に対して何の防御にもならない。リアルタイム情報ですら、十分にリアルであるとは決していえない。最後に物を言うのは力のみである。終わりの見えない世界的な対テロ戦争という荒野を抜ける道筋を文明諸国がつけ始めるにつれ、これら諸国の戦士たちは矛(ほこ)を納めるかもしれない。インテリジェンスにできることは彼らの眼差しを鋭くすることである。光明たる知恵の諸原理を脅かす無知、偏見、不知という暗雲に対し、打撃力が最高の防御であり続けることは間違いない。

謝辞

私はこれまでの仕事人生において、インテリジェンス界とは関わらないように常々努めてきた。それにはもっともな訳がある。サンドハーストのイギリス陸軍士官学校で戦史教官を務めていた若かりし頃、こう言われたことがあるからだ。他国の情報組織はもちろんのこと、自国のものであっても、ちょっとでも関わると御上の反感を買うことになるぞ、と（その際、賢いインテリジェンス・オフィサーが少しでも関心を寄せそうな生情報なんかこれっぽっちも持ち合わせていませんよ、と答えるべきだったが、やめた）。私はその後、『デイリー・テレグラフ』紙の国防問題特派員、次にその国防問題部長として、情報組織と関わるのは賢明ではないと判断した。それまでに読んだ本や会話、ささやかな個人的観察を通じ、インテリジェンス界に関与している人間は、そうやって作ったコネを利用しうると考えながら、相手に都合よく利用されるだけだと結論づけたからである。私は今もそういうものだと信じている。

それにもかかわらず、おそらく必然的に、国防省を出だしに新聞記者、その後の軍事史家としての履歴からして、私は年を経るにしたがってインテリジェンス界の住人と知り合うようになった。それは、会おうとして会える以上の人数だった。サンドハーストの教え子の中には、インテリジェンス・オフィサーになった者もいるし、そのうちの一人はアイルランド共和軍の手にかかって勇敢に死んだ。サンドハーストの同僚の中には特殊部隊で勤務した者もいる。特殊部隊は情報組織と緊密な関係にあり、その執行機関として活動することも往々にしてある。信じがたいかもしれないが、研究生活のために情報機関と連絡を取るよう仕向けられたことも何度かある。ただし断っておくが、連絡先は工作部門ではなく、分析部門だった。フリート街――私が一九八六年に『デイリー・テレグラフ』社に入社した際にその事務所があった場所――は、当時も今も情報機関と非公式な独自の関係を持っており、私はこの新聞社から当初、いわゆる「コンタクト」と知り合いになるよう勧められたのだった。

最初に送り込まれた先は、最重要人物である当時の合同情報委員会議長だった。この委員会は、海外と国内の情報をそれぞれ取り扱っている秘密情報部（MI6）と保安局（MI5）の業務を監督している。その議長と会うべき場所として手配されたのは、ロンドンの重要人物が集う社交場の一つだった。彼をどのように見分ければよいのか、何も伝えられなかった。だが、ジョン・ル・カレ――フリート街が私に連絡を取らせようとしたもう一人の重要人物――の小説を思い出した。優秀なエージェントは常に部屋の隅に座って入口を見ており、二つの隔てた出口に行けるようにも構えている。到着するや、私はすぐに議長に気づいた。

後にMI6長官と、そのさらに後には当時のMI5長官（デイム）ステラ・レミントンとも会った。彼女の名前を述べるのに躊躇はない。なぜなら、彼女は退職を機に回想録を出版すると言い張っていたからだ。そのことで激怒した同僚も彼女の周囲にはいた。彼女とは、当時の編集部長で私の大の友人でもあったマックス・ハスティングとともに会った。彼が彼女との夕食に私を招いたという次第である。そうやって、この会食は完全に社交的なものであって、生の情報を聞き出そうとするものではないということを彼女に納得させようとしたのだろう。結局のところ、私は邪魔者の気分を痛いほど味わった。会話にほとんど口を挟めなかったからだ。その数日後、怒り心頭のマックスに事務所の中で詰め寄られた。「たったいま友人に何と言われたか分かるか。ステラと会食した翌朝、われわれが話したことの要点を彼女が政府用Eメールに投稿したっていうんだ。そんなこと信じられるか」と。文官だった頃の思考過程が頭をもたげた。「彼女はいとも簡単に先制報復したっていうことです。役人は敵と交渉したと責められるのを極度に恐れますから」

アメリカの情報機関にはもっとずっと人情味があった。ある学術会議での場で、軍事史家としての私の仕事を知っているという陽気な人物と出会った。彼から、その中で一番楽しめた分野は何かと尋ねられた。「戦闘序列の分析です」と迷うことなく返答した。戦闘序列とは、作戦に関わる部隊のリストであり、作るのが意外なほど難しいことがままある。「そうですか」と彼は言った。その後しばらくして、彼からの言付けを受け取った。なんでも彼はアメリカの政府職員を養成しており、その職員にとっては戦闘序列が重大な問題なのだという。ついては、これについてレクチャーしにワシントンに来てくれませんか、と。

ワシントンというのはヴァージニアのラングレー〔中央情報局の所在地〕のことで、政府職員とは中央情報局の分析研修生のことだと分かった。分析官は、同局の別部門にいる現場職員が集めた生情報を加工する。私の最初の講義は成功だった。二度目の講義に招かれたときはＣＩＡ本部に連れて行かれ、担当官に案内された。私はＣＩＡが細部まで注意を払っているとの印象を持った。「あなたはパスが必要です」とその案内役に言われ、差し出された一枚の書類にサインした。そこには、私がにわかに集められる以上の私の個人情報が記載されていた。「これから長官に会いに行きます。でもその前にコーヒーの一杯でも飲みましょう」と言われると、すぐ近くに連れていかれた。コーヒースタンドを営んでいる夫婦は目が不自由だった。

彼は「では長官室に参りましょう」と言って自信満々に歩き出し、一つの階から次の階へと移っていく。私は自信が失せるのを感じた。しばらくして彼が立ち止まって通りがかった職員に質問した。「階を間違えた」と戸惑い気味に言った。ようやく到着した――どのドアも同じに見えるし、目の高さよりも下に非常に小さな名札が付けられていた――われわれが入った待合室は筋骨隆々の若い男たちでいっぱいだった。「長官がお待ちかねですよ」と一人が言った。

私はその隣の部屋に入った。一人の大男が椅子を指し示すと話し始めた（これがウィリアム・ケーシー

CIA長官だと後ほど分かった)。私はこの段階になると、CIAは『デイリー・テレグラフ』と連絡を取りたがっているのだという印象を直感だけで得ていた。問題は、何に関することなのか見極められないことだった。私は椅子を移り、ケーシー氏の机に近づいた。彼はなおも話し続けたが、聞き取れなかった。私はさらに近くの椅子に移った。結局、長官が話しているのは今のインテリジェンス業務についてではなく、戦史についてだということが分かり始めた。彼は私の本の読者だったのであり、自分でも本を書いているため、表現技法について話し合いたかったのだ。だが、何を言っているのか、依然として理解しがたかった。

最後に彼は、これで時間切れだという合図のように席から立ち上がると、棚から一冊の本を抜き出し、一筆走らせてから別れの挨拶をした。その本は『あの戦争はどこでいかに戦われたか』だった。これはアメリカ独立戦争の地理条件に関するもので、驚くほど引きつけられる内容である。その温かい献辞には、これを著すのに拙書が役立ったとあった。いささか困惑しながら私は廊下に戻った。そこには私の案内役のほかに上級職員も何人かいた。彼らに「長官は何と言っていましたか」と寄ってたかって訊かれた。「よく分かりませんでした」。爆笑が起こった。私の言ったことは正しかった。後に知ったところによると、長官はボソボソ話すことで有名で、「政府内で唯一、盗聴防止機能付き電話を必要としない人間」と評されていたのだった。

インテリジェンス界との最後の接触はもっと複雑であり、おそらくもっと陰険なものだったが、本当に危なかったと言外に匂わすと誤解を与えかねない。私は一九八〇年代にアメリカの『アトランティック・マンスリー』誌とコネを作った。当時、世界の出版社の中でも、同社は一番高額の原稿料を支払っていた。同誌のために私は内戦中のレバノンに赴き、その後はソ連によるアフガニスタン紛争中の北西辺境州にも行った。この委託を受けた理由は単純だ。私には学費のかかる学校に通う子供が四人おり、同誌は記事一本につき一万ドルを支払ってくれた。これなら授業料を払ってもまだ余裕があった。私にとって同誌の最後の委託は、アパルトヘイトが崩壊する直前の南アフリカの治安情勢についてレポートすることだった。

手配については南アフリカに窓口を持つ同誌が行ってくれた。私は依然としてサンドハースト英陸軍士官学校に勤務していたので、同誌が間に入ってくれたことはありがたかった。士官学校が休校中は休職扱いになるとはいえ、役所の許可がなければ外国誌のために英連邦の一員ではない国を訪れてはいけないことは十分承知していた。私はその許可を取っていないどころか、申請してもいなかった。

到着時には出迎えがあると言われていた。ヤン・スマッツ空港に到着すると、乗客の中で私のスーツケースだけが見当たらなかった。紛失を報告し、ガイドとともにプレトリアに向かった。翌週は紛失した衣服の替えを買い、フォールトレッカー開拓記念碑と第1軽騎兵連隊を訪問し、南アフリカ国防省では海軍准将からブリーフィングを受けた。さらに、プレトリア・クラブでは元南アフリカ軍情報機関長官のドゥ・トア退役大将と昼食をともにした。ランチを食べながら、「まだサンドハーストにおられるのですか」と何気なく訊かれた。ドキリとした。自分はフリーランスのジャーナリストとして動いていると思っていたが、彼は明らかに別のことを考えていた。私のスーツケースが消えたことが突如として意味あるように思えた。

スーツケースは結局、ヨハネスバーグの中央警察署で見つかった。これは出発の前日のことだった。その後の数週間はこの奇妙な出来事のことを忘れていた。その一カ月か二カ月後に、国防省の誰かから電話をもらった。お会いして昼食でもいかがですかと言う。私はあまり注意して聞いていなかったようだ。いずれにせよ、電話してきたのは国防情報局に所属する人間だろうと、一足跳びに結論づけた。この役所はオープンで本当に力になってくれるし、世界の辺ぴな場所で起きている戦争について書く際に、生の情報をもらうために頻繁に電話もしている。われわれは会う日を取り決めた。

国防省から来たその若者には感心した。身なりが良く、礼儀をわきまえており、話し方も上品だったからだ。私の世代なら慇懃と称するだろう。前置きの挨拶をした後、私は有益な情報源である国防情報局の代表と会えてなんと嬉しいことかと述べた。彼の眉毛がわずかにピクリと動いた。誤解だということは明らかだった。彼は「わたしは国防情報局の者ではありません」と言った。どの省庁なのかは特定せず、別の役所から来たとほのめかした。秘密情報部（ＭＩ６）の人間だと私にはピンときた。それにしても、いったいなぜ私と会いたいのか。彼はそれを手短に明かしてくれた。

私のことはサンドハーストにいたときから知っていたと、意外にもあけすけに教えてくれた。私のことが信用できると思ったらしく、南アフリカに関する『アトランティック・マンスリー』の記事を読んだこともあるという。南アフリカは彼の担当だったのだ。驚いた私は、うっかりこう口走ってしまった。「彼らはあなたのことを知っているんですか」。彼は動じずにこう答えた。「私の名前のいくつかは知っています。全部は知らないといいんですが。かれこれ二〇年になりましょうから」。私がその意味を呑み込む間も彼は続けた。「南アフリカでされたインタヴューは内容的にとても面白かったです。もう一度戻られて、もっと質問してきていただけませんか。質問事項をお教えすることもできます。もちろん費用は全額お支払いいたします」

私は言葉を失い、しばらく黙っていた。ようやく昼食が終わった。彼の別れの言葉は、「この会話は編集長に報告すべきとお思いですか」だった。私は「もちろんですよ」と返答した。事務所に帰るとマックスが感情を爆発させた。「ジョン、そんな話に乗ったらダメだぞ。君はスパイ学校に通ったこともないじゃないか。彼らは君をダシに使うつもりなんだ」。私もすでに同じ結論に達していた。

内なる秘密の世界との唯一の接触はこうして終わった。親密な関係がそこで終わったことを私は露ほどにも後悔していない。それが立派に務まるだけの資質も勇気も、そして何より自信がないことは、自分が一番良く知っている。その一方で、私はそれを立派に務めている人々の何人かと出会えたことを嬉しく思う。その名前を述べようとは思わない。しかし、諜報の世界と時折接触する中で紹介された人々の中には、二〇世紀最大の裏切り者が一人いたことは明かしてもよいだろう。彼は自らを危険に曝しながら西側に仕えたのであり、興味をそそる魅力的な人間である。だが、彼に対する感情は、胸の内にイギリス人の愛国心の炎を燃えたぎらせる私の妻のそれと同じだ。妻は一度だけわれわれ三人で会った後に「彼のことが気に入ったわ」と言った。「でも、自分の国を売ったということがどうしても頭から離れないの。わたしだったら、裏切り者になるくらいなら死ぬわ」

したがって、まず謝辞を捧げる相手はわが愛しのスザンヌとしたい。また、手助けしてくれたわが子と義理の子、ルーシーとブルックス・ニューマーク、トムとペピィ、マシューとローズにも謝意を表したい。彼らが、ベンジャミン、サム、マックス、リリー、ザカリーとウォルターという素晴らしい孫たちをわれわれの人生に贈ってくれたことにも感謝したい。以下の諸氏には特に深謝したい。まず、余人をもって代えがたい助手を務めてくれたリンゼー・ウッド、出版社のアントニー・ウィットム、サイモン・マスター、アッシュ・グリーン、ウィル・サルキン、写真を探してくれた優秀なアン・マリー・エーリック、そして地図作成の大家レジナルド・ピゴット。地理学は戦史にとって極めて重要である。

秘密を明かすわけにはいかないが、アラン・ジュード、ジョン・スカーレット、サムズ・スミス、ジョージ・アレン、ウィリアム・ケーシー、ビル・ゲーツ、パーシー・クラドック、アントニー・ダフ、ジェレミー・フィップス、ジョン・ウールジーにも感謝したい〔これらの人物はほとんどが情報機関長、高位の外交官、軍人〕。『デイリー・テレグラフ』紙の同僚の中ではチャールズ・モーア、マイケル・スミス、ケイト・ベイデンに感謝したい。

最後に、私の著作権代理人アントニー・シールに感謝させていただきたい。裕福な若者だった彼は、馬に賭けて財を成すことを目指した。彼はその事業から身を引き、著作家を援助することになった。ありがたいことに、私はその中の一人である。彼が馬について語った言葉は印象的だ。「いくら知っても、まだ足りない」。これは本書の標語であるかもしれない。

深刻な事実誤認を含む—の出版許可が与えられた理由は、暴露本が現れることをイギリス当局がいかんせん恐れていたからである。1939年以前にエニグマへの攻撃を開始したポーランドでは、ポーランドの功績に関する記事が次々と発表されていた。ブレッチリーに関しては、まもなく公表されるものと思われていた。

＊2　ラインハルト・ゲーレンは、赤軍に関する情報を収集するドイツ参謀本部第12課東方外国軍課長として名声を博した。しかし、ヒトラーは不都合な事実を嫌い、ゲーレンはヒトラーにそれを受け入れさせることができなかったため、彼を偉大なインテリジェンス・オフィサーとして見なすことはできない。とはいえ、ゲーレンは極めて有能だった。1945年以降は「ゲーレン機関」が冷戦の情報源としてアメリカに利用された。この機関は後に、西ドイツの対外情報機関「ブンデスナハリヒテンディーンスト（連邦情報局）」に発展した。

バクラー・ダルベはナポレオンのインテリジェンス・オフィサーとして名声を確立したが、ナポレオンはウェリントンと同様、自らのインテリジェンス・オフィサーとして行動することがほとんどだった。彼は移動する際に重要な生情報を納めたコンパクトなファイル保管庫を携帯し、それぞれの区画のドアには、賢くも内容物の概要が示されるように作られていた。ゲーレンについては D. Kahn, *Hitler's Spies*, New York, 1978 を参照のこと。

＊3　A. Boyle, *The Climate of Treason, Five Who Spied for Russia*, London, 1979［A・ボイル著、亀田政弘訳『裏切りの季節』サンケイ出版、1980年］を参照のこと。事実関係がやや古いものの、反逆を行った大学生の気質に関する記述はいまだもって秀逸である。

＊4　イラクの召集部隊やハドラミ・ベドウィン軍団、ソマリランド偵察隊のような奇抜な部隊については J. Lunt, *Imperial Sunset, Frontier Soldiering in the 20th Century*, London, 1981 を参照のこと。インド軍史に関する文献は多いが、最近のもので興味深いのはS・メネゼス将軍による *Fidelity and Honour*, New Delhi 1993 である。メネゼス将軍はインド独立の前後にインド軍で軍務に就いていた。

＊5　A. Clayton, *France, Soldiers and Africa*, London, 1988 を参照のこと。

＊6　M. Binney, *The Women Who Lived for Danger*, London, 2002 を参照のこと。

＊7　J. Horne and A. Kramer, *German Atrocities 1914*, New Haven and London, 2001 の付録1を参照のこと。

＊8　R. Kipling, *The Complete Stalky & Co*, London, 1929 を参照のこと。「大騒動が始まった時が仰天の始まりってわけさ。（中略）ストーキーがヨーロッパの南側で大勢のスィク教徒に好き放題やらせ、おまけに略奪だってやりそうだと想像してみろよ」。ストーキーのモデルとなったのはキプリングの同級生ダンスターヴィルであり、衝撃的なカフカス介入を率いた第一次世界大戦時の将軍である。Horne and Kramer の付録1を参照のこと。

＊9　D. Kahn, *Seizing the Enigma*, London, 1991, p. 91.

＊11 Ibid., pp. 34–40.
＊12 B. Collier, *The Defence of the United Kingdom*, London, 1957, PP. 353–5.
＊13 Irving, pp. 140–1.
＊14 T. Wilson, *Churchill and the Prof*, London, 1988, pp. 2–4.
＊15 Irving, title page.
＊16 Ibid., pp. 45–7, 53.
＊17 Hinsley et al., Vol 3, Part 1, p. 369.
＊18 Ibid., p. 385.
＊19 Ibid., p. 390.
＊20 Ibid.
＊21 Ibid.
＊22 Hinsley et al., Vol 1, p. 57, n. 277.
＊23 Hinsley, et al., Vol. 3, Part 1, p. 389.
＊24 Ibid. p. 379.
＊25 Ibid., pp. 391–2.
＊26 Ibid., p. 402.
＊27 Ibid., p. 412.
＊28 Ibid., p. 428.
＊29 B. Collier, *The Battle of the V-Weapons*, London, 1964, pp. 45–6.
＊30 Collier, *Defence of the United Kingdom*, Appendices XLV, L.
＊31 Hinsley et al., Vol, 3, Part 1, p. 446.
＊32 F. H. Gibbs-Smith, *The Aeroplane*, London, 1960, Chapter 14.
＊33 N. Longmate, *Hitler's Rockets*, London, 1985, p. 187.
＊34 Hinsley et al., Vol. 4, p. 184.
＊35 M. Howard, *British Intelligence in the Second World War*, Vol. 5, 1990, pp. 18–20, 231–41.ガルボは純粋に反全体主義者であり、イギリス政府を強く支持していたことについては言及しておく必要がある。
＊36 Ibid., Vol. 5, p. 12.
＊37 Ibid., pp. 177–9.
＊38 Ibid., p. 183.
＊39 Hinsley et al., Vol, 3, Part 1, p. 360.
＊40 D. C. Watt教授からの個人的な情報。
＊41 D. Irving, *The Virus House*, London, 1967, passim.

終章
＊1 N. West, *The Secret War for the Falklands*, London, 1997, pp. 20, 37–8.
＊2 A. Finlan, 'British Special Forces and the Falklands Conflict' in *Defence and Security Analysis*, December 2002, pp. 319, 332.
＊3 West, p. 144.
＊4 Ibid., pp. 145–7.
＊5 Finlan, p. 826.
＊6 M. Hastings and S. Jenkins, *The Battle for the Falklands*, London, 1983, p. 316.

結び
＊1 ウルトラ・シークレットが最初に明らかにされたのは、Ｆ・Ｗ・ウィンターボーザムによって1974年に出版された同名の文献においてである。この著者は空軍の正規将校であり、ＭＩ６（秘密情報部＝ＳＩＳ）の空軍部長を務めていたが、1939年にブレッチリーに異動した。彼にこの文献―

＊4 P. Padfield, *Dönitz*, London, 1964, pp. 101ff.
＊5 Ministry of Defence, *The U-Boat War in the Atlantic*, Vol. I, London, 1989, p. 1.
＊6 Ibid., pp. 3–4.
＊7 J. Terraine, *Business in Great Waters*, London, 1983, p. 142.
＊8 Ibid., pp. 618–19.
＊9 *Jane's Fighting Ships*, London, 1940, pp. 60ff.
＊10 Terraine, pp. 54, 119.
＊11 Padfield, p. 201.
＊12 Terraine, pp. 266–8.
＊13 Hinsley et al., *British Intelligence in the Second World War*, London, 1981 and later, Vol. 1, p. 336, Vol. 2, p. 179.
＊14 Ibid., Vol. 2, Appendix 4, Parts 3 and 6.
＊15 Ibid, Vol. 2, Appendix 9, p. 681.
＊16 Ibid, Vol. 2, Appendix 19, pp. 751–2.
＊17 C. Blair, *Hitler's U-Boat War*, Vol. 1, *The Hunters*, New York 1939–42, 1996, pp. 727–32, 695.
＊18 D. Kahn, *Seizing the Enigma*, London, 1991, pp. 211–12.
＊19 Ibid., Chapter 16, passim.
＊20 Hinsley et al., Vol. 3, Appendix 8.
＊21 Kahn, Chapter 20.
＊22 Blair, Vol. 1, p. 424, Vol. 2, *The Hunted. 1942–45*, p. 712.
＊23 Ibid., Vol. 1, p. 421.
＊24 Ibid., Vol. 2, pp. 743–4.
＊25 Ibid., Vol. 1, p. 418.
＊26 Terraine, p. 629.
＊27 Blair, Vol. 1, pp. 741–5.
＊28 Ibid., p. 247.
＊29 Ibid., Vol. 2, pp. 791–2; J. Terraine, pp. 314–15.
＊30 Blair, Vol. 2, pp. 519–20.
＊31 Terraine, p. 619.
＊32 Ministry of Defence, pp. 109–18; Blair, Vol. 2, Appendix 2.
＊33 Kahn, pp. 211–13.
＊34 Hinsley et al., Vol. 2, Appendix 19.
＊35 Blair, Vol. 2, Appendix 18.
＊36 Ibid., Vol. 2, pp. 710–11.

第八章

＊1 D. Irving, *The Mare's Nest*, London, 1964, pp. 13–14.
＊2 F. Hinsley et al., *British Intelligence in the Second World War*, London, 1981 and later, Vol. 1, Appendix 5.
＊3 M. Smith, *Foley*, London, 1999.
＊4 Irving, p. 34.
＊5 P. Wegener, *The Peenemünde Wind Tunnels*, New Haven, 1996.
＊6 Ibid., p. 27.
＊7 Irving, p. 35.
＊8 Ibid., p. 38.
＊9 Ibid., p. 43.
＊10 Wegener, p. 10.

*40 Ibid., p. 105.
*41 Ibid., p. 112.
*42 Ibid., p. 107.
*43 Quoted in ibid., p. 107.
*44 MacDonald, p. 216.
*45 Ibid., p. 196.
*46 Stewart, pp. 317–18, 374–5.
*47 MacDonald, p. 203.
*48 Ibid., p. 212.
*49 Bennett, p. 20.
*50 Ibid., p. 19.
*51 Ibid., p. 20.

第六章

*1 H. Strachan, *The First World War*, Vol. I, Oxford, 2001, p. 458.
*2 R. Spector, *Eagle Against the Sun*, London, 1985, p. 42.
*3 Ibid., pp. 46–7.
*4 H. P. Willmott, *Empires in the Balance*, London, 1982, p. 71.
*5 S. Budiansky, *Battle of Wits*, New York, 2000, p. 120.
*6 Ibid., pp. 32ff.
*7 *Pearl Harbor Revisited. United States Navy Communications Intelligence, 1924–41*, Naval Historical Center, Washington Navy Yard, 2001, p. 17.
*8 R. Lewin, *The American Magic*, New York, 1982, p. 42.
*9 *Pearl Harbor Revisited*, Appendix A, 'Messages Intercepted Between 6 September and 4 December, 1941', pp. 53–65.
*10 Spector, pp. 153–5.
*11 H. Shorreck, *A Priceless Advantage*, Naval Historical Center, Washington Navy Yard, 2001, p. 9.
*12 Ibid., p. 11.
*13 Ibid., p. 5.
*14 Ibid., p. 6.
*15 Ibid., p. 8.
*16 Ibid., p. 9.
*17 Ibid., p. 10.
*18 Spector, p. 166.
*19 Shorreck, p. 10.
*20 Ibid., p. 12.
*21 A. Marder, *Old Friends: New Enemies, The Royal Navy and the Imperial Japanese Navy*, Vol. II, Oxford, 1990, p. 93.
*22 J. Winton, *Ultra in the Pacific*, London, 1993, p. 58.
*23 W. Lord, *Midway: the Incredible Victory*, Ware, 2000, p. 119.
*24 H. Bicheno, *Midway*, London, 2001, p. 149.

第七章

*1 F. H. Hinsley and A. Stripp, *Codebreakers*, Oxford, 1993, p. 11.
*2 Ibid., p. 12.
*3 W. S. Churchill, *The Second World War*, London, 1949, p. 529.

＊38　注28を参照のこと。

第五章

＊1　See D. Showalter, *Tannenberg*, Hamden, 1991, p. 170.
＊2　P. Halpern, *A Naval History of World War I*, Annapolis, 1974, p. 316.
＊3　A. Marder, *From the Dreadnought to Scapa Flow*, Vol. III, p. 42.
＊4　Ibid., pp. 134ff.
＊5　Ibid., p. 40.
＊6　Halpern, pp. 36-7; ただし A. Lambert, *The Rules of the Game*, London, 1996, p. 49 を参照のこと。同著者はこの状況に疑義を呈し、この件は事情通が「驚異的な漁獲高」に言及したものであることは確かだとしている。Halpern, ibid., p. 37.
＊7　S. Singh, *The Code Book*, London, 1999, pp. 46-51.
＊8　R. E. Weber, *Masked Dispatches: Cryptograms and Cryptology in American History, 1775-1900*, National Security Agency, 1993, pp. 43-4.
＊9　S. Maffeo, *Most Secret and Confidential*, Annapolis, 2001, p. 83.
＊10　Singh, p. 120.
＊11　S. Budiansky, *Battle of Wits*, New York, 2000, p. 70-1.
＊12　R. Kippenhahn, *Code Breaking*, Woodstock, New York, 2000, pp. 28-9.
＊13　Singh, p. 136.
＊14　Ibid., pp. 134, 136.
＊15　Quoted in W. Kozaczuk, *Enigma*, London, 1984, p. 270.
＊16　Ibid., p. 277.
＊17　Ibid., p. 284.
＊18　Ibid., note 2, pp. 22-3.
＊19　Ibid., p. 304.
＊20　G. Welchman, *The Hut Six Story*, London, 1982, p. 63.
＊21　Ibid., p. 71.
＊22　R. Lewin, *Ultra Goes to War*, London, 1988, p. 47.
＊23　Budiansky, p. 48.
＊24　Welchman, pp. 76-7.
＊25　Andrew Hodges, *Alan Turing: The Enigma*, London, 1992 の特に pp. 96-9と、ブレッチリーについては同書第４章を参照のこと。
＊26　Welchman, p. 168.
＊27　F. H. Hinsley et al., *British Intelligence in the Second World War*, Vol. II, London, Appendix 4, pp. 658ff.
＊28　Welchman, p. 98.
＊29　Hinsley et al., p. 657.
＊30　C. MacDonald, *The Lost Battle. Crete 1941*, London, 1993, pp. 11-12.
＊31　H. Trevor-Roper（ed.）, *Hitler's War Directives*, London, 1965, pp. 68-9.
＊32　A. Beevor, *Crete: The Battle and the Resistance*, London, 1991, p. 76.
＊33　Ibid., p. 72.
＊34　I. Stewart, *The Struggle for Crete*, Oxford, 1966, p. 58.
＊35　Beevor, p. 349.
＊36　Ibid., p. 351-2.
＊37　Paul Freyberg, *Bernard Freyberg VC*, London, 1991.
＊38　R. Bennett, *Ultra and Mediterranean Strategy, 1941-45*, London, 1989, pp. 57-8.
＊39　Beevor, pp. 346-8.

＊26　Quoted in ibid., p. 260.
＊27　Ibid., p. 297.
＊28　Ibid.
＊29　Ibid., p. 352.
＊30　R. Taylor, *Destruction and Reconstruction*, New York, 1955, p. 76.
＊31　Ibid., p. 438.
＊32　Ibid., p. 420.

第四章

＊1　P. Kemp（ed.）, *Oxford Companion to Ships and the Sea*, Oxford, 1976, pp. 770–1.
＊2　A. Hezlet, *The Electron and Sea Power*, London, 1975, p. 6.
＊3　Tanner の第３章注５ pp. 417–21を参照のこと。
＊4　J. Keegan, *The Mask of Command*, London, 1987, Chapter 3, pp. 210–12を参照のこと。
＊5　Hezlet, p. 31.
＊6　P. Kennedy, 'Imperial Cable Communications and Strategy, 1820–1914', *EHR*, October 1971, pp. 728–52.
＊7　D. Kynaston, *The City of London*,Vol. II, London, 1995, pp. 8, 40–1.
＊8　Hezlet, p. 77.
＊9　Ibid., p. 68.
＊10　Kennedy, p. 741.
＊11　A. Marder, *From the Dreadnought to Scapa Flow*, Vol. II, Oxford, 1965, pp. 4–5.
＊12　Ibid., II, p. 22.
＊13　Ibid., II, p. 34.
＊14　Quoted in J. Steinberg, *Yesterday's Deterrent*, London, 1965, p. 208.
＊15　P. Halpern, *A Naval History of World War I*, Annapolis, 1994, p. 65.
＊16　C. Burdick, *The Japanese Siege of Tsingtau*, Hamden, CT, 1976, p. 51.
＊17　Geoffrey Bennett, *Naval Battles of the First World War*, 1968, p.56.
＊18　D. Van der Vat, *The Last Corsair*, London, 1983, p. 41.
＊19　Bennett, p. 77.
＊20　Ibid., pp. 182–3.
＊21　Ibid., p. 78.
＊22　J. Corbett, *Naval Operations*, Vol. I, 1920, p. 305.
＊23　Quoted in Bennett, p. 86.
＊24　Halpern, p. 36.
＊25　Quoted in Bennett, p. 92.
＊26　Halpern, p. 93.
＊27　Corbett, p. 344.
＊28　Ibid., p. 346.
＊29　Quoted in ibid., p. 349.
＊30　Quoted in ibid., p. 353.
＊31　Ibid., p. 357.
＊32　Quoted in Van der Vat, p. 61.
＊33　Quoted in ibid., p. 75.
＊34　Bennett, p. 110.
＊35　Ibid., p. 129.
＊36　K. Middlemas, *Command the Far Seas*, London, 1961, p. 194.
＊37　Ibid., p. 196.

＊10　Ibid., p. 30.
＊11　Lavery, p. 124.
＊12　M. Duffy, 'British Naval Intelligence and Bonaparte's Egyptian Expedition of 1798', *Mariner's Mirror*, Vol. 84, No. 3, August 1998, p. 283.
＊13　Ibid., p. 285.
＊14　Lavery, p. 125.
＊15　G. P. B. Naish, *Navy Records Society*, Vol. 100, 1958, pp. 407–9.
＊16　A. T. Mahen, *Life of Nelson*, Boston, 1900, Vol. I, p. 332.
＊17　S. E. Maffeo, *Most Secret and Confidential*, Annapolis, 2000, p. 264.

第三章

＊1　J. McPherson, *Battle Cry of Freedom: The American Civil War, Oxford History of the United States*, New York, 1988, pp. 12–13, 318–19.
＊2　T. Harry Williams, *Lincoln and His Generals*, London, 1952, pp. 13–14.
＊3　McPherson, pp. 245–6.
＊4　J. Waugh, *The Class of 1846*, New York, 1994, p. 264.
＊5　R. G. Tanner, *Stonewall in the Valley*, Mechanicsburg, 1996, pp. 3–23.
＊6　Williams, p. 5.
＊7　E. B. McElfrish, *Maps and Mapmakers of the Civil War*, New York, 1999, p. 23.
＊8　*The Imperial Gazetteer of India*, Vol. IV, Oxford, 1907, pp. 481–507.
＊9　D. W. Meinig, *The Shaping of America*, Vol. 2, New Haven, 1986, pp. 161–3.
＊10　McElfrish, p. 18.
＊11　C. Duffy, *Frederick the Great*, London, 1985, pp. 325–6. 地図を国家機密とする慣習はかなり昔からあった。16世紀ポルトガルのマヌエル国王は、カブラルがインドまで航海した際に使った海図を外国に送ろうとして捕えられた被疑者に対しては、死刑に処すると脅した。スペインは、地図と海図に重りを付け、船が奪われそうになった時にそれらを沈める慣習をすでに採用していた（20世紀になると、西側の海軍においてはコードブックに重りを付けることが普遍的になった）。日々の偵察によって得られる局地情報の価値に関しては Machiavelli, *The Prince*, Chapter XIV〔マキアヴェリ著『君主論』〕を参照のこと。著者曰く、君主は「常に狩猟に出て困難に身を慣らし、実際の地形の習得もすべきである。（中略）この種の能力によって、敵の位置を把握し、軍を前進させ、戦闘に向けて軍を編成する方法が分かるのである」。この〔英訳文の〕出典は Dr Paige Newmark, of Lincoln College, Oxford。
＊12　*Imperial Gazetteer of India*, Vol. IV, p. 499.
＊13　C. A. Bayly, *Empire and Information, Intelligence Gathering and Social Communication in India, 1780–1870*, Cambridge, 1996, pp. 108, 110.
＊14　McElfrish, p. 22.
＊15　Tanner, p. 115.
＊16　McElfrish, p. 29.
＊17　Ibid., p. 85.
＊18　V. Esposito, *The West Point Atlas of American Wars*, Vol. 1, New York, 1959, Map 39.
＊19　T. Roosevelt, *Autobiography*, 1913, quoted in P.G. Tsouras *Warrior's Words*, London, 1992.
＊20　Tanner, p. 117.
＊21　*Jackson Papers* (*b*), 19 March 1862, Virginia Historical Society, Richmond.
＊22　Tanner, p. 124.
＊23　M. A. Jackson, *Life and Letters of General Thomas J. Jackson*, New York, 1892, p. 248.
＊24　US War Department, *War of the Rebellion*, IV, I, pp. 234–5.
＊25　Tanner, p. 194.

原注

第一章

＊1　N. Austin and N. Rankov, *Exploratio. Military and Political Intelligence in the Roman World from the Second Punic War to the Battle of Adrianople*, London, 1995, pp. 26–7, 209–10.

＊2　Ibid., pp. 9–10.

＊3　Ibid., p. 246.

＊4　E. Christiansen, *The Northern Crusades, The Baltic and the Catholic Frontier, 1100–1525*, London, 1980, pp. 161–3.

＊5　S. Runciman, *The First Crusade*, Cambridge, 1951. Book III, Chapters 2 and 3, Book IV, Chapter 1.

＊6　P. Contamine, *War in the Middle Ages*（tr. M. Jones）, Oxford, 1984, pp. 25–30, 219–28.

＊7　J. R. Alban and C. T. Allmond, 'Spies and Spying in the Fourteenth Century' in C. T. Allmond, *War, Literature and Politics in the Late Middle Ages*, London, 1976, pp. 73–101.

＊8　T. Barker, *The Military Intellectual and Battle, Raimondo Montecuccoli and the Thirty Years War*, New York, 1975, pp. 160, 242.

＊9　C. Duffy, *The Military Experience in the Age of Reason*, London, 1987, p. 186.

＊10　C. Duffy, *Frederick the Great. A Military Life*, London, 1985, pp. 59–64.

＊11　Austin and Rankov, p. 15.

＊12　「ハーカラ」制度とイギリスがこれを獲得した点については C. A. Bayly, *Empire and Information, Intelligence gathering and Social Communication in India, 1780–1870*, Cambridge, 1996 の特に第２章を参照のこと。

＊13　「Y」という語の出所については謎である。第一次世界大戦中のイギリス軍砲兵部隊の将校が音源測距を表すのに使った記号に由来するものかもしれない。砲兵隊では、おそらくYという印が中央傍受点で受けた音波のことを表していたのであろう。

＊14　ゾルゲがソ連の意思決定に影響したか否か、ゾルゲが信頼されていたか否かの問題については F. W. Deakin and G. R. Storry, *The Case of Richard Sorge*, London, 1966［F・W・ディーキンおよびG・R・ストーリィ著、河合秀和訳『ゾルゲ追跡：リヒアルト・ゾルゲの時代と生涯』筑摩書房、1980年］の特に第13章を参照のこと。併せて Walter Laqueur, *A World of Secrets. The Uses and Limits of Intelligence*, New York, 1985, pp 236–7, 244 も参照のこと。業績のいかんにかかわらず、ゾルゲは極めて重要な人物である。なぜなら、イデオロギーに染まった危険極まりない筋金入りのエージェントの性格や人格、経歴といったものが、彼のそれに典型的に表れているからである。ゾルゲは知能が高く、非常に勇敢で、自らの信念に全身全霊を捧げたのであり、その信念は、自国ではない国に対する一途な忠誠という形態を実質的に取ったのだった。

＊15　Laqueur, p. 244 and footnote 20, p. 381.

＊16　A. Boyle, *The Climate of Treason*, London, 1979, p. 371.

第二章

＊1　Geoffrey Bennett, *Nelson the Commander*, London, 1972, p. 59.

＊2　Hugh Popham, *A Damned Cunning Fellow*, St Austell, 1991, p. XIII.

＊3　Bennett, pp. 61–2.

＊4　Brian Lavery, *Nelson and the Nile*, Chatham, 1998, p. 9.

＊5　C. de la Jonquière, *L'Expédition d'Egypte*, Paris, 1900, Vol. 1, pp. 96–8.

＊6　H. Nicolas, *Dispatches and Letters of Nelson*, London, 1845, Vol. 3, p. 17.

＊7　Ibid., p. 26.

＊8　Ibid., p. 29.

＊9　Ibid., p. 13.

1966年から72年までジョンソンとニクソン両政権に仕えたＣＩＡ長官に関するピューリツァー賞受賞者による伝記であり、設立時からのＣＩＡ史でもある。語り口は冷静、アプローチも客観的であり、情報活動についてのみならず、情報が政策と意志決定に及ぼした影響についても豊富な生情報を紹介する内容となっている。

Sweet-Escott, Bickham, *Baker Street Irregular*, London, 1965
著者スウィート゠エスコットは、ピーター・カルヴォコロッシと同様にオックスフォード大学ベイリオル校卒であり、ＳＯＥで数多くの要職に就いた。本書においてはＳＯＥの手法と多くの特徴が簡潔に、しかも説得力を持って描かれている。

Trevor-Roper, Hugh, *The Philby Affair. Espionage, Treason and Secret Services*, London, 1968
著者トレヴァー゠ローパーは、後にオックスフォード大学近代史の欽定講座担当教授、ケンブリッジ大学のピーターハウス学寮長、そしてデーカー卿になった人物だが、フィルビーのことを熟知しており、自身は一介の下級インテリジェンス・オフィサーであったにもかかわらず、本書におけるフィルビー像は繊細で奥深い。本書には、第二次世界大戦時にドイツ国防軍アプヴェア機関長を務めたカナリス提督に関する小論も収められている。

Tuchman, Barbara, *The Zimmermann Telegram*, New York, 1958［バーバラ・タックマン著、町野武訳『決定的瞬間　暗号が世界を変えた』みすず書房、1968年］
この著名なアメリカ人史家が名声を築いた短編である。本書は英海軍本部がいかに1917年のドイツの外交電文を解読したかに関するインテリジェンス史の傑作であり、ドイツがメキシコに対して米国を攻撃するよう説得し、それによって米国が連合国側に立って第一次世界大戦に参戦したことが明らかにされている。不十分な部分もあるものの、時代を超えて通用する内容である。

Welchman, Gordon, *The Hut Six Story*, London, 1982
著者ウェルチマンは、1939年当時はケンブリッジ大学シドニー・サセックス校の特別研究員であり、戦争勃発時に徴募されてブレッチリー・パークに編入された大勢の一人だった。彼はエニグマ解読に大いに成功し、総力戦という課題に応えるべくブレッチリーを再編するのに助力した。本書は全体的に信頼できるだけでなく、いかにエニグマが機能し、いかにブレッチリーがそれを徐々に破ったかにつき、極めて分かりやすい記述ともなっている。必携の書。

Winterbotham, F. W., *The Ultra Secret*, London, 1974［ウィンターボーザム著、平井イサク訳『ウルトラ・シークレット　第二次大戦を変えた暗号解読』早川書房、1976年］
著者ウィンターボーザムは秘密情報部（ＳＩＳ）で勤務していた正規の空軍将校であり、戦時中はブレッチリーの空軍部に配属されていた。ウルトラ・シークレットを英語で初めて明かすことになる本書を出版するに当たっては、許可を得たようである（ただし、これ以前にトレヴァー゠ローパーがそれをほのめかしていたが）。彼に許可が与えられたのは、ポーランド人がその秘密を暴きつつあることを英政府が恐れたからだった。本書は大部分が記憶に頼って記されたものであり、事実と解説の両面で多くの誤りがある。

Wohlstetter, R., *Pearl Harbor, Warning and Decision*, Stanford, 1962［ロベルタ・ウールステッター著、岩島久夫、岩島斐子訳『パールハーバー　トップは情報洪水の中でいかに決断すべきか』読売新聞社、1987年］
著者ロベルタ・ウールステッターは、日本がいかに1941年12月の真珠湾奇襲を成功させたかを正確かつ徹底的に検証している。本書はインテリジェンス専門家から幅広く称賛されており、批判者がいないことはないにせよ、太平洋戦争勃発の序章となった本攻撃に関する依然として最も価値ある研究書である。

1955
ホール提督は神経性の顔面チックのために英海軍内で「点滅器」と呼ばれたが、大きな成果を上げた情報組織ＯＢ４０室（Old Building Room 40）の創始者である。英海軍本部は第一次世界大戦中、同室のおかげでドイツの同等組織よりも完全な情報優位を成し遂げたのである。同室の功績は、特に暗号解読に関する成果を傲慢にも戦間期に明かしてしまったため、損なわれてしまったのだった。

Jones, R. V., *The Wizard War. British Scientific Intelligence 1939–45*, London, 1978
著者ジョーンズは若き技官であり、ドイツ空軍がイギリスの諸目標に爆撃機を誘導するための信号電波をいかに用いているかを解き明かしたため、英本土航空決戦時とその後にウィンストン・チャーチルの引き立てにあずかった人物である。「信号電波を遮断した男」はその後さらに地位を上り、最終的には1944年のＶ兵器の脅威に関する論争において、チャーウェル卿に敢然と挑んだのだった。科学インテリジェンスについての本書内容は、この戦争に関連する最も価値ある個人的体験談の一つではあるが、彼がなぜ1945年以降に零落してしまったのかについては本書では明かされていない。

Kahn, David, *The Codebreakers. The Story of Secret Writing*, revised edition, New York, 1996
カーンによる本書は暗号解読に関するまぎれもない百科事典であり、この分野では他の追随を許さないものである。原版［デーヴィッド・カーン著、秦郁彦、関野英夫訳『暗号戦争』早川書房、1968年］はエニグマの秘密が明かされる前に出版されたが、改訂版ではその欠陥が補われている。長編（1181ページ）かつ濃密なため、一般読者は尻込みするであろうが、それでも辛抱して読む価値がある。

Kahn, David, *Hitler's Spies. German Military Intelligence in World War II*, New York, 1978
書名は誤っている。本書はドイツ軍情報機関が現場でいかに活動したかについての研究書であり、情報のインプットと作戦の結果とを結びつけた、専門家による類まれな取組み例である。

Lewin, Ronald, *Ultra Goes to War*, London, 1978
著者ルーウィンによる本書は、ブレッチリーの秘密が初めて明かされたウィンターボーザムの *The Ultra Secret*（1974）［ウィンターボーザム著、平井イサク訳『ウルトラ・シークレット　第二次大戦を変えた暗号解読』早川書房、1976年］の４年後に出版されたものであり、後者の深刻な事実誤認を修正し、より広範な文脈中にウルトラの実績を位置づけようとするものだった。本書は依然としてブレッチリーの逸話に関する価値ある文献である。

McLachlan, Donald, *Room 39. A Study in Naval Intelligence*, London, 1968
本書はウルトラ・シークレットが明らかにされる前に出版されたものであるため、ブレッチリーに関しては「ステーションＸ」としてしか言及することができなかったが、「これまで記されたインテリジェンス関連文献の中で最良の一冊」と評されてきた。本書は第二次世界大戦中の英海軍情報部の活動に関するものである。

Masterman, J. C., *The Double-Cross System in the Second World War*, London, 1972［ジョン・Ｃ・マスターマン著、武富紀雄訳『二重スパイ化作戦　ヒトラーをだました男たち』河出書房新社、1987年］
著者マスターマンは、オックスフォード大学の特別研究員から戦後はウスター校の学長になった人物だが、戦時中はダブルクロス（ＸＸ）委員会の議長を務めていた。この委員会は、生情報を改ざんして敵を欺くことに貢献した機関であり、1944年から45年にかけてのドイツの秘密兵器攻撃による戦果に関し、ドイツ側を欺くことを最重要任務としていた。

Powers, Thomas, *The Man Who Kept the Secrets. Richard Helms and the CIA*, New York, 1979

Garlinski, Josef, *Intercept*, London, 1979
著者ガーリンスキは当然のことながら、同胞ポーランド人が第二次世界大戦の勃発前にエニグマ解読における先駆者となり、それがブレッチリーの成功に貢献したことを記録しておくことに腐心している。

Giskes, Herman, *London Calling North Pole*, London, 1953
著者ギスケスはドイツ防諜機関の将校であり、1940年から43年にかけ、ドイツ占領下のオランダにパラシュート降下した特殊作戦執行部のオランダ人エージェントの捕獲と「転向」を担当していた。この活動は大成功を収め、送り込まれたエージェントのほとんど全員が捕えられ、ドイツ側の指示に基づいてイギリスに情報伝達した。「イギリスゲーム」とドイツ側が呼んだ本作戦により、オランダとイギリスの関係は戦時中とその後の数年にわたって極めて緊張したのだった。本件ついては今日ではM・R・D・フットの *SOE in the Netherlands*, London, 2002 において完全な調査がなされ、詳細が記されている。

Handel, Michael, (ed), *Leaders and Intelligence*, London, 1989.
著者ハンデルは、作戦インテリジェンスを専門とする米陸軍大学校教官だが、著作も多い作家兼編集者でもある。本書においては中心的な執筆者ではないが、ケンブリッジ大学のクリストファー・アンドリュー教授といった一流のインテリジェンス関連著作者の寄稿を集めるだけの信頼に足る人物である。ハンデルが編集した文献としては *War, Strategy and Intelligence*, London, 1989 や *Intelligence and Military Operations*, London, 1990 があり、どれも過去と現在に関連する重要な題材を内容としている。

Hinsley, F. H. with E. E. Thomas, C. F. G. Ransom and R. C. Knight, *British Intelligence in the Second World War. Its Influence on Strategy and Operations*, London, Volume 1, 1979, Volume 2, 1981, Volume 3, Part 1, 1984, Volume 3, Part 2, 1988, Volume 4 1990.
著者ヒンズリーによる本書全５巻は、第二次世界大戦におけるイギリスのインテリジェンスに関する正史であり、副題にあるように、戦時においてインテリジェンスがいかに意思決定に影響を及ぼすかをテーマとする単一の出版物としては、最も重要なものである。ヒンズリーの権限内の事項はほぼ全て網羅されているようであり、その内容は、いかにエニグマが解読されたか、いかにウルトラが機能したか、イギリスのインテリジェンスの成否が敵のそれと比較していかに評価されるべきか、そして、インテリジェンスが全体として第二次世界大戦の結果にいかに影響したか、などである。この著作は「委員会のための委員会によるもの」として批判されてきたが、そうした批判はフェアではない。これは最も価値ある最重要の業績である。

Howard, Michael, *British Intelligence in the Second World War*, Volume 5, Strategic Deception, London, 1990
ヒンズリーの大作の最終巻は、20世紀イギリスを代表する軍事史家によるものであり、イギリスの欺瞞工作に関する興味深い内容となっている。欺瞞工作の成果はまちまちながら、ドイツの秘密兵器攻撃に対してはいくらかの成功を収めている。

Hinsley, F. H. and Thripp, Alan, (eds), *Codebreakers. The Inside Story of Bletchley Park*, Oxford, 1993
ブレッチリー・パーク事情通による、興味深い31編の小論集。警戒システムがいかに機能したか、有名なハットの建造物についてなど、内容は多岐にわたる。ヒンズリーの正史の姉妹編でもある重要文献。

James, William, *The Eyes of the Navy. A Biographical Study of Admiral Sir Reginald Hall*, London,

William F. Friedman, London, 1977［R・W・クラーク著、新庄哲夫訳『暗号の天才』新潮社、1981年］
フリードマンは、インテリジェンス史の大家であるデーヴィッド・カーンから「世界で最も偉大な暗号専門家」と評されてきた。彼が第二次世界大戦の勃発前に「パープル」と呼ばれた日本の機械式サイファーを破ったことは、確かに暗号解読史上最大の偉業の一つである。フリードマンはその後、深刻な精神障害に悩まされたが、米国の主たる暗号解読機関である国家安全保障局の筆頭技術顧問になるほどに回復した。

Clayton, Aileen, *The Enemy Is Listening*, London, 1980
著者クレイトンは、第二次世界大戦中は婦人補助空軍の将校であり、戦場における「低レベル」送信信号の傍受と翻訳を担ったＹ部隊中東部門で勤務していた。Ｙは非常に重要な割になおざりにされてきた題材であり、本書はそれに関する稀有な研究書の一つである。

Cruickshank, Charles, *SOE in the Far East*, Oxford, 1983; *SOE in Scandinavia*, Oxford, 1986
特殊作戦執行部（ＳＯＥ）は、「ヨーロッパを炎上」させるべく1940年７月にウィンストン・チャーチルによって設立された政府転覆破壊工作機関である。その後、スカンディナヴィアと極東で支部が編成され、準正史である本書においてその活動が記されている。

Davidson, Basil, *Special Operations Europe. Scenes From the Anti-Nazi War*, London, 1980
著者デーヴィッドソンはＳＯＥ将校であり、在カイロＳＯＥ地中海本部とハンガリー、イタリア、ユーゴスラヴィアの現場で勤務した。強烈な左翼思想の持ち主であり、ドイツ占領下のユーゴスラヴィアにおいて、王党派のチェトニクからティトーの共産主義パルチザンへと支援先を移す一助を担った。本書においては、短期的な「政府転覆工作」がいかに内戦と残虐行為へと発展し、長期的に嘆かわしい結果を伴うかが明らかにされている。

Deakin, F. W., *The Embattled Mountain*, London, 1971
著者ディーキンは、後にサー・ウィリアムと称されるとともに、オックスフォード大学セント・アントニーズ校の校長を務めた人物であり、戦時中はティトーのパルチザンとのＳＯＥ連絡将校だった。著名な本書は、Ｔ・Ｅ・ローレンスを彷彿とさせる見事な冒険小説であり、戦後の政治的優位を目指して内紛を拡大させた非情な共産主義者についての身の毛もよだつ証言録でもある。

Deakin, F. W. and Storry, Richard, *The Case of Richard Sorge*, New York, 1966［Ｆ・Ｗ・ディーキンおよびＧ・Ｒ・ストーリィ著、河合秀和訳『ゾルゲ追跡：リヒアルト・ゾルゲの時代と生涯』筑摩書房、1980年］
共著者のリチャード・ストーリーは、ディーキンが校長職にあった際のセント・アントニーズ校の特別研究員であり、日本史を専門とする学者で、戦時中は極東における日本語に関するインテリジェンス・オフィサーを務めていた。本書は枢軸国内で活動した最も重要なソ連スパイに関する研究書であり、最適の地位に就いたエージェントですら、その有用性には限界があることを明らかにした点が見事である。

Foot, M. R. D., *SOE in France. An Account of the Work of British Special Operations Executive in France, 1940–44*, London, 1966
本書は第二次世界大戦中に秘密情報部（ＳＩＳ）のインテリジェンス・オフィサーを務めた歴史学者による、特殊作戦執行部に関する正史である。フランスにおける全ての SOE ネットワークの活動と、それらによる複雑な政治的協力関係につき、極めて詳細に記載されている。学者らしく客観的に記述されているものの、結論においては、1944年にフランスで勝利した英米軍への仏レジスタンスの軍事的貢献を過大視してしまっている。

推薦書

本書の実質を構成するのは事例研究であり、出典については各章の注に示しておいた。ここでは、より一般的なインテリジェンス関連文献のうち、特に価値ある信頼できるものをいくつか挙げた。「インテリジェンス」に関する参考文献において往々にして引用される多くの書物は含まれていない。それらは興味本位なものか、インテリジェンスに関する噂や憶測の単なる概説にすぎないものがほとんどである。エージェントやその運営担当官についての自伝や伝記のほとんどは除外した。それらが信憑性に足ることは希である。

Beesly, Patrick, *Very Special Intelligence. The Story of the Admiralty's Operational Intelligence Centre 1939–45*, London, 1977

この著者は第二次世界大戦中に英海軍本部の作戦情報センター（ＯＩＣ）で勤務しており、本書はその手法と業績に関する貴重な全体像を伝える学術的かつ信頼に足る文献である。なお、地中海と太平洋における作戦については網羅していない。

Bennett, Ralph, *Ultra in the West. The Normandy Campaign, 1944–5*, London, 1979; *Ultra and Mediterranean Strategy*, London, 1989

この著者はケンブリッジ大学卒の若い史学者であり、ドイツ陸空軍の解読済み通信傍受内容を翻訳していたブレッチリーのハット３において、1941年２月から終戦まで勤務していた。本書においては、傍受内容がいかに作戦遂行に影響したかについての詳細が示されており、そうした難題への著者の取組みは概ね成功を収めている。本書は「ウルトラ・シークレット」に関する最もオリジナル性と価値に富む文献の一つである。著者は戦後、ケンブリッジに戻り、最終的にモードリン校の学長になった。

Boyle, Andrew, *The Climate of Treason. Five Who Spied For Russia*, London, 1979［Ａ・ボイル著、亀田政弘訳『裏切りの季節』サンケイ出版、1980年］

著者ボイルは歴史家ではなくプロの作家であり、人物の性格と社会の空気を描写する類まれな能力を持ち合わせているため、注目に値する。「ケンブリッジ・スパイ」のうち、特にバージェス、マクリーンおよびフィルビーに関する描写は非常に説得力があり、彼らの公私両面での生活行動様式についての再現も見事である。今日では内容的にやや古くなっており、不正確な部分が散見されるものの、戦前戦後のイギリスの大卒者を魅惑したソ連共産主義を理解しようとする者にとって、必要不可欠の文献である。

Calvocoressi, Peter, *Top Secret Ultra*, London, 1980

著者カルヴォコレッシはイギリスにおける由緒あるギリシャ人共同体のメンバーであり、イートンとオックスフォードで教育を受け、1940年から45年まで英空軍将校としてブレッチリーで過ごした。この回想録はブレッチリーの日常業務がいかなるものであったかを理解する上で特に貴重である。

Chapman, Guy, *The Dreyfus Trials*, New York, 1972

本書はプロの歴史家によるもので、19世紀末から20世紀初頭にかけて発生したインテリジェンス史上最も悪名高いスキャンダルに関する綿密な研究書である。反逆を行ったとされる一人の容疑者に対して延々と続いた捜査は、防諜活動の悪しき手法についての客観的教訓となっている。チャプマン教授はインテリジェンス界よりもフランスに関する史家であるが、本書はどの情報機関にとっても大きな価値があるものである。

Clark, Ronald, *The Man Who Broke Purple. The Life of the World's Greatest Cryptologist Colonel*

訳者あとがき

本書は、英国における軍事史研究の泰斗といわれるジョン・キーガンの著作 *Intelligence in War* の全訳である。キーガンは二〇一二年に死去するまでに数十冊に及ぶ著書を上梓しており、『戦場の素顔』（高橋均訳、中央公論新社）など、邦訳されている文献も数多い。古代から現代までの戦争の本質を特に文化面から解明しようとする著者のアプローチは独特であり、そうした業績が高く評価され、英国では「ナイト（勲功爵）」に叙せられたほどである。

そのような著者であるゆえ、本書で扱う戦例も必然的に古代から現代まで多岐にわたる。この中で著者は、基本的に七つのケーススタディを通じ、「戦争においてインテリジェンスはどれだけ役立つか」の解明を試み、徹底的な考察を加えている。例えば、われわれ日本人にとっても馴染み深いミッドウェーの戦いに関しては、これまで実（まこと）しやかになされてきた「日本が負けたのはアメリカに情報が筒抜けになっていたからだ」との主張に対し、著者はこの戦いにおける日米両軍の行動を極微的に見ることによって、真っ向から異を唱えている（第六章）。

本書全編に通底するのは、「戦争の勝敗は情報よりも常に物理的な戦闘力に左右される」というアンチテーゼである。これは、例えば前述のミッドウェー戦に関する従来の見方（テーゼ）に慣れ親しんだ者には、いささかセンセーショナルかつ衝撃的で、挑戦的ですらある。だが、これは「インテリジェンスをいかに有効ならしめるか」についての熟考を読者に迫るために著者が敢えて持ち出した逆説あるいは反語的表現であり、そのための便法にすぎないと捉えるべきであろう。著者が本書で提起しているのはインテリジェンスの無効性ではなく、むしろインテリジェンスの活用と軍事力の行使をいかに両立、有効ならしめるかの問題である。したがって、その両者を二項対立的なものとして見なすべきではなく、情報活動の成果と一戦闘の結果との因果関係を徹底的に検証することがインテリジェンスの真価を問い詰めていく上で重要だ、というのが著者の基本的なスタンスであると思われる。実際に、著者がインテリジェンスの有用性を認めている記述は本書の随所に登場する。

わが国を取り巻く国際環境の激変に呼応してか、ここ数年の出版界はまさに「インテリジェンス花盛り」の感がある。だが、そこでの議論にはインテリジェンスが万能であるかのような、過度な期待が掛けられていないだろうか。そもそも情報が役立つとはどういうことなのかに関する根源的な問い掛けは十分にあるだろうか。「戦争におけるインテリジェンス」を原題とする本書は、戦時における特に軍事インテリジェンスの有用性に関する考察を主軸としているが、「平時における非軍事インテリジェンス」の有用性についての論考と本質的には何ら変わらない。その意味で、本書はインテリジェンスに関する議論に一石を投じるとともに、地に足が着かない議論に対する戒めともなろう。

インテリジェンス論としての以上のような内容もさることながら、本書はさまざまな視点を提供してくれる読み物としても実に興味深い。例えば、無線のない時代に情報はどのように伝達されていたのか（第一章から第三章）、南北戦争の舞台となった土地の情報はどれだけ地図として視覚化されていたのか（第三章）、第一次世界大戦という有線と無線の過渡期の戦いはどのようになされていたのか（第四章）などに関する記述には、情報伝達の発展史としての側面もある。

また、ドイツの秘密兵器V２号ロケットに対するイギリスのインテリジェンスに関する部分（第八章）には、人間ドラマとしての側面もある。V２号はあまりに革命的な兵器であったために、そのようなロケットを開発するのは技術的に無理だと思い込んだイギリスの高位科学者の一人は、反対意見を唱える自分より目下の科学者を嘲り、自らの特権的地位を利用してその信用を傷つけようとすらしたのだった。一方、ドイツが誇る「解読不可能」なエニグマ暗号が操作員の単純なミスから破られたことを示す箇所（第五章）は、現代のコンピューター社会におけるセキュリティ対策や情報漏えい問題とも関連させて読むことが可能であろう。これらの事例は、情報活動とは所詮は人間の所業であることを痛感させ、現代に通ずる教訓として銘記すべきものであろう。

さらに、第二次世界大戦の趨勢を決定づけたといっても過言ではない「大西洋の戦い」に関する部分（第七章）では、相手の暗号を解読しようと奮闘する英独の関連機関とそれらが果たした役割についての考察はもちろんのこと、Uボートによる通商破壊戦が連合軍に与えた影響に関する興味深いデータも紹介されている。それは、未邦訳ながら欧米では有名なクレイ・ブレア著『ヒトラーのUボート戦争』(*Hitler's U-boat War*) によって明かされた、戦時中に大西洋を横断した船舶の実に九九パーセントが無事に目的地に到着していたという事実である。一般に、英国はUボートによって国家存亡の瀬戸際に立たされたと認識されているが、ブレアの詳細な研究はこうした見方を根底から覆すものであり、ウィンストン・チャーチルによる「戦争中、私の心胆を寒からしめたものはUボートの脅威、ただそれのみであった」との言説とも相反するものである。これら全てが読者にとって刺激的な内容であろう。

さて、本書には、「情報」、「生情報」、「インテリジェンス」という語が頻出する。これらについて訳者としてここで若干触れておきたい。まず、日本語の情報に相当する英語には intelligence と information がある。information は information を分析・評価した結果として産出された、より高次の知識である。さらに紛らわしいことに、intelligence という語にはそれ以外に情報活動と情報機関の意味も含まれる場合がある。以上を踏まえ、information には「生情報」の語を当て、intelligence には、加工された高次の知識を意味する場合は「情報」、それに加えて情報活動あるいは情報機関、もしくはこれら三者全てを意味する場合には「インテリジェンス」の語を当てた。本書の原書においては information と intelligence

が必ずしも厳密に使い分けられていないように思われる箇所もあるが、訳者として敢えて上記の原則を曲げることはしなかった。また、「生情報」という訳語はいささか俗っぽく、抵抗がある向きもおられるであろうが、読み物としての本書の性格と、intelligence との峻別を重視した末の選択だとご理解いただきたい。

なお、原書には関連写真が数多く収められているが、邦訳版においては著作権の関係で割愛せざるをえなかったことをお断りしておく。

本書で扱われている事柄は多岐にわたり、翻訳においても必然的に多くの方々のご協力をいただいたが、その中でも特に情報セキュリティと暗号の専門家でいらっしゃる中央大学研究開発機構の辻井重男教授には大変お世話になった。先生はスイス軍が使用していたエニグマ暗号機の直系機を所有されており、研究室にまで押し掛けた素人の訳者に対し、実機を前にして暗号機の機能や暗号用語などについてご親切にも解説してくださった。用語の翻訳に四苦八苦していた頃の良き思い出である。この場を借りて、辻井先生を始め、ご協力にあずかった全ての方々に改めてお礼申し上げたい。

末尾になるが、本書翻訳出版の機会を与えていただいた中央公論新社と登張正史氏にも謝意を表したい。登張氏は軍事、軍事史について博識でいらっしゃるだけに、本書の価値を即座に見抜かれた。本書のような大作を苦労して訳す上で、良き理解者が得られることは常に大きな励みである。

二〇一八年一〇月

並木　均

ワ行

関連地図一覧

ヤ行

ラ行

マ行

ナ行

ハ行

タ行

カ行

サ行

索　引

英数字

ア行

著　者

ジョン・キーガン　John Keegan

軍事史家。1934年、ロンドン生まれ。オックスフォード大学卒業後、サンドハースト王立陸軍士官学校で戦史を教える。1986年退官後『デイリー・テレグラフ』で国防担当記者Defence Correspondentとして活躍、著書に『戦争と人間の歴史 War and Our World』（井上堯裕訳 刀水書房 2000）、『戦略の歴史 A History of Warfare 上・下』（遠藤利國訳 中公文庫 2015）、『チャーチル Winston Churchill』（富山太佳夫訳 岩波書店 2015）『戦場の素顔 The Face of Battle』（高橋均訳 中央公論新社 2018）他多数。2012年没。

訳　者

並木均（なみき・ひとし）

1963年、新潟県上越市生まれ。中央大学法学部卒。公安調査庁、内閣情報調査室に30年間奉職したのち、2017年に退職、独立。近訳書にケント『戦略インテリジェンス論』（共訳　原書房 2015）、ガノール『カウンター・テロリズム・パズル』（翻訳協力　並木書房 2018）、ガランド『始まりと終わり アドルフ・ガランド自伝〈完全版〉』（ホビージャパン 2018）がある。

Intelligence in War
Knowledge of the Enemy from Napoleon to Al-Qaeda
by John Keegan

Japanese translation rights arranged with Lady Susanne Ingeborg Keegan
c/o Aitken Alexander Associates Limited., London
through Tuttle-Mori Agency, Inc., Tokyo

情報(じょうほう)と戦争(せんそう)
——古代(こだい)からナポレオン戦争(せんそう)、南北戦争(なんぼくせんそう)、
二度(にど)の世界大戦(せかいたいせん)、現代(げんだい)まで

2018年11月10日　初版発行

著　者　ジョン・キーガン
訳　者　並(なみ)　木(き)　均(ひとし)
発行者　松 田 陽 三
発行所　中央公論新社
〒100-8152　東京都千代田区大手町1-7-1
電話　販売 03-5299-1730　編集 03-5299-1740
URL http://www.chuko.co.jp/

DTP　嵐下英治
印　刷　図書印刷
製　本　大口製本印刷

Published by CHUOKORON-SHINSHA, INC.
Printed in Japan　ISBN978-4-12-005128-9 C0022

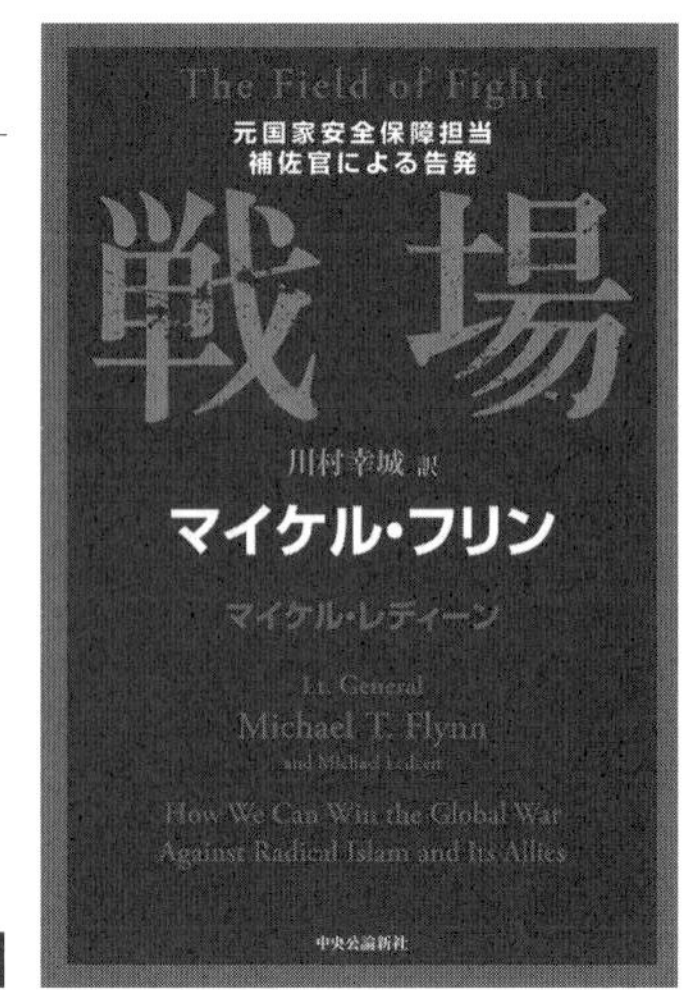
The Field of Fight
元国家安全保障担当
補佐官による告発
戦 場
川村幸城 訳
マイケル・フリン
マイケル・レディーン
Lt. General
Michael T. Flynn
How We Can Win the Global War
Against Radical Islam and Its Allies
中央公論新社

神と金(カネ)と革命がつくった世界史

キリスト教と共産主義の危険な関係

竹下節子 著

偶像崇拝なくして歴史はつくられなかった。「普遍」を標榜する神と金と革命思想は、理想を追求する過程で偶像化され共闘や排斥を繰り返す。壮大な歴史から三すくみのメカニズムを解明する

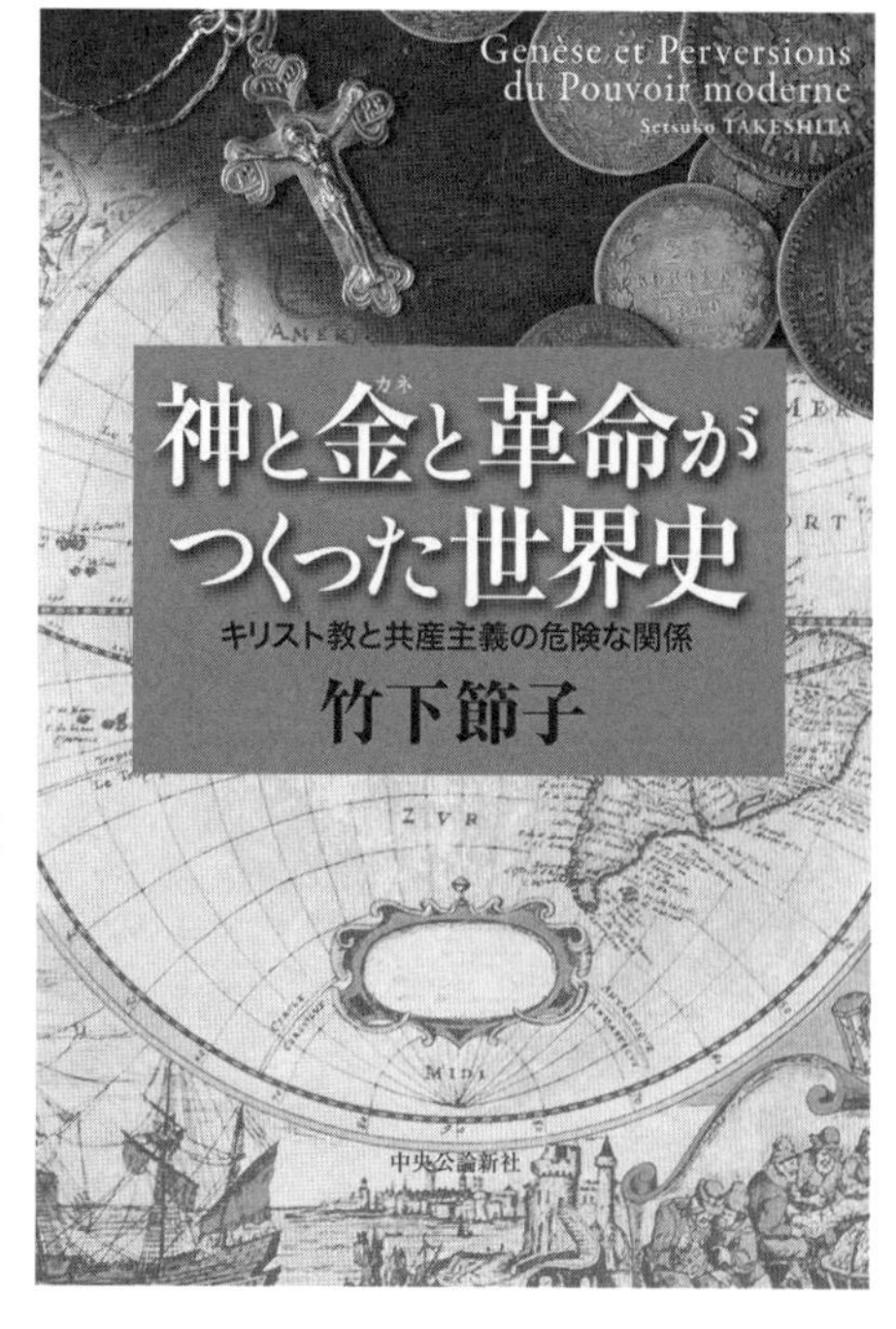